清 华 大 学 电 气 工 程 系 列 教 材

# 高电压试验技术
## （第4版）

# High-voltage Testing Technology
## （Fourth Edition）

陈昌渔 王昌长 高胜友 编著
Chen Changyu Wang Changchang Gao Shengyou

清华大学出版社
北 京

## 内容简介

高电压试验技术是高电压工程领域的重要组成部分，此外它还与脉冲功率技术、激光技术、高压加速器和高能物理等技术密切相关。在本书的编写中，作者尽量做到取材丰富，内容翔实。本书前8章讲述高电压试验设备及相应的测量装置，内容包括交流高压、直流高压、雷电冲击电压、操作冲击电压和冲击电流的测试。第9、10两章分别叙述介质损耗因数和介质内部局部放电的测量。第11章专门讨论高电压实验室设计中的一些技术问题。本书着重讲清试验设备和测量装置的工作原理，并提供设计和选择这些设备与装置的方法，同时还介绍了最新的国家标准和IEC的有关规定。

本书可作为高电压及绝缘技术专业研究生的选修课教材以及高校强电专业的参考教材，也适合电力系统和电工制造部门的工程技术人员和研究人员用作自学和培训教材。



**图书在版编目(CIP)数据**

高电压试验技术/陈昌渔，王昌长，高胜友编著. —4版. —北京：清华大学出版社，2017(2025.1重印)
(清华大学电气工程系列教材)
ISBN 978-7-302-48979-5

Ⅰ. ①高… Ⅱ. ①陈… ②王… ③高… Ⅲ. ①高电压试验设备－教材 Ⅳ. ①TM83

中国版本图书馆CIP数据核字(2017)第293295号

**责任编辑**：许　龙
**封面设计**：傅瑞学
**责任校对**：刘玉霞
**责任印制**：杨　艳

**出版发行**：清华大学出版社
　　**网　　址**：https://www.tup.com.cn，https://www.wqxuetang.com
　　**地　　址**：北京清华大学学研大厦A座　　**邮　　编**：100084
　　**社 总 机**：010-83470000　　**邮　　购**：010-62786544
　　**投稿与读者服务**：010-62776969，c-service@tup.tsinghua.edu.cn
　　**质量反馈**：010-62772015，zhiliang@tup.tsinghua.edu.cn
**印 装 者**：大厂回族自治县彩虹印刷有限公司
**经　　销**：全国新华书店
**开　　本**：185mm×260mm　　**印　　张**：18.5　　**字　　数**：447千字
**版　　次**：1985年1月第1版　2017年12月第4版　　**印　　次**：2025年1月第7次印刷
**定　　价**：52.00元

产品编号：072556-02

# 编著者简介

**陈昌渔**　清华大学教授。1955年毕业于清华大学电机系。曾两届担任清华大学教材委员会委员和中国电工技术学会电工测试委员会委员。是在苏联专家指导下,国内第一位完成兆伏级冲击电压发生器的设计者。1989年访问荷兰Eindhoven理工大学,1994—1995年在美国南加州大学访问工作。与他人合作的科研项目获得省部级科技一等奖和三等奖各一次。曾五次获校级科技及教学奖。2000年主编《中国电力百科全书·电工基础卷》(第二版)。2003年合编教材《高电压工程》。

**王昌长**　清华大学教授。1954年毕业于清华大学电机系。长期从事高电压试验技术、电力设备在线监测、可靠性评估的教学和科研工作。主编《电力设备在线监测与故障诊断》教材,参编专著《电气设备状态监测与故障诊断技术》、《电绝缘诊断技术》和《数理统计在高电压技术中的应用》。两次访问美国南加州大学并参加合作研究。先后发表论文50余篇。所参加的科技项目"ZRF型阻尼式两用电容分压器"获得国家教委科技成果二等奖,"500kV直流分压器"获北京市科技进步三等奖。

**高胜友**　1990年考入清华大学电机系,工学博士,现任清华大学高电压实验室主任。主要从事高电压试验及电力设备的在线监测与故障诊断方面的教学与科研工作。获省部级科技进步奖四项。发表论文50余篇,合作编写教材《电力设备在线监测与故障诊断》和专著《输变电设备风险评价与检修策略优化》,参编《中国电力百科全书》(第三版)和《高电压绝缘技术》(第三版)。

# 主审者简介

**谈克雄**　清华大学教授,博士生导师。1958年毕业于西安交通大学电机系,随即至清华大学工作。1982—1984年、1990年分别在德国慕尼黑工业大学、布伦瑞克工业大学访问研究。长期从事高电压绝缘技术、高电压测试技术和故障诊断等方面的教学、科研工作。编著(译)有《高电压绝缘技术》等教材和专著,任《中国电力百科全书·电工基础卷》(第二版、第三版)副主编。获国家自然科学三等奖(1993)和四项省部级科技进步奖。1995年获国务院特殊津贴。

“电气工程”一词源自英文的“Electrical Engineering”。在汉语中，“电工程”念起来不顺口，因而便有“电机工程”、“电气工程”、“电力工程”或“电工”这样的名称。20世纪60年代以前多用“电机工程”这个词。现在国家学科目录上已经先后使用“电工”和“电气工程”作为一级学科名称。

大约在第二次世界大战之后出现了“电子工程”(Electronic Engineering)这个词。之后，随着科学技术的迅速发展，从原来的“电(机)工程”范畴里先后分划出“无线电电子学(电子工程)”“自动控制(自动化)”等专业，“电(机)工程”的含义变窄了。虽然“电(机、气)工程”的专业含义缩小到“电力工程”和“电工制造”的范围，但是科学技术的发展使得学科之间的交叉、融合更加密切，学科之间的界限更加模糊。“你中有我，我中有你”是当今学科或专业的重要特点。因此，虽然高等院校“电气工程”专业的教学主要定位于培养与电能的生产、输送、应用、测量、控制等相关科学和工程技术的专业人才，但是教学内容却应该有更宽广的范围。

清华大学电机系在1932年建系时，课程设置基本上仿效美国麻省理工学院电机工程学系的模式。一年级学习工学院的共同必修课，如普通物理、微积分、英文、国文、画法几何、工程画、经济学概论等课程；二年级学习电工原理、电磁测量、静动力学、机件学、热机学、金工实习、微分方程及化学等课程；从三年级开始专业分组，电力组除继续学习电工原理、电工实验、测量外，还学习交流电路、交流电机、电照学、工程材料、热力工程、电力传输、配电工程、发电所、电机设计与制造以及动力厂设计等选修课程。西南联大时期加强了数学课程，更新了电工原理教材，增加了电磁学、应用电子学等主干课程和电声学、运算微积分等选修课程。抗战胜利之后又增设了一批如电子学及其实验，开关设备、电工材料、高压工程、电工数学、对称分量、汞弧整流器等选修课程。

1952年院系调整之后，开始了学习苏联教育模式的教学改革。电机系以莫斯科动力学院和列宁格勒工业大学为模式，按专业制定和修改教学计划及教学大纲。这段时期教学计划比较注重数学、物理、化学等基础课，注重电工基础、电机学、工业电子学、调节原理等技术基础课，同时还加强了实践环节，包括实验、实习和“真刀真枪”的毕业设计等。但是这个时期存在专业划分过细，工科内容过重等问题。

改革开放之后，教学改革进入一个新的时期。为了适应科学技术的发展和人才市场从计划分配到自主择业转变的需要，清华大学电机系在20世纪80年代末把原来的电力系统及其自动化、高电压与绝缘技术、电机及其控制等专业合并成“宽口径”的“电气工程及其自动化”专业，并且开始了更深刻的课程体系的改革。首先，技术基础课的课程设置和内容得到大大的拓展。不但像电工基础、电子学、电机学这些传统的技术基础课的教学内容得到更新，课时有所压缩，而且像计算机系列课、控制理论、信号与系统等信息科学的基础课程以及电力电子技术系列课已经规定为本专业必修课程。此外，网络和通信基础、数字信号处理、现代电磁测量等也列入了选修课程。其次，专业课程设置分为专业基础课和专业课两类，初步完成了从“拼盘”到“重组”的改革，覆盖了比原先3个专业更宽广的领域。电力系统分析、高电压工程和电力传动与控制等成为专业基础课，另外，在专业课之外还有一组以扩大专业知识面和介绍新技术、新进展为主的任选课程。

虽然在电气工程学科基础上新产生的一些研究方向先后形成独立的学科或专业，但是曾经作为第三次工业革命三大动力之一的电气工程，其内涵和外延都会随着科学技术和社会经济的发展而发展。大功率电力电子器件、高温超导线材、大规模互联电网、混沌动力学、生物电磁学等新事物的出现和发展等，正在为电气工程学科的发展开辟新的空间。教学计划既要有相对的稳定，又要与时俱进、不断有所改革。相比之下，教材的建设往往相对滞后。因此，清华大学电机系决定分批出版电气工程系列教材，这些教材既反映近10多年来广大教师积极进行教学改革已经取得的丰硕成果，也表明我们在教材建设上还要不断努力，为本专业和相关专业的教学提供优秀教材和教学参考书的决心。

这是一套关于电气工程学科的基本理论和应用技术的高等学校教材。主要读者对象为电气工程专业的本科生、研究生以及在本专业领域工作的科学工作者和工程技术人员。欢迎广大读者提出宝贵意见。

清华大学电气工程系列教材编委会

2003年8月于清华园

# 前言

我国在 2009 年建成交流 1000 kV 特高压输电系统和直流±800 kV 输电系统，标志着中国电力工业和高电压技术的迅猛发展。高电压技术的快速发展是超高电压和特高电压输电技术发展的一个重要基础。高电压技术的研究对象是各种形态的高电压和各种性能的电介质。尽管一百多年来高电压技术已有了很大的发展，但关于电介质击穿的一些机理还不是很清楚，许多实际问题需要依靠试验来解决。由于试验技术对高电压技术如此重要，以及它所使用的一些手段的特殊、内容的丰富和技术的复杂，使它成为高电压技术领域的一个重要分支。

本书内容包括高电压试验设备和测量技术两大方面，还涉及高电压试验室的建设。书中还介绍了有关高电压试验技术的新版中国国家标准和国际电工委员会 IEC 的推荐标准。对于某些产品试验的特殊要求，可查阅相关的试验规程。本书内容还涉及电力系统中预防性试验所用到的重要设备、仪器和试验方法，而对预防性试验的具体要求和结果分析，请参见《高电压绝缘技术》教材。

本书在编写过程中，一方面力求深入阐述高电压试验设备和测量装置的工作原理，另一方面也提供许多实际应用知识，如测试设备的设计和选择方法。学完本书后，应能掌握高电压试验技术的基本原理和一般的试验方法，还应能掌握组建高电压试验室的一些必要知识。书后的附录中提供了主要高电压设备、元件或有关材料的性能数据及计算程序，以便于查阅和应用。本书可以作为高校强电专业的参考教材，高电压与绝缘技术专业研究生的选修课教材，同时也可以作为电力系统或电气设备制造部门的工程技术人员的培训及自学教材。

本书第 1 版于 1982 年出版，被清华大学、西安交通大学等高校作为教材使用，并于 1986 年获得清华大学教材一等奖。

随着科学技术的快速发展、高电压试验技术的国家标准及有关 IEC 标准和行业标准的更新，有必要对本书内容进行较大幅度的修订。2003 年，修订后的本书第 2 版出版。在第 2 版中，更注意了在内容上讲清物理概念，精简了一些数学推导过程；在冲击电压发生器电路计算中，引入了 4 阶回路的计算程序；结合编著者的科研成果，增补和更新了本书内容，例如在冲击电压的测量中新增了微分积分测量系统和加强了阻容分压器的理论分析；在精简高电压示波器内容的同时，新增了数字存储示波器的内容；在对绝缘 $\tan\delta$ 的测量中，新增了在线监测和全数字测量；在绝缘的局部放电测量中，新增了局部放电的定位和其他检测方法，以及局部放电的现场测试等内容。此外还新增了练习题和思考题。

本书的第3版于2009年9月问世。第3版中进一步根据最新的IEC标准、国家标准及行业标准(DL/T992—2006)，对内容进行了修改；删除了一些原参考苏联和日本著作所写的内容；根据清华大学肖达川教授的建议，在电路分析中改用卷积定理取代杜阿美尔积分，以便与电路课程更好地衔接；在第2章的交流分压器的理论分析中，改用拉普拉斯变换法，使它能与后面冲击分压器部分的理论分析相呼应；在冲击电流发生器的内容中，增加了非线性电路计算程序；书后增添了习题的答案。本书第3版还被评为“北京高等教育精品教材”。

在本书第4版中，全部采用最新颁布的高电压技术方面的IEC及国家标准的内容；在第5章冲击电压的产生中，增加了高压变压器进行操作冲击试验的内容，根据国家标准GB/T 16927.3—2010《高电压现场试验的定义及要求》，对用变压器进行高频振荡型操作冲击电压试验的电路进行了理论分析；在对绝缘的 $\tan\delta$ 测量中，新增了变频抗干扰法；对全书的插图和计算式中的符号，全部改用国家标准规定的符号。

在第4版的修订工作中，陈昌渔修订了第1、2、5～8和11章；王昌长与高胜友修订了第3、4章；高胜友修订了第9、10章及第5章的5.11.4节；陈昌渔与王昌长修订了附录A；谈克雄与陈昌渔修订了附录B、C、D、F；陈昌渔与王昌长校订了习题答案。全书经由谈克雄教授仔细主审，修改了一些原书中的文字、计算式、计算程序及插图中的差错或不合适的表达，他不仅做了全书的审阅工作，而且参与改写了书中多处的文字和插图的内容[如计算式(2-18)及附录F等]，使得本书的质量有大幅度的提高。

本书所列的计算程序全部采用FORTRAN语言编写。谭浩强教授向笔者指出，FORTRAN语言仍然是用于科学计算的优秀高级语言，并不因出现其他语言而使之地位下降。

清华大学戚庆成、杨学昌教授对本书提出了修改意见，西安交通大学邱毓昌教授为本书书写了评语，我们对此深表感谢。

在本书第4版出版时，编著者对已故的张仁豫教授致以敬意！深深感谢和纪念他首先在清华大学讲授“高电压试验技术”课程以及他为编写教材所付出的劳动。

在我国处于超高电压和特高电压输电大力发展的大好形势下，希望本书的出版能为广大读者在技术上提供帮助。

限于编著者水平，本书内容中错误和不当之处在所难免，请读者给予指正。

编著者

2017年8月于清华园

# 目录

# 第1章 交流高电压试验装置

## 1.1 概 述

交流高电压试验装置主要是指高电压试验变压器。本章除介绍高电压试验变压器外，还介绍了高电压串联谐振试验装置。

电力系统中的电气设备，其绝缘不仅经常受到工作电压的作用，而且还会受到雷电过电压和内部过电压等的侵袭。高电压试验变压器的作用在于产生工频高电压，使之作用于被试电气设备的绝缘上，以考验其在长时工作电压及瞬时内过电压下是否能可靠工作。另外，它也是试验研究高压输电线路的气体绝缘间隙、电晕损耗、静电感应、长串绝缘子的闪络电压以及带电作业等项目必需的高压电源设备。近年来，由于超高电压及特高电压输电的发展，必须研究内绝缘或外绝缘在操作冲击电压作用下的击穿规律及击穿数值。利用高压试验变压器还可以产生"长波前"类型的操作冲击电压。因此工频试验变压器除了产生工频试验电压，以及作为直流高压和冲击高压装置的电源变压器的固有的功用外，还可以用来产生操作冲击试验电压。所以，工频试验变压器是高电压实验室内不可缺少的主要装置之一。由于它的电压值需要满足能检验电气设备耐受内部过电压的要求，故试验变压器的工频输出电压将大大超过电力变压器的额定电压值，常达几百千伏甚至几千千伏。目前我国和世界上多数工业发达国家都具有 2250 kV 的试验变压器。

试验变压器在原理上与电力变压器并无区别，只是前者电压较高，变比较大。由于电压值高，所以要采用较厚的绝缘及较宽的间隙距离，试验变压器的漏磁通也因此较大，短路电抗值也较高，而电压高的串级试验变压器的总短路电抗值则更大。由于在大的电容负载下，试验变压器一、二次侧的电压关系与线圈匝数比有一些差异，因此试验变压器常常使用特殊的测量电压用的线圈。当变压器的额定电压升高时，它的体积和重量的增加趋势超过按额定电压的三次方($U^3$)的上升速度。为了限制单台试验变压器的体积和重量，有必要在接线上和结构上采取一些特殊措施，例如目前所采用的串级装置等。这样，试验变压器在某些情况下，具有特殊形式。

试验变压器的运行条件与电力变压器是不同的，例如：

(1) 试验变压器在大多数情况下,工作在电容性负荷下;而电力变压器一般工作在电感性负荷下。

(2) 试验变压器所需试验容量不大,所以变压器的容量不是很大;而高压电力变压器的容量都很大。

(3) 试验变压器在工作时,经常要放电;电力变压器在正常运行时,发生事故短路的机会不多,即使发生事故短路,继电保护装置也会立即断开电源。

(4) 电力变压器在运行中可能受到雷电过电压及操作过电压的侵袭;而试验变压器并不受到雷电过电压的作用,但由于试品放电的缘故,它在工作时,也可能在绕组上产生梯度过电压。

(5) 试验变压器工作时间短,在额定电压下满载运行的时间更短。譬如进行电气设备的耐压试验常常是1 min工频耐压,而电力变压器则几乎终年或多年在额定电压下满载运行。

(6) 由于上述原因,试验变压器工作温度低,而电力变压器温升较高。因此电力变压器都带有散热管、风冷甚至强迫油循环冷却装置,而试验变压器则没有各种附加的散热装置或只有简单的散热装置。

上述情况表明,试验变压器在运行条件方面比电力变压器有利,而在重要性方面则不如电力变压器,所以设计时采用较小的安全系数。如50 kV～250 kV试验变压器本身的试验电压仅比其额定电压高25 kV;更高电压(≥300 kV)的试验变压器,其试验电压也仅比额定电压高10%。例如,500 kV试验变压器的5 min 100 Hz自感应试验电压为550 kV,国产YDC-1500/1500(额定电压为1500 kV,额定容量为1500 kV·A)二级串级试验变压器,单台750 kV变压器的5 min 100 Hz自感应试验电压为额定电压的110%;两台串级时所取的感应试验电压仅为额定电压的105%。电力变压器的试验电压常比额定电压高得多,例如220 kV电力变压器的1 min工频试验电压为325 kV～400 kV;330 kV变压器的出厂1 min相对地工频试验电压为510 kV(注:均为有效值)。正因为高压试验变压器的试验电压较低,设计温升较低,故在额定容量下只能作短时运行。例如上述500 kV试验变压器,在额定电压下只能连续工作30 min,在330 kV电压及330 kV·A容量下才能持续运行。有些特高电压试验变压器,在额定电压及额定容量下只能运行5 min。

试验变压器在进行试验时的接线如图1-1所示。

一般情况下试品$C_0$的一端是接地的,所以试验变压器的高压绕组一端接地,另一端用高压套管引出,经过保护电阻$R$接到试品的高压端。电阻$R$用来防止试品放电时所发生的电压截波对变压器绕组纵绝缘的损伤,同时它也起着抑制试品击穿时所造成的恢复过电压的作用(见1.5.2节)和限制过电流的作用。保护电阻$R$的阻值理应由试验变压器厂供给,它的保守的数值可按0.1 Ω/V选取,但不超过100 kΩ。它由金属电阻丝绕成。在环境温度可保证高于0 ℃时,也可以采用水电阻。

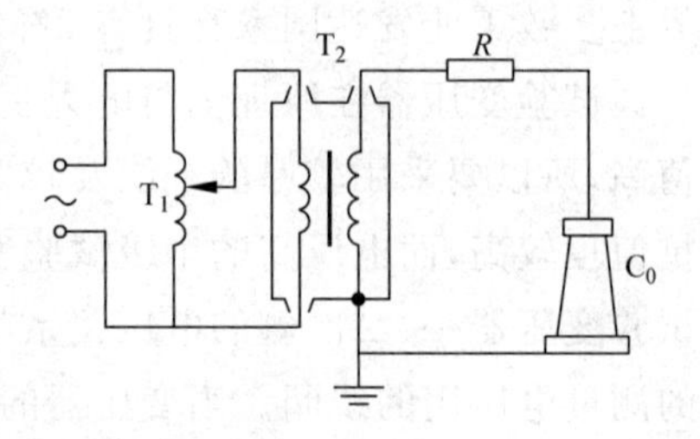


图1-1　试验变压器试验接线

$T_1$—调压器;$T_2$—试验变压器;$R$—保护电阻;$C_0$—试品

行业标准对试验变压器绝缘中的局部放电量 $Q$ 的大小有所规定。对铁壳式变压器规定在 0.7 倍额定电压下，$Q \leqslant 10$ pC。

试验变压器所提供的电压波形应为正弦波(详见 1.5.3 节的规定)。试验电压的测量值在整个试验过程中，在加压时间不超过 1 min 时，应维持在规定水平的 $\pm1\%$ 以内。

# 1.2 高电压试验变压器的结构型式及主要参数

## 1.2.1 高电压试验变压器的结构型式

高电压试验变压器大多采用油浸式变压器，油浸式变压器有金属壳及绝缘壳两类。

金属壳变压器可分为单套管和双套管两种。单套管变压器的高压绕组一端可与外壳相连，但为了测量上的方便常把此端不直接与外壳相连，而经一几千伏的小套管引到外面来再与外壳一起接地，如有必要时可经过仪表再与外壳一起接地。油浸式单套管铁壳试验变压器外形如图 1-2 所示。双套管式的变压器外壳对地绝缘。其中的高压绕组分成匝数相等的两部分，分别绕在铁心的左右两柱上，高压绕组的中点与铁心和外壳相连，低压绕组绕在具有 $X$ 出线端的高压绕组的外面(作为单台变压器应用时，高压绕组的 $X$ 点接地)，这样高压绕组与铁心及外壳之间的最大电位差为最高输出电压的一半，即承受 $U/2$ 的电压($U$ 为高压的输出电压额定值)。由于铁心及外壳也带有 $U/2$ 的电位，所以外壳需用支柱绝缘子对地绝缘，图 1-3 为其结构示意图。采用这种结构使高压绕组与铁心、外壳间以及高、低压绕组间的电位差降低，绝缘利用比较合理，因此能减小尺寸，减轻重量。

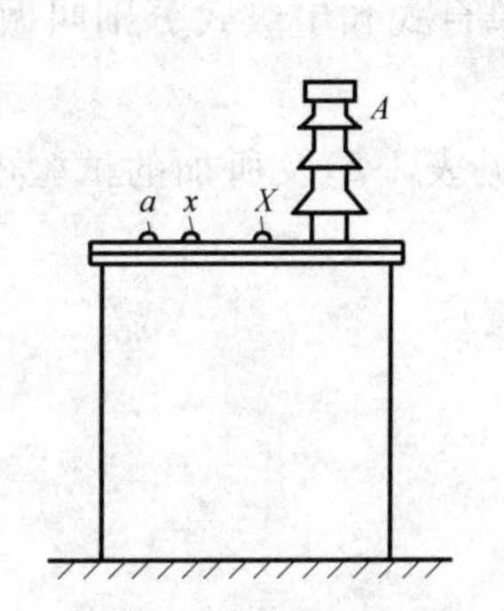

图 1-2 油浸式单套管铁壳试验变压器外形

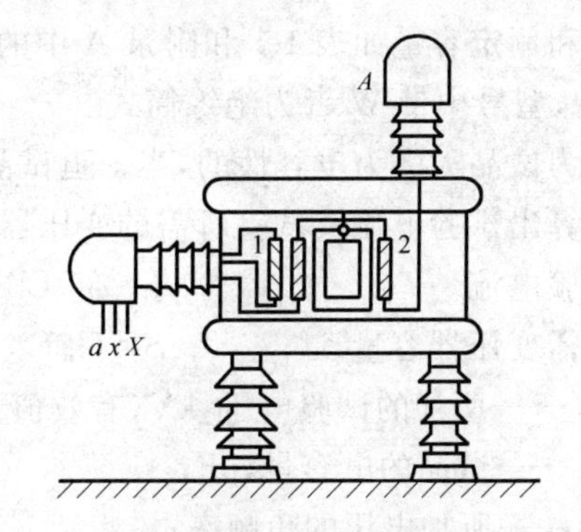

图 1-3 外铁壳需对地绝缘的双套管试验变压器
1—低压绕组；2—高压绕组

绝缘壳式的高压变压器如图 1-4 所示，它是以绝缘壳(通常为酚醛纸筒、环氧玻璃布筒或瓷套)作为容器，同时又用它作为外绝缘，以省去引出套管，其铁心与绕组和双套管金属壳变压器相同，只是铁心的两柱常常是上下排列的(也有左右排列的)，铁心需要用绝缘支持，使之悬空。高压绕组的高压端 $A$ 与金属上盖连在一起，接地端 $X$ 以及低压绕组的 $a$、$x$ 两端从底座引出。这种结构体积小，重量轻，优点显著。以酚醛纸筒作外壳的变压器与瓷外壳变压器相比重量较轻，不会碰碎，但怕水，易受潮。此种变压器的内部结构如图 1-5 所示。

关于更高电压下所使用的串级变压器的结构，在后面另作叙述。

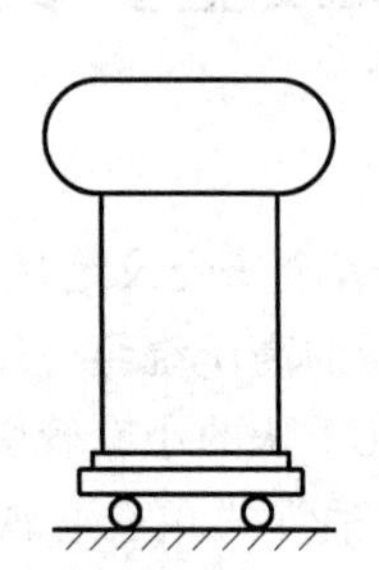

图 1-4　绝缘壳式油浸试验变压器

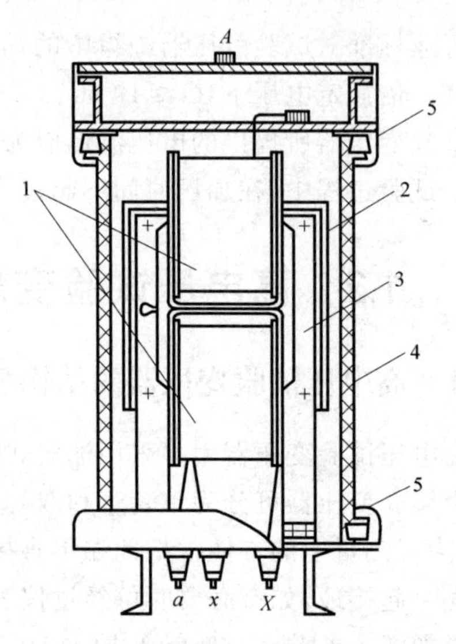


图 1-5　绝缘筒式试验变压器的内部概貌图

1—绕组；2—铁心；3—绝缘支架；

4—绝缘筒；5—屏蔽罩

### 1.2.2　试验变压器的主要参数

试验变压器的主要参数为电压及容量。由于试验变压器的体积和重量随其额定电压值的增加而急剧增加，故单个变压器的电压都限制在1000 kV以下，部分国产试验变压器的额定电压和额定容量如表1-1和附录A中的表A2所示。单台式和串级式分别叫做YD型和YDC型，型号中带W者为绝缘筒式。

因为试品大多为电容性的，当知道试品的电容量(参见表1-2)及所加的试验电压值时，便可计算出试验电流及试验所需的变压器容量：

试验电流　　　　$I=\omega CU\times10^{-9}$ A(有效值)　　　　(1-1)

所需变压器容量　　　　$S=U_{n}I\times10^{-9}$ kV·A　　　　(1-2)

式中，$U$——所加的试验电压，kV(有效值)；

$C$——试品的电容量，pF；

$\omega$——所加电压的角频率；

$U_{n}$——拟用试验变压器的额定电压，kV(有效值)，$U_{n}\geqslant U$。

**表 1-1　国产试验变压器的额定电压和额定容量**

| 额定电压/kV | 5 | 10 | 25 | 35 | 50 | 100 | 150 | 250 | 300 | 500 | 750 | 1000 | 1500 | 2250 |
|---|---|---|---|---|---|---|---|---|---|---|---|---|---|---|
| 额定容量/kV·A | 3 | 3 | 3 | 3 | 5 | 10 | 25 | 250 | 300 | 300 | 750 | 1000 | 750 | 2250 |
| | 5 | 5 | 5 | 5 | 10 | 25 | 50 | 500 | 1200 | 500 | 1500 | 2000 | 1500 | 9000 |
| | 10 | 10 | 10 | 10 | 25 | 50 | 100 | 1000 | | 1000 | 3000 | | | |
| | | 25 | 25 | 25 | 50 | 100 | 150 | | | 1500 | | | | |
| | | | 50 | 50 | 100 | 200 | 300 | | | | | | | |
| | | | | 100 | 200 | 250 | | | | | | | | |
| | | | | | | 400 | | | | | | | | |
| | | | | | | 500 | | | | | | | | |

表 1-2 常见的试品电容量

| 试品名称 | 电容值/pF |
|---|---|
| 线路绝缘子 | <50 |
| 高压套管 | 50~600 |
| 高压断路器,电流互感器,电磁式电压互感器 | 100~1000 |
| 电容式电压互感器 | 3000~5000 |
| 电力变压器 | 1000~15000 |
| 电力电缆(每米) | 150~400 |

除了一般试品外,有时也有电容量较大的试品。在有试验线路的高压实验室中,往往需要考虑供应较大的电容电流及电晕电流。当然试验线路的电容值与线路的长短有关。架设试验线路的目的之一是研究电晕损耗。为了测量准确起见,线路较长是有利的,但又由于经济上的考虑,有时超高压试验线路选取 500 m 左右。根据运行经验,330 kV 的试验线路选取 1 A 制的试验变压器是有可能满足试验要求的;而对于大于等于 500 kV 的试验线路,1 A 制的试验变压器就难以满足要求了。例如,为了研究 750 kV 线路的电晕损耗,需要变压器供给 3 A 左右的电流。中国电网公司电力科学研究院(武汉)较早已有 2250 kV、4 A 的试验变压器。为了试验特高压电抗器的需要,我国三大变压器制造厂都配备有较高额定电压及很大额定电流的高压试验变压器,如天威保定变压器厂具有额定电压 1.1 MV、额定电流 563.7 A 的高压试验变压器。

对于特大的电容性试品,如电缆厂中的成卷高压电缆的耐压试验,以及特大容量发电机的耐压试验等,往往要特制试验变压器来适应试验容量的要求,目前常用串联谐振装置(见 1.6 节)来满足试验的要求。此外也正在发展采用低频(2 Hz)和超低频(0.1 Hz)的耐压试验方法。

有时在试验大电容值的试品时,可采用补偿的方法来减小流经变压器高压绕组中的电流。假如在高压侧进行补偿,可和电容性试品并联一电感线圈,如不计负荷中的有效电流分量,则所要求的试验变压器的容量可按下式计算:

$$S = U_{\mathrm{n}}\left(\omega C \times 10^{-12} - \frac{1}{\omega L}\right)U \times 10^{3}\ \mathrm{kV \cdot A} \tag{1-3}$$

式中,$U$——试验电压值,kV(有效值);

$C$——试品电容,pF;

$L$——补偿线圈电感,H;

$\omega$——试验电压的角频率;

$U_{\mathrm{n}}$——拟用试验变压器的额定电压,kV(有效值),$U_{\mathrm{n}} \geqslant U$。

从式(1-3)可看出,采用补偿的方法后可使试验变压器的容量大大减小。不过采用补偿时要考虑到经济和技术两方面因素,首先是高压补偿线圈比较贵,其次采用补偿后可能使输出电压波形畸变。因此在对波形要求较高的试验中,例如在测介质损耗及测电晕损耗时,一般宁愿采用大容量试验变压器而不愿采用补偿法。

试验变压器有时也可遇到电导性负载,例如做绝缘子湿闪试验及污秽放电试验时,由于沿电介质表面的湿放电及污秽放电都属于电弧放电过程,若试验电流不够大,不能形成电弧,此试验便将失去意义。此外,在容量较小、阻抗较大时,试验电流的增加将引起压降的增加，而真正作用在试品上的电压并未增加，在试验时根本无法判断何时发生闪络。试验回路的电压应足够稳定，不致受泄漏电流变化的影响。试品上的不完全放电不应使试验电压降低过多及维持时间过长，以致明显影响试品上破坏性放电电压的测量值。为了使试验电压实际上不受泄漏电流的影响，在试验电压下试品短路时，变压器输送的短路电流和电源频率下的泄漏电流相比要足够大，并且应满足下列数值要求：

(1) 对固体、液体或两者组合的绝缘小样品上低于100 kV的干试验，试验源的额定电流大于0.1 A及系统(试验变压器，调压器等或发电机)的短路阻抗小于20%，一般是可以满足要求的。

(2) 对试验电压大于100 kV的自恢复外绝缘(低电容量试品如绝缘子、断路器及隔离开关)的介质干试验，在无流注(streamers)局部放电产生的条件下，试验源的额定电流大于0.1 A，及系统的短路阻抗小于20%，一般是可以满足要求的。

(3) 对高于100 kV的绝缘干试验，如果持续的流注局部放电发生或者进行绝缘湿试验，则必须要求试验系统的额定电流达1 A及系统的短路阻抗小于20%。

(4) 对于人工污秽试验，一般需要15 A或以上的较大短路电流值。IEC 60060-1：2010中提到，人工污秽试验稳定状况下的额定电流为1 A～5 A。

为使测量的放电电压不受试品的不完全放电和预放电的影响，试品及附加电容器的电容量应足够大，一般为0.5 nF～1.0 nF。如果试验变压器的外部保护电阻不超过10 kΩ，则可将试验变压器端的等效电容看成是与试品相并联的。IEC 60060-1：2010建议，在高于100 kV的交流试验回路中，应安装不小于1.0 nF的电容器。此外，增加电极及连接导体的直径，是减小流注放电的有效防范措施。

# 1.3　串级高压试验变压器

## 1.3.1　串级变压器的基本原理

单台变压器的电压超过500 kV时，费用随电压的上升而迅速增加，同时在机械结构和绝缘上都有困难，而且运输与安装亦有困难，所以目前单台变压器的额定电压很少超过750 kV。一般在需要500 kV～750 kV以上的电压时，常采用几台变压器串接的方法。所谓几台试验变压器串接，就是使几台变压器绕组的电压相叠加，从而使单台变压器的绝缘结构大为简化。

自耦式串级变压器是目前最常用的串级方式。在此法中高一级变压器的激磁电流由低一级变压器来供给。图1-6为由3台变压器所组成的串级装置，图中绕组1为低压绕组，2为高压绕组，3为供给高一级激磁用的串级激磁绕组。设该装置输出的额定试验容量为$3U_2I_2$(kV·A)，则最高一级变压器$T_3$的高压侧绕组额定电压为$U_2$(kV)，额定电流为$I_2$，装置的额定容量为$U_2I_2$(kV·A)。中间一台变压器$T_2$的装置额定容量为$2U_2I_2$(kV·A)。这是因为这台变压器除了要直接供应负荷$U_2I_2$(kV·A)的容量外，还得供给最高一级变压器$T_3$的激磁容量$U_2I_2$。同理，最下面一台变压器$T_1$应具有的装置额定容量为$3U_2I_2$(kV·A)。可见，每级变压器的装置容量是不相同的。令$U_2I_2=S$，当串级数为3时，串级变压器之输出额定容量为$S_{试}=3U_2I_2=3S$，而串级变压器整套设备的装置总容量应为各变压器装置容量

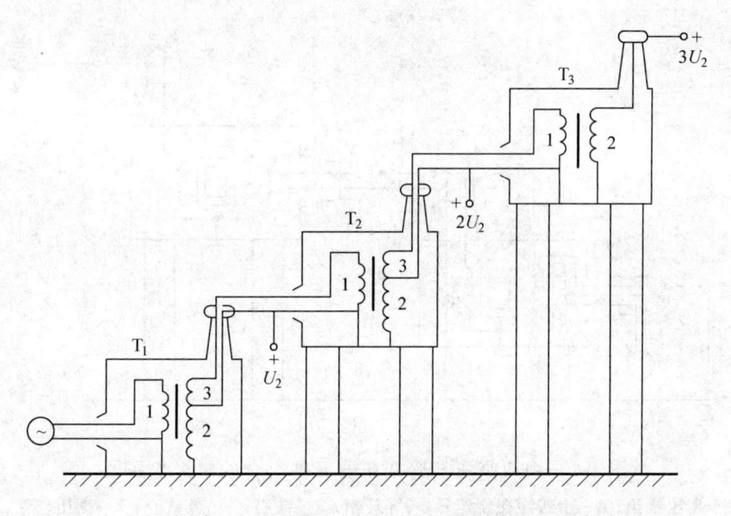


图 1-6 由单(高压)套管变压器元件组成的串级变压器示意图

之和,即

$$S_{装} = U_2 I_2 + 2U_2 I_2 + 3U_2 I_2 = (1+2+3)S = 6S$$

所以装置总容量 $S_{装}$ 与可用的试验容量 $S_{试}$ 之比为

$$\frac{S_{装}}{S_{试}} = \frac{6S}{3S} = 2$$

如果串级数为 $n$,则 $S_{试}=nU_2 I_2=nS$,而装置总容量

$$S_{装} = (1+2+3+\cdots+n)S = \frac{n(n+1)}{2}S$$

这样,在 $n$ 级时的串级装置的容量之和等于它的有用输出容量的 $\frac{n+1}{2}$ 倍,即 $\frac{S_{装}}{S_{试}}=\frac{n+1}{2}$。换言之,试验装置的利用率 $\eta=\frac{S_{试}}{S_{装}}=\frac{2}{n+1}$。所以随串级级数的增加,装置的利用率显著降低。这是这类串级试验变压器的一个缺点。一般串级级数 $n\leqslant 3\sim 4$。

由图 1-6 中可见串级变压器在稳态工作时各级变压器的电位分布情况。各级变压器的铁心和它的外壳接在一起,它们具有同一个电位。如图所示,最终的输出电压为 $3U_2$,则第三级变压器的外壳对地有 $2U_2$ 的电位差;第二级变压器的外壳对地有 $U_2$ 的电位差,所以需分别用相应的支柱绝缘子把它们对地绝缘起来。各级变压器的高压绕组 2 以及激磁绕组 3 对低压绕组 1 和外壳、铁心之间的主绝缘,只需要耐受 $U_2$ 水平的电压。同样,每级变压器的套管也只需耐受 $U_2$ 等级的电压。

国产 3×250 kV 的 YDC 型串级试验变压器就是采用图 1-6 所示的结构和接线。它的特点是每级变压器的高压绕组末端接外(铁)壳,每级变压器只有一个高压套管。

在试验电压水平较高时,还常采用双高压套管引出的试验变压器,每级变压器的高压绕组的中点接外(铁)壳(见图 1-7)。显然,其优点是可以降低绝缘水平。由于每个高压套管引出端对铁壳和铁心的压差是高压绕组总电压的一半,因此高压套管以及内部主绝缘的绝缘水平只要能耐受每级电压的一半就可以了。每一级变压器的外壳都带有一定的电位,所以每一级变压器都需有支柱绝缘子把它们对地绝缘起来。

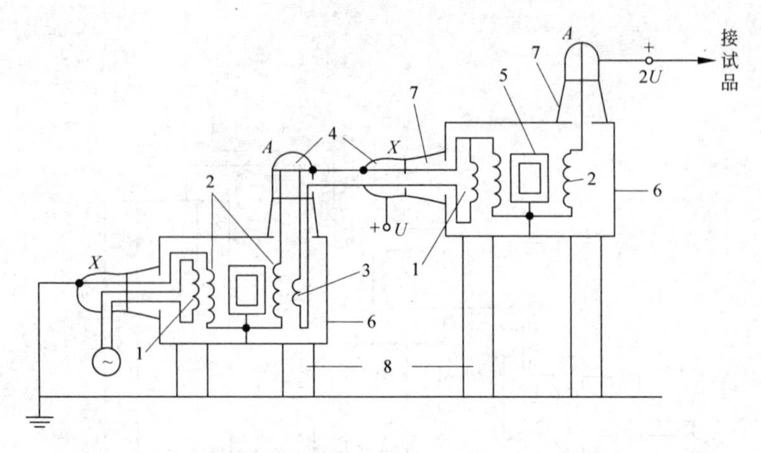


图 1-7　由双高压套管变压器元件组合的串级变压器

1—低压绕组；2—高压绕组；3—串级激磁绕组；4—屏蔽帽；5—铁心；6—外铁壳；7—高压套管；8—支柱绝缘子

注：本图未画出平衡绕组。

图 1-8 中所示的串级变压器的额定电压为 1000 kV，额定试验容量为 1000 kV・A，整个装置由 3 台 333 kV 变压器组成。每个高压套管的额定工作电压为 166 kV，每台变压器的外壳(由低到高)的对地电压分别为 166 kV、500 kV 及 833 kV。图中绕组 1 为一次绕组，2 为二次绕组，3 为第一级及第二级分别向高一级供电用的串级激磁绕组。为减小变压器的短路电抗，在最贴近铁心处绕有专门的平衡绕组(又称补偿绕组，其作用将在 1.3.2 节中论述)。每级变压器的平衡绕组 $c$—$d$ 接点处可以解开，以备连接改善正弦波形的 $L$-$C$ 调波回路。高压支柱绝缘子上装有固定电位的均压环，以使绝缘子上电压分布均匀。

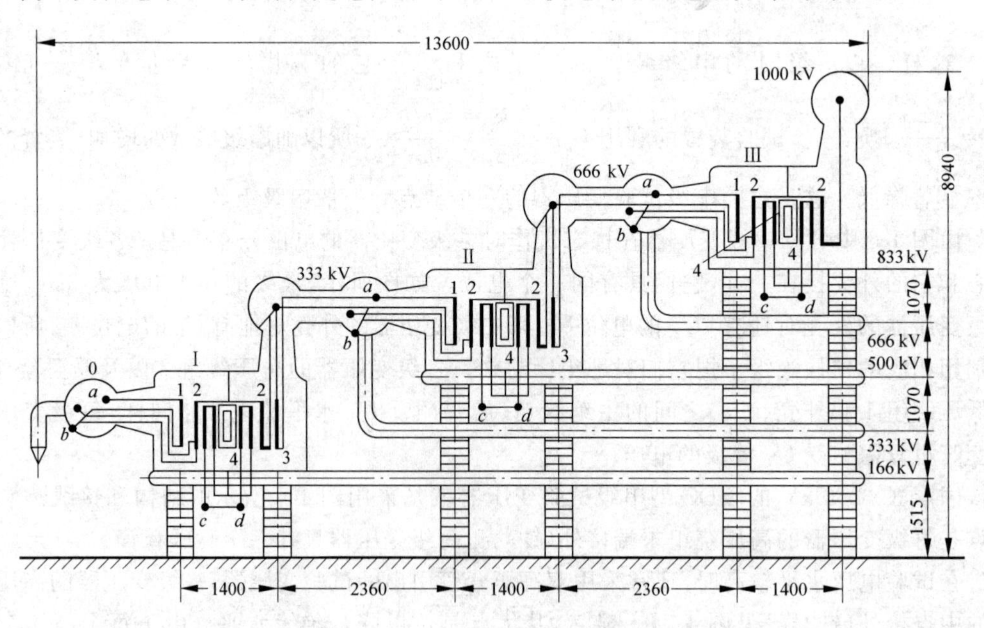


图 1-8　1000 kV 三级串级变压器结构简图

### 1.3.2 降低试验变压器短路电抗的内部结构措施

为了使试品在闪络下的短路电流不致太小，降低试验变压器的短路电抗是很必要的。

在电压等级相对较低的单高压套管的试验变压器中，为了减小短路电抗，有时采用铁心的左、右两柱均绕有低压绕组的方法，两低压绕组相并联，用以加强高、低压绕组之间的耦合，如图 1-9 中的绕组 1。

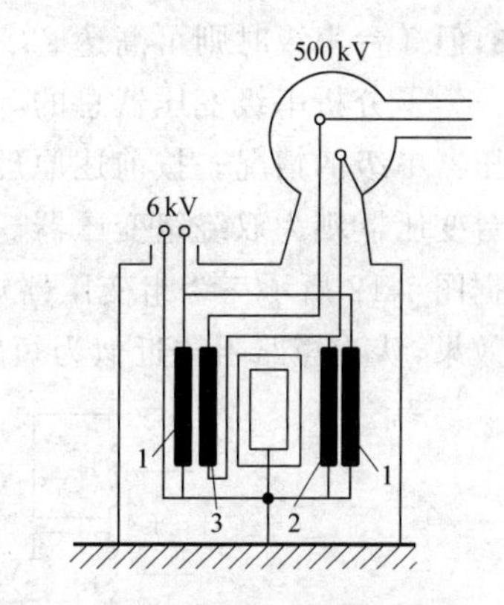


图 1-9 铁心两柱均绕有低压绕组的第一级串级变压器

1—低压绕组；2—高压绕组；3—供电给高一级的激磁绕组

双高压套管的串级变压器为了减少绝缘，二次侧高压绕组并不完全与一次侧低压绕组套装在同一个铁心柱上。如不采取一定的措施的话，变压器的短路电抗会太大。为了减小短路电抗，常在两个铁心柱上套装平衡绕组。关于平衡绕组我们首先说明下述几点。

(1) 左右两柱的平衡绕组的匝数各为 $N_{P1}$ 及 $N_{P2}$，两者的匝数是相同的，而且与一次侧低压绕组的匝数 $N_1$ 相同，即 $N_{P1}=N_{P2}=N_1$。

(2) 左右两柱的平衡绕组以同极性端相连接。两柱的平衡绕组的绕向不同时，应头与头接，尾与尾接，如图 1-10 所示；两柱的平衡绕组的绕向相同时，应互相头尾连接，如图 1-11 所示。

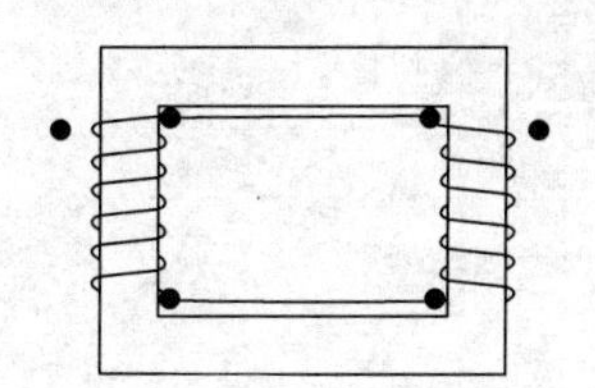

图 1-10 两柱上绕组绕向不一样的平衡绕组

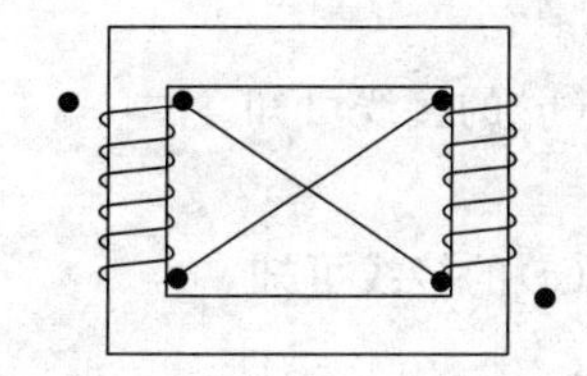

图 1-11 两柱上绕组绕向一样的平衡绕组

(3) 由于某种原因，在平衡绕组里流过某一电流时，因为该两绕组在整个铁心回路中的磁势是大小相等而方向相反的，所以整个铁心回路里不会因此而产生磁通。

(4) 若变压器一次侧绕组接上电源而激磁，在铁心回路中产生主磁通 $\Phi_m$，由 $\Phi_m$ 感应而产生的左、右两平衡绕组的感应电动势，也是大小相等、方向相反，平衡绕组不会因此而产生电流。

(5) 只有在左、右两侧平衡绕组所交链到的磁通量不相等时，两者所感应的电动势大小不等，才会流过电流。

平衡绕组的设置，使一、二次绕组之间不相交链的“漏”磁通大为减小，因而显著降低了短路电抗值[1]。

### 1.3.3 自耦式串级变压器的短路电抗计算

试验变压器的短路电抗如果过大，会严重降低试验设备的短路容量，从而会影响绝缘子湿闪或污闪电压的测试结果。另外，试验变压器经常接有电容性负载，当电容性电流流过试验变压器以及调压器的短路电抗时，将使输出电压超过由变压器一、二次侧电压比所确定的数值，因此试验变压器的短路电抗值不宜过大。单台试验变压器的阻抗电压一般为4.5%～9%，但3台串级时则可高达22%～40%。

为了分析串级变压器总的等效短路阻抗与每级变压器的短路阻抗的关系，现计算3台变压器串级的情况。按前述原理可知，前面的两台变压器实际为三绕组变压器，最高电位的一台变压器则为双绕组变压器。以符号L表示低压侧，H表示高压侧，K表示串级激磁侧。根据图1-12所示三绕组变压器短路试验的方法，可以分别测得每侧的短路阻抗值。忽略电阻效果，认为短路阻抗近似为短路电抗。

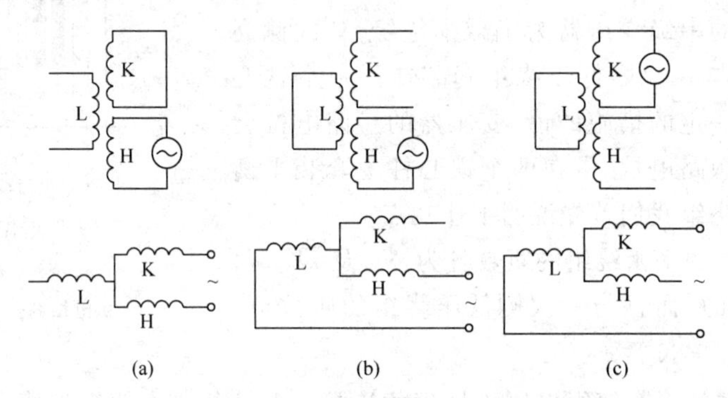


图1-12 三绕组变压器的短路试验

由图1-12(a)的接线可知

$$x_{HK} = x_H + x'_K$$

由图1-12(b)的接线可知

$$x_{HL} = x_H + x'_L$$

由图1-12(c)的接线可知

$$x'_{LK} = x'_L + x'_K$$

上述符号已表明，各短路电抗值是归算到H侧的。于是得

$$\begin{cases} x_H = \dfrac{1}{2}(x_{HL} + x_{HK} - x'_{KL}) \\ x'_L = \dfrac{1}{2}(x_{HL} + x'_{KL} - x_{HK}) \\ x'_K = \dfrac{1}{2}(x_{HK} + x'_{KL} - x_{HL}) \end{cases} \tag{1-4}$$

如图1-13所示，在略去激磁电流的条件下，可把变压器看成理想的三绕组或双绕组变压器与各侧相应短路电抗的叠加[2]。图中各绕组中的电抗及电流均已归算到各台变压器的高压侧。因串级激磁侧的绕组匝数 $N_K$ 与低压侧绕组的匝数 $N_L$ 相等，故 $N_H/N_L = N_H/N_K$。图1-13可以简化为图1-14的等效电路图，其中 $x_e$ 为归算到高压侧的总等效短路电抗值。根据等效前后的短路电抗上的无功功率值应相等的关系，可以得到

$$x_e I_H^2 = (x_{H1} + x_{H2} + x_{H3}) I_H^2 + x'_{K1} I'^2_{K1} + x'_{K2} I'^2_{K2} + x'_{L1} I'^2_{L1} + x'_{L2} I'^2_{L2} + x'_{L3} I'^2_{L3} \tag{1-5}$$

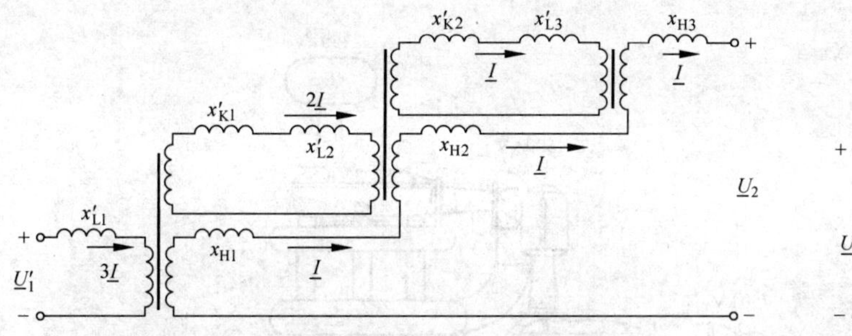


图 1-13 一个三级自耦串级的变压器等效回路图

注：根据国标 GB/T 2900.1—2008《电工术语 基本术语》规定，原表示电压、电流相量的$\dot{U}$、$\dot{I}$ 在本书中皆用$\underline{U}$、$\underline{I}$ 表示。下文中阻抗同样用$\underline{Z}$ 表示。

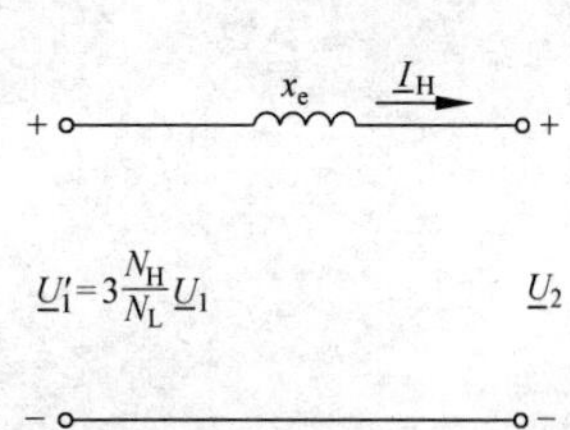


图 1-14 简化的等效回路

$x_e$—等效短路电抗的总值；$N_H$—高压绕组匝数；$N_L$—低压绕组匝数；$\underline{U}'_1$—低压侧电压归算到串级变压器高压侧电压

图 1-13 中已标出：$I_H=I$ 以及 $I'_{L1}=3I, I'_{K1}=I'_{L2}=2I, I'_{K2}=I'_{L3}=I$，其中 $I'_{K1}$、$I'_{K2}$、$I'_{L1}$、…分别表示流过 $K_1$、$K_2$、$L_1$、…绕组电流的高压侧折合值。式(1-5)整理后可得归算到高压侧的总等效短路电抗值为

$$x_e = x_{H1} + x_{H2} + x_{H3} + x'_{K2} + x'_{L3} + 4(x'_{K1} + x'_{L2}) + 9x'_{L1} \tag{1-6}$$

利用式(1-4)的关系，可以把式(1-6)改写为

$$x_e = 3x_{HL1} + 6x'_{KL1} - 2x_{HK1} + 2x_{HL2} + 2x'_{LK2} - x_{HK2} + x_{HL3} \tag{1-7}$$

由相同的计算方法，可得 $n$ 级串联的变压器归算到高压侧的总等效短路电抗值为[3]

$$x_e = \sum_{j=1}^{n}[x_{Hj} + (n-j)^2 x'_{Kj} + (n+1-j)^2 x'_{Lj}] \tag{1-8}$$

试以 $n=3$ 代入式(1-8)，便可获得与式(1-6)相同的结果。

若 3 台相互串接的变压器单元是完全一样的，则 $x_{H1}=x_{H2}=x_{H3}=x_H$，$x_{L1}=x_{L2}=x_{L3}=x_L$，$x_{K1}=x_{K2}=x_K$。从式(1-6)或式(1-8)可得归算到高压侧的总等效短路电抗值为

$$x_e = 3x_H + 5x'_K + 14x'_L \tag{1-9}$$

该结果比人们原先想象的 $3(x_H+x'_L)+2x'_K$ 数值大得多。

从式(1-6)至式(1-9)的结果可见，串级变压器的总等效短路电抗随级数 $n$ 增大而显著增大。

### 1.3.4 几种自耦式串级试验变压器的外形及结构

图 1-15 是 2250 kV/2250 kV·A 三级串级试验变压器的外形布置图。每台变压器的额定电压为 750 kV，最下面一台变压器的额定容量为 2250 kV·A，中间一台变压器的额定容量为 1500 kV·A，最高一台变压器的额定容量为 750 kV·A。相邻每级变压器套管之间的连接管是用来屏蔽套管间的连接线的。另外套管与本身同电位的均压环之间也设有联管。这些联管都是由金属做成的，要求表面光滑，它们起着固定电位及均匀电场的作用。

图 1-16 为国产 YDC 型 2250 kV/2250 kV·A 串级变压器中第一级变压器的内部绕组的连接概况图。

除了铁外壳的串级试验变压器外，还有一种绝缘外壳的串级变压器。它的变压器元件相互垂直地叠成圆柱形体，使整个结构比较轻便，而且布置紧凑，节省空间。通过铁轨或气垫装置可于试验时运至室外。图 1-17 是一台 1000 kV 绝缘外壳的串级试验变压器外形示意图，它是由两个 500 kV 变压器叠装而成的。

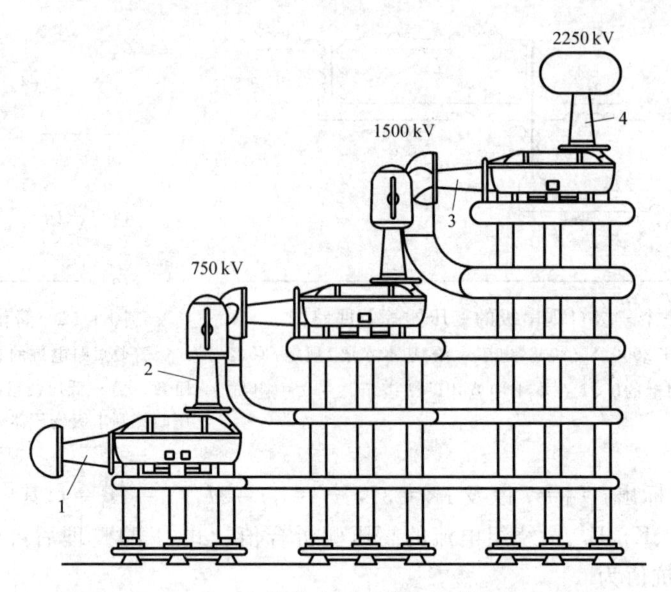


图 1-15　2250 kV 自耦式串级试验变压器的外形及结构

1,2,3,4—高压套管

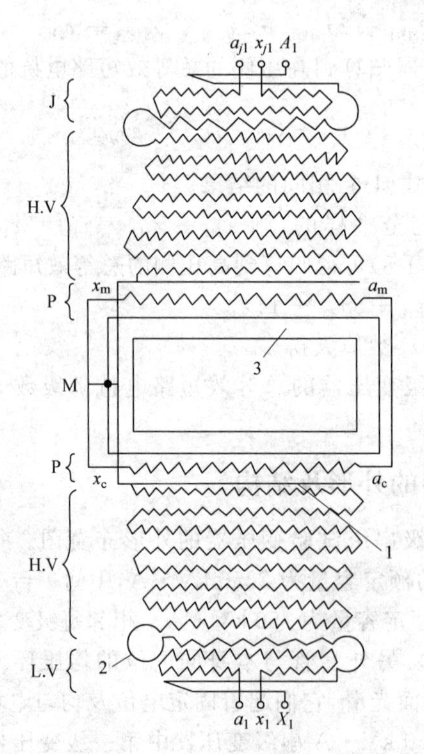


图 1-16　YDC 型 2250/750(2250/2250 的第一级)串级变压器绕组连接图

1—静电屏；2—静电环；3—铁心；L. V—低压绕组，$a_1$ 和 $x_1$ 分别为其头、尾出线；H. V—高压绕组，$A_1$ 和 $X_1$ 分别为其头、尾出线，M 为其中点；J—激磁绕组，$a_{j1}$ 和 $x_{j1}$ 分别为其头、尾出线；P—平衡绕组，$a_c$ 和 $x_c$、$a_m$ 和 $x_m$ 分别为两个平衡绕组的上、下引出线

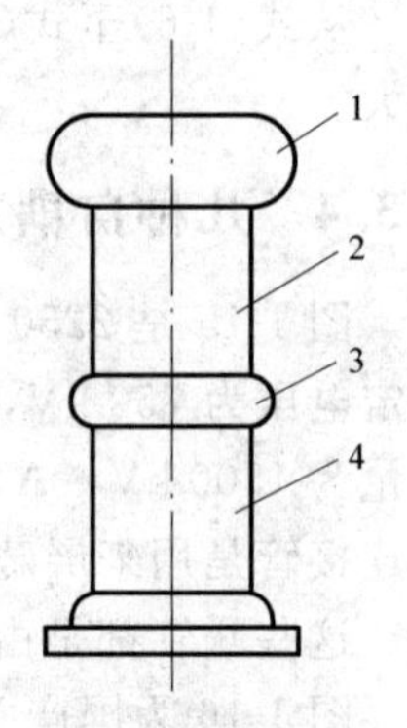


图 1-17　绝缘外壳的串级变压器

1,3—屏蔽；2,4—绝缘外壳

### 1.3.5 串级试验变压器的优缺点

串级试验变压器的优点如下：

(1) 单台变压器的电压不必太高，因此绝缘结构制作方便，绝缘的价格较便宜，每台变压器的重量也不会过重，运输及安装方便。

(2) 可以改接线，供三相试验。两台串级的情况，可改接为V形接线；三台串级的情况，可改接成Y或Δ形接线。也可以改接线，使变压器相互并联，以供给大的负荷电流。显然，改接为三相试验接线，或改为并联连接时，试验电压要相应地降低。

(3) 如需要低的试验电压时，可以只使用其中的一、两台变压器，使电源发电机的激磁不致过小，工作较易。而且串级变压器的台数少一些，可使总的试验回路的短路电抗大为减小。

(4) 每台变压器可以分开单独使用，这样工作地点可以有所增加。

(5) 一台变压器损坏时，其余的几台仍可以继续使用，损失相对可减小。

串级试验变压器的缺点如下：

(1) 在自耦式串级变压器的情况下，由于高一级变压器的容量需要由低一级来供给，故整个装置的利用率低。在用绝缘变压器供给诸级激磁的串级装置中，由于增加了绝缘变压器，整个装置的利用率也同样是低的。

(2) 由于激磁绕组及低压绕组中的漏抗或由于绝缘变压器中的漏抗，当级数增多时，总的电抗增加甚剧。故一般认为串级数不应超过四级。

(3) 发生过电压时，各级间瞬态电压分布不均匀，可能发生套管闪络及激磁绕组中的绝缘故障。

## 1.4 高电压试验变压器的调压装置

对调压的基本要求是：

(1) 调压要从零开始，要均匀平滑，每级电压的变动要很小。

(2) 升压速度在放电或耐受电压的前75%时，可以较快速度上增，但在后25%时应能控制每秒升压不超过放电或耐受电压的2%。

(3) 经调压器输出的电压波形应保持为正弦波形。

(4) 调压应处于稳定的工作状态下。

常用的调压设备有自耦调压器、移圈式调压器、电动发电机组，以及不常应用的感应式调压器。现分述前三种调压设备的简单原理和优缺点。

### 1.4.1 自耦调压器

自耦调压器的原理接线如图1-18所示，它实际上就是自耦变压器，只是它的二次侧电压抽头不是固定的，而是用滑动碳刷触头或滚动触头沿着绕组移动，变为可调的。小容量的自耦调压器容量一般小于等于20 kV·A。用碳刷触头调压，实际是分级调压，只不过每级分得较细，每级电压

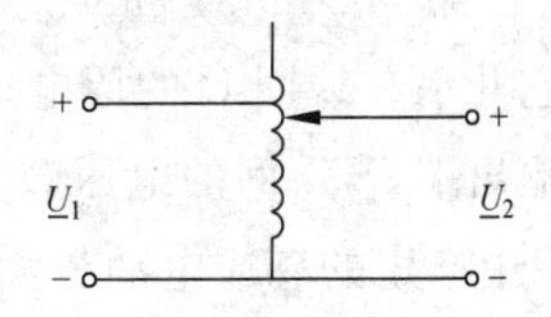


图1-18 自耦调压器原理接线图

的变化不超过2%。这种小容量调压器价格不贵、携带方便、漏抗小、波形较好，在小容量试验中大量采用。用油绝缘的自耦调压器，容量可达50 kV·A至几百 kV·A。新型产品采用特殊的滚动触头调压，调压过程不产生火花。输出电压在50%额定电压以上时阻抗电压较低，输出电压波形畸变小，输出电压与输入电压同相位。

### 1.4.2 移圈式调压器

移圈式调压器的原理接线如图1-19(a)所示；结构如图1-19(b)所示。图中线圈C和D匝数相等而绕向相反，两线圈互相串联。线圈K是一个短路线圈，它套在线圈C和D之外，可以上下移动，由此而起调节电压的作用。K的匝数与C和D相同。

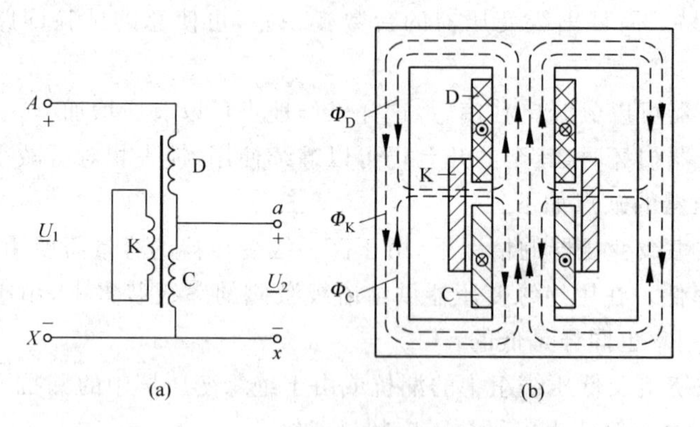


图1-19 移圈式调压器原理接线及结构

(a) 原理接线；(b) 结构

当$A$—$X$端加上电源电压$\underline{U}_1$后，假若不存在短路线圈K，则线圈C和D的压降各为$U_1/2$。由于绕向相反，它们所产生的主磁通$\Phi_C$及$\Phi_D$的方向也相反，$\Phi_C$和$\Phi_D$只能分别穿过非导磁材料(干式主要是空气，油浸式则为油介质)自成闭合磁路，如图1-19(b)所示。现在，在线圈C和D旁还存在短路线圈K，当K的位置偏于一边时，主磁通$\Phi_C$和$\Phi_D$将分别在K中产生方向和大小都不相等的电动势，并且在K中流过某一短路电流，此电流在铁心中产生闭合的磁通$\Phi_K$，$\Phi_K$也会在线圈C和D中产生感应电动势，此感应电动势的方向和大小随K的位置而改变。让我们来看三种K的位置的情况。如果在图1-19中移动K至最下端，可认为这时只有线圈C的磁通$\Phi_C$与K相交链，而线圈D的磁通$\Phi_D$几乎不与K交链。因此，K所产生的磁通$\Phi_K$几乎与$\Phi_C$大小相等、方向相反，所以$\Phi_K$在线圈C中感应产生的电动势几乎与C中的原电动势数值相等而方向相反。因此这时在C上几乎没有电压降落，电源电压$U_1$几乎全降落在线圈D上。与不存在K的情况相比，此时K所产生的磁通$\Phi_K$起了加强$\Phi_D$的作用。由接线图1-19(a)可见，这时输出端$a-x$上的电压$U_2=0$。当短路圈K移至最上端时，$\Phi_K$几乎和$\Phi_D$大小相等、方向相反，所以$\Phi_K$将在线圈D上产生一个感应电动势，它几乎和线圈D的原电动势大小相等而方向相反。电源电压$U_1$几乎全部降在线圈C上，输出端$a-x$间的电压$U_2 \approx U_1$。当线圈K处于线圈C与D的正中央时，由于$\Phi_C$与$\Phi_D$在K中产生的感应电动势大小相等方向相反，K中不存在短路电流，所以不会产生$\Phi_K$，此时如同不存在K的情况一样，输出端$a-x$上的电压$U_2=U_1/2$。由上述过程可见，当将短路线圈 K 由最下端连续而平稳地向上移动至最上端时，$a-x$ 端上的输出电压 $U_2$ 也将由零逐渐升至电压的最大值。如果希望 $U_2$ 的调节值超过 $U_1$，则可在线圈 C 上增加一个辅助线圈 E，主线圈 C 和线圈 E 之间可以相互自耦连接，构成自耦变压器关系，如图 1-20 的原理接线图所示。

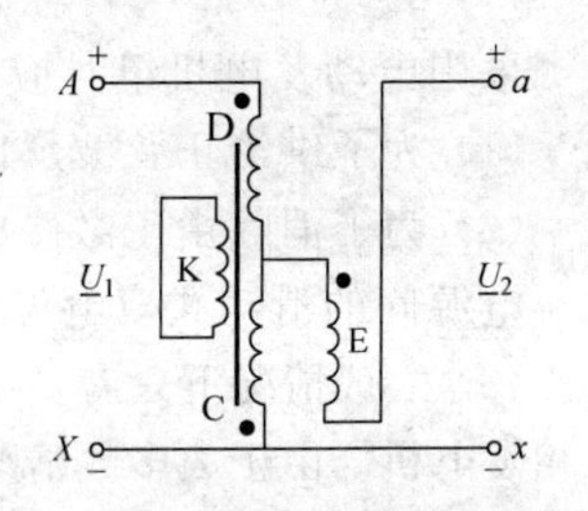


图 1-20 具有自耦辅助线圈的移圈调压器

移圈调压器短路电抗不是固定数值，它随短路线圈 K 的位置不同而在很大范围内改变，所以短路电抗值与输出电压相关。如上所述，调压过程中线圈 C 和 D 的感抗在变化，也由此而改变两者的电压分布。如图 1-20 所示的调压器，其短路电抗就是线圈 C 和 E 之间的漏抗加上线圈 D 的感抗。当短路线圈 K 处于最下位置即输出电压为零时，D 的感抗为最大，这时即使把输出端 $a$—$x$ 短路，原边电流也不大，只有额定电流的几分之一，这表明调压器的等效短路电抗很大。随着短路线圈 K 向上移，D 的感抗减小，短路电抗也减小。当 K 处于最上端，即处在输出电压为最大值的位置时，D 的感抗最小，此时等效短路电抗也为最小。一台移圈调压器的短路电抗与输出电压的关系如图 1-21 所示，图中 $U_K$ 为短路电压(抗)的标幺值，$S$ 为线圈 K 的行程，$S=1$ 相当于 K 处于最上端(见图 1-20)，即相当于输出电压为最大的时候。这种调压器由于短路电抗大，因而减小了工频高压试验下的短路容量。短路电抗随调压值而变化，可能使调压过程中整个试验回路系统发生串联谐振，由此会形成过电压事故。移圈调压器的主磁通要经过一段非导磁材料，其磁阻很大，因此空载电流很大，为额定电流的 1/4～1/3。由于铁心不易饱和，这一点使输出波形畸变的因素有所减弱。但试验变压器的激磁电流在电抗上的压降，仍会导致变压器产生的电压波形有所畸变。

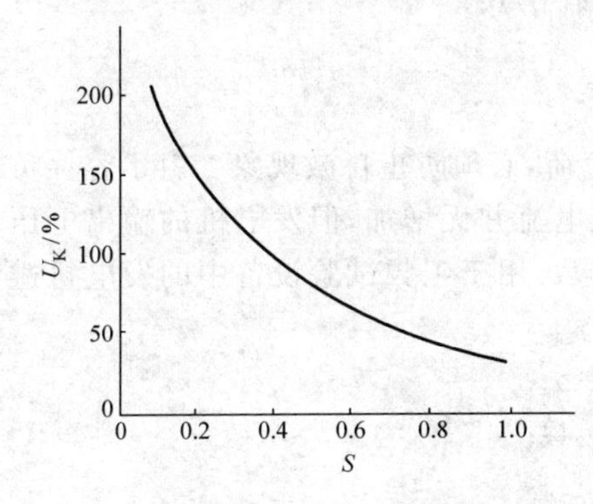


图 1-21 短路电压 $U_K$ 与行程 $S$ 的关系

$S$—线圈 K 的行程，$S=1$ 相当于输出电压为最大

由于移圈调压器没有滑动触头，容量能做得较大，即容量范围可为几十 kV·A 到几千 kV·A。目前我国已能生产 10 kV/2500 kV·A 的移圈调压器，这种调压器的缺点之一是体积较大。容量较大的移圈调压器，常做成三个铁心，它们各有自己的线圈，三个短路线圈由同一个升降机构带动，可由一个电动机经蜗轮蜗杆来移动短路线圈。作为单相调压器使用时，三个初级线圈和三个次级线圈分别并联，三个线圈拆开可按星形连接作为三相调压器使用。

附录 A 表 A2 中列出部分移圈式调压器的型号及规格。

### 1.4.3 电动发电机组

由电动机带动同步发电机的转子旋转，通过调节发电机的激磁电流来调节发电机的输出电压。这种方法(见图 1-22)的优点是可以均匀平滑地调压，可不受电网电压波动的影响，并可以供给正弦的电压波形。

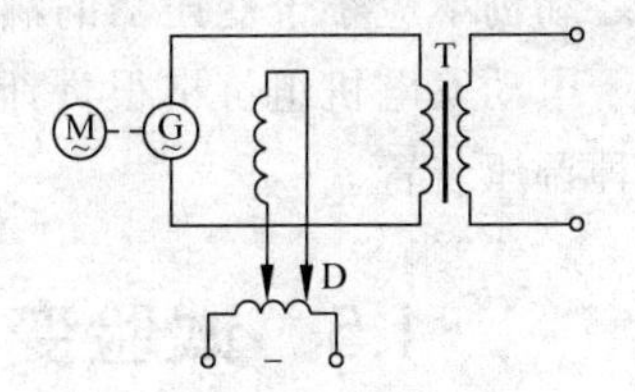


图 1-22 电动机发电机组调压示意图

M—电动机；G—发电机；T—变压器；D—双电位计

采用电动发电机组时应注意下列几点：

(1) 为了供给正弦波形的电压，发电机必须是经过特殊设计的正弦波发电机。

(2) 为了消除由于激磁的剩磁所引起的残压，而使调压从零开始，最好采用跨接在恒定直流电源间的滑动式双电位计来调节激磁。

(3) 一般情况下只需要单相发电机，但串级试验变压器有时可作三相运行，所以此时需要三相发电机。由于大多数情况下，还是在单相运行，因此要求发电机不仅能满足串级试验变压器三相运行时的容量需要，还应满足单相运行时的容量需要。通常采用三相发电机两相运行，其两相运行时的输出容量，为发电机额定容量的$1/\sqrt{3}$，它应等于试验变压器的容量。

(4) 拖动发电机所用的电动机可分异步电动机、同步电动机及直流电动机三种。如用异步电动机，就无法供给电网频率的输出电压，但其频率可接近于电网频率；如用同步电动机，则频率受电网频率的限制；如用直流电动机则可任意变动转速，获得所需的各种频率。拖动电动机的功率$P_M$可按下式计算：

$$P_M = KS_G\cos\varphi/\eta$$

式中，$S_G$——发电机实际输出容量，kV·A；

$\cos\varphi$——发电机负载的功率因数，容性负载时取0.1；

$\eta$——电动机的效率，可取0.9左右；

$K$——裕度系数，取1.1～1.2。

(5) 做高压试验时，发电机输出端常常为电容负荷，必须防止自激现象。由于容性负载电流大于一定值时，容性电流起助磁作用，虽然激磁电流并无增加，但发电机的输出电压却失去控制突然上升好几倍，这种现象称为发电机自激。用于工频试验设备中的发电机避免自激的条件是

$$x_C > x_d + x_2 + x_r$$

式中，$x_C$——折算到发电机端的负载容抗，$x_C = 1/\omega C$；

$x_d$——发电机的同步阻抗；

$x_2$——发电机的逆序阻抗；

$x_r$——试验变压器的短路电抗。

为避免发电机的自激，在容性负载大时，可在发电机端并联补偿电抗器，设$x_L$为并联电抗器的感抗，则发电机不自激的条件为

$$x_C > \frac{(x_d + x_2)x_L}{x_d + x_2 + x_L} + x_r$$

在有电抗器补偿时，对容性试品来说，发电机容量可以选小一些，但其容量与电抗器容量之和仍不应小于变压器的额定容量。

电动发电机组价格很贵，因此只有在对试验要求较高或有特殊要求的试验室里才采用这种调压装置。

## 1.5　试验变压器输出电压的升高及波形畸变

### 1.5.1　容性试品上的电压升高及引起的测量误差

工频高压试验变压器上所接的试品，绝大多数是电容性的。在通过试验变压器施加工频高压时，往往会在容性试品上产生“容升”效应。也就是说，实际作用到试品上的电压值会

超过按变比高压侧所应输出的电压值。试品的电容以及试验变压器的漏抗越大，则"容升"效应越明显。由电机学内容中知道，如略去激磁电流，试验变压器的等效电路可以简化成图 1-23。图中 $r_K + jx_K$ 为总漏阻抗。设 $\underline{U}_{rK} = r_K \underline{I}_2$，$\underline{U}_{xK} = jx_K \underline{I}_2$，则相应于图 1-23 的电压、电流的相量图如图 1-24 所示。由图可见，当高压试验变压器的漏抗 $x_K$ 和试品电容均较大时，在试品上出现的 $U_2$ 电压值超过按变比换算所应得到的 $U_1'$。由此说明，用试验变压器的一次侧（低压侧）的电压按变比求二次侧（高压侧）电压常是不准确的。

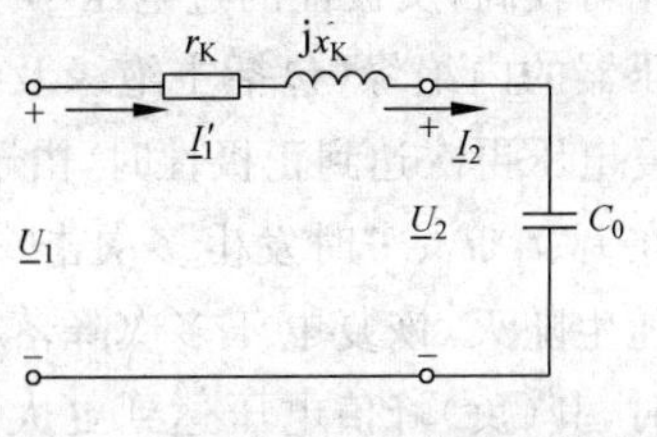


图 1-23　试验变压器的简化等效电路图

一般高于 100 kV 的试验变压器常备有第三个绕组专供测量电压之用，它的匝数是高压绕组匝数的千分之一，因此接上去的电压表的读数，就是以 kV 为单位的被测电压值。用此测量绕组进行电压测量的误差相对较小，因为此时可以减小高压绕组的漏抗对测量的影响。测量绕组最好设置在高压绕组的 $X$ 端（接地端）附近（见图 1-25），这样可在结构上保证该绕组与高压绕组之间有较好的耦合，因此可使测量误差相对更小。但尽管如此，由于试品的负荷效应所引起的测量误差仍然是不可避免的，特别是在串级装置中，由于各级高压绕组的电压分布不均匀，只用第一级变压器的测量绕组的电压简单地换算整个串级装置的电压是不可行的。所以，应在一定的试品下作出测量绕组的电压与输出高压之间的校订曲线。

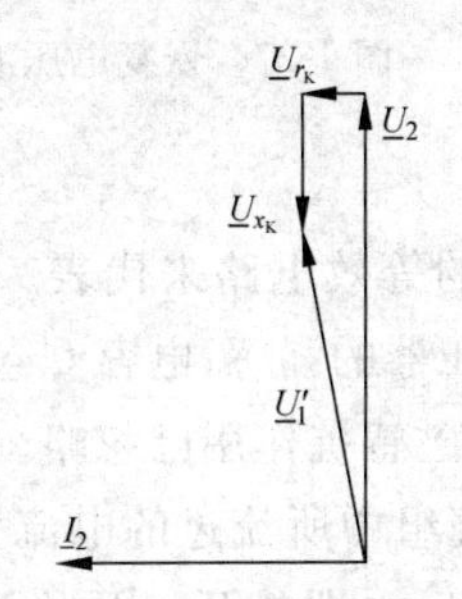


图 1-24　试验变压器接容性试品后的电压相量图

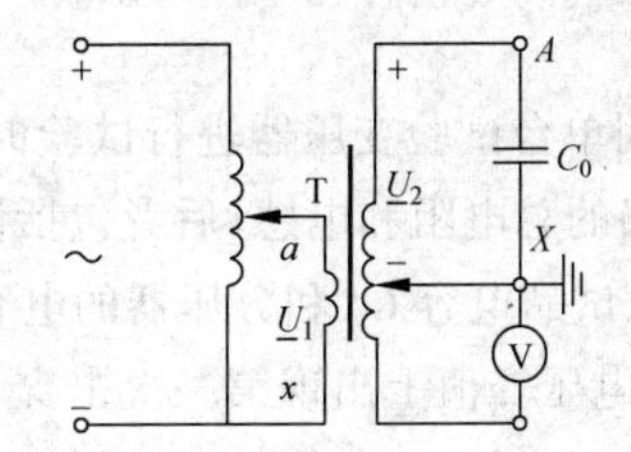


图 1-25　100 kV 及以上试验变压器常具有的测量绕组图

此外，试验变压器的负荷电容还可能与变压器及调压器的漏抗形成串联谐振，造成过电压事故。由于某些调压器的漏抗与调压位置有关，所以过电压可以在调压过程中突然发生。为预防此类过电压的发生，试品应并接球隙进行保护。

## 1.5.2　试品击穿引起的恢复过电压及防止方法

当工频试验变压器供作空气间隙的交流击穿试验之用时，由于空气间隙的击穿具有极性效应，所以第一次击穿通常出现在交流电压正半周的峰值上。在这一瞬间击穿时，变压器绕组中流过的电流为零。由图 1-26 所示的试验等效电路可知，维持击穿的电弧的直接能源仅是试品的电容 $C_0$、变压器本身的等效电容 $C_T$ 和分压器的电容 $C_D$ 上所储存的电能。由于所供给的电流可能达不到足以维持电弧所需的水平，于是电弧就熄灭了。随着电弧的熄灭，输出电压再次建立起来，同时可在负半周产生一个比原峰值高的过电压，其波形如图 1-27 所示（采用相对值，峰值电压为 1）。因为在不均匀电场下空气间隙的负极性击穿电压相对较高，负极性的过电压不一定会产生击穿，但因此而造成过高的电压可能会损伤试验变压器的内绝缘(包括主绝缘及匝间绝缘)，也可能会损伤试品的内部油浸纸绝缘。实际上，恢复电压再次达到正极性时，由于空气间隙的正极性击穿电压较低可再次形成击穿。图1-27中在 $t_1$、$t_2$、$t_3$、…时发生多次击穿，但由于变压器供给的能量不足以维持电弧稳定燃烧，故电弧随生随灭，恢复电压多次降落又多次重建。在多次击穿之后所形成的恢复电压到达负半周时，其(负)峰值电压达到更大的数值。首次击穿之后的负的峰值可能比正常值高50%，而多次击穿之后可能产生比正常值高100%的(负极性)过电压。

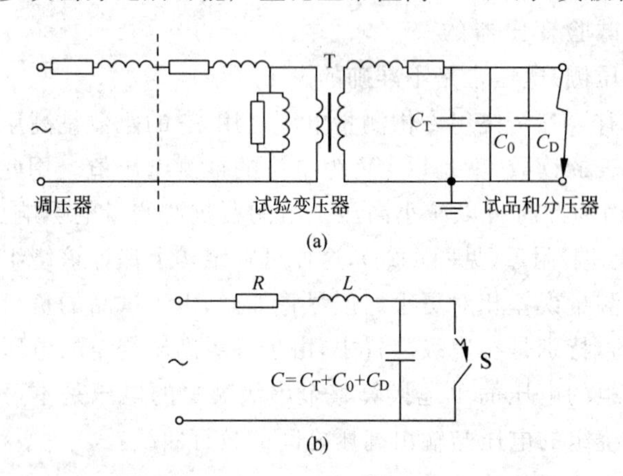


图1-26 交流试验装置的等效电路
(a) 全等效电路；(b) 简化等效电路

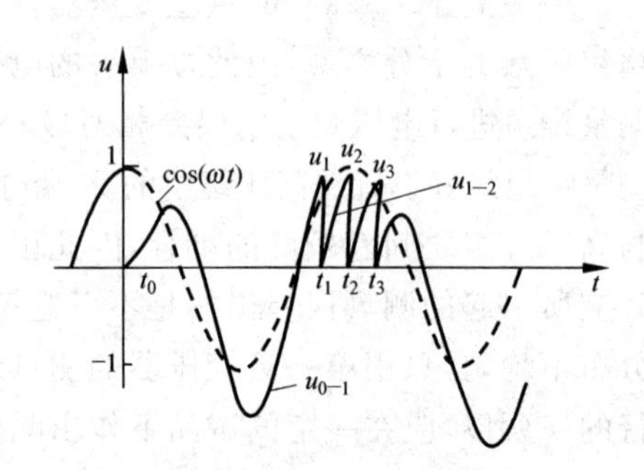


图1-27 恢复电压波形

当仅采用单台试验变压器进行试验时，可用图1-26(b)的等效电路来代表。其中 $R$ 和 $L$ 分别表示回路的总电阻和电感，后者包括调压器的感抗和变压器的漏感，电容 $C$ 包括变压器的等效电容 $C_T$、试品电容 $C_0$ 和分压器的电容 $C_D$。变压器的激磁感抗作用已忽略。在计算过电压时，假定在电压峰值上出现第一次击穿，且此时在变压器绕组中所流过的电流为零，并假定击穿的持续时间极短。开关S模仿电弧在 $t=t_0$ 时闭合，然后立即打开。开关S合上时，电容 $C$ 放电，$C$ 上电压为零。S打开时，$C$ 两端的电压开始从 $t_0$ 时的零值重新建立起来。电容 $C$ 两端的恢复电压的波形如图1-27中的 $u_{0-1}$。其数学表达式可由下面的推导过程求出。

加电源电压 $U_m\cos(\omega t-\theta)$ 于 $R$-$L$-$C$ 等效电路上，可得下列微分方程：

$$L\frac{\mathrm{d}i}{\mathrm{d}t}+Ri+u_C=U_m\cos(\omega t-\theta)$$

若令 $u_C$ 为电容 $C$ 上的电压，则上式可改写为

$$LC\frac{\mathrm{d}^2u_C}{\mathrm{d}t^2}+RC\frac{\mathrm{d}u_C}{\mathrm{d}t}+u_C=U_m\cos(\omega t-\theta)$$

$u_{0-1}$ 表示刀闸第一次短接又立即拉开后电容 $C$ 上的电压。由电路过渡过程的规律可知，$u_{0-1}$ 应由两个分量构成：一个为电压的稳态分量，另一个为电压的瞬态分量。

设回路的衰减(阻尼)系数 $\alpha=R/(2L)$，回路的固有振荡角频率 $\beta=\sqrt{1/(LC)-R^2/(4L^2)}$。在 $\beta^2>0$ 的条件下，利用 $t=t_0=0$ 时 $u_{0-1}=0$ 及回路电流 $i_0=0$ 的起始条件，可以求得[4]峰值归一化下的 $u_{0-1}$ 表达式如下：

$$u_{0-1}=\cos(\omega t)-[\cos(\beta t)+(\alpha/\beta)\sin(\beta t)]\exp(-\alpha t) \tag{1-10}$$

式中，等号右侧的第一项为电压的稳态分量，第二项为电压的瞬态分量。在一定条件下，经过简化处理，还可求出在 $t_1$ 时再次重燃之后的 $u_{1-2}$ 及多次击穿后的波形大致如图 1-27 所示。

由于试验变压器及调压器具有一定的铁损和铜损，所以出现的恢复过电压值受阻尼衰减的作用而大为下降。上述的分析使我们定性了解到，由于多次击穿可以产生较高的恢复过电压，当试验变压器在产生较高的过电压时，应采取措施予以防止。

防止此种过电压的措施如下。

(1) 用球隙与试品相并联以限制过电压值(见图 1-28(a))

球隙在两种极性下的放电电压几乎是相同的，调节球隙的击穿电压稍高于试验电压，就可以在任何水平和试验回路参数下起限制过电压的作用。不过，球隙放电有分散性，尤其在灰尘、小虫等作用下常会发生异常放电。当试验电压较高时，铜球的尺寸又嫌太大，因此这项技术措施仅比较适用于试验电压较低的室内试验的情况下。

(2) 试验变压器二次侧(高压侧)绕组串联电阻(见图 1-28(b))

在二次侧串电阻可避免在一次侧串电阻的缺点。二次侧的串联电阻除了起阻尼作用和限流作用外，还可延长变压器自身电容所储电能向击穿通道放电的时间，以使工频电流来得及增长到维持电弧处于导电状态，避免电弧熄灭，从而防止过电压的产生。试验变压器高压侧串接几千欧到几万欧电阻，是现行规程所要求的，是实践中经常采用的。其主要目的是防止试品击穿所造成的截波对试验变压器绕组纵向绝缘(匝间、线饼间的绝缘)所产生的梯度过电压的作用，因为串联电阻和变压器自身电容的共同作用可把陡波削平。

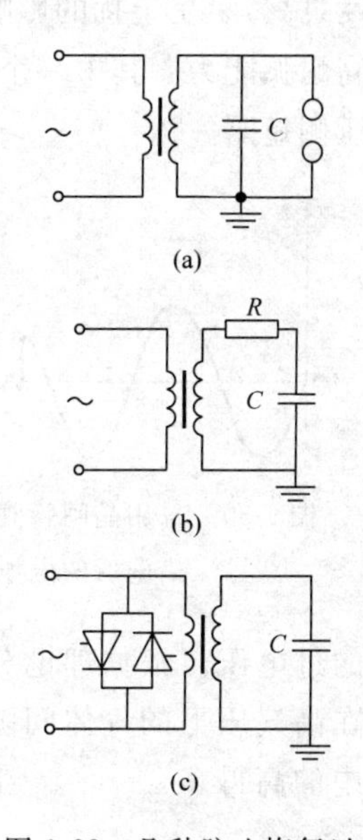

图 1-28 几种防止恢复过电压的方法

(3) 试验变压器一次侧并联高速保护开关(见图 1-28(c))

这是一项新发展起来的保护试验变压器的技术措施，其保护回路的方块图如图 1-29 所示[4]。

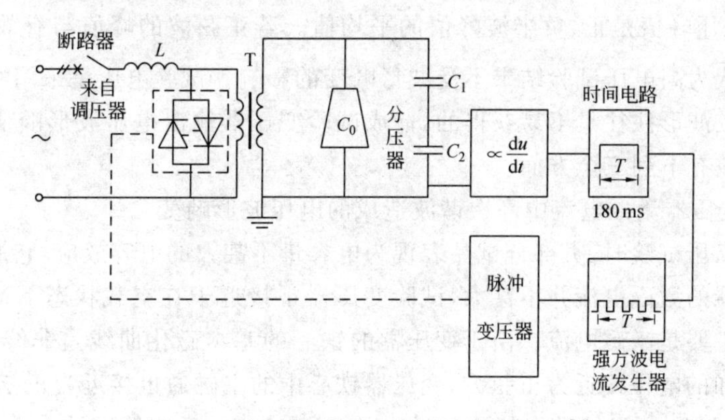

图 1-29 利用晶闸管防止过电压的原理图[4]

当试品击穿时，电压突然变化，$du/dt$ 很大。从电容分压器的低压侧取出信号，经过反映 $du/dt$ 大小的单元，可得到 10 V～100 V 的电压，经整流、滤波变换成高频电流，再经脉冲变压器输送给并联在低压侧的一对反向连接的晶闸管阀体的控制级，使晶闸管阀导通，于是试验变压器的低压绕组短路，高压侧亦随即失去能源，因而无法产生过电压。图中 $L$ 是电抗器，它在晶闸管阀导通时起限流作用。时间电路是用来限制晶闸管阀的导通时间的，使之小于 10 个周期。

为了避免干扰造成不必要的点火，必须仔细屏蔽整个保护回路。若考虑到晶闸管灵敏度过高，易受干扰的影响，可以改用铜的圆盘平板电极来代替晶闸管阀，电极表面喷钨，以提高耐弧能力。其中一个电极有点火间隙，通过脉冲点火使平板电极击穿，形成试验变压器低压侧短路。

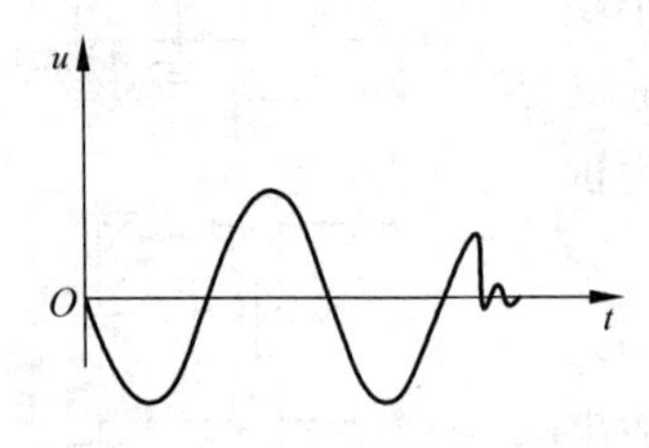

图 1-30 采用晶闸管阀防护措施后的电压波形

采用这种保护方式的击穿后的电压波形如图 1-30 所示，没有多次重燃和熄灭，因而可有效地限制试品击穿后的恢复过电压。

试品击穿后出现过电压必须具备两个条件：①必须熄弧，在间隙上才有可能出现恢复电压；②间隙多次重燃，才有可能出现较大峰值的过电压。油间隙试验比较容易满足这两个条件。因为油间隙的去电离作用比较强，电弧容易熄灭，又因为油的电气强度高，在油间隙上容易出现较大峰值的过电压。根据理论分析和实际测量，油间隙击穿所引起的恢复过电压可达 2 倍左右。在高气压下的气体间隙与油间隙有类似情况，击穿后熄弧所引起的恢复过电压比在大气中的高得多。

## 1.5.3 试验变压器输出电压的波形失真及改善措施

试验电压的频率和波形对各种试验是有不同程度的影响的。IEC 60060-1 标准规定试验电压一般应是频率为 45 Hz～65 Hz 的交流电。按有关设备标准的规定，有些特殊试验可能要求频率远低于或高于这一范围。中国国家标准 GB/T 16927.1 规定的频率范围为 45Hz～55Hz。试验电压的波形应为近似正弦波，且正半波峰值与负半波峰值的幅差应小于 2%。交流电压峰值是正、负半波峰值的平均值。若正弦波的峰值与有效值之比在$\sqrt{2}$的$\pm5\%$以内，则认为高电压试验结果不受波形畸变的影响。试验电压是采用峰值除以$\sqrt{2}$。

纯正的正弦波形往往是不易获得的，造成试验变压器输出电压波形畸变的原因及消除畸变的方法大致有下列三个方面。

(1) 试验变压器激磁电流中高次谐波造成的电压波形畸变

通常工频高压试验时，大部分试品表现为电容量不甚大的电容效应，它所造成的负荷电流相对于变压器的激磁电流并不甚大，试验变压器常接近于在空载状态下运行。在变压器一次侧流过的主要是激磁电流。由于变压器的铁心的基本磁化曲线是非线性的，因此若变压器一次侧所加的电压接近为正弦波，变压器铁心中的主磁通也接近为正弦形，这样激磁电流 $i_0$ 就是非正弦的，也就是说除基波分量之外，还有三次、五次等谐波分量，激磁电流呈尖顶波形。当试验变压器的前面接有调压器而且调压器的漏抗较大时，非正弦的激磁电流 $i_0$

就会在其上产生非正弦压降 $u_3$，见图 1-31。如果电源电压 $u_1$ 为正弦波，则因 $u_1=u_1'+u_3$，因此试验变压器的一次侧电压 $u_1'$ 必为非正弦的，变压器的高压侧输出电压 $u_2$ 也因此而为非正弦的。变压器铁心中磁通的饱和程度越大，而且电源线路和调压装置的阻抗越大，则电压波形畸变越严重。另外，激磁电流与总电流之比越大，则波形畸变也越大。

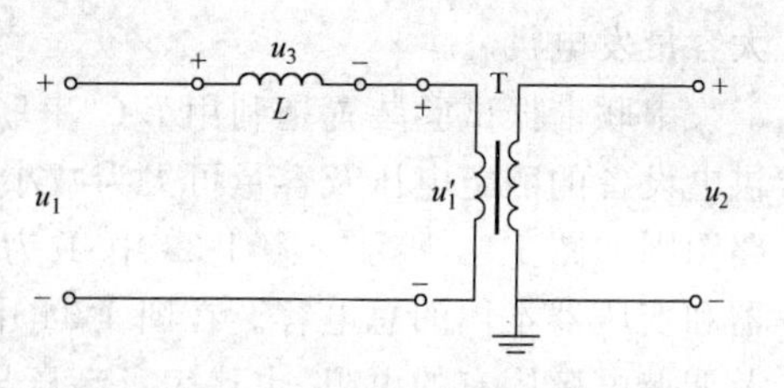

图 1-31 考虑调压器漏抗 $L$ 后的试验变压器线路

变压器二次侧为容性负载，相比于其他性质的负载来说，也使畸变加剧。因为容性负载对高次谐波电压来说阻抗较小，故高次谐波电流相对较大，这些高次谐波电流在调压器及变压器本身的阻抗中所产生的压降将使输出电压的畸变加剧。

综上所述，造成试验变压器输出波形畸变的最主要的原因是由于试验变压器的铁心在使用到磁化曲线的饱和段时，激磁电流呈非正弦波。为了减少波形畸变，应该使变压器铁心避免在较饱和情况下运行，且变压器和调压器的漏抗都应较小。但有时不可能具备上述条件，为了改善波形，可以如图 1-32 所示，在试验变压器的一次侧并联一个 $L$-$C$ 串联谐振回路。若考虑主要需减弱三次谐波，则 $L$-$C$ 回路可按 $3\omega L=1/(3\omega C)$ 来选择其参数，$\omega$ 为基波角频率，也即为 $100\pi$。这样使激磁电流中的三次谐波分量具有了短路回路，避免在调压器的漏抗上产生三次谐波压降，以保证 $u_1'$ 基本上为正弦波。若还存在五次谐波成分的影响，则可再并联另一个 $L'$-$C'$ 串联谐振回路，按 $5\omega L'=1/(5\omega C')$ 来选择其参数。这样，波形就可大为改善。但一般情况下为了不显著增加调压设备的容量，选择滤波电容时，应考虑流过滤波回路的交流电流不要太大。一般推荐电容 $C$ 值为 6 μF～10 μF。

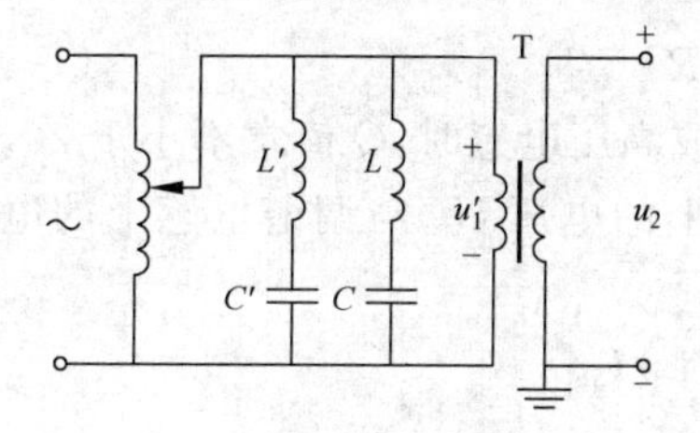

图 1-32 试验变压器一次侧并联 $L$-$C$ 谐振回路以改善波形

(2) 调压装置铁心饱和造成的电压波形畸变

前面已经讲过，对于移圈式调压器来说，磁通穿过较大一段非导磁材料，铁心基本上是线性的。正弦波发电机在设计时采用了特殊绕组，可以产生正弦波电压。而对于某些调压器(如感应调压器)由于磁路中或多或少存在着饱和现象，输出波形不一定能保证是正弦的。

(3) 含谐波成分电源造成的电压波形畸变

由于电源电压(电网)不是正弦波，即电源电压本身含有谐波成分，则不管什么调压装置都不能供应正弦电压。我们知道一般高次谐波中的三次及五次谐波起主要作用，假若加到试验变压器的电压不是电源的相电压而是电源的线电压，那么电源中的三次谐波就被“抵消”了，变压器输出电压波形便可得到改善。同样，如试验要求较高，则可以采用电动发电机组来作为电源，以确保波形为正弦波。

## 1.6 交流高压串联谐振试验装置

为了适应具有大电容量试品的工频耐压试验需要，一些部门装置了交流高压串联谐振试验设备。具有大电容量的试品通常是指电缆、六氟化硫管道、电容器以及容量大于等于 300 MW 的大容量发电机。

串联谐振试验装置是利用 $L$-$C$ 串联谐振的原理，使试品能受到交流高电压的作用，而供电设备的额定电压及容量可大为减小。其原理性的试验接线如图 1-33 所示，而其等效电路图则如图 1-34 所示。图 1-33 中 T 为供电变压器，$L$ 是调谐用可变电感，$C$ 为试品及分压器和变压器本体的总电容。在图 1-34 中，$R$ 是代表回路中实际存在的总电阻，它包括引线及调谐电感固有的电阻，也代表了高压导线的电晕损耗及试品介质损耗的等效电阻，有时也包括特地接入的调整电阻。工作时，调整电感 $L$ 的大小，使之与电容 $C$ 在工频之下发生串联谐振，要求 $\omega L=1/(\omega C)$，$\omega=2\pi f$，$f=50$ Hz。在谐振时，流过高压回路 $L$ 及 $C$ 的电流达到最大值，即 $I_{\mathrm{M}}=U_{\mathrm{s}}/R$，$U_{\mathrm{s}}$ 为电源电压。

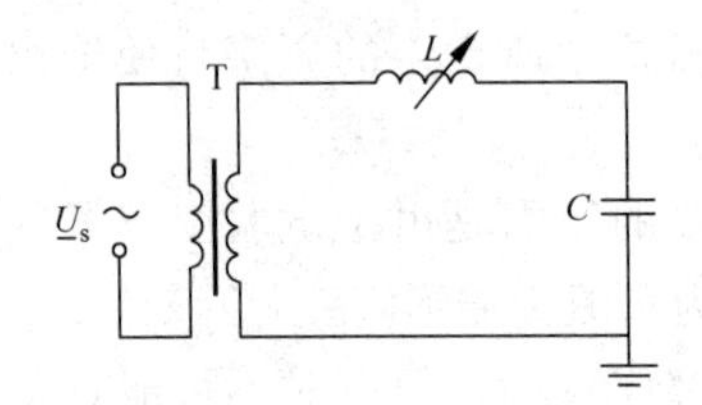

图 1-33 串联谐振的原理图

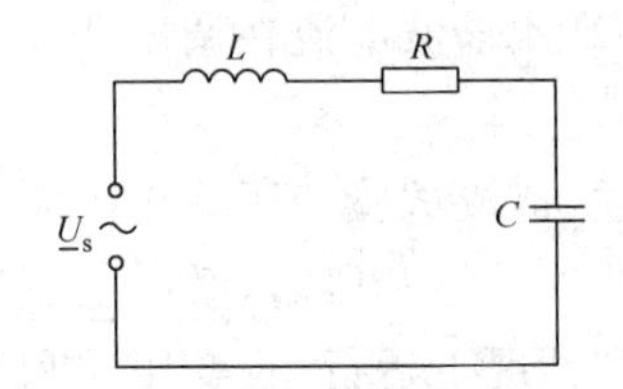

图 1-34 串联谐振装置的等效电路图

定义谐振回路的品质因数为 $Q$，即

$$Q=\omega L/R=\sqrt{L/C}/R \tag{1-11}$$

试验装置的 $Q$ 值都较大，利用低压电感经变压器组成高压电感时，$Q$ 值常不小于 20，国外资料表明，其范围可高达 40～80。在谐振时，试品 $C$ 上的电压 $U_C$ 与调谐电感上的电压 $U_L$ 一样大。

$$U_C=I_{\mathrm{M}}/(\omega C),\quad U_L=(\omega L)I_{\mathrm{M}}$$

$$U_C=U_L=U_{\mathrm{s}}\omega L/R=QU_{\mathrm{s}} \tag{1-12}$$

所以 $U_C$ 的值远大于电压 $U_{\mathrm{s}}$。试验用电源变压器的容量

$$S=U_{\mathrm{s}}I_{\mathrm{M}}=RI_{\mathrm{M}}^2$$

即在谐振时试验所耗之功率仅为电阻上的有效功率，故试验用电源变压器的容量比普通工频耐压所用的试验变压器要小得多。

若 $U_C$ 值较高，则 $U_L$ 值也较高，若高电压的调谐电感不便于制作，可将调谐电感接在试验变压器（也叫调谐变压器）的低压侧，组成调谐电感—调谐变压器组合，后者相当于一台高压调谐电感。经常将上述“组合”做成一个元件，如图 1-35 所示。为产生高的试验电压，可以由数台这样的组合串联起来，以组成更高压的调谐电感。

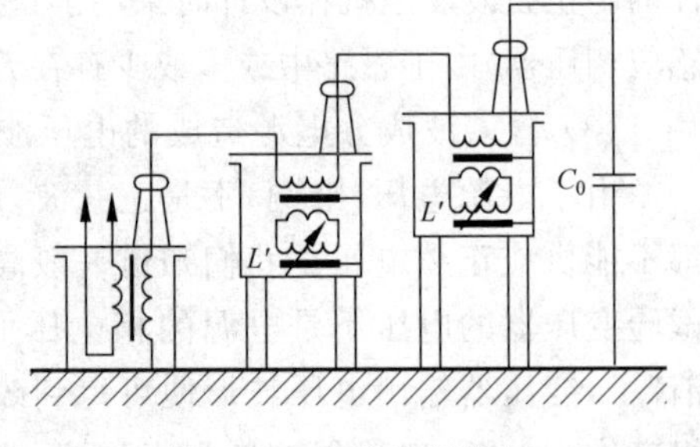

图 1-35 串联谐振装置

串联谐振试验装置组装后，可将谐振回路的品质因数 $Q$ 值调整在一定值，使工作稳定性能较好；在供电变压器容量小时，可将 $Q$ 值调到较大的数值(可在回路中投入一可变电阻或负荷电容来调节 $Q$ 值)。先在较低电压下调谐，然后逐渐升压到一定值。

图 1-36 是上海电缆研究所的 1500 kV、4 A 的工频串联谐振装置的原理接线图。该设备通过一台 200 kV、5 A 的馈电变压器 T 供电，而由三台 500 kV、4 A 双套管出线的试验变

压器 $T_1$、$T_2$、$T_3$ 及三台移圈式电抗器 $L$ 连接组成高压可调电感元件。各级变压器原边均接电压互感器及电压表以监视各台变压器的电压分布。输出总电压 $U_C$ 是通过分压器及静电电压表来测量的，试品电流 $I_{C0}$ 通过电流互感器(TA)及电流表来测量。

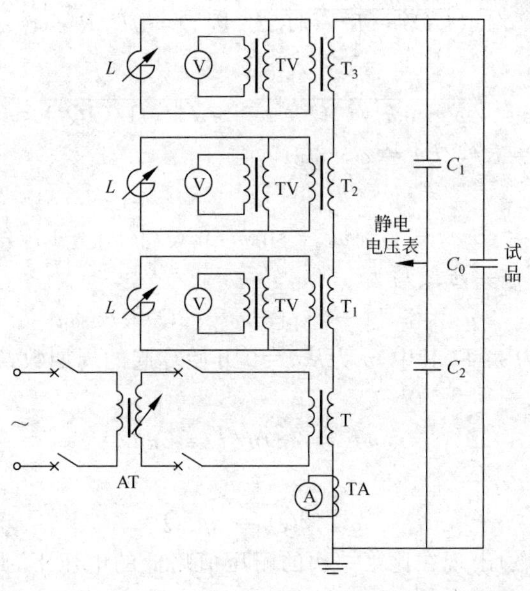


图 1-36　一台 1500 kV、4 A 工频串联谐振装置的原理接线图

除了调感式的串联谐振装置外，还有调电容为主的串联谐振装置和调电源频率的串联谐振装置。后者适用于对气体绝缘金属封闭开关设备(GIS)等试品的交流耐压试验。以试验 GIS 为例，它的交流耐压试验的允许频率范围为 45 Hz～300 Hz。调频式的优点是：频率采用较高值时，有利于使 $Q$ 增值，从而可使整个试验装置做得较为轻便，且可做成积木式，使运输至现场使用较为方便。

利用串联谐振试验装置进行工频耐压试验的特点是：

(1) 供电变压器 T 和调压器 AT 的设备容量小。这是因为上面曾分析过的，试品上的电压 $U_C = QU_s$。$U_s$ 为高压供电电压，既然高压回路中流过的电流是一样大的，所以供电变压器和调压器的容量，在理论上只有试验所需容量的 $1/Q$。

(2) 串联谐振装置所输出的电压波形较好。这是因为仅对工频(基波)产生谐振，而对其他由电源所带来的高次谐波分量来说，回路总阻抗甚大，所以试品上谐波分量甚弱，试验波形就较好。

(3) 若在试品耐压过程中，发生了击穿，则因失去了谐振条件，高电压立即消失，从而使电弧即刻熄灭。

(4) 恢复电压之建立过程较长，很容易在再次达到击穿电压之前控制电源跳闸，避免重复击穿。

(5) 恢复电压并不出现任何过冲(over shoot)所引起的过电压。

正因为上述(3)和(4)的特点，试品击穿后所形成的烧伤点并不大，这有利于对试品之击穿原因进行研究。由于以上的特点，这种装置使用起来比较安全，既不会产生大的短路电流，也不会发生恢复过电压。

下面我们将分析和说明上述的(4)和(5)两个特点。

采用1.5节中的式(1-10)，可以得到用交流高压串联谐振装置做试验时，试品在初次击穿熄弧后的恢复电压：

$$u_{0-1}=\cos(\omega t)-[\cos(\beta t)+(\alpha/\beta)\sin(\beta t)]\exp(-\alpha t)$$

式中，$\alpha=R/(2L)$，$\beta=\sqrt{1/(LC)-R^2/(4L)^2}$。因 $Q=\omega L/R=40\sim80$，$1/(2Q)$ 约为 $10^{-2}$ 的数量级，

$$\beta=\sqrt{\omega^2-[\omega^2/(4Q^2)]}=\omega\sqrt{1-1/(4Q^2)}\approx\omega$$

$$\alpha=R/(2L)=\omega/(2Q)$$

所以，上式可改写为

$$u_{0-1}=\cos\omega t-[\cos\omega t+\sin\omega t/(2Q)]\exp[-\omega t/(2Q)]\tag{1-13}$$

因 $1/(2Q)$ 甚小，上式可进一步改写为

$$u_{0-1}\approx\{1-\exp[-\omega t/(2Q)]\}\cos\omega t\tag{1-14}$$

把式(1-14)中的 $\omega t$ 改为 $\omega nT$，其中，$n$ 为从 $t=0$ 开始算起的周期数，$T$ 为正弦波的周期。设 $f$ 为正弦波的频率，则

$$\omega nT=2\pi fn/f=2\pi n$$

这样式(1-14)中的指数

$$\omega t/(2Q)=\pi n/Q$$

如果第二次的击穿(重燃)出现在比第一次的耐压值略低的电压下，此时假设 e 的指数项衰减到5%左右，则 $n\pi/Q\approx3$，即 $n\approx Q$。

由于谐振装置中 $Q$ 值总是较大的，故 $n$ 值也较大，所以在另一次击穿出现之前要经历几十个周期的时间，在此足够长的时间内，很容易将电源切断。

图1-37及图1-38画出一台实际的串联谐振试验装置在试品击穿后所出现的恢复电压波形，该装置的品质因数 $Q=40$。由图可见，试品击穿后并不会出现负向过冲过电压。恢复电压重新达到再次击穿值所需的时间间隔接近1 s。

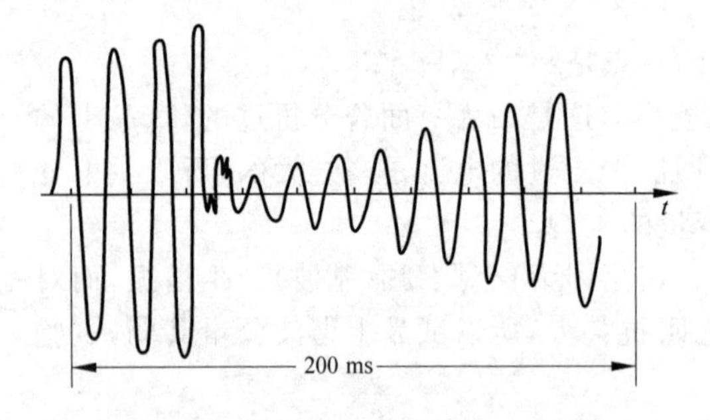


图1-37　试品击穿后的恢复电压波形

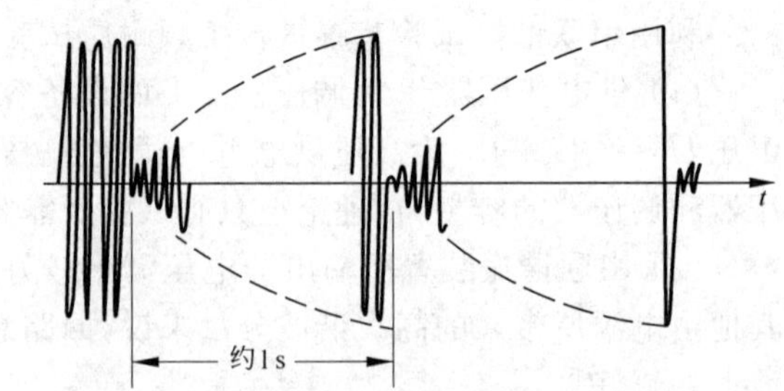


图1-38　试品击穿后的恢复电压波形全貌

利用串联谐振装置进行耐压试验是有局限性的，譬如不能用它进行外绝缘的湿闪及污闪试验。

## 1.7　用高压试验变压器产生操作冲击电压

随着超高电压和特高电压输电系统的快速发展，各国都在进行长波前(波前1000 μs～5000 μs)操作冲击电压作用下的绝缘试验研究。在超、特高电压实际系统中或在735 kV的

瞬态网络分析仪(transient network analyzer,TNA)上所测量到的操作冲击波形均为长波前操作波。操作冲击电压的产生方法可分为三类:①由冲击电压发生器产生;②由试验变压器产生;③由被试电力变压器自身产生。本章仅介绍第②种方法,第①、③两种方法将在第5章中介绍。

利用冲击电压发生器产生长波前操作冲击电压时往往是低效率的,而且发生器的火花间隙中会出现熄弧现象等。在这种情况下利用高压变压器来产生操作冲击电压可具有一些优点。用高电压的串级变压器,还可方便地进行相间绝缘试验(将串级变压器拆开,可具有两台"波发生装置",以供相间试验)。

用高压试验变压器产生操作冲击电压,可以采用多种方法,本书介绍其中两种:①电容器对试验变压器一次侧放电;②试验变压器一次侧瞬间接通工频电源。

## 1.7.1 电容器对变压器一次侧放电产生操作冲击电压

如图1-39所示,一组电容器$C$事先直流充电至一定值$U_0$,然后通过铜球隙G的击穿,使$C$向试验变压器T的一次侧(低压侧)绕组放电,在变压器的二次侧(高压侧)便会因电磁感应基本上按变比而产生高电压的操作冲击波形。此图是国际电工委员会(IEC)高电压试验技术原60-2文件(1973年版)曾推荐过的接线图,并说明虚线框内的$R_1$和$C_1$是用来调节波形用的。

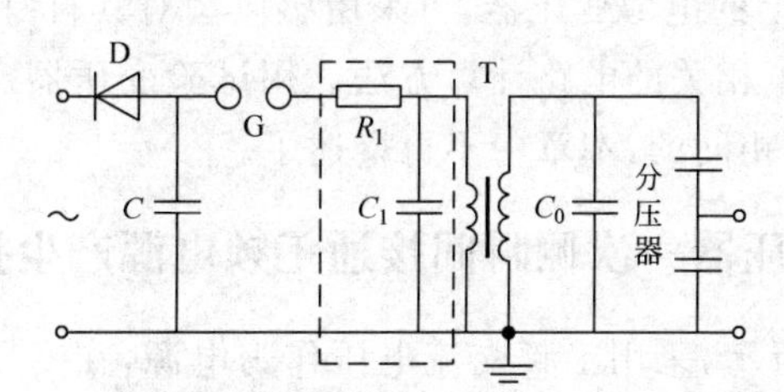


图1-39 IEC曾推荐过的一种操作冲击电压发生装置接线

$C$—主电容;$R_1$及$C_1$—调波电阻及电容;$C_0$—试品电容;D—硅堆;G—触发球隙

文献[7]讲述了用1100 kV三级串接试验变压器可产生4000 μs~10000 μs特长波前的操作冲击电压。借助于EMTP程序计算出了一些重要结果,并指出串级变压器绕组在工作中会产生复杂的电磁过程。第3级的变压器会作用到50%的全电压,必须考虑变压器主、纵绝缘能否承受这种过电压。

用串级变压器产生操作冲击电压的优点是利用了试验变压器升压,试验回路相对来说比较简单。但它存在下列缺点:

(1) 各级变压器分担的电压不均衡。

(2) 在产生的电压波形中,含有高次谐波,使得波形产生畸变。

(3) 所产生的波形波前时间一般过长。

为此文献[8]中推荐使用一种让串级变压器各级同步激磁的试验回路,以克服上述的某些缺点。

2006年IEC颁布了新的现场试验标准IEC 60060-3[9],接着中国国家标准也颁布了相应的标准[10]。这些标准规定了现场的操作冲击耐压试验,可以采用传统的非高频振荡型的操作冲击电压，也可以采用新规定的高频振荡型的操作冲击电压。

图 1-40 示明在试验变压器 T 的低压侧接入几毫亨的电感 $L$ 及低值阻尼电阻 $R$，主电容 $C$ 通过球间隙 G 放电后，变压器的高压侧就会产生如图 1-41 所示的振荡型操作冲击电压。

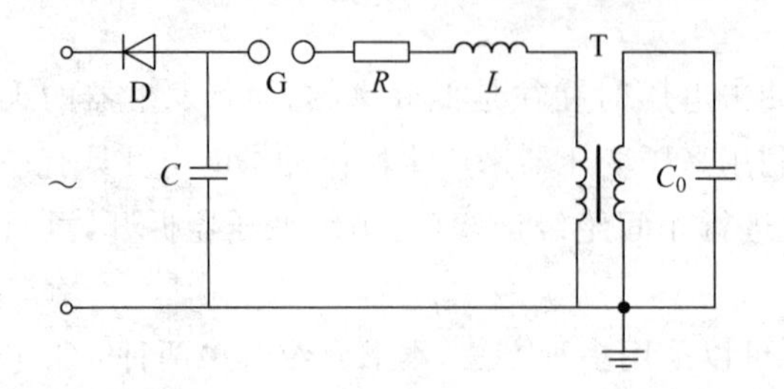


图 1-40 试验变压器产生振荡型操作冲击电压电路

$C$—主电容；$R$ 及 $L$—调波电阻及电感；

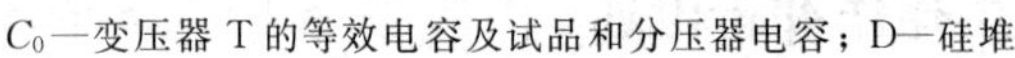

$C_0$—变压器 T 的等效电容及试品和分压器电容；D—硅堆

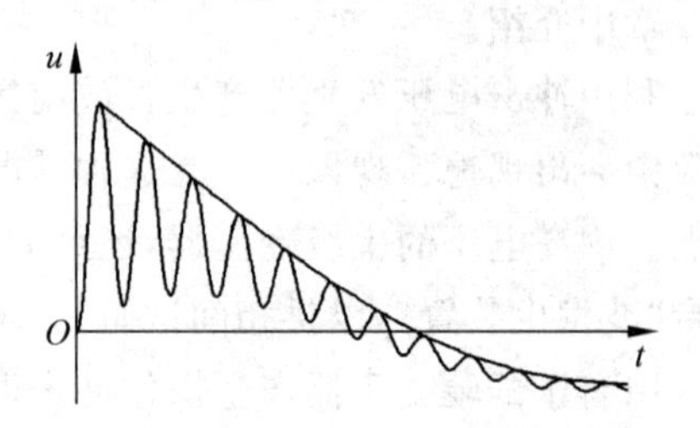


图 1-41 振荡型操作冲击电压

标准规定达到峰值的时间为 $T_P=200\ \mu s \sim 400\ \mu s$，也就是相当于振荡频率为 1 kHz～15 kHz。由振荡的上包络线找到对应于半峰值的时间，便可获得操作冲击电压的半峰值时间 $T_2$。规定 $T_2$ 为 $1000\ \mu s \sim 4000\ \mu s$。

在现场可以采用试验变压器来产生振荡型操作冲击电压，对超高压和特高压电器进行试验。对于 220 kV 及以上的电力变压器，可采用感应法对其自身进行振荡操作冲击试验。在 5.12.4 节中详细叙述了相关的电路计算方法。用试验变压器产生振荡型操作冲击电压试验时的理论分析是与之相同的，本章中不再赘述了。

### 1.7.2 用闸流管使变压器一次侧瞬间接通工频电源产生操作冲击电压

这种方法如图 1-42 所示，采用工频交流电压作为电源，在变压器的一次侧通过高压闸流管 V 瞬间导通而激磁，典型的激磁时间是小于工频的 1/2 周期，这样会在试验变压器的高压侧产生长波前的操作冲击电压。输出的操作冲击电压波形既与负荷阻抗值有关，也和电源电压合闸相角（即闸流管的导通角）有关。实验研究说明可以对这种操作冲击电压波形平滑地进行控制。无论是单台试验变压器还是多台串级装置都可以用这个方法来产生操作冲击电压。

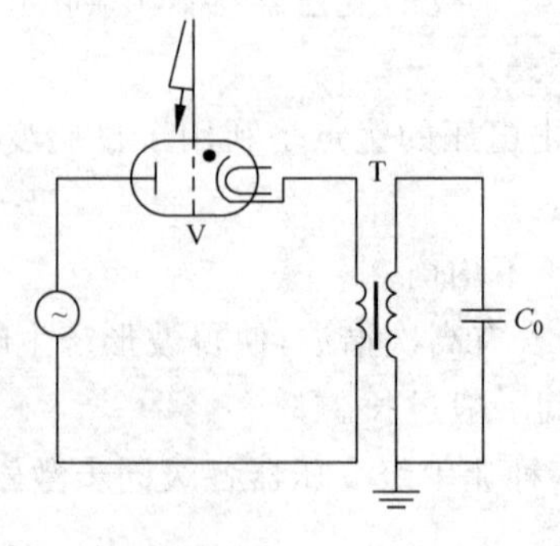


图 1-42 瞬间接通工频电压产生操作电压的原理接线图

V—闸流管；T—试验变压器；$C_0$—等效电容

在单台试验变压器的情况下，等效电路比较简单，易于说明产生操作冲击电压的原理[11,12]。

图 1-43 画出了由两台 4.8 kV/550 kV-690 kV·A 变压器串级、而负荷是一个 3000 pF 的电容时所产生的操作冲击电压波形。由于串级变压器的回路全电阻 $R$ 和等效漏电抗 $L$ 较大，因而激磁时期到达峰值的时间较长；另外因其激磁阻抗也较大，所以放电时期的自然频率和阻尼系数都较低。

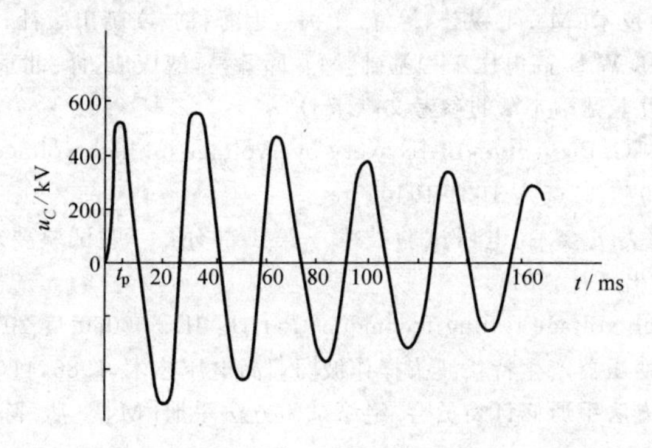


图 1-43 串级变压器产生的操作冲击电压波形

这种方法产生的操作冲击电压，波前在 1000 μs～10000 μs 之内。它的优点是不需要高压电容器作为电源。通过控制闸流管的导电角，可在广大的范围内调节操作冲击电压的波前和峰值，所以控制方式比较简单。在操作冲击峰值下试品发生击穿时，不会出现危险的过电压，而且此时变压器已与电源隔离开，可以不使用保护装置。此外所产生的操作冲击电压波形比较光滑。

# 思 考 题

1-1 串级试验变压器的串级数为什么不能太多？

1-2 串联谐振试验装置能否完全取代高电压试验变压器的作用？为什么？

# 习 题

1-1 清华大学有一台 500 kV/500 kV·A 的试验变压器，其保护电阻 $R$ 为 50 kΩ，问在额定试验电压下，最大能接几微法电容量的试品？

1-2 有一台总输出额定电压为 1500 kV 的自耦式串级变压器装置(见图 1-8)，它能输出的总额定容量为 1500 kV·A，串级数 $n=3$，低压绕组及激磁绕组的额定电压分别为 10 kV，当它工作在额定电压及额定容量下，请问：

(1) 第 1、2、3 级(第 1 级为最下 1 级，依次类推)变压器高压绕组中流过的电流为多少？

(2) 第 1、2、3 级变压器低压绕组中流过的电流为多少？

(3) 第 1、2 级变压器激磁绕组中流过的电流为多少？

(4) 竖立的各级高压套管顶端的对地电压 $U_{A1}$、$U_{A2}$、$U_{A3}$ 各为多少？

(5) 横向的各级高压套管顶端的对地电压 $U_{X1}$、$U_{X2}$、$U_{X3}$ 各为多少？

(6) 第1、2、3级变压器下面的支柱绝缘子承受到的总电压各为多少?

(7) 每个变压器套管所承受到的电压为多少?

## 参考文献


[1] 张仁豫,陈昌渔,王昌长,等.高电压试验技术[M].北京:清华大学出版社,1982.

[2] KIND D.高电压试验技术[M].毛锡芝,等译.上海:上海科技文献出版社,1990.

[3] KUFFEL E,ZAENGL W S.高电压工程基础[M].邱毓昌,戚庆成,译.北京:机械工业出版社,1993.(注:该书的英文新版本见第4章的参考文献[7])

[4] TRAIN D,TRINH N G. Prevention of recovery overvoltage on high voltage testing transformers[J]. IEEE Trans. PAS,1973,92(5):1631-1640.

[5] 中国国家标准化管理委员会.高电压试验技术 第1部分:一般试验要求:GB/T 16927.1—2011[S].北京:中国标准出版社,2011.

[6] 国际电工委员会. High voltage testing techniques-Part 1:IEC 60060-1:2010[S]. 3rd ed. 2010.

[7] 黄盛洁.用串级试验变压器产生特长波头操作波[J].高电压技术,1986,41(3):14-19.

[8] 电气学会,绝缘试验方法手册修订委员会.绝缘试验方法手册[M].2版.陈琴生,译.北京:水利电力出版社,1987:159-165.

[9] 国际电工委员会. High voltage test techniques-Part 3:Definitions and requirements for on site tests:IEC 60060-3:2006[S].2006.

[10] 中国国家标准化管理委员会.高电压试验技术 第3部分:现场试验的要求及要求:GB/T 16927.3—2010[S].北京:中国标准出版社,2010.

[11] ANIS H, TRINH N, TRAIN D. Generation of switching impulses using high voltage testing transformers[J]. IEEE Trans. PAS,1975,94(2):187-197.

[12] 张仁豫,陈昌渔,王昌长.高电压试验技术[M].2版.北京:清华大学出版社,2003.

# 第 2 章 交流高电压的测量

## 2.1 概　述

电力运行部门测量交流高电压，是通过电压互感器和电压表来实现的。把电压互感器的高压边接到被测电压，低压边跨接一块电压表，把电压表读数乘上电压互感器的变比，就可得被测电压值。但这种方法在高电压实验室中用得不多，因为高电压实验室中所要测的电压值常常比现有电压互感器的额定电压高许多，特制一个超高压的电压互感器是比较昂贵的，而且很高电压的互感器也比较笨重，所以采用其他方法来测量交流高电压。在高压实验室中用来测量交流高电压的方法很多，主要有下列几种：

(1) 利用测量球隙气体放电来测量未知电压的峰值。

(2) 利用高压静电电压表测量电压的有效值。

(3) 利用以分压器作为转换装置所组成的测量系统来测量交流电压(转换装置的含义即将在后面作出解释)。

(4) 利用整流电容电流测量交流高电压的峰值。

(5) 利用整流充电电压测量交流电压峰值。

(6) 利用旋转伏特计可测量直流及交流电压的瞬时值[1]。这种表计已不常用，本书略述。

(7) 以光电系统测量交流高电压(见 6.7 节)。

(8) 电场探头在无电晕的影响下，可以用来测量电压波形。

用来进行高电压或冲击大电流测量的整套装置称为测量系统。在中国国家标准[2]和 IEC 标准[3]中把测量系统分为标准测量系统(reference measuring system)和认可的测量系统(approved measuring system)两类。标准测量系统是指具有足够准确度和稳定性的测量系统，在进行特定波形和范围内的电压或电流同时比对测量中，它被用来认可其他测量系统。认可的测量系统是通常应用于实验室中的测量系统，它需由标准测量系统来校订并认可。测量系统由转换装置、传输系统和测量仪器等组件所组成。转换装置是将被测量转换成另一测量仪器可记录或显示的量值的装置，如分压器、分流器就是一种转换装置。传输系统是将转换装置的输出信号传递到测量仪器的一套装置。传输系统一般由带终端阻抗的同轴电缆组成，还可包括转换装置与测量仪器之间所连接的衰减器、放大器或其他装置，例如，光纤系统包括光发射器、光缆和光接收器以及相应的放大器。传输系统可全部或部分地归入到转换装置中。测量仪器是单独或与外加装置一起进行测量的装置，现在常用的是数字示波器。

测量系统的刻度因数是指与测量仪器的读数相乘便得到整个测量系统的输入量值的因数，可以有转换装置的刻度因数、传输系统的刻度因数和测量仪器的刻度因数等。譬如作为转换装置的分压器，它的刻度因数就是分压比。最近一次性能试验所确定的测量系统的刻度因数叫做标定刻度因数(assigned scale factor)。测量的不确定度是一个与测量结果相联系的、能合理表征被测量值分散性的非负参数。其中标准不确定度 $u$ 是以标准偏差表示的测量结果的不确定度；而扩展不确定度 $U$ 是确定测量结果区间的量，属于合理的被测值分布的大部分都可预期包含于此区间中。由于它的覆盖概率小于 100%，真实的、但为未知的试验电压值可能会落在此不确定度的限值之外。

按照 GB/T 16927.1 的规定，额定频率下测量交流试验电压(有效值)时，测量的扩展不确定度 $U_M \leqslant 3\%$。实际上对于所有高电压(包括交流，直流和全波冲击电压)的认可测量系统的要求是，对电压值测量的扩展不确定度 $U_M \leqslant 3\%$。对于所有高电压(包括交流、直流和全波冲击电压)的标准测量系统的要求是，对电压值测量的扩展不确定度 $U_M \leqslant 1\%$。甚至在标准里还提到有较高级的标准测量系统，它对电压测量所要求的扩展不确定度 $U_M \leqslant 0.5\%$。

对于所有的高电压测量系统，标准都规定了进行 4 种类型的试验，即型式试验、例行试验、性能试验及性能校核。本章只叙述部分的交流认可测量系统的性能试验和性能校核。

(1) 交流认可测量系统的校准(确定)刻度因数试验

校准(确定)刻度因数的优选方法是通过与标准测量系统的比对来确定。

校准(确定)刻度因数的替代方法是由测量系统组件的刻度因数来确定。组件的刻度因数可通过以下方法之一来确定：

① 与标准组件比对(如分压器与标准分压器比对)或采用精确的低压校准器。

② 电桥法或精确的低压下精确比值的测量。

③ 基于所测阻抗的计算。

④ 同步测量其输入和输出量。

(2) 交流认可测量系统的动态特性试验

为了确定交流测量系统的动态特性，向测量系统输入一已知峰值(为便于测量通常采用低电压)的正弦波，频率为 1～7 倍的测试频率，测量其输出值。在此频率范围内重复这种测量。归一化幅频响应 $G(f)$(dB)在 1 倍测试频率时为 0%，在 7 倍测试频率时，标准规定不大于$|15\%|$。其他频率下的幅频响应 $G(f)$(dB)最大允许值，可通过 0%和$|15\%|$之间的直线决定(详见标准)。此外，国家标准规定可对测量系统基波频率在 45 Hz～55 Hz 范围内进行认可。从最低基波频率至最高基波频率，刻度因数应稳定在 1%以内。

其他规定要做的性能试验如线性度，长期稳定性等的试验，请查阅标准。

(3) 交流电压认可测量系统的刻度因数的校核

可由下述两种方法之一进行。

① 与认可测量系统比对

可按照标准规定的程序与另一认可测量系统进行比对，或按照 GB/T 311.6 与一球隙进行比对。如果两个系统测量值之间的差在±3%以内，则认为该标定刻度因数仍然是有效的；如果其差值超过±3%，则应按标准规定的(校准)性能试验来确定标定刻度因数的新值。

② 组件刻度因数的校核

应使用具有不大于 1%的扩展不确定度的内部或外部校准器来校核每个组件的刻度因数。

如果每个刻度因数与其先前的值差别不超过±1%，则认为该标定刻度因数仍然是有效的；如果其任一差值超过了±1%，则应按标准规定的(校准)性能试验来确定标定刻度因数的新值。

## 2.2 测量球隙

空气在一定电场强度下，才能发生碰撞电离。均匀电场下空气间隙的放电电压与间隙距离具有一定的关系。可以利用间隙放电来测量电压，但绝对的均匀电场是不易做到的，只能做到接近于均匀电场。测量球隙是由一对相同直径的金属球所构成。加压时，球隙间形成稍不均匀电场。当其余条件相同时，球间隙在大气中的击穿电压决定于球间隙的距离。对一定球径，间隙中的电场随距离的增长而越来越不均匀。被测电压越高，间隙距离越大，要求球径也越大，这样才能保持稍不均匀电场。由于测量球并不是处在无限大空间里，而是有外物及大地对球间电场发生影响，很难用静电场理论来计算球间的电场强度和击穿电压，因此测量球隙的放电电压主要是靠试验来决定的。早在20世纪初，许多国家的高电压试验室利用静电电压表、峰值电压表等方法来求得各种球径的球隙在不同球距时的稳态击穿电压，又利用分压器和示波器求得其冲击击穿电压。1938年国际电工委员会(IEC)综合各国试验室的试验数据制定出测量球隙放电电压的标准表，到1960年国际电工委员会对1938年颁布的标准表又作了修正。本书引用的标准表(见附录A中表A1)是IEC 60052:2002的标准表。它也已被国家标准GB/T 311.6—2005所采用。

附录A的表A1中所列的数值，主要用于交流电压、标准全波冲击电压、长波尾冲击波电压(操作波电压)和直流电压的测量。另外，也可以用它来测量较高频率下的衰减和不衰减的交流电压，但频率值和电压值有一定限制(见IEC有关说明)。因球隙放电是与电压峰值相关的，所以测量的是电压的峰值。当铜球间隙距离 $S$ 与铜球直径 $D$ 之比大于0.5时，其放电数值的准确性较差，所以表中在这些数字上都加以括号。当 $S/D>0.75\sim0.8$ 时，准确性更差，故表中不再列出放电电压数值。

要达到球隙所能达到的测量准确度，其结构和使用条件必须符合规定。测量球的标准球径 $D$ 为：2 cm；5 cm；6.25 cm；10 cm；12.5 cm；15 cm；25 cm；50 cm；75 cm；100 cm；150 cm和200 cm。此外，球杆、操作机构、绝缘支撑、支撑构架和连接到被测电压点的引线也须满足图2-1及表2-1的要求。对球体本身要求制作精心、表面光滑、曲率均匀。球的表面不规则度则要用测球仪校核。测量球一般用紫铜或黄铜做成。铝的熔点比铜为低，多次放电后，放电点较易起麻点。球隙与周围物体及地平面的允许距离见图2-1和表2-1。

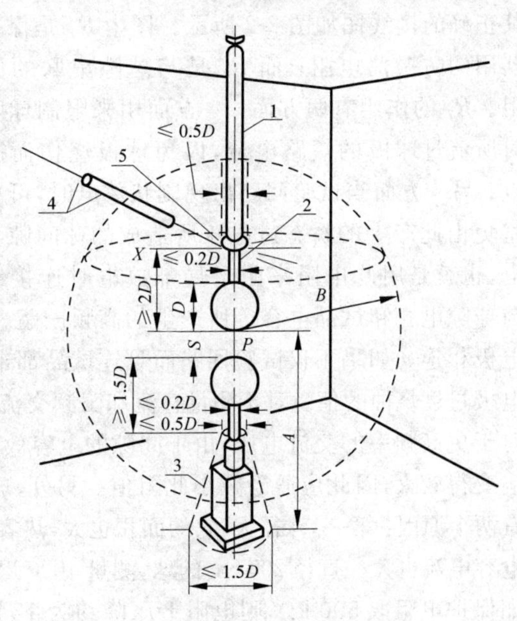


图2-1 垂直放置的测量球隙

1—绝缘支柱；2—球杆；3—操作机构的最大尺寸；4—高压接线和串联电阻；5—均压器的最大尺寸；$P$—高压球的放电点；$A$—$P$点离地面高度；$B$—无外物的自由空间的半径；$X$—距$P$点为≥$2D$的平面(具有串联电阻的高压引线在距$P$点为$B$的范围内不得穿越这一平面)

表 2-1 测量球周围的空隙规定

| 球直径 $D$/cm | 对地绝缘球极放电点到水平接地平面间的距离 $A$ | | 距外物的最小允许距离 $B$ |
|---|---|---|---|
| | $A$ 最小值 | $A$ 最大值 | |
| <6.25 | $7D$ | $9D$ | $14S$ |
| 10～15 | $6D$ | $8D$ | $12S$ |
| 25 | $5D$ | $7D$ | $10S$ |
| 50～75 | $4D$ | $6D$ | $8S$ |
| 100 | $3.5D$ | $5D$ | $7S$ |
| 150～200 | $3D$ | $4D$ | $6S$ |

注：1. 如果试验条件不能满足表中的 $A_{min}$ 和 $B_{min}$ 的要求，但能确认其性能符合国家标准的其他规定，这类球隙也可以使用。

2. 在试验电压下，回路布置应满足不会发生各种异常放电。详细的表注见国家标准。

如图 2-1 中所示，高压导线或是包括有任何串联电阻在内的高压导线，应接到至少离高压球的放电点为 $2D$ 的球杆的一点上。在距高压球放电点的距离小于 $B$ 的范围内，带电的导体(包括串联电阻)不得穿过正交于球间隙轴的平面(这一平面已在图 2-1 中表示出来)，且应位于高压球的放电点 $2D$ 以外的距离。对于水平放置的测量球隙(图形见国家标准)同样也规定了 $A$ 及 $B$ 的距离及上述的正交于球间隙轴的平面。

在用球间隙测量交流和直流电压时，经常需在球间隙上串联一个保护电阻。以测交流电压为例，其正确的接线图如图 2-2 所示。图中 $R_1$ 是保护变压器用的防振荡电阻；而 $R_2$ 是与球隙串联的保护电阻。$R_2$ 的作用有两方面：一方面用来限制球隙放电时所流过球极的短路电流，以免球极烧伤而产生麻点；另一方面当试验回路出现刷状放电时，可减少或避免由此产生的瞬态过电压所造成的球间隙异常放电，也就是用此电阻来阻尼局部放电时连接线电感与球隙电容和试品电容等所产生的高频振荡。保护电阻必须尽可能靠近球电极并直接与球电极相连。如果不仅试验回路而且连试品都未出现刷状放电，则电阻值可以减小到不使球电极过度烧蚀的值。对于测量直流和工频交流电压时，IEC 推荐此电阻值为 100 kΩ～1 MΩ。对于更高频率的交流电压，由于间隙的电容效应而引起的充电电流可使该电阻上的压降影响变得较大，因此应适当减小此阻值。另外，球直径越大，允许的每伏电压之电阻值越小，这有两个原因：第一，球径大，它的面积也大，热容量大而且散热好；第二，球径大，球间电容大，电容电流也大。直径 200 cm 的球，测量 1000 kV(有效值)时，电容电流约 0.025 A(有效值)，如保护电阻取 500 kΩ，则电阻上压降约为 12 kV，其绝对值虽约占被测电压的 1%，但是由于电阻压降与球隙电容压降相位差为 90°，因此球隙实际上仍几乎承受全部的被测电压，即误差极小。

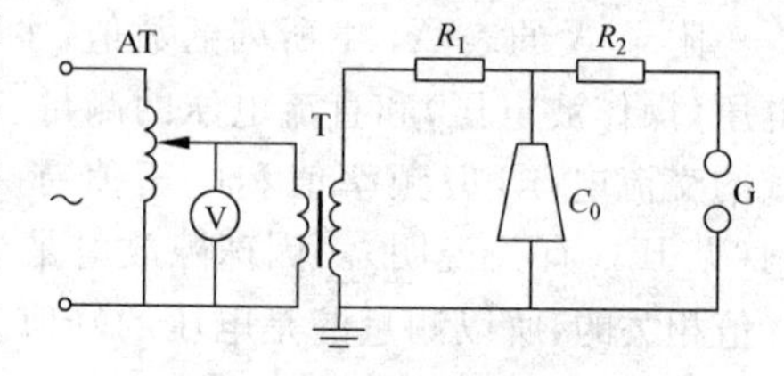


图 2-2 用铜球来测定变压器校订曲线的接线

$C_0$—负载；G—球隙；AT—调压器；T—试验变压器

如果空气中有灰尘或纤维物质，则会产生不正常的破坏性放电。因此在取得前后一致的数据以前，必须进行多次预放电。在放电电压值相对稳定后，才正式算数。最后测量应取三次连续数的平均值，其偏差不超过 3%。

用球隙测量电压，只有当间隙放电时，才能从表上查得电压，每次放电必须跳闸，放电时可能产生振荡，又可能引起过电压，所以用球隙测量电压很不方便。通常只用来校订别的测量仪器，即作校订曲线。有了校订曲线，就可从仪表的指示读数随时知道升压过程中的电压值。作校订曲线的接线如图 2-2 所示。在试验变压器的低压侧或测量线圈上跨接一块电压表，球隙则接在高压边。由于变压器的输出电压受负荷的影响，所以作校订曲线时，必须接上试品。不同试品有不同的校订曲线，作校订曲线时，电压逐步升高，球隙距离逐级调大。在每种球隙距离放电时，记下相应的低压边电压表读数。查表并经过一定的计算可求得每种球隙距离时的放电电压，其曲线如图 2-3 所示，这就是校订曲线，实际上也就是在一定负荷下试验变压器的高、低压间的关系。作校订曲线时的电压必定低于、但接近于试品的试验电压，一般允许做到试验电压的 80%，然后可用外推法，把曲线延伸到所需值。最后把球隙距离调到试验电压值的 1.1～1.2 倍，此时测量球隙就变为保护球隙了。

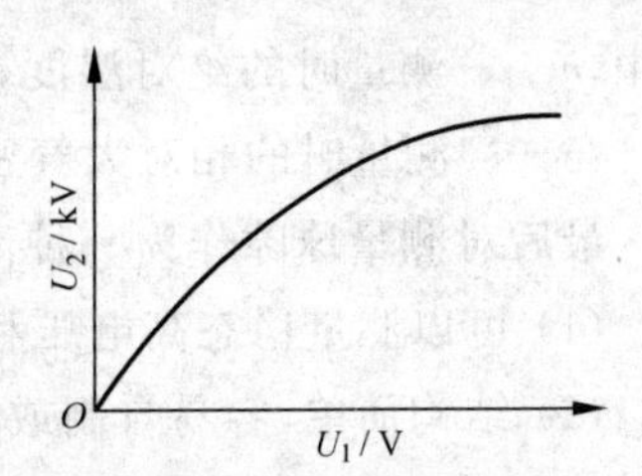

图 2-3 试验变压器的校订曲线

$U_1$—低压侧电压；$U_2$—高压侧电压

在工频交流高电压峰值测量下，初始加压时，电压的峰值应足够低，以避免引起放电。然后缓慢地升高电压，以便准确读取间隙放电瞬间低压侧电压表的读数。连续放电至少 10 次，求取放电电压平均值和惯用偏差 $z$（即标准偏差 $\sigma$ 的相对值，参见 6.2 节）。$z$ 值应小于 1%。相邻两次放电的间隔时间应不小于 30 s。

标准规定，在测量峰值 50 kV 以下的电压以及用直径为 12.5 cm 或更小的球，测量任何电压时都需要用 $\gamma$ 射线或紫外线照射。在此条件下，通过照射才能取得准确一致的结果。特别是在很小间隙距离下测量所有类型的电压时，照射尤为重要。有关球隙照射的问题详见国家标准 GB/T 311.6—2005 的规定。

气体间隙的放电电压受大气条件的影响，它随气压的升高而升高，随绝对温度的升高而降低。在不均匀电场中，湿度增大时，气体间隙的放电电压会有所上升，影响比较显著。在均匀电场下则影响不显著。早年即有人认为球隙的放电电压在一定范围内也随空气湿度的改变而有所改变[4,5]，但一直到 IEC 60052：2002 标准公布，才正式确定了下述湿度因数的算法。如果空气相对湿度超过 90%，球表面就可能凝结水珠，致使测量失去准确度。

附录 A 中表 A1 所示的不同球径在不同球隙下的放电数据是在标准大气条件（即气压 $p$ 为 101.3 kPa，气温 $t$ 为 20℃），平均湿度为 8.5 g/m$^3$ 下的放电电压值。若测量时大气条件与标准值不同，必须进行校正，以求得在测量时的真实电压 $U$，其计算式如下：

$$U = \delta U_N$$

式中，$U$——试验时大气条件下的放电电压；

$U_N$——标准大气条件下的放电电压（查表所得）；

$\delta$——空气相对密度；

$$\delta = \frac{p}{p_0} \frac{273 + t_0}{273 + t} \tag{2-1}$$

式中，$p_0$——标准气压，101.3 kPa；

$p$——试验时的气压,kPa;

$t_0$——标准气温,20 ℃;

$t$——试验时的气温,℃。

球间隙的放电电压随绝对湿度的增加以 0.2%/(g/m$^3$)的比率增加。在进行测量时附录 A 表 A1 中的放电电压值,必须进行湿度校正,即表中数值需乘以湿度校正因数 $k$。$k$ 值由下式进行计算:

$$k = 1 + 0.002(h/\delta - 8.5)$$

式中,$h$——测量时的绝对湿度,g/m$^3$;

$\delta$——测量时的相对大气密度。

最后对测量球隙作为一种高电压测量方法的优缺点进行讨论。它的优点是:

(1) 可以测量稳态高电压和冲击电压的峰值,几乎是直接测量超高电压的唯一设备。

(2) 结构简单,容易自制或购买,不易损坏。

(3) 测量交流及冲击电压时的不确定度可达 3%以内。它被中国国家标准[2]和 IEC 标准[3]看作能以保证的测量不确定度来测量高电压的装置,称为标准测量装置。可用它与高压测量系统进行比对,以进行认可的测量系统的线性度试验。

它的缺点是:

(1) 测量时必须放电,放电时将破坏稳定状态,可能引起过电压。

(2) 气体放电有统计性,数据分散,必须取多次放电数据的平均值,为防止电离气体的影响,每次放电间隔不得过小,且升压过程中的升压速度应较缓慢,使低压表计在球隙放电瞬间能准确读数,测量较费时间。

(3) 实际使用中,测量稳态电压要作校订曲线,测量冲击电压要用 50%放电电压法,手续都较麻烦。

(4) 要校订大气条件。

(5) 被测电压越高,球径越大,目前已有用到直径为 3 m 的铜球,不仅本身越来越笨重,而且影响建筑尺寸。从发展的角度来看,测量球隙的前途将成问题。

(6) 一般来说测量球隙不宜使用于室外,实践证明,由于强气流以及灰尘、砂土、纤维和高湿度的影响,在室外使用球隙时常会产生异常放电。

## 2.3 静电电压表

加电压于两电极,由于两电极上分别充上异性电荷,电极就会受到静电机械力的作用。测量此静电力的大小或是由静电力产生的某一极板的偏移(或偏转)来反映所加电压大小的表计称为静电电压表。静电电压表可以用来测量低电压,也可用它直接测量高电压。

若有一对电极,电极间距离为 $l$,电容为 $C$,所加电压的瞬时值为 $u$,则此电容的电场能量为

$$W = Cu^2/2 \tag{2-2}$$

当 $C$ 以 F(法[拉])计,$u$ 以 V(伏[特])计时,$W$ 的单位为 J(焦[耳])。

假定静电电压表的两电极接在端电压恒定的电源上,则按电工基础书中常电位系统的分析法,当极板作无穷小的移动 $\mathrm{d}l$ 时,外源供给两份相等的能量,一份用来增加电场能量 $\mathrm{d}W$,另一份用来补偿电场力做功的消耗 $f\mathrm{d}l$,所以电场力所做功为 $f\mathrm{d}l=\mathrm{d}W$。电极所受到的作用力 $f$ 为

$$f=\frac{\mathrm{d}W}{\mathrm{d}l}=\frac{1}{2}u^2\frac{\mathrm{d}C}{\mathrm{d}l} \tag{2-3}$$

若所加的电压 $u$ 作周期性变化,则在 $u$ 变化的一周期内,由于极板的惯性质量较大,极板的位置不会变化。在此条件下,一个周期 $T$ 内,力的平均值 $F$ 可通过下式表达:

$$F=\frac{1}{T}\int_0^T f\mathrm{d}t$$

将关系式(2-3)代入,得

$$F=\frac{1}{2}\frac{\mathrm{d}C}{\mathrm{d}l}\frac{1}{T}\int_0^T u^2\mathrm{d}t \tag{2-4}$$

若 $u$ 作正弦函数周期性变化,则得

$$F=\frac{1}{2}U^2\frac{\mathrm{d}C}{\mathrm{d}l} \tag{2-5}$$

式中,$U$ 为电压的有效值。

比较式(2-3)和式(2-5)就可看到,通过有效值电压 $U$ 表达的 $F$ 的计算式,与以瞬时值或平稳直流电压值 $U$ 下的 $f$ 的表达式是相同的。

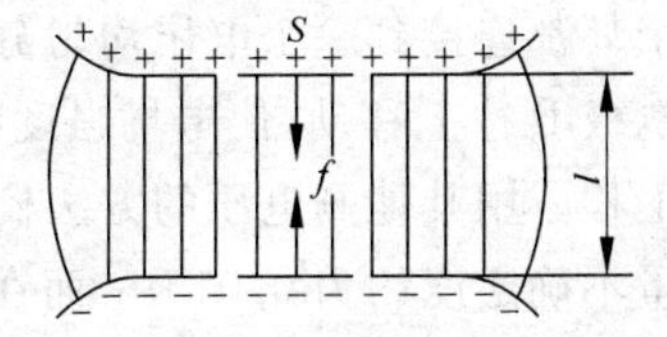

图 2-4　平板电极间的电场和静电吸力

在平行极板的电容情况下,极板间为均匀电场,$\mathrm{d}C/\mathrm{d}l$ 很容易求出,若能测得 $f$,就可求出 $U$。设极板的面积为 $S$(如图 2-4 中的中心的极板面积为 $S$,其周围为均匀电场用的屏蔽环),则其电容

$$C=\varepsilon_0\varepsilon_r S/l$$

式中,$\varepsilon_0$ 为空气的介电常数,

$$\varepsilon_0=\frac{1}{4\pi\times 9\times 10^9}\ \mathrm{F/m}$$

$\varepsilon_r$ 为极板间介质的相对介电常数。上式两边对 $l$ 求导得

$$\frac{\mathrm{d}C}{\mathrm{d}l}=-\frac{\varepsilon_0\varepsilon_r S}{l^2}$$

则在根据式(2-3)求极板所受作用力 $f$ 的大小时可得

$$|f|=\frac{1}{2}\varepsilon_0\varepsilon_r S\left(\frac{u}{l}\right)^2=\frac{\varepsilon_r S}{72\pi\times 10^3}\left(\frac{u}{l}\right)^2\ \mathrm{N} \tag{2-6}$$

式中,$u$、$l$、$S$ 单位分别为 kV、cm、$\mathrm{cm}^2$。$u/l$ 在均匀电场中就是电场强度 $E$,于是可得

$$u\approx 475.6\ l\sqrt{f/(\varepsilon_r S)} \tag{2-7}$$

由式(2-5)可见电场作用力与电压的平方成正比。显然,若所施电压为交流或含交流分量的直流电压时,电场作用力与电压的有效值成正比。

静电电压表有两种类型:一种是绝对仪静电电压表;另一种是工程上应用的静电电压

表，属于非绝对仪。

所谓绝对仪静电电压表是，当电极 $S$ 已知的条件下，测量电极之间的作用力 $f$ 以及极间距 $l$，由此而计算出电极间所施加的被测电压的一种精密而复杂的静电电压表。正因为可以计算出被测电压，所以不需要其他测量电压的仪表来为之校订和刻出其电压刻度。

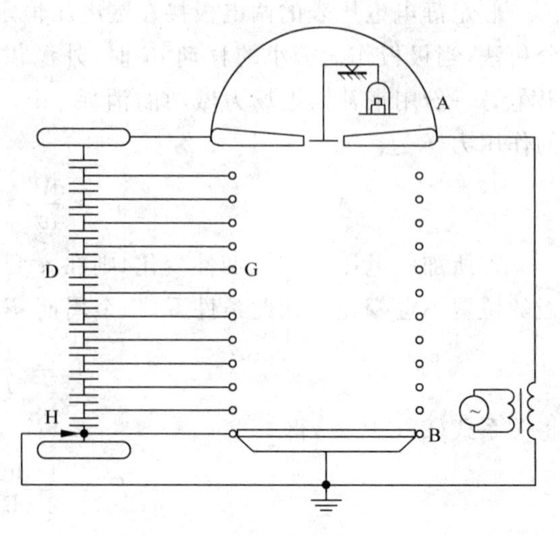

图 2-5 一种绝对静电电压表

图 2-5 中所示的是一种绝对静电电压表。在高压屏蔽罩 A 里安放了一个天秤，可动电极所受到的电场作用力直接被天秤杠杆另一头的荷重所平衡，杠杆的零位偏移经由光学反射系统放大而指示出来。可动电极的直径分 10 cm 及 16 cm 两种可以更换，它和四周屏蔽环的间隙距很小，屏蔽环和另一电极 B 的直径都是 100 cm。在测量最高电压275 kV 时，电极间的距离为 100 cm，电场强度为 2.75 kV/cm。为了均匀极间之电场，配置了许多均压环 G。环与环之间的距离都相等，每个环都连接到一个电压均匀分布的电容分压器 D 上。当被测电压低于 275 kV 时，将接地电极 B 往上移动，使电场强度维持在 2.5 kV/cm 左右，同时接地线 H 也相应地沿分压器往上移。用其他测电压的方法校核这台静电电压表在测量 10 kV～100 kV 的电压范围时，测量不确定度约为 0.01%；而在测量 275 kV 电压时，测量不确定度略大些。

在 1979 年第三届国际高电压讨论会(ISH)上，H. House 等发表的论文，示明了他们所研制的电压高达 1000 kV 的绝对静电电压表[1]。被测高压由充油电容式高压套管引下，工作电极间充以高压力 $SF_6$ 气体。高压电极为具有一定厚度及直径的圆形电极，与之相对的是直径为 5 cm 的圆盘形工作电极及直径为 65 cm 的屏蔽电极，在圆盘电极下面装有平衡重力的元件。介质中的最大电场强度为 100 kV/cm。极间距 $l$ 随所测电压的量程 250 kV、500 kV 及 1000 kV 而调节为 2.5 cm、5 cm 及 10 cm。作用在圆盘电极的额定最大吸力 $f$ 为 0.8681 N(≈88.5g)。该静电电压表的测量不确定度为 0.1%。

在绝对静电电压表中，当读取所需数值时，电场力恰被平衡，可动电极回到原始位置，因此可以用关系式(2-7)计算出电压值。该种仪表测量准确度高，但结构及应用很复杂，只适用于需准确测量的场合。为了测量方便，工程上常应用构造简单的静电电压表，其测量不确定度一般为 1%～3%，量程可达 1000 kV。此种电压表在测量电压时可动电极有位移(偏转)。可动电极移动(偏转)时，张丝(见图 2-6)所产生的扭矩或是弹簧的弹力等产生了反力矩，当反力矩与静电场力矩相平衡时，可动电极的位移到达一稳定值。与可动电极连接在一起的指针或反射光线的小镜子就指出了被测电压数值。如图 2-7 所示为 100 kV 静电电压表的外形。

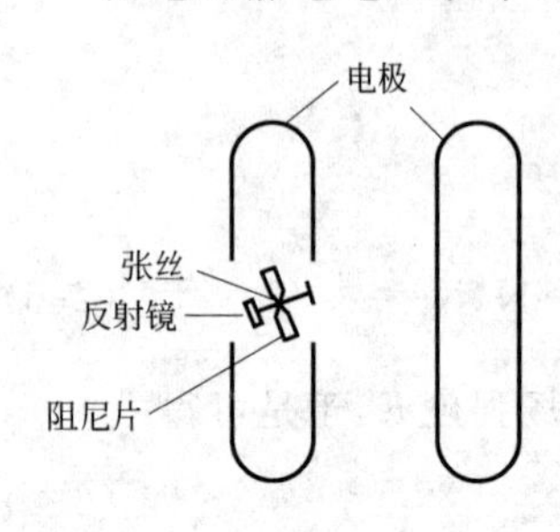

图 2-6 普通静电电压表示意图

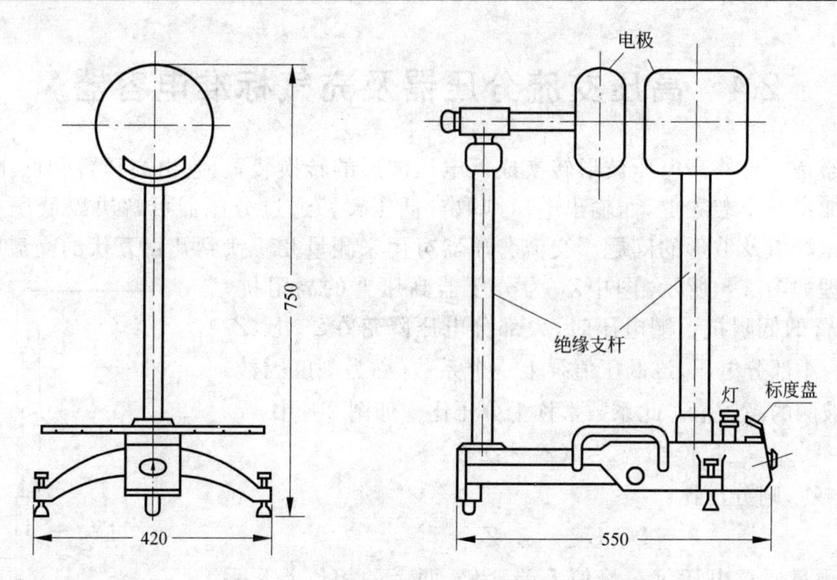


图 2-7 国产 $Q_4$-V 型 100 kV 静电电压表外形

显然,工程上所应用的静电电压表是非绝对仪,它需要用别的测量仪表来校正和标刻它的电压刻度。

静电电压表既可用作测量直流电压也可用作测量交流电压,用静电电压表还可以测量频率高达 1 MHz 的电压。

静电电压表的优点是它基本上不从电路里吸取功率,或是只吸取极小量的功率。当测量直流电压时,除了电路接通时(表的电极充电)的一个瞬间外,电表不从电路中吸取功率;当测量交流电压时,表计通过电容电流的多少决定于被测电压频率的高低及仪表本身电容的大小,由于仪表的电容一般仅几皮法到几十皮法,所以所吸取的功率也很微小,因此静电电压表的内阻抗极大。通常还可以把它接到分压器上来扩大其电压量程。

静电电压表在使用时应注意高压源及高压引线对表的电场影响。因为仪表虽已有电场屏蔽装置,但外界电场作用的影响仍然不同程度地存在着。静电电压表的安放位置(或方向)或是高压引线的路径若处置不当,往往会造成显著的测量误差。另外,高压静电电压表不能使用于有风的环境中,否则活动电极会被风吹动,造成测量误差。

在表 2-2 中列出国产高压静电电压表的型号及规格。

**表 2-2 国产高压静电电压表的型号及规格**

| 型 号 | 量 程 | 仪表等级 | 制造厂名 |
|---|---|---|---|
| $Q_2$-V | 75 V—150 V—300 V<br>750 V—1500 V—3000 V | 1.0 | 北京电表厂 |
| $Q_3$-V | 7.5 kV—15 kV—30 kV | 1.5 | |
| $Q_4$-V | 20 kV—50 kV—100 kV | 1.0 | |
| $Q_5$-V | 基本上同 $Q_2$-V | | 浦江电表厂 |
| $Q_7$-V | 同 $Q_2$-V | 0.2 | 北京电表厂 |
| $Q_8$-V | 50 kV—100 kV—200 kV | 1.5 | |
| $Q_9$-V | 200 kV—500 kV | 2.5 | |

# 2.4　高压交流分压器及充气标准电容器

分压器是一种将高电压波形转换成低电压波形的转换装置，它由高压臂和低压臂组成。输入电压加到整个装置上，而输出电压则取自低压臂。通过分压器可解决以低压仪表及仪器测量高压峰值及波形的问题。交流分压器可用来测量几千伏到几百万伏的交流电压。分压器的原理如图2-8所示，图中$\underline{Z}_1$为分压器高压臂的高阻抗，$\underline{Z}_2$为低压臂的低阻抗。测电压时，大部分电压降落在$\underline{Z}_1$上，$\underline{Z}_2$上仅分到一小部分电压，该低压值乘上一个系数(称为刻度因数)即可获得被测的高压值。此系数常称为分压比。如图2-8中，

$$\underline{U}_2 = \underline{U}_1\ \underline{Z}_2/(\underline{Z}_1 + \underline{Z}_2)$$

令$\underline{Z}=\underline{Z}_1+\underline{Z}_2$，则分压比

$$k = U_1/U_2 = Z/Z_2$$

准确测量要求电压仅在峰值上差$k$倍，两者的相位差几乎为零。

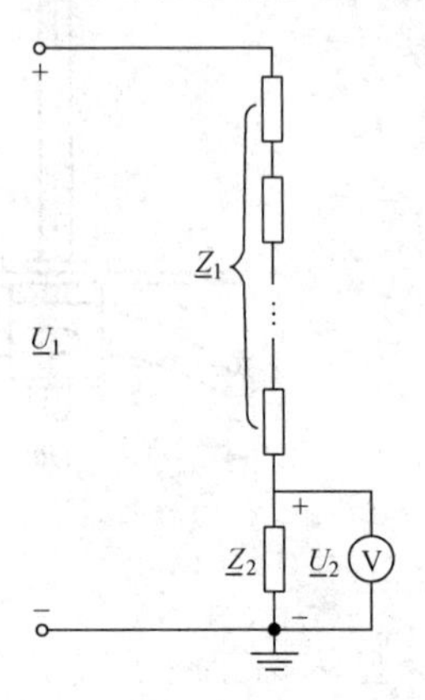


图2-8　交流分压器接线图

对纯电阻分压器，分压比$k=(R_1+R_2)/R_2$；

对纯电容分压器，分压比$k=(C_1+C_2)/C_1$。

对分压器提出如下的基本要求：

(1) 分压器接入被测电路应基本上不影响被测电压的峰值和波形。

(2) 分压器所消耗的电能应不大。在一定的冷却条件下，分压器消耗的电能所形成的温升不应引起分压比的改变。

(3) 由分压器低压臂所测得的电压波形应与被测电压波形相同，分压比在一定频带范围内应与被测电压的频率和峰值无关。

(4) 分压比与大气条件(气压、气温、湿度)无关或基本上无关。

(5) 分压器中应无电晕及绝缘之泄漏电流，或者说即使有极微量的电晕和泄漏，它们应对分压比的影响很小。

(6) 分压器应采取适当的屏蔽措施，使它的测量结果基本上或完全不受周围环境(如对墙距离)的影响。

分压器是测量系统的重要组成部分，对由分压器与传输系统(主要是同轴电缆)及测量仪器所组成的整个测量系统来说，主要的要求是在规定的工作条件范围内性能应该稳定，这样测量系统的刻度因数在长时间内就可保持稳定。

为了满足上述的技术要求，国家标准要求对分压器进行如下的几项试验：确定刻度因数的试验；线性度试验；短期稳定性试验；单个元件的长期稳定性试验；温度效应试验；对接地墙(或带电物体)的邻近效应试验；测定幅频响应的试验等。

确定刻度因数(分压比)可采用下列方法之一来进行：

(1) 同时测量转换装置的输入和输出量。

(2) 电桥法，即采用某种桥式回路，使被测分压器的输出与一个准确可调的标准转换装置的输出相平衡，这时两者刻度因数相等。

(3) 测量高压臂和低压臂的阻抗值，通过计算求分压比。

线性度试验是为了检查分压器在工作电压范围内的分压比是否恒定,即检查它在工作电压范围内是否为一线性阻抗。国家标准推荐在被认可电压范围内的最大值和最小值及其间三个大致等分值(共有五个电压值)下测量分压器的刻度因数(分压比),测得值的变化不应超过其平均值的±1%。该项试验可单独在分压器上进行,或在整个测量系统上进行。

从原理上来说,图 2-8 中$\underline{Z}_1$ 及$\underline{Z}_2$ 可由电容元件或电阻元件,甚至是阻容元件构成。下面将要讲到,实际上交流分压器主要是采用电容式分压器。只有在电压不很高,频率不过高时才采用电阻分压器。在工频电压下,电阻分压器可使用在低于 100 kV 的电压的情况下。无论是电阻或电容分压器,其高、低压臂都应力图做成无感的,这是因为很难配置高、低压元件的电感值,使之满足一定的分压比的要求。

## 2.4.1 交流分压器的测量误差分析

由于在制造电阻及电容元件时,已经采取措施力图做成"无感"的,所以在测量误差的分析时,认为分压器中的剩余电感可以忽略不计。在此条件下,电阻分压器和由多个元件叠装而成的电容分压器的测量误差主要由对地杂散电容引起。假若分压器的电阻元件或电容元件是沿全长均匀分布,为了简单起见,假定它们的对地杂散电容也是均匀分布的。分压器的分布式等效电路如图 2-9 所示。

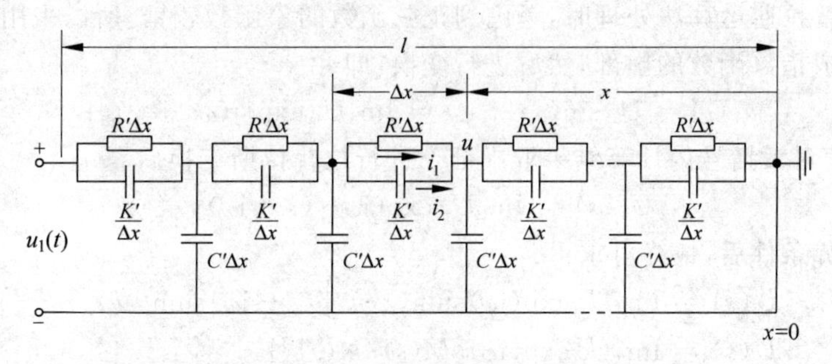


图 2-9 分布式分压器等效电路

$R'$—单位长度的电阻;$K'$—单位长度的纵向电容;$C'$—单位长度的对地电容

若分压器的总电阻为 $R$,对地电容值为 $C$,纵向电容总值为 $K$,则

$$R = R'l, \quad C = C'l, \quad K = K'/l$$

设分压器上 $x$ 点的电位为 $u$,电流为 $i$,始端电压 $u_1(t) = U_{\mathrm{m}}\sin(\omega t + \varphi)$。

由如图 2-9 所示的电路状况,并取 $\Delta x \to 0$ 的极限,可得

$$\partial u/\partial x = R'i_1 \tag{2-8}$$

$$i_2 = K'\partial(R'i_1)/\partial t$$

$$i = i_1 + i_2$$

$$\partial i/\partial x = C'\partial u/\partial t \tag{2-9}$$

将以上各式采用拉普拉斯运算法可得

$$\mathrm{d}U(s)/\mathrm{d}x = R'I_1(s)$$

$$I_2(s) = K's\,\mathrm{d}U(s)/\mathrm{d}x$$

$$I(s) = I_1(s) + I_2(s) = [\mathrm{d}U(s)/\mathrm{d}x](1/R' + K's) \tag{2-10}$$

$$\mathrm{d}I(s)/\mathrm{d}x = C'sU(s) \tag{2-11}$$

取式(2-10)对 $x$ 的导数得

$$\mathrm{d}I(s)/\mathrm{d}x = (1/R' + K's)[\mathrm{d}^2U(s)/\mathrm{d}x^2]$$

把上式代入式(2-11),得

$$\mathrm{d}^2U(s)/\mathrm{d}x^2 = [R'C's/(1+R'K's)]U(s) = \lambda^2U(s) \tag{2-12}$$

$$\lambda = \sqrt{\frac{R'C's}{1+R'K's}} = \frac{1}{l}\sqrt{\frac{R'lC'ls}{1+R'l(K'/l)s}} = \frac{1}{l}\sqrt{\frac{RCs}{1+RKs}} \tag{2-13}$$

式中,$R$——分压器全长总电阻,$R=R'l$;

$C$——分压器全长对地总电容,$C=C'l$;

$K$——分压器全长纵向总电容,$K=K'/l$。

对于电阻分压器来说,$C'$ 比 $K'$ 大得多,$K'$ 很小予以忽略,所以

$$\lambda \approx \sqrt{RCs}/l$$

解式(2-12)得

$$U(s) = A\cosh(\lambda x) + B\sinh(\lambda x) \tag{2-14}$$

利用边界条件

$$x = 0,\quad U(s) = 0,\quad A = 0$$

$$x = l,\quad U(s) = \mathcal{L}[u_1(t)] = U_1(s)$$

在采用拉普拉斯运算法处理时,考虑到正弦函数的象函数较繁,所以采用一种电工惯用法,把 $u_1(t)$ 写成指数函数的虚部,然后进行变换,即

$$u_1(t) = U_m\sin(\omega t + \varphi) = \mathrm{Im}\{U_m\exp[\mathrm{j}(\omega t + \varphi)]\}$$

上式中 Im 代表对大括号内计算结果取虚部。进行拉普拉斯变换后

$$U_1(s) = \mathrm{Im}[U_m\exp(\mathrm{j}\varphi)/(s - \mathrm{j}\omega)]$$

利用上述两边界条件后,最终可求得

$$U(s) = \mathrm{Im}\{U_m\exp(\mathrm{j}\varphi)\sinh(\lambda x)/[(s-\mathrm{j}\omega)\sinh(\lambda l)]\} \tag{2-15}$$

$$U(s) = \mathrm{Im}\{U_m\exp(\mathrm{j}\varphi)[M(s)/N(s)]\}$$

对于电阻分压器

$$M(s) = \sinh(x\sqrt{RCs}/l)$$

$$N(s) = (s-\mathrm{j}\omega)(\sinh\sqrt{RCs})$$

由第二展开定理可得

$$u(t,x) = \mathrm{Im}[U_m\exp(\mathrm{j}\varphi)\sum_{i=1}^{n}M(s_i)\exp(s_it)/N'(s_it)]$$

式中 $s_i$ 为 $N(s)=0$ 的多个根,令 $N(s)=0$,即 $(s-\mathrm{j}\omega)\sinh(\lambda l)=0$ 得

$$s_1 = \mathrm{j}\omega,\quad s_2 = -k^2\pi^2/(RC)$$

$$u(t,x) = \mathrm{Im}\left\{U_m\exp(\mathrm{j}\varphi)\left[\frac{\sinh(x\sqrt{RC\mathrm{j}\omega}/l)}{\sinh\sqrt{RC\mathrm{j}\omega}}\exp(\mathrm{j}\omega t) + \sum_{k=1}^{\infty}\frac{M(s_2)}{N'(s_2)}\exp\left(-\frac{k^2\pi^2t}{RC}\right)\right]\right\} \tag{2-16}$$

式(2-16)的最右一项是随时间 $t$ 增长迅速衰减的瞬态分量,在研究稳态条件下的情况时,不必给予关注,因此上式可简写为

$$u(t,x)=\mathrm{Im}\left\{U_{\mathrm{m}}\frac{\sinh(x\sqrt{RC\mathrm{j}\omega}/l)}{\sinh\sqrt{RC\mathrm{j}\omega}}\exp[\mathrm{j}(\omega t+\varphi)]\right\} \tag{2-17}$$

因为

$$\sinh y=y+y^3/3!+y^5/5!+\cdots+y^{2n+1}/(2n+1)!$$

$$u(t,x)=\frac{x}{l}I_{\mathrm{m}}\left[\frac{1+(1/3!)(x\sqrt{\mathrm{j}\omega RC}/l)^2+(1/5!)(x\sqrt{\mathrm{j}\omega RC}/l)^4+\cdots}{1+(1/3!)(\sqrt{\mathrm{j}\omega RC})^2+(1/5!)(\sqrt{\mathrm{j}\omega RC})^4+\cdots}\right]U_{\mathrm{m}}\sin(\omega t+\varphi)$$

对于高压分压器,我们感兴趣的 $x$ 相对于 $l$ 为很短的地方,即在 $x=X$ 处,于此处提取低压臂的电压信号。可以认为 $X/l\ll 1$,这样可以忽略上式中的高次项得

$$u(t)\approx(X/l)U_{\mathrm{m}}\sin(\omega t+\varphi)\mathrm{Im}\{1/[1+(\mathrm{j}\omega RC/6)-(\omega RC)^2/120]\}$$

令复数 $F=1/[1+(\mathrm{j}\omega RC/6)-(\omega RC)^2/120]$,则上式可写成

$$u(t)\approx(X/l)U_{\mathrm{m}}\sin(\omega t+\varphi)\mathrm{Im}F$$

先计算复数 $F$ 的分母 $G$,$G=1+(\mathrm{j}\omega RC/6)-(\omega RC)^2/120$。令 $x=\omega RC$,则 $G=1-x^2/120+\mathrm{j}x/6$,其模的平方$=(1-x^2/120)^2+(x^2/36)=1+x^2/90+x^4/120^2$。考虑到 $x=\omega RC\ll 1$,$G$ 的模的平方$\approx 1+x^2/90+x^4/180^2=(1+x^2/180)^2$。由此可知,$G$ 的模为 $1+x^2/180=1+(\omega RC)^2/180$,其辐角 $\theta=\arctan[(x/6)/(1-x^2/120)]\approx\arctan(x/6)=\arctan(\omega RC/6)$。

对复数 $F$,其模 $A=1/[1+(\omega RC)^2/180]\approx 1-(\omega RC)^2/180$,其辐角$=-\arctan(\omega RC/6)=-\theta$,则 $F=A\exp(-\mathrm{j}\theta)$。

经过上述推导,可求得 $X$ 处的电压近似值如下:

$$u(t)\approx(X/l)U_{\mathrm{m}}\sin(\omega t+\varphi)\mathrm{Im}F=(X/l)AU_{\mathrm{m}}\sin(\omega t+\varphi-\theta) \tag{2-18}$$

式中,$A\approx 1-\omega^2R^2C^2/180$,$A$ 小于 1 代表测量的峰值误差;

$\theta\approx\arctan(\omega RC/6)$,代表相位误差;

$X/l$——分压器分压比的倒数值。

为了进一步体会电阻分压器存在对地杂散电容下会产生峰值和相位上的测量误差,也可以计算分压器由地端向上看过去的等效阻抗。先由式(2-8)及式(2-17)求得接地端附近的电流 $i_1$:

$$(i_1)_{x\to 0}=\frac{1}{R'}\left(\frac{\partial u}{\partial x}\right)_{x\to 0}=\frac{u_1\sqrt{\mathrm{j}\omega RC}}{R\sinh\sqrt{\mathrm{j}\omega RC}}$$

分压器的等效阻抗

$$\underline{Z}=u_1/(i_1)_{x\to 0}=R\sinh\sqrt{\mathrm{j}\omega RC}/\sqrt{\mathrm{j}\omega RC}$$

采用变换式(2-17)为式(2-18)的类似数学处理法[6],把 sinh 项按级数展开,最后可以得到

$$\underline{Z}\approx R(1+\omega^2R^2C^2/180)\angle\theta$$

对于电容分压器,图 2-9 电路中的 $R'$ 反映电容器的泄漏电阻,$R\to\infty$,$\lambda=\frac{1}{l}\sqrt{\frac{C}{K}}$,由式(2-15)可得

$$u(t)=u_1(t)\times\sinh[(x/l)\sqrt{C/K}]/\sinh\sqrt{C/K} \tag{2-19}$$

与处理电阻分压器的方法相似,把 sinh 项按级数展开,因 $K\gg C$ 最后略去高次项,可以得到 $x=X$ 处(注:$X/l\ll 1$)的电压为

$$u(t)\approx u_1(t)\frac{X}{l}\left[\frac{1}{1+\frac{C}{6K}}\right]\approx u_1(t)\frac{X}{l}\left(1-\frac{C}{6K}\right) \tag{2-20}$$

由式(2-20)可看出电容分压器只造成峰值误差，不引起相位误差。峰值误差是可以减小或克服的。一种办法是用另一个比较准确的仪器校订一下，可消除误差；另一种办法是把电容分压器的电容值适当选得大一点。由式(2-20)可见，如令 $K/C>16.7$，则峰值误差可以小于1%。

以上只分析了分压器对地杂散电容对测量的影响，实际上试验变压器的高压端、高压引线、分压器上专门装置的屏散罩(帽)对分压器本体之间所形成的杂散电容对分压器的测量也会造成一定的影响。下面分析它们对电容分压器的影响。

令 $C_H$ 代表高压引线等诸高压端对分压器的总的杂散电容值，假定它沿分压器高度均匀分布，$C'_H$ 代表高压引线对分压器本体单位长度的杂散电容。画出电容分压器考虑本体对地杂散电容以及高压端对本体杂散电容后的等效电路如图2-10所示。

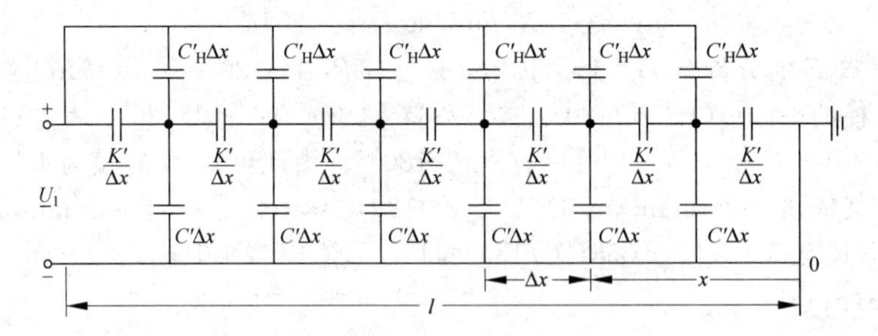


图2-10　电容分压器考虑本体对地杂散电容以及高压端对本体杂散电容后的等效电路

对于图2-10的电路，通过较繁杂的数学推导[4,6]可得到分压器从低压臂感受到的等效电容为

$$C_e \approx \frac{K}{C+C_H}\left[C\left(1-\frac{C+C_H}{6K}\right)+C_H\left(1+\frac{C+C_H}{3K}\right)\right] \tag{2-21}$$

若只存在对地杂散电容 $C$，而不存在高压端的杂散电容 $C_H$，即 $C_H=0$，则 $C_e=K\left(1-\frac{C}{6K}\right)$。此值与式(2-20)所表示的含义是一样的。此时 $C_e$ 值比 $K$ 值小，从物理概念上来说是可以想象的，因为流过对地杂散电容的电流是分别经由高压臂诸电容元件的，使得高压臂电容上的压降相对增加了，这同假想分压器高、低压臂都只流过同一个电流 $\underline{I}_{x\to 0}$，而高压臂的电容变小为 $C_e$ 的效果是一样的。

若假想只存在高压端的杂散电容 $C_H$，而不存在对地杂散电容 $C$，即 $C=0$。由式(2-21)可得 $C_e=K\left(1+\frac{C_H}{3K}\right)$，此时 $C_e$ 比 $K$ 值为大，同样也可以从物理概念上来体会这一结果。

比较上述两种极端情况下的两个等效电容可见，$C_H$ 对测量误差的影响比 $C$ 为大。只是实际上 $C$ 在数值上比 $C_H$ 大得多，所以从总体来说 $C$ 值的作用效果更大一些。但这也说明了高压引线和屏散罩(帽)的布置和尺寸以及高压源的远近对电容分压器有不可忽视的影响。另一方面，式(2-21)也说明了高压端的屏散罩(帽)可对分压器的对地杂散电容起一定的补偿作用。为了具体地说明补偿作用，兹举一计算例如下。

假设某一台电容分压器 $K=5C$，根据式(2-21)可以计算出不同 $C_H/C$ 值下的高压臂等效电容 $C_e$ 和 $K$ 的比值以及未考虑杂散电容的影响时分压器的测量误差，如表2-3所示。

表 2-3 一台 $K=5C$ 的电容分压器在不同 $C_H/C$ 值下的 $C_e/K$ 值和测量误差

| $C_H/C$ | 0 | 0.1 | 0.2 | 0.3 | 0.4 | 0.5 | 1 |
|---|---|---|---|---|---|---|---|
| $C_e/K$ | 0.968 | 0.975 | 0.982 | 0.990 | 0.998 | 1.005 | 1.046 |
| 测量误差*/% | −3.2 | −2.5 | −1.8 | −1 | −0.2 | +0.5 | +4.6 |

* 设分压器低压臂为 $C_2$，则此测量误差乃指分压比仍按 $k=\frac{K+C_2}{K}$ 计算所引起的误差；

若代之以 $k=\frac{C_e+C_2}{C_e}$，则测量误差为零。

由表 2-3 可见，当 $C_H/C$ 值过大时，过补偿也会引起测量误差。

## 2.4.2 交流电容分压器的组成

电容分压器基本上不消耗功率，不会由此造成温升而形成误差，所以测量交流高电压大多采用电容分压器而很少采用电阻分压器。

电容分压器可使用于几千伏至 2250 kV 广泛的交流高压范围之内。在有些高压实验室里，已发展工频和冲击电压兼用的电容分压器。清华大学设计研制了一种高压臂电容量 $C_1$ 为 300 pF 的 ZRF 型冲击、工频两用油纸介质阻尼式电容分压器。工频的额定电压为 1200 kV(有效值)，冲击(1.2 μs/50 μs)的额定电压为 2400 kV(峰值)。它由 8 个阻容元件组装而成，外形如图 2-11 所示。

电容分压器有两种主要形式：一种称为分布式电容分压器，它的高压臂由多个电容器元件串联组装而成，如图 2-12 所示；另一种称为集中式电容分压器，它的高压臂使用一个气体介质的高压标准电容器。

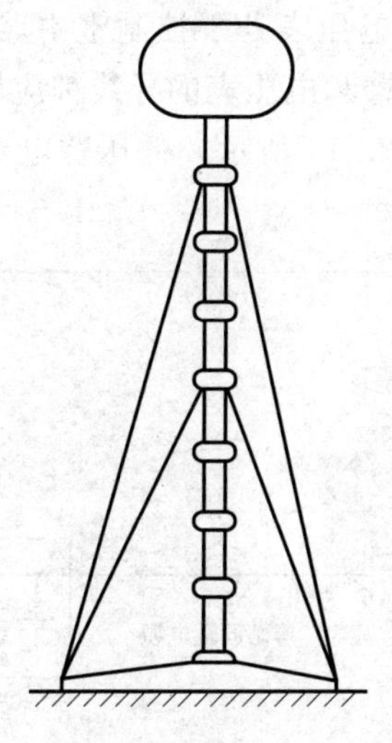
图 2-11 ZRF 型阻尼式两用电容分压器外形图

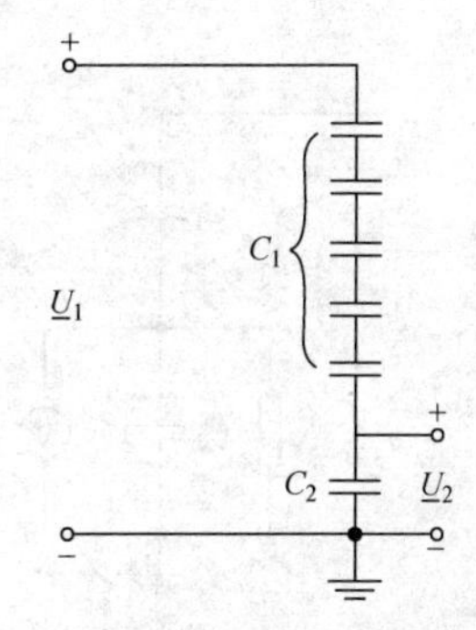

图 2-12 分布式电容分压器电路

分布式分压器的高压臂中各个电容元件应尽可能为纯电容，要求它的介质损耗和电感量小。实际所用的元件如下：

(1) 以往采用的油纸介质电容器及现代所用的油-绝缘薄膜(如表面粗化的聚丙烯薄膜或聚苯乙烯薄膜、聚酯薄膜等)介质电容器；

(2) 聚苯乙烯电容器；

(3) 陶瓷电容器。

只是在未考虑周围物体及大地对分压器的影响时，电容分压器的分压比为

$$k = (C_1 + C_2)/C_1$$

在考虑周围带电和非带电物体以及大地对分压器的影响时，分压比应为

$$k = (C_e + C_2)/C_e$$

式中，$C_e$ 为高压臂等效电容。

前面已经提到过为了减小杂散电容的影响，$C_1$ 值不应太小。但分压器的 $C_1$ 值的增大，不仅增加了投资费及分压器的尺寸，而且增加了工频试验变压器的负荷，所以 $C_1$ 应选择一合适的数值。在不考虑冲击电压测量时的专用交流电容分压器，一般 $C_1$ 取 100 pF～200 pF。

这种分压器一般只在高压顶端装有一个简单的屏蔽罩，所以高压臂的各个电容元件对地以及对周围物体之间的杂散电容会影响分压比的大小。通常要求分压器与周围物体之间相隔较远的距离。或者是在一定环境条件下，实测分压比或高压臂等效电容 $C_e$ 之后，在正式测试时保持四周的现场条件下不再变化，否则就会造成测量的峰值误差。

分压器的低压臂电容 $C_2$ 应由高稳定度、低损耗、低电感量的电容器做成。$C_2$ 通常应用云母、空气或聚苯乙烯介质的电容器。有时考虑在低压臂电容 $C_2$ 上并联一个高阻 $R_2$，如图 2-13 所示。此 $R_2$ 可能是测量仪器（如示波器等）所固有的入口电阻，或者是另外特地接入的一个电阻，可以用它防止 $C_2$ 在加压前或加压后所存在的残余电压。由于 $R_2$ 的并入，在测压时，所测到的 $u_2$ 电压的峰值会因而减小$[50/(\omega R_2 C_2)^2]\%$，相位则会领先 $\arctan[1/(\omega R_2 C_2)]$度。

通常分压器的高压臂 $C_1$ 处于试区内，测量用低压电压表处于控制室中，为防止反映空间杂散电场的电容 $C_s$ 的影响，低压臂电容及连接高压臂和电压表的导线都应屏蔽起来。连接线实际上是采用屏蔽线，所有屏蔽应良好接地，如图 2-14 所示。低压臂电容可以全部或部分放置于屏蔽连线的任何一头。

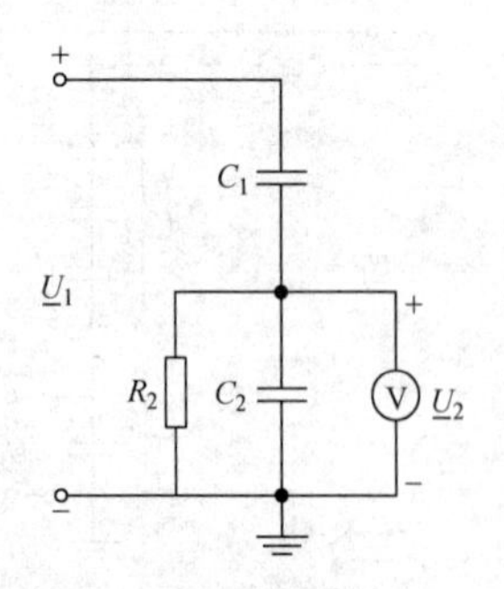


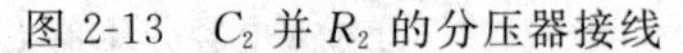
图 2-13　$C_2$ 并 $R_2$ 的分压器接线

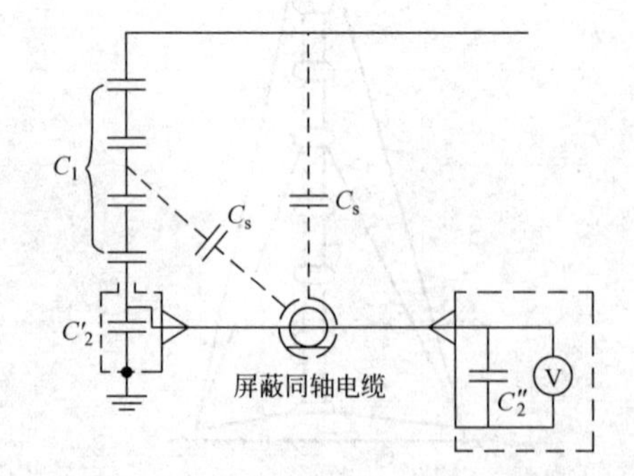


图 2-14　屏蔽线消除杂散电场影响的原理

组成分布式分压器的高压臂电容元件多少存在介质损耗和电感影响，严格地讲，其电容量随温度及作用电压的高低都会有些变化。此外分布式分压器难以实现良好的屏蔽，因此采用了一种集中式分压器，它的高压臂电容由气体介质的电容器做成。

由于气体介质基本上无损耗，接近于理想介质，由它构成的电容器的电容量不受作用电

压的影响，准确而稳定。这种电容器有良好的屏蔽，有无晕的电极，电容值不受周围环境的影响，所以这种应用气体作介质的电容器称为标准电容器。

高压标准电容器的功用有：

(1) 作为电容分压器的高压臂，用来测量交流电压的峰值、有效值或测量其波形。近来也已发展到用它来测量冲击电压。

(2) 用它作为高压西林电桥上的标准电容，高压西林电桥是用来测量电容器、电缆、套管等的介质损失角正切值和电容量的。

(3) 作为耦合电容器与局部放电测量仪器相配合，用于检测变压器、套管等的局部放电起始电压以及高频干扰电压。

在静电场课程里已讲述过同轴圆柱的空气介质电容器，这种结构的电容器可应用于电压不太高的高压装置之中。电压较高时则常采用压缩气体的标准电容器。

由于气体的电气强度随其密度而增加，所以为了缩小标准电容器的尺寸，常把电容器的电极密封于绝缘壳的容器之中，在容器中加上压缩气体。这样的结构，也可以使电极免受脏污及大气中湿度的影响。常用的气体介质是氮气($N_2$)和二氧化碳($CO_2$)，充气压力常在1.0 MPa～1.8 MPa(表压)的范围内。氮气的化学性质稳定，二氧化碳在高气压下放电性能较好(随气压上升，放电电压较线性地上升)。国内外也都生产六氟化硫($SF_6$)的高压标准电容器，采用高电气强度的气体，可以减轻电容器的重量或者降低充气压力从而降低了对外部结构强度及对密封的要求。

国内外生产的高压标准电容器，额定电压(有效值)常为100 kV～1200 kV，电容量为20 pF～100 pF。这些电容器在额定频率和额定电压下的介质损耗角正切值通常小于$1\times10^{-5}$，电容温度系数小于等于$3\times10^{-5}$/℃，局部放电量一般在5 pC～10 pC以下。

图2-15为一台高压充气标准电容器的结构图。其低压电极通过绝缘用接地铜管支持，而且它被高压电极包围在中间，屏蔽了大地及其他物体的电场影响，所以电容值$C_1$与电容器处在实验室的位置就没有关系。这样，用它作为分压器，其分压比也就不受位置的影响了。

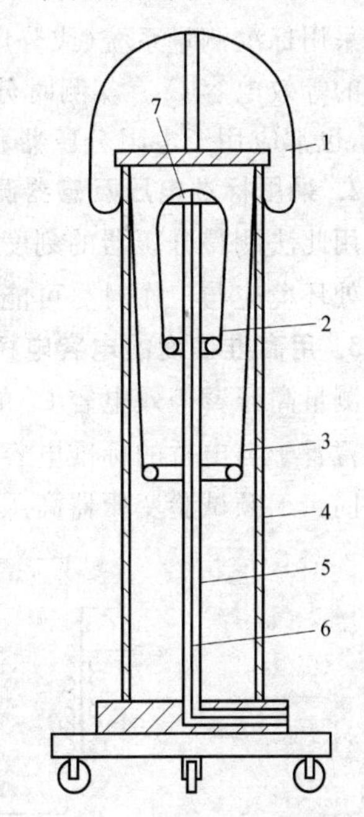

图2-15 高压充气标准电容器
1—高压屏蔽帽；2—低压电极；3—高压电极；4—绝缘壳筒；5—支持杆；6—同轴电缆；7—绝缘垫块

高压压缩气体的标准电容器在制造厂交货时通常是充气的。但如果运输部门禁止充气运输时，电容器需在0.1 MPa～0.2 MPa的残压下运输和储存。在电容器工作前充入纯度≥99.5%的干燥氮气，充气过程要求很小心，持续时间较长(数个小时)，最后充气到运行压力。因考虑充气时可能带入灰尘和纤维，它们沉落于电极上时，会使放电电压降低，所以在正式投入工作之前，需经过一定的加高压净化程序，通过放电把灰尘或纤维烧去。此时，为了限制电容器内部闪络下的放电电流值，电容器应串接一个保护电阻，使放电电流限制在规定的数值(一般为1 A)之内。

### 2.4.3 电容分压器等效电容的测量

2.4.2小节分析计算了分布式电容分压器的等效电容 $C_e$。在实际应用中，$C_e$ 可以用两种办法来进行测量。

**1. 采用标准测量系统(或分压器)测定电容分压器的刻度因数**

图2-16表明了标准[7]所介绍的测定分压器刻度因数的三种平面布置。

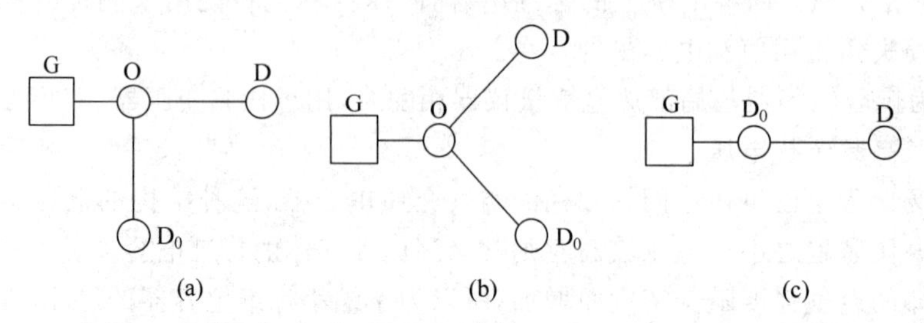


图2-16 采用标准测量系统测定刻度因数的实验装置平面布置

(a) T形布置；(b) 叉形布置；(c) 直线布置

G—试验变压器或冲击电压发生器；O—试品或负荷电容；$D_0$—标准测量系统或分压器；D—被测分压系统

采用标准测量系统(或分压器)测定电容分压器的刻度因数之后，便可以计算出电容分压器的等效电容 $C_e$。实测时分压器所处环境应与工作时尽可能一样。上述的分压器比对方法，也常应用于电阻分压器和测量冲击电压的各类分压器。

**2. 采用标准电压互感器测定分压器的刻度因数**

用此法测得分压器的刻度因数后，便可计算出电容分压器的等效电容 $C_e$。实测时分压器所处环境应与工作时尽可能一样。

**3. 用高准确度的电容电桥实测电容分压器的等效电容 $C_e$**

测量高压臂等效电容 $C_e$ 的接线如图2-17所示。在测量前应卸下分压器的低压臂，把高压臂置于与电桥的标准电容 $C_0$ 相对应的桥臂中。分压器周围环境的布置应与实际使用时相同。工频试验变压器高压端应开路。

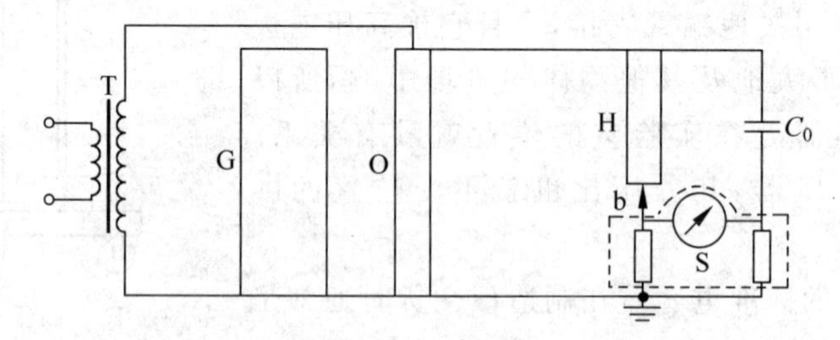


图2-17 测量高压臂电容的接线

T—测量电源；G—试验变压器；O—试品；H—分压器高压臂；b—高压臂下端与低压臂的连接点；S—测量电桥桥体；$C_0$—标准电容器

## 2.5 峰值电压表

广义来讲，峰值电压表是指测量周期性波形及一次过程波形峰值的电压表。国内外早已有兼能测量上述两大类波形峰值的1.6 kV峰值电压表。其标准要求能接到分压器低压臂的峰值电压表的测量不确定度不大于1%。本节叙述适用于交流高电压测量的几种峰值电压表的基本原理。其中一种是利用电容电流整流来测量电压峰值；另一种是利用电容器上的整流充电电压来测量电压峰值。

## 2.5.1　利用电容电流整流测量峰值电压

利用电容电流整流测量峰值电压的原理如图2-18及图2-19所示。被测高压为$u$，当它随时间变化时，流过电容$C$的电流$i_C = C\mathrm{d}u/\mathrm{d}t$。因$u$随时间作正弦变化，则$i_C$在相位上超前于电压$u$ 90°作正弦变化。$D_1$及$D_2$为两个二极整流管，G为检流计。当$i_C$为正半波时，电流经$D_1$及检流计入地。从图可以看出$0-t_1$、$t_2-t_3$、…时间内整流管$D_1$导通，电流流经检流计；$t_1-t_2$、$t_3-t_4$、…时间内$D_1$不通而$D_2$导通，电流不经过检流计。一周期内通过检流计的平均电流$I_\mathrm{d}$为

$$I_\mathrm{d} = \frac{1}{T}\int_0^{t_1} i_C\mathrm{d}t = \frac{1}{T}\int_0^{+\frac{T}{2}} C\frac{\mathrm{d}u}{\mathrm{d}t}\mathrm{d}t = \frac{C}{T}\int_{-U_\mathrm{m}}^{+U_\mathrm{m}}\mathrm{d}u$$

$$= \frac{C}{T}\int_0^{\pi} U_\mathrm{m}\sin\omega t\,\mathrm{d}(\omega t) = 2CU_\mathrm{m}/T = 2fCU_\mathrm{m} \tag{2-22}$$

即

$$U_\mathrm{m} = I_\mathrm{d}/(2fC) \tag{2-23}$$

式中，$T$——被测电压变化的周期；

$f$——相应的频率。

由式(2-22)可看出，此时检流计的读数是与电压的峰值成正比的。可见，可以通过测量检流计指示的平均电流值$I_\mathrm{d}$来求得电压的峰值。

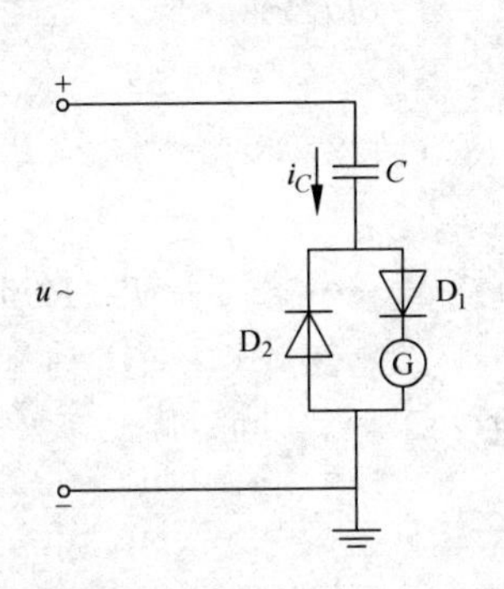


图2-18　利用电容电流测电压峰值的接线

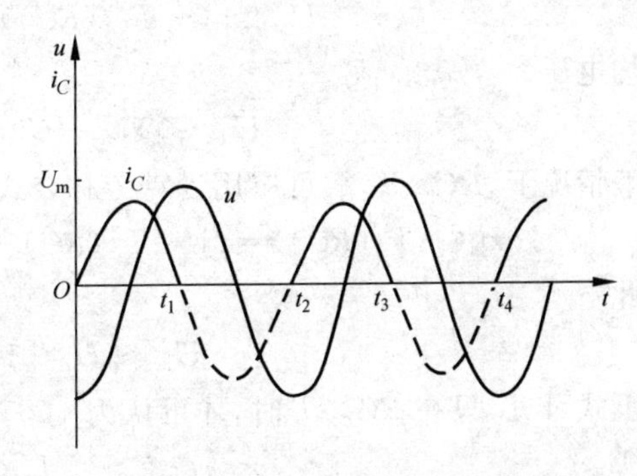


图2-19　利用电容电流测电压峰值原理图

在实际使用中，图2-18中的$C$可以用高压标准电容器。高压标准电容器的电容值很准确，不受外物影响，测量准确度可以很高。

利用电容电流整流测量峰值的电压表只能测量符合标准要求的、谐波分量不大的、正负半波对称的正弦交流波形。若是半周期内电压具有几个峰值，以致电容电流$i_C$在半周期内过零次数多于一次，则测得的平均电流值$I_\mathrm{d}$常会增大，从而使此种峰值电压表的测量造成极大的误差甚至不能使用。

## 2.5.2　利用电容器上的整流充电电压测量峰值电压

利用电容器上的整流充电电压来测量峰值电压的原理如图2-20所示。被测交流电压

经整流管D使电容充电至交流电压的峰值。电容电压由静电电压表或微安表串联高阻 $R$ 来测量。

前面所说的利用电容电流整流来测量交流电压峰值的方法要求电压的正、负半波波形相同,而图 2-20 的方法不受这个限制,改变整流方向可以分别决定正、负半波的峰值。另外,假使交流电压有几个尖峰,则测量回路给出最大的尖峰的峰值。当用微安表串联高阻来测量电容上的电压时,由于电容 $C$ 对电阻 $R$ 的放电作用,电容 $C$ 上的电压是脉动的(如图 2-21 所示)。微安表反映的是脉动电压的平均值 $U_d$ 而不是峰值,即

$$U_d = RI_d$$

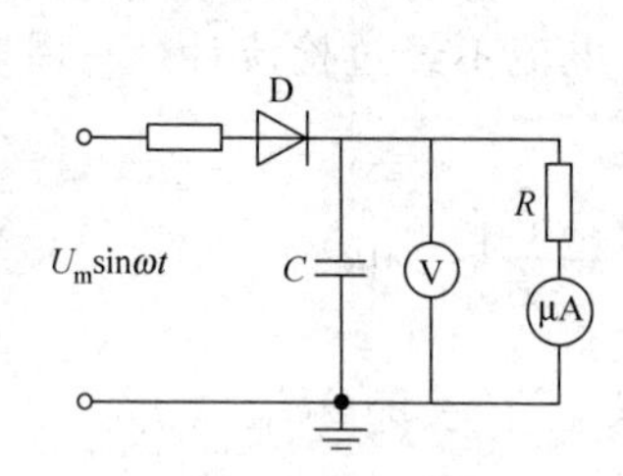


图 2-20 利用电容器 $C$ 上的整流充电电压测峰值电压

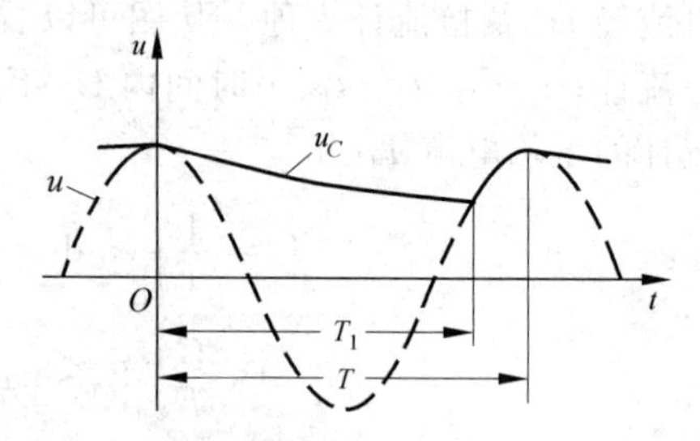


图 2-21 图 2-21 中电容 $C$ 上的电压波形

从图 2-21 可见,自时间 $t=0$ 至时间 $t=T_1$ 的时间间隔内,电容上的电压 $u_C$ 随时间$t$ 的变化关系应为

$$u_C = U_m\exp(-t/(RC))$$

脉动电压的最大值为 $U_m$,最小值为 $U_m\exp(-T_1/(RC))$。由于 $T_1 \approx T$($T$ 为周期),所以

$$U_m\exp(-T_1/(RC)) \approx U_m\exp(-T/(RC))$$

平均电压

$$U_d \approx [U_m + U_m\exp(-T/(RC))]/2$$

一般情况下,$RC \gg T$,故可应用麦克劳林公式得

$$\exp(-T/(RC)) = 1 - T/(RC) + (T/(RC))^2/2 - \cdots \approx 1 - T/(RC)$$

因此

$$U_m \approx U_d/[1-(T/(2RC))] \tag{2-24}$$

由上式可见,只在 $RC \gg T$ 时,才可认为

$$U_m \approx U_d \tag{2-25}$$

当 $RC=20T$ 时,把 $U_d$ 近似看作为 $U_m$,可产生 2.5%的测量误差。

用静电电压表测量 $U_m$ 时,也会产生测量误差。但因 $R$ 仅是 $C$ 的泄漏电阻,故其阻值相对较大,$C$ 上电压的纹波因数不大,测量误差相对较小。

当被测的交流电压较高时,可以把图 2-20 的电路接到电容分压器的低压臂来进行测量。在 20 世纪的早期,就已应用图 2-22 所示的接线图[1]。图中,$R_3$ 为应用微安表测量峰值电压所必须接入的负载电阻,另一方面它的作用是释放 $C_3$ 上的电荷,以防止下一次测量稍低电压时造成误

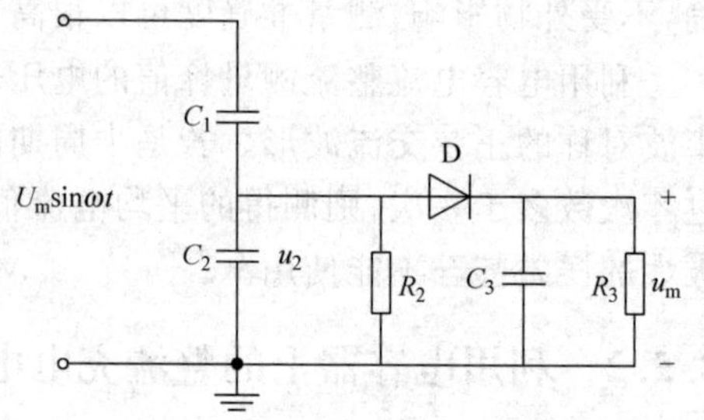


图 2-22 简单的交流峰值电压表

差。由于前述原因，$R_3C_3$ 的值应甚大于交流周期 $T$，否则也会造成测量误差。$R_2$ 的作用是释放 $C_2$ 上所存在的直流电压分量。存在此直流电压分量是这种电路固有的缺陷。为了方便分析此问题起见，先假定 $R_2$ 及 $R_3$ 的阻值极大，不考虑其放电作用。在此电路上施加交流高压后，在正半周整流管 D 导通，且电压处于最大值 $U_m$ 下，电容 $C_1$、$C_2$、$C_3$ 上的最高电压值 $U_1$、$U_2$、$U_3$ 及相应的最大电荷量 $Q_1$、$Q_2$、$Q_3$ 分别为

$$U_1=(C_2+C_3)U_m/(C_1+C_2+C_3),\qquad Q_1=C_1(C_2+C_3)U_m/(C_1+C_2+C_3)$$

$$U_2=C_1U_m/(C_1+C_2+C_3),\qquad Q_2=C_1C_2U_m/(C_1+C_2+C_3)$$

$$U_3=C_1U_m/(C_1+C_2+C_3)=U_2,\qquad Q_3=C_1C_3U_m/(C_1+C_2+C_3)$$

而且 $Q_1=Q_2+Q_3$。

当电源电压自 $+U_m$ 下降时起，二极管 D 不再导通，于是电容 $C_1$ 和 $C_2$ 串联起来向电源放电。到电源电压 $u$ 的瞬时值达到等于零的瞬间，电源两端相当于短路，$C_1$ 及 $C_2$ 各放掉 $Q_2$ 的电荷量，但 $C_1$ 上还会剩下 $Q_3$ 的电荷量，此电荷随即按 $C_1$ 及 $C_2$ 的大小成比例地重新分配在电容 $C_1$ 及 $C_2$ 上，形成电容 $C_1$ 及 $C_2$ 上的直流电压分量。它们分别为 $\Delta U_1=Q_3/(C_1+C_2)$ 及 $\Delta U_2=-Q_3/(C_1+C_2)$，此电压的方向在图中都是从上向下的。此后 $C_1$ 及 $C_2$ 上的电压可考虑为在此直流电压分量基础上再叠加一定的交流电压分量。在第二次达到正半周 $U_m$ 电压时，若先假定二极管 D 不导电，则 $C_1$ 及 $C_2$ 上的电压分别为

$$U_1'=\frac{C_2}{C_1+C_2}U_m+\frac{Q_3}{C_1+C_2}=\frac{C_2+C_3}{C_1+C_2+C_3}U_m$$

$$U_2'=\frac{C_1}{C_1+C_2}U_m-\frac{Q_3}{C_1+C_2}=\frac{C_1}{C_1+C_2+C_3}U_m$$

由上式可看出，在第二次正半周 $U_m$ 时，$C_2$ 上的电压与第一次正半周 $U_m$ 时 $C_3$ 上的电压是相等的，假定 D 不导通似乎是正确的。不过，实际上 $C_3$ 以及与之并联的测量仪器多少存在泄漏，$C_3$ 上的电压是要降低的。所以实际上在第一个正半周之后，接近第二次达到 $+U_m$ 之前，D 还是会导通的。如前分析的那样，由于第一个正半周 D 导通时 $C_3$ 从 $C_2$ 分出一部分电荷，才使 $C_2$ 上出现直流分量。假使以后每一正半周时，$C_2$ 还将经 D 向 $C_3$ 放去一些电荷，那么 $C_2$ 上的直流分量将越来越大。于是在此后的正半周时，$C_2$ 上的电压将越来越小，最终趋近于零，亦即全部电源电压将加在 $C_1$ 之上。

当在电路中接入阻值不太大的 $R_2$ 时，可有利于减小直流电压分量。由直流电压分量所引起的误差称为电位误差 $e_p$，则

$$e_p=-(R_2/R_3)$$

因此 $R_2$ 应甚小于 $R_3$。然而，如 2.4.2 节中曾述及的 $R_2$ 的接入，会造成电容分压器的峰值误差。

可合理地选择图 2-22 电路的参数如下：

$$C_1=100\ \text{pF},\quad C_2=100\ \text{nF},\quad C_3=33\ \text{nF},\quad R_2=150\ \text{k}\Omega,\quad R_3=30\ \text{M}\Omega$$

计算表明[1]，在此电路参数下，在测量 50 Hz 的交流高压时，即使未计及二极管的压降影响，测量误差已达－4.25％。

鉴于图 2-22 所示电路的上述缺点，测量正或负极性的峰值电压，均采用图 2-23 的接线。电路中令 $C_3=C_4$，$R_3=R_4$，以使在两种极性下的电路参数完全一致，这样可使正、负两

个半周在 $C_1$ 及 $C_2$ 上的直流电压分量不断地抵消。在测量正极性峰值时

$$U_m \approx I_d R_3 (C_1 + C_2)/C_1$$

式中，$I_d$ 为流过电阻 $R_3$ 及微安表的平均电流。在测量准确度要求高时，还应校正 $C_3$ 接入及整流纹波的影响。

文献[8]对图 2-23 的电路进行了精辟的分析并指出 $C_3(=C_4)$ 的取值应小于 $C_2$。

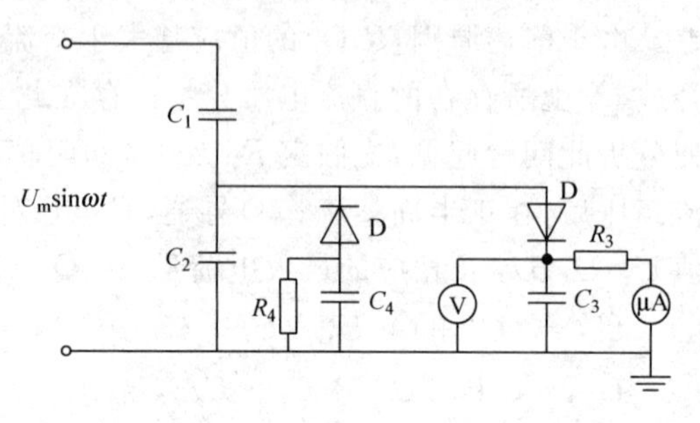


图 2-23 通过分压器测峰值电压的正确接线

## 2.5.3 有源数字式峰值电压表

以上所介绍的是无源整流回路法测量峰值。这类方法实施起来比较简单，价格便宜，设计合适时，可达到一定的准确度。此外它比有源电子线路的测量仪器具有另一优点，即电磁兼容(EMC)性优良，也就是说它对电磁脉冲的干扰不敏感，因此工作可靠性强。

随着多种高性能的运算放大器的发展，我们能应用它们对峰值电压进行采样保持，最后通过 A/D(模数)转换器及其后接的数字表头，把峰值电压显示出来。这种有源的数字峰值表连接到电容分压器的低压臂，使用起来更为方便，测量也更准确，已逐步取代了早期的无源峰值电压表。在高电压下，当绝缘可能会被发展成击穿的使用场合时，这种峰值表需做好防止“干扰”或防止“反击”的措施，以免仪表测量不准确甚至受击损坏。

最简单的一种有源数字峰值表的原理如图 2-24 所示。图中 $A_1$ 为运算放大器，实际上它是一个电压比较器；$A_2$ 是电压跟随器；ADC 为模数转换器。在交流电压处在正半周逐渐上升时，因为 $u_i > u_C$，而 $u_C \approx u_o$，所以 $A_1$ 将输出正的信号电压，D 正向导通，$C$ 上就充电较快。到达峰值后，$A_1$ 不再输出电压而且 D 也处于截止，$u_i$ 的峰值就被电容 $C$ 所保持，并通过电压跟随器 $A_2$ 输出，经过 A/D 转换后，该电压值就被数字电压表头显示出来。由于希望整个电路有较快的响应，需要有较大的对电容 $C$ 的充电电流，故 $A_1$ 应有较大的电流输出能力。在实际应用时，$A_1$ 内的输出级有一个三极管的电流放大回路，上述 D 的单向导电作用也由该三极管完成。因此可省略掉上面原理图中的整流二极管 D。对 $A_1$ 的技术要求是应具有较高的输入阻抗及较快的响应速度。电容 $C$ 值选小些有利于减小响应时间，但会增大纹波，所以应选一适中的电容值。

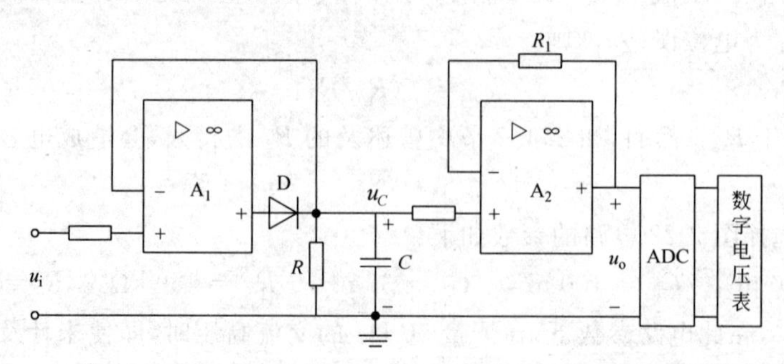


图 2-24 最简单的有源数字峰值表原理

# 思 考 题

2-1 电阻分压器为什么不适宜使用于测量较高的交流电压?

2-2 用高压标准充气电容器组成交流电容分压器比采用其他电容器具有什么优点?

# 习 题

2-1 用直径为 1 m 的垂直安放的铜球(下球接地)来测量某一正弦波的交流电压 $U$,测量时室温为 11 ℃,气压为 102 kPa,若球隙加电压 $U$ 时,在 14.5 cm 下临界放电,问此交流电压的有效值为多大?

2-2 有一台测量交流高电压的电容分压器,若在低压臂 $C_2$ 上并联一个高阻 $R_2$。试证明:在测电压时,所测到的 $U_2$ 电压峰值会比不接 $R_2$ 时减小 $[50/(\omega R_2 C_2)^2]\%$,相位领先 $\arctan[1/(\omega R_2 C_2)]/(°)$。$\omega$ 为被测电压的角频率。

# 参 考 文 献


[1] KUFFEL E,ZAENGL W S. 高电压工程基础[M]. 邱毓昌,戚庆成,译. 北京:机械工业出版社,1993.(注:该书的英文新版本见第 4 章的参考文献[7])

[2] 中国国家标准化管理委员会.高电压试验技术 第 2 部分:测量系统:GB/T 16927.2—2013[S]. 北京:中国标准出版社,2013.

[3] 国际电工委员会. High-voltage test techniques-Part 2:Measuring systems:IEC 60060-2:2011[S]. 3rd ed. 2011.

[4] 张仁豫,陈昌渔,王昌长,陈秉中. 高电压试验技术[M]. 北京:清华大学出版社,1982.

[5] STANDRING W G. Effect of humidity on flashover of air-gaps and insulators under alternating(50 c/s) and impulse(1/50 μs) voltages[J]. Proceedings of IEE,1963,110(6):1077-1078.

[6] 张仁豫,陈昌渔,王昌长.高电压试验技术[M].2 版.北京:清华大学出版社,2003.

[7] 中华人民共和国国家发展和改革委员会.冲击电压测量实施细则:DL/T 992—2006[S]. 北京:中国电力出版社,2006.

[8] 张宜倜. 关于具有电容分压器的整流式交流峰值电压测量装置的工作原理分析[J].高电压技术. 1983,27(1):35-39.

[9] 中国国家标准化管理委员会.高电压测量标准空气间隙:GB/T 311.6—2005(对应 IEC 60052:2002)[S]. 北京:中国标准出版社,2005.

# 第 3 章

# 直流高电压试验装置

## 3.1 概　　述

电力设备常需进行直流高压下的绝缘试验，例如测量它的泄漏电流，而一些电容量较大的交流设备，例如电力电缆，需进行直流耐压试验来代替交流耐压试验。至于超高压直流输电所用的电力设备则更需进行直流高压试验。此外，一些高电压试验装置，例如冲击试验装置，需用直流高压作电源。因此直流高压试验装置也是进行高电压试验的一项基本设备。

中国国家标准 GB/T 16927—1[1] 指出，一般普遍使用变压器整流电路得到直流试验电压。图 3-1(a)所示是半波整流电路，它基本上和电子技术中常用的低电压半波整流电路是一样的，只是增加了一个保护电阻 $R$，这是为了限制试品(或电容器 $C$)发生击穿或闪络时以及电源向电容器 $C$ 突然充电时通过高压硅堆和变压器的电流，以免损坏高压硅堆和变压器。当然对于在试验中因瞬态过程引起的过电压，$R$ 和 $C$ 也起抑制作用。$R$ 阻值的选择应保证流过硅堆的事故电流(峰值)不超过允许的瞬间过载电流(峰值)$I_{SM}$(见 3.2 节)。由图 3-1(b)可看出，整流电路的输出电压 $u$ 不是严格的直流电压，而是随时间有不大的周期性变化。

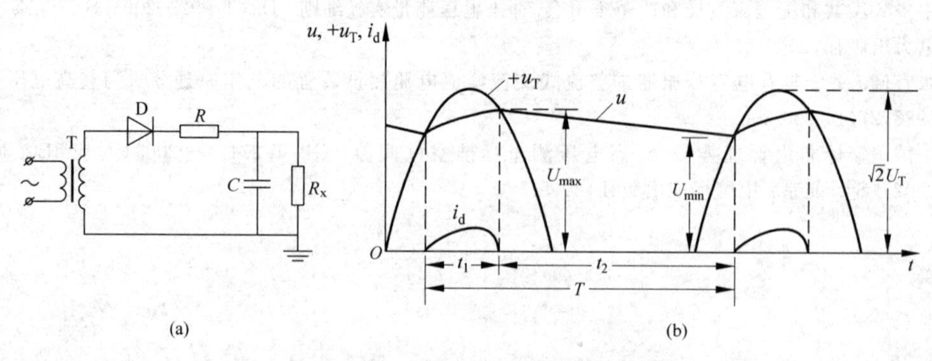


图 3-1　半波整流电路和输出电压波形图

(a) 半波整流电路；(b) 输出电压波形

T—工频试验变压器；$C$—滤波电容器；D—整流元件(高压硅堆)；$R$—保护电阻；$R_x$—试品；$u$—输出直流电压的波形；$U_{max}$、$U_{min}$—输出直流电压的最大值、最小值；$U_T$—试验变压器 T 的输出电压(有效值)；$i_d$—D 导通时的电流波形

直流高压试验装置的基本技术参数有三个，即输出的额定直流电压（算术平均值，以下简称为平均值）$U_d$，相应的额定直流电流（平均值）$I_d$ 以及电压纹波因数 $S$。

额定直流电压 $U_d$ 是指一个周期内输出电压 $u(t)$ 的平均值，即

$$U_d = \frac{1}{T}\int_0^T u(t)\mathrm{d}t$$

若定义 $U_a=0.5(U_{max}+U_{min})$，则 $U_d\approx U_a=0.5(U_{max}+U_{min})$。

额定直流电流 $I_d$ 是指一个周期内输出电流的平均值，$I_d=U_d/R_x$。

输出电压 $u(t)$ 随时间的周期性变化被称为纹波，定义纹波幅值 $\delta U$ 为

$$\delta U = 0.5(U_{max} - U_{min})$$

而电压纹波因数 $S$ 可表示为

$$S = \delta U/U_d \tag{3-1}$$

和电子技术中低压直流设备相比，直流高压试验装置的主要特点是电压高（从数万伏到数百万伏）、电流小（通常为数毫安至数十毫安，个别情况，例如绝缘子的湿闪试验约需数十毫安，污闪试验约需数百毫安）和持续运行时间较短。我国国家标准 GB/T 16927.1 规定，直流高压试验装置的纹波因数 $S\leqslant 3\%$，直流电压试验的持续时间不超过 60 s，其试验电压（算术平均值）在 60 s 内应保持在规定值的 $\pm 1\%$ 以内[1]。

图 3-1(b)中，$t_1$ 是整流元件 D 导通时间，在时间 $t_1$ 内变压器 T 通过 D 向 $C$ 充电，同时向试品 $R_x$ 放电。设在 $t_1$ 时间内电源向 $R_x$ 送出电荷 $\Delta Q$，同时向 $C$ 送出电荷 $Q_2$，即总共送出电荷 $Q_1=Q_2+\Delta Q$。

图 3-1(b)中，$t_2$ 是 D 的截止时间，在时间 $t_2$ 内电容器 $C$ 向试品 $R_x$ 放电，在 $t_2$ 时间内 $C$ 向 $R_x$ 送出的电荷应由在 $t_1$ 时间内由 T 向 $C$ 送出的电荷来补偿，即等于 $Q_2$，因为这样才能保证输出电压 $U_d$ 和电流 $I_d$ 的数值和波形是稳定不变的。

这样在整个周期 $T$ 内 $R_x$ 总共得到电荷 $Q_1=Q_2+\Delta Q$，因此通过 $R_x$ 的直流电流（平均值）为

$$I_d = Q_1/T \tag{3-2}$$

而电压的纹波幅值 $\delta U$ 应为

$$\delta U = Q_2/(2C)$$

由于纹波因数 $S$ 一般在 3% 以下，时间常数 $R_xC$ 应较大，则 $t_1\ll t_2$，$\Delta Q\ll Q_2$，所以 $Q_1=Q_2+\Delta Q\approx Q_2$，$\delta U$ 即可近似表示为

$$\delta U \approx Q_1/(2C) = I_d T/(2C) = I_d/(2fC) \tag{3-3}$$

当然这样算出来的 $\delta U$ 值是略为偏大的。纹波因数

$$S = \delta U/U_d = I_d/(2fCU_d) \quad 或 \quad S = T/(2R_xC) \tag{3-4}$$

由式(3-4)可算得 $S=3\%$ 时，时间常数 $R_xC\approx 16.6T$。当电源电压为 50 Hz 时，$R_xC\approx 0.33$ s。试品的试验电压和电流决定了 $R_x$，即可算出所需滤波电容器的电容量 $C$。

起限流作用的保护电阻 $R$ 可按下式确定：

$$R = \sqrt{2}U_T/I_{SM} \tag{3-5}$$

式中，$U_T$——工频试验变压器 T 的输出电压（有效值）；

$I_{SM}$——根据硅堆的过载特性曲线（图 3-5）所确定的短时允许的过电流峰值。

对有自动跳闸装置的直流高压试验装置一般取过载时间为 0.5 s 下的过电流值即可，否则需取较长的过载时间（例如 1 s～2 s）下的过电流值，当然此时选取的 $R$ 值要稍大（参见 3.2 节）。通常 $R$ 在数十千欧至数百千欧之间。

变压器T向电容器$C$的充电电流以及向负载$R_x$的放电电流都会在保护电阻$R$、变压器内阻和硅堆内阻上(主要在$R$上)产生压降。当无负载($R_x \to \infty$)时，最后充电电流趋向零，压降消失，电容器上的电压可达变压器充电电压的峰值$\sqrt{2}U_T$。当有负载时，每个周期内都有充电电流流过，都产生压降，即使在硅堆导通时间内，输出电压的最大值$U_{max}$也必小于$\sqrt{2}U_T$。其差值称为压降$\Delta U$，即

$$\Delta U = \sqrt{2}U_T - U_{max} \tag{3-6}$$

若以$\Delta U_a$代表电路无负荷时电压($\sqrt{2}U_T$)与有负荷时输出电压平均值$U_d$之差，并称为平均压降，则

$$\Delta U_a = \sqrt{2}U_T - U_d = \Delta U + \delta U \tag{3-7}$$

$\Delta U_a$常按电子技术中所用的近似计算方法来求得。图3-2为由试验得到的半波整流电路$U_d/(\sqrt{2}U_T)$与电路参数的关系曲线，可由此图中横坐标上$\omega CR_x$的值及相应的$R/R_x$来确定$U_d/(\sqrt{2}U_T)$(见图中曲线1~8)，由此可求得$\Delta U_a$，从$\delta U$即可求得$\Delta U$。

由图3-2可知当$\omega CR_x > 60 \sim 100$时，$U_d/(\sqrt{2}U_T)$的比值基本不变，此时只需根据横坐标上的$R/R_x$值来确定$U_d/(\sqrt{2}U_T)$(见图中曲线9)和$\Delta U_a$即可。

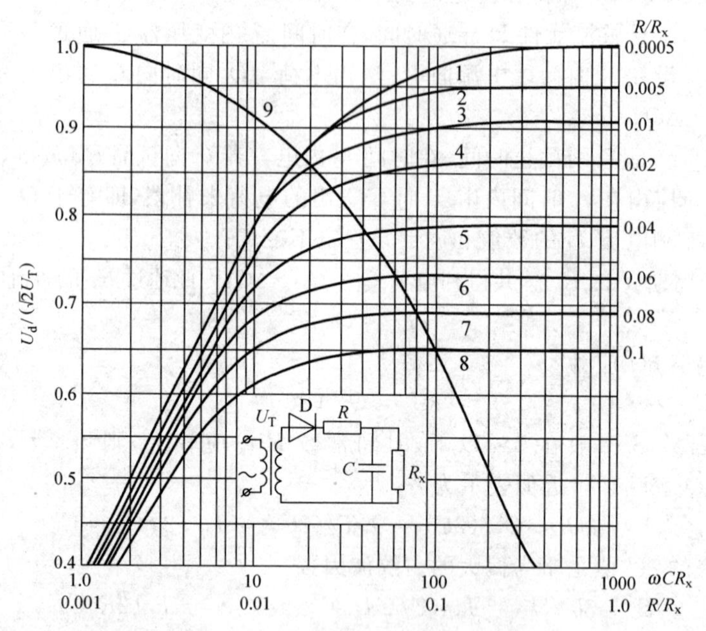


图3-2 半波整流电路$U_d/(\sqrt{2}U_T)$和电路参数关系曲线

曲线1~8：$U_d/(\sqrt{2}U_T)$与$\omega CR_x$的关系曲线(分别对应8个不同的$R/R_x$值)；

曲线9：$U_d/(\sqrt{2}U_T)$与$R/R_x$的关系曲线($\omega CR_x \gg 1$时)

整流电路的输出功率为$U_d I_d$，显然电源变压器的容量应大于此值。流过试品的电流$I_d$是由变压器T通过整流元件D来供给的。D导通的时间很短，通过D的电流也即变压器的输出电流是脉冲状的，其脉冲幅值显然应比平均电流$I_d$大得多。因此变压器输出电流的有效值$I_T$也大于$I_d$，而变压器绕组的导线是按有效值设计的，因此考虑变压器容量时不能按$I_d$来选择，而需较大的容量。$I_T$的大小也可由试验得到的图表来确定。考虑到一般高压硅堆0.5 s过载电流峰值$I_{SM}$为其额定电流平均值$I_f$的20~50倍，显然$I_f \geq I_d$，则$R/R_x \approx$

0.05～0.02，而当 $S\leqslant 3\%$ 时可算得工频下的 $\omega CR_x\geqslant 104$。在上述情况下，由试验可知 $I_T/I_d$ 之比为 2～2.5，故工频试验变压器的容量 $S_T$ 可近似按下式估计：

$$S_T=(2\sim 2.5)U_d I_d \tag{3-8}$$

电容器 $C$ 的额定电压 $U_C$ 由下式确定：

$$U_C=\sqrt{2}U_T=U_d+\Delta U_a \tag{3-9}$$

在进行直流高压试验时常在 $C$ 和 $R_x$ 间再串一电阻 $R'$，这是为了防止 $R_x$ 发生闪络或击穿时，$C$ 被完全短路放电而损坏，且试验结束时可用接地杆通过 $R'$ 将 $C$ 上残余电荷泄放掉，$R'$ 选数千欧即可。

## 3.2 高压硅堆

高压硅堆是由数个至数十个硅整流二极管串联封装而成的高压整流器，具有体积小、重量轻、机械强度高、使用简便和无辐射等优点，普遍用于直流高压装置中作为基本的整流元件。高压硅堆的型号和技术参数见附录 A 表 A4。作为高压硅堆基本组成单元的硅二极管具有单向导电性，其正、反向伏安特性如图 3-3 所示。由图可知，当二极管上外加正向电压 $u_f$ 很小时，正向电流 $i_f$ 很小，但当 $u_f$ 大于某一值 $U_F$ 后 $i_f$ 则随 $u_f$ 的增大而迅速增大。通常称 $U_F$ 为"死角电压"，对于高压硅整流二极管 $U_F$ 为 0.4 V～0.6 V。又当外加反向电压 $u_r$ 于二极管时则二极管呈现很大阻抗，其反向电流 $i_r$ 很小（约几微安），并随 $u_r$ 增加而稍有增长，但当 $u_r$ 超过某一值 $U_R$ 后，$i_r$ 则急剧增大。$U_R$ 称为击穿电压，目前高压硅整流二极管的 $U_R$ 可达数千伏至上万伏。

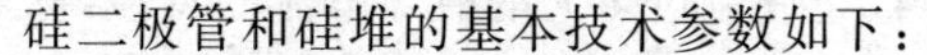

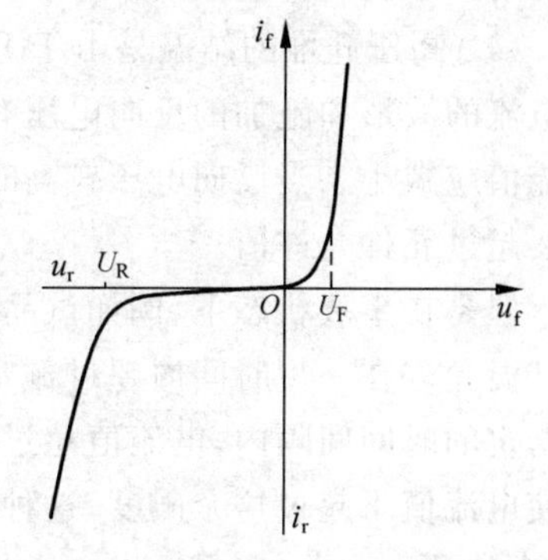


图 3-3　硅二极管正、反向伏安特性
$u_f$、$i_f$—正向电压、电流；
$u_r$、$i_r$—反向电压、电流；
$U_F$—死角电压；$U_R$—击穿电压

硅二极管和硅堆的基本技术参数如下：

（1）额定整流电流 $I_f$，指的是通过二极管的正向电流在一个周期内的平均值。在选择整流元件时显然应使其 $I_f\geqslant I_d$，即运行中通过二极管的电流不应大于 $I_f$。

（2）正向压降 $U_f$，当二极管通过的正向电流为额定值 $I_f$ 时在管子两端的压降。

（3）额定反峰电压值 $U_r$，即二极管截止时在管子两端允许出现的最高反向工作电压峰值。从图 3-1 可知它是电容器上电压和变压器输出电压之差，它的波形基本上相当于一个带直流分量的正弦波。在选择整流元件时应使 $U_r$ 满足下式：

$$U_r>\sqrt{2}U_T+(1+S)U_d \tag{3-10}$$

否则管子可能出现反向击穿。一般 $U_r$ 选为它的击穿电压 $U_R$ 的 1/2～2/3，即 $U_r=(1/2\sim 2/3)U_R$。

（4）反向平均电流 $I_r$，在最高反向工作电压作用下流过管子的反向电流平均值。

使用硅堆时还应掌握它的过载特性，一般硅堆的正向损坏是由于二极管 PN 结的热击穿造成的，根据大功率硅整流元件技术标准规定，PN 结的最高允许工作温度为 140 ℃，因此在正常工作时结温必须低于 140 ℃，不然会引起硅堆特性变坏和加速封装硅堆的绝缘介质的老化，从而影响硅堆使用寿命。为了在正常工作状态下保证 PN 结的温度不超过允许温度，必须注意以下几点：

(1) 所用硅堆的额定正向整流电流峰值,应不小于其在正常实际工作状态中的电流最大值。特别是对一些正常工作状态下负载侧经常发生闪络或击穿的直流高压装置(例如静电除尘器)中的硅堆,$I_f$ 值应适当选大一些。此外所规定的额定整流电流值 $I_f$ 一般是指在自然对流冷却下的允许使用值,如果采用油冷,则整流电流大约可提高一倍。

(2) 根据高压硅堆的频率特性可分工频高压硅堆(用 2DL 表示)和高频高压硅堆(用 2DGL 表示)。工频高压硅堆所整流的电流频率应在 3 kHz 以下,高频高压硅堆所整流的电流频率可在 3 kHz 以上。对于高频电压的整流应使用相应的高频高压硅堆。

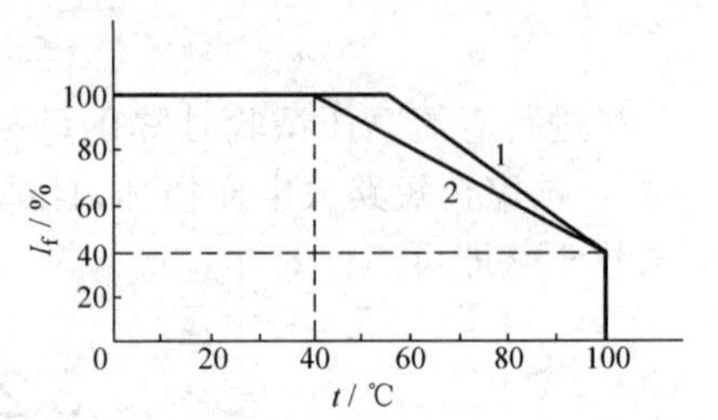


图 3-4 硅堆的温度负载特性曲线

1—适用于 200 mA 以下硅堆;

2—适用于 0.5 A、1 A 硅堆;

$t$—环境温度(℃)

(3) 高压硅堆所标称的额定整流电流值是指在使用环境温度为室温时的平均整流电流值。如在较高的环境温度下工作时,所允许的整流电流值应适当地减小。图 3-4 为环境温度与被允许的平均整流电流百分比的关系曲线。

(4) 高压硅堆的结温是由于 PN 结的功率损耗对结部加热所致,而结功率损耗还与整流电流的波形和施加的反向电压有关。例如,当波形不是正弦波而是矩形波时,硅堆的整流电流值应减小。当反向电压较高时尚需考虑反向功率损耗(一般情况下可忽略),务必使其不要超过元件允许值。

但是在事故状态下,例如试品发生击穿或闪络,则硅堆有可能流过很大的正向电流,此时结温允许在一短时间内超过额定最高允许结温,时间很短则尚不致造成损坏。但若在某一给定的时间间隔内,电流值超过了相应的某一限度,则 PN 结可能因过流而烧毁。另外,即使电流值不超过这个限度,这种过电流的冲击次数在硅堆的整个使用寿命期间也不能太多(大约几百次)。表示硅堆在多长的时间间隔内、允许流过多大的故障电流的特性,称为过载特性(此时结温不能超过 160 ℃),而该允许的电流值称为过载电流额定值。图 3-5 分别为额定整流电流为 150 mA 和 0.5 A 硅堆的过载特性曲线。

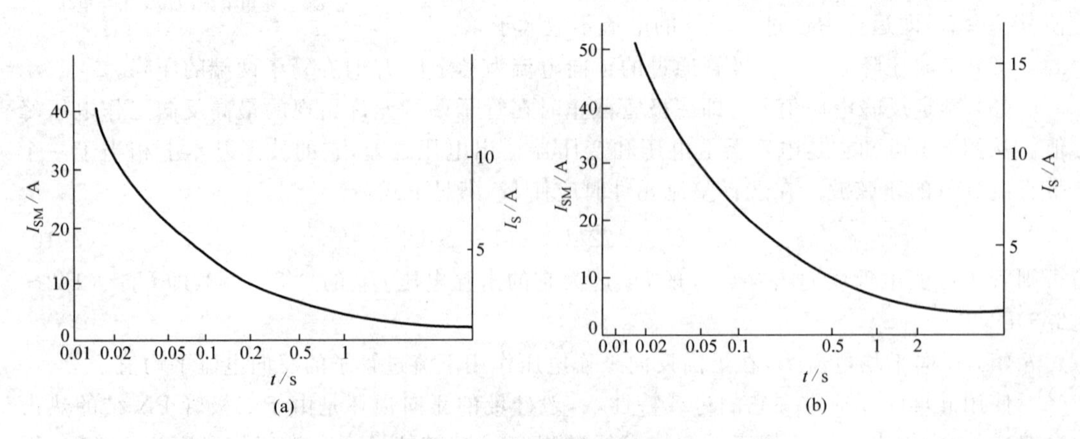


图 3-5 150 mA 硅堆和 0.5 A 硅堆的过载特性

(a) 150 mA 硅堆特性; (b) 0.5 A 硅堆过载特性

$I_{SM}$、$I_S$—正向允许过载电流峰值、平均值; $t$—过载时间间隔

为了保护硅堆必须保证流过硅堆的事故电流(峰值)不超过允许的过载电流(峰值),一般只需在高压回路选用合适的限流电阻 $R$(图 3-1)即可。但在一些额定电流较大、持续运行时间较长的直流高压装置中,为了避免电阻会增加装置在正常工作状态下的功率损耗,常不采用 $R$ 而选用晶闸管、过流继电器和快速熔断器等元件作为过电流保护。

## 3.3 硅堆的电压分布和均压措施

目前硅整流二极管(以下简称单管)的额定反峰值电压可达数千伏至一万伏,因此需将许多单管串联起来,加以封装组成硅堆,作为高压整流元件来使用。但是当在硅堆上外加反向电压时,每个单管所实际承受的电压不一定等于按均匀分配时该单管所能承受的电压,因为在硅堆上的电压分布是不均匀的。硅堆中承受反压最大的单管有可能首先击穿,从而导致发生一系列击穿,致使硅堆完全损坏,这是硅堆实际使用中的一个重要问题。显然当硅堆的反峰值电压不够而需将多个硅堆串联使用时,硅堆与硅堆之间也有电压分布不均匀的问题。通过理论分析和实验研究可以确认造成电压分布不均的主要原因是存在二极管对地及对高压端的寄生电容。

硅堆中每个单管在反向运行时可以看成一个电阻 $R_r$(二极管反向内阻)与电容 $C_r$(PN结反向势垒电容)并联而成的等效电路(如图 3-6 所示)。此外,每个单管和大地形成对地杂散电容 $C_e$,与高压端间也存在杂散电容 $C_h$,因此由二极管串联而成的硅堆在反向运行时其等效电路如图 3-6 所示。通常串联链的右端应接入滤波电容 $C$(图 3-1),由于 $C$ 的电容量相对较大,故对交流而言可看作是短路的,因此图 3-6 中串联链的右端是直接接地的。这里结电容 $C_r$ 一般决定于制造工艺,通常约为 pF 数量级,而 $C_e$ 和 $C_h$ 则和二极管的安放位置有关,通常 $C_e$ 低于 pF 数量级且 $C_e > C_h$。$R_r$ 则与管子反向电流有关,各个管子不尽相同,约数百兆欧至数千兆欧。$R_r$ 的不同也会影响各单管的电压分布,但和杂散电容相比,它的影响还是很小的。为简化起见,在图中 $R_r$、$C_r$、$C_h$、$C_e$ 均取同一数值。

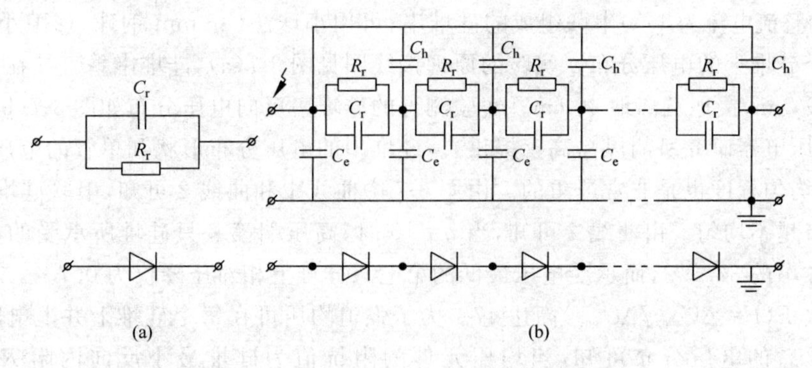


图 3-6 硅二极管和硅堆的反向运行等效电路图

(a) 硅二极管; (b) 硅堆

从图 3-6 易知,流过对地电容 $C_e$ 的电流都将在二极管串联链的不同部位上造成压降,越靠近高压端的单管上的压降越大,其结果使得硅堆反向运行时电压分布不均,而越靠近高压端的单管承受的反压越大。同理,流过 $C_h$ 的电流也会造成硅堆的电压分布不均,但其情况和 $C_e$ 相反,即越接近接地端的单管承受的反压越大。综合 $C_e$ 和 $C_h$ 的作用,硅堆上电压分布将是两端大、中间小，又由于 $C_e > C_h$，故 $C_e$ 的作用比 $C_h$ 更大，因此承受反压较大的单管还是在高压端附近，而以高压端的第一个单管承受电压最大。显然 $C_e$、$C_h$ 的数值越大，流过的电流越大，使硅堆的电压分布更不均匀。另外若单管的 $C_r$ 大或 $R_r$ 小，则 $C_e$、$C_h$ 所起的影响相对要减小，而电压分布可更均匀些。

运用第2章中计算电容分压器高压臂等效电容的方法可对该链形电路进行分析，即可算出串联链上每个单管所承受的反压和硅堆的电压分布。但 $C_e$、$C_h$ 都无法准确知道，因此计算也只能是粗略的。

为使硅堆中电压分布均匀，可尽量减少串联的管数 $n$，这就要求单管的额定反峰值电压做得尽可能高，故 $n$ 的减少受制造单管的生产水平的限制。另一途径就是在单管两端并联大电容（相对于结电容 $C_r$ 而言）或小电阻（相对于反向内阻而言），使得 $C_r$ 和 $R_r$ 组成的阻抗减小来达到强迫均压的目的。但此法会增大输出的交流分量，也会受到一定限制。此外，还可以选用高压雪崩型整流元件，由于它击穿时动态电阻很小且能承受相当大的反向浪涌功率，因此硅堆中某单管接近击穿时，由于内阻的减小，而使它所分配到的电压减小，从而起到自动均压的作用。

应当指出，目前生产的硅堆一般内部均未采取强迫均压的措施，元件亦无雪崩特性。但工作也不错，其原因一方面是由于加大了安全系数，即硅堆中每个单管在反向时的平均压降远比它的额定反峰值电压为低，这样即使电压分布不均，承受反压最大的那个单管也可能尚未超过额定反峰值电压或超过不多；另一方面则是因为在临近击穿时，反向电流增大，动态内阻减小，有一定的自动均压能力。但非雪崩型元件的这种能力是有限的，若无均压措施，元件易于损坏，寿命也要显著降低。因此在使用硅堆时，内部电压分布不均的问题还是应当重视，特别是额定反峰值电压较高的硅堆。为此，有时宁可选用额定反峰值电压较低的硅堆若干个串联运行，并对硅堆串采取均压措施。

和单管串联运行一样，硅堆与硅堆串联运行时，由于对地与对高压端的杂散电容的影响，在反向时也存在电压分布不均匀的问题。对由10只2DL-10 kV/1 A（即额定反峰值电压为10 kV，平均整流电流为1 A）串联组成的硅堆串，可用小球法（$\phi$6 mm钢珠，球隙小于6 mm）测量其每个硅堆上的电压分布。实验的原理接线图见图3-7(a)，硅堆串垂直挂在空中，高压端离天花板2 m，接地端离地30 cm。实验测得的硅堆串反向电压分布如图3-7(b)、(c)所示（由西安高压电器研究所胡凤昌高工提供）。硅堆串的电压分布形状和单管的电压分布是一样的，其不均匀程度也是非常严重的。由图3-7中曲线1和曲线2可知，串联硅堆数 $n$ 越多则电压分布越不均匀。由曲线2可知，当 $n=10$ 时，高压端第一只硅堆所承受的反压最大，达整个硅堆串的32.8%，而承受电压最低的第七只硅堆上相对压降仅为0.7%，二者之比即不均匀系数 $F$（$F=\Delta U_{max}/\Delta U_{min}$）高达47。为了强迫均压可在每个硅堆上并上电阻和电容，从强迫均压后的电压分布可知，当均压元件的阻抗值为硅堆最小反向内阻 $R_{min}$（$R_{min} \approx$ 10 kV/10 $\mu$A=1000 M$\Omega$）的1/10时，电压分布尚略有不均的现象，见图3-7中曲线3和曲线5，$F$ 分别为1.45、2.44；而当均压元件的阻抗值为 $R_{min}$ 的1/100时，则硅堆串的电压分布已相当均匀，见图3-7中曲线4和曲线6，$F$ 分别为1.02、1.11。

当需选用均压元件时，阻抗值可参考以上这些试验结果。但由于各厂硅堆参数（$R_r$、$C_r$）和结构不尽相同，硅堆串使用场所的条件也各异，因此均压元件的阻抗值最好通过试验确定。均压元件的阻抗值还和串联的硅堆数有关，串联数少时阻抗值可适当选大些。还要注

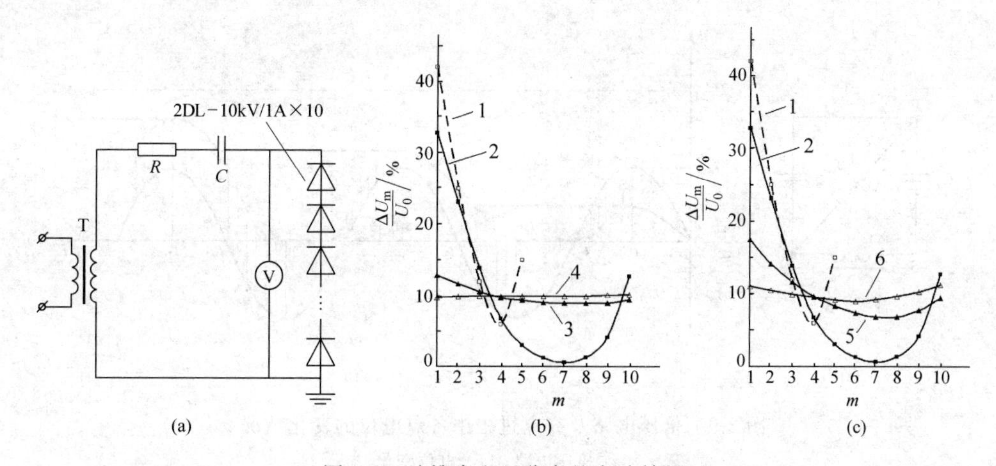


图 3-7 硅堆串电压分布的实验结果

(a) 实验原理接线图；(b) 采用电阻均压；(c) 采用电容均压

T—220 V/66 kV 试验变压器；$R$—800 kΩ；$C$—0.0322 μF；V—静电电压表

$\Delta U_m$—硅堆的电压降；$U_0$—硅堆串的总压降；$m$—从上到下的硅堆顺序号；

曲线 1、2：无均压元件，串接的硅堆总数 $n$ 分别为 5、10；

曲线 3、4：$n=10$，并联均压电阻，其阻值分别为 $R_{min}$ 的 1/10、1/100；

曲线 5、6：$n=10$，并联均压电容，其阻抗值分别为 $R_{min}$ 的 1/10、1/100

意并联均压元件后会使反流增加，从而会造成对纹波的影响，用电阻均压时若均压电阻 $R_b$ 选得太小还会使发热增加。

此外当硅堆串使用于中频电源(例如 10 kHz)或有频率较高的过电压(如冲击电压)作用时，由于结电容 $C_r$ 的容抗值可能接近反向内阻值甚至更小，此时就要考虑 $C_r$ 的容抗作用，选用均压元件的阻抗值应更低，显然采取电容元件均压(或阻容均压)更为合理。

## 3.4 倍压电路

为了得到更高的直流电压可采用倍压电路如图 3-8 所示，它的参数计算也可参照半波电路的计算原则进行。这种电路对变压器 T 有些特殊要求，T 的次级电压仍为 $U_T$，但其两个端头对地绝缘不同，A 点对地绝缘要求为 $2U_T$，而 A′点为 $U_T$。硅堆反峰值电压约为 $2\sqrt{2}U_T$，输出电压为变压器次级电压的 2 倍。这种电路的缺点是，为了得到更高电压就需提高变压器、硅堆、电容器的工作电压。另一种倍压电路如图 3-9 所示，变压器一端接地，另一端为 $U_T$，对绝缘无特殊要求，硅堆反峰值电压仍为 $2\sqrt{2}U_T$，电容器 $C_1$ 工作电压为$\sqrt{2}U_T$，而 $C_2$ 则为$2\sqrt{2}U_T$，输出电压亦为 $2\sqrt{2}U_T$。这种电路的优点是便于得到更高的直流电压，只要增加串接的级数，即可组成直流高压串级发生器(又称串级高压倍加器)。

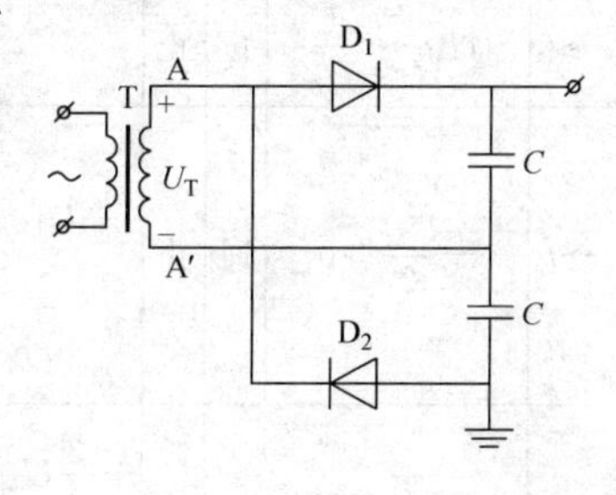


图 3-8 倍压电路

分析图 3-9(a)电路的工作原理时，假定 $C_1=C_2$ 并略去回路中的电阻及任何泄漏电流。若变压器电压为 $u_{30}$，点 1 和点 2 的对地电位分别为 $u_{10}$ 和 $u_{20}$，则各点上电位变化如图 3-9(b)

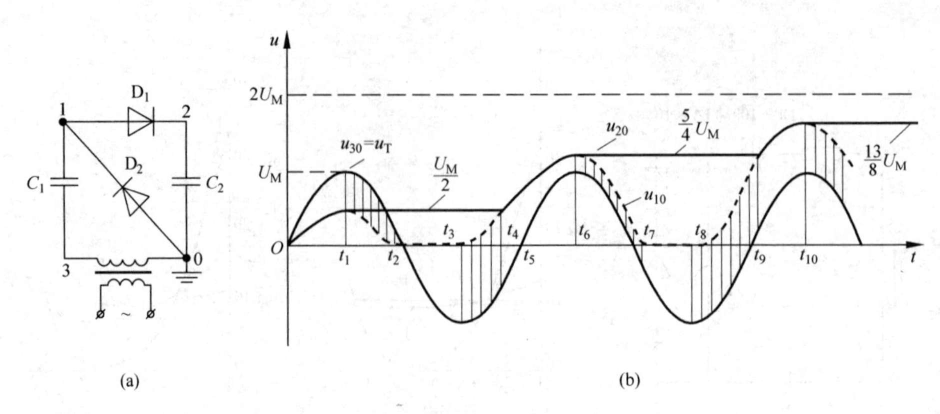


图 3-9　倍压电路及充电过程中各点电位的变化情况

(a) 倍压电路；(b) 电位变化

所示。充电过程的分析列于表 3-1，表中第 2 列代表变压器输出电压 $u_{30}$ 的变化情况，第 3、4 列表示两个硅堆的动作情况，第 5、6 列表示电容器 $C_1$、$C_2$ 上的充电电压，第 7、6 列表示点 1 及点 2 的对地电位。如表 3-1 所分析，在电源电压的 9/4 周期内，点 2 对地电位由 0 上升到$(13/8)U_M$，这样继续下去，点 2 对地电位 $u_{20}$ 最后可到达 $2U_M$，即 $C_2$ 上充电到 $2U_M$。而点 1 对地电位 $u_{10}$ 则在 $0\sim 2U_M$ 之间变动，即 $u_{10}=U_M(1+\sin\omega t)$，$C_1$ 上则充电到 $U_M$，如图 3-10 所示。当然这个充电过程是很快的，当完成这个充电过程之后 $D_1$、$D_2$ 就完全处于截止状态。

**表 3-1　倍压电路在充电过程中各点电位变化情况**

| $t$ | $u_{30}$ | $D_1$ | $D_2$ | $u_{C_1}$（上电极对下电极） | $u_{C_2}$（上电极对下电极）$=u_{20}$ | $u_{10}$ |
|---|---|---|---|---|---|---|
| $0\to t_1$ | $0\to +U_M$ | 通 | 止 | $0\to -\frac{1}{2}U_M$ | $0\to +\frac{1}{2}U_M$ | $0\to +\frac{1}{2}U_M$ |
| $t_1\to t_2$ | $+U_M\to +\frac{U_M}{2}$ | 止 | 止 | $-\frac{1}{2}U_M$ | $+\frac{1}{2}U_M$ | $+\frac{1}{2}U_M\to 0$ |
| $t_2\to t_3$ | $+\frac{U_M}{2}\to -U_M$ | 止 | 通 | $-\frac{1}{2}U_M\to +U_M$ | $+\frac{1}{2}U_M$ | 0 |
| $t_3\to t_4$ | $-U_M\to -\frac{U_M}{2}$ | 止 | 止 | $+U_M$ | $+\frac{1}{2}U_M$ | $0\to +\frac{1}{2}U_M$ |
| $t_4\to t_5$ | $-\frac{U_M}{2}\to 0$ | 通 | 止 | $+U_M\to \frac{CU_M+\frac{1}{2}CU_M}{2C}$ $=+\frac{3}{4}U_M$ | $+\frac{1}{2}U_M\to +\frac{3}{4}U_M$ | $+\frac{1}{2}U_M\to +\frac{3}{4}U_M$ |
| $t_5\to t_6$ | $0\to +U_M$ | 通 | 止 | $+\frac{3}{4}U_M\to +\frac{3}{4}U_M-\frac{1}{2}U_M$ $=+\frac{1}{4}U_M$ | $+\frac{3}{4}U_M\to +\frac{3}{4}U_M+\frac{1}{2}U_M$ $=\frac{5}{4}U_M$ | $+\frac{3}{4}U_M\to \left(1+\frac{1}{4}\right)U_M$ $=+\frac{5}{4}U_M$ |
| $t_6\to t_7$ | $+U_M\to -\frac{U_M}{4}$ | 止 | 止 | $+\frac{1}{4}U_M$ | $+\frac{5}{4}U_M$ | $+\frac{5}{4}U_M\to 0$ |
| $t_7\to t_8$ | $-\frac{U_M}{4}\to -U_M$ | 止 | 通 | $+\frac{1}{4}U_M\to +U_M$ | $+\frac{5}{4}U_M$ | 0 |

续表

| $t$ | $u_{30}$ | $D_1$ | $D_2$ | $u_{C_1}$（上电极对下电极） | $u_{C_2}$（上电极对下电极）$=u_{20}$ | $u_{10}$ |
|---|---|---|---|---|---|---|
| $t_8\to t_9$ | $-U_M\to+\frac{1}{4}U_M$ | 止 | 止 | $+U_M$ | $+\frac{5}{4}U_M$ | $0\to+\frac{5}{4}U_M$ |
| $t_9\to t_{10}$ | $+\frac{1}{4}U_M\to+U_M$ | 通 | 止 | $+U_M\to\frac{CU_M+\frac{5}{4}CU_M}{2C}-\frac{1}{2}U_M=+\frac{5}{8}U_M$ | $+\frac{5}{4}U_M\to\frac{CU_M+\frac{5}{4}CU_M}{2C}+\frac{1}{2}U_M=+\frac{13}{8}U_M$ | $+\frac{5}{4}U_M\to\left(1+\frac{5}{8}\right)U_M=+\frac{13}{8}U_M$ |

以此类推，最后 $u_{20}$ 可达 $2U_M$。

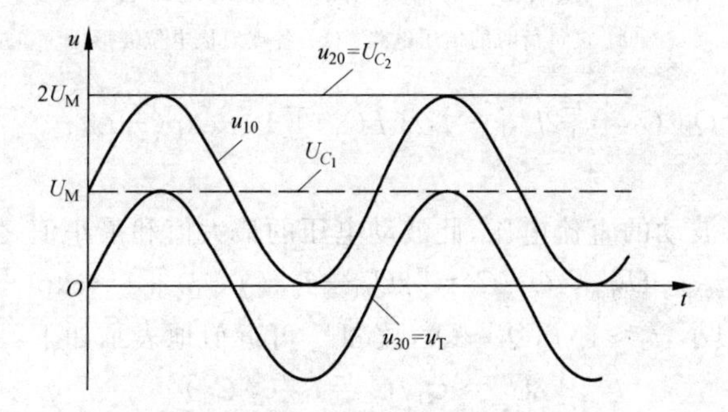


图 3-10 倍压电路在无负荷时充电稳定后的各点电位

以上分析中假定 $C_2$ 两端没有跨接负荷。现在来分析 $C_2$ 上跨接电阻 $R_x$ 时的输出电压情况。如图 3-11 所示，若令每周期内流经 $R_x$ 的电荷为 $Q_1$，则流经 $R_x$ 的平均电流 $I_d=fQ_1\approx u_{20}/R_x$。流经 $R_x$ 的电荷 $Q_1$ 分两部分，一部分为 $C_2$ 放电时输出电荷 $Q_2$，另一部分为 $C_1$ 向 $C_2$ 充电同时也向负荷输出电荷 $\Delta Q$。但无论是 $Q_2$ 还是 $\Delta Q$ 都是由 $C_1$ 送出的，故 $C_1$ 在每一周期内要输出电荷 $Q_1$，即

$$Q_1=Q_2+\Delta Q$$

在无负荷时点 1 电位最高能达 $2U_M$，但在有负荷时 $C_1$ 每周期向 $C_2$ 充电时要输出电荷 $Q_1$，故点 1 的电位不可能维持为 $2U_M$，而要降低 $Q_1/C_1$，所以 $C_2$ 充电所能达到的最高电位为

$$U_{20M}=2U_M-(Q_1/C_1)=2U_M-I_d/(fC_1)$$

从上述分析可看出，有负荷时的输出电压的最大值比无负荷时为低，两者的差值即压降以 $\Delta U$ 表示，则

$$\Delta U=2U_M-U_{20M}=Q_1/C_1=I_d/(fC_1) \tag{3-11}$$

每周期内，$C_1$ 只在很短时间 $t_1$ 内向 $C_2$ 充电，给 $C_2$ 以电荷 $Q_2$，同时给负荷以电荷 $\Delta Q$。也只在此时间内 $C_2$ 上的电压按指数函数上升，点 2 的最高电位为 $U_{20M}$。过此时间后硅堆 $D_1$ 不通，$C_2$ 上的电荷要向 $R_x$ 流出，点 2 电位按指数函数下降，到该周期末点 2 电位最低。在这个放电时间间隔 $t_2$ 内放出的电荷为 $Q_2$，此时点 2 的最低电位 $U_{20m}$ 为

$$\begin{aligned}U_{20m}&=U_{20M}\exp(-t_2/\tau_2)=[2U_M-I_d/(fC_1)]\exp(-t_2/\tau_2)\\&=2U_M-I_d/(fC_1)-(Q_2/C_2)\end{aligned}$$

所以

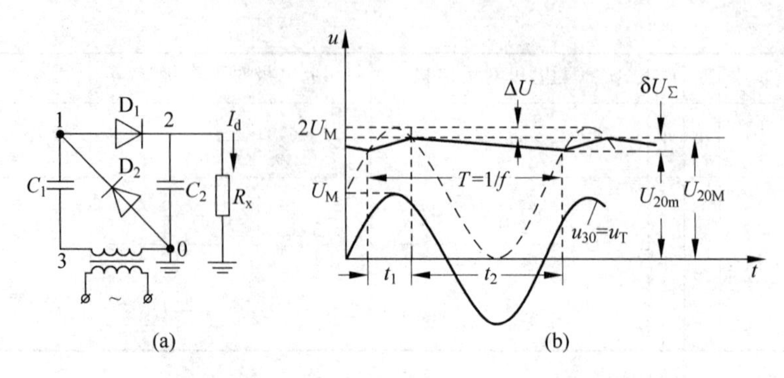


图 3-11　接负荷时的倍压电路及各点对地的电位波形

(a) 接负荷时的倍压电路；(b) 各点对地电位波形

$$Q_2/C_2=[2U_{\mathrm{M}}-I_{\mathrm{d}}/(fC_1)][1-\exp(-t_2/\tau_2)]$$

式中，$\tau_2=R_{\mathrm{x}}C_2$。

输出电压也是有波动的直流电压，此波动电压的最大值和最小值之差以 $\delta U_{\Sigma}$ 表示，则

$$\delta U_{\Sigma}=U_{20\mathrm{M}}-U_{20\mathrm{m}}=Q_2/C_2=[2U_{\mathrm{M}}-I_{\mathrm{d}}/(fC_1)][1-\exp(-t_2/\tau_2)]$$

一般情况下 $t_1$ 很小，$t_2\approx1/f$，$Q_2\approx Q_1$，故 $\delta U_{\Sigma}$ 可近似地表示如下：

$$\delta U_{\Sigma}\approx Q_1/C_2=I_{\mathrm{d}}/(fC_2)$$

一般情况下 $C_1=C_2$，所以 $\delta U_{\Sigma}$ 和压降 $\Delta U$ 近似相等。

输出电压的纹波幅值：

$$\delta U=\delta U_{\Sigma}/2=I_{\mathrm{d}}/(2fC_2) \tag{3-12}$$

可见 $\delta U$ 可近似等同于半波电路的纹波幅值。

从式(3-11)及式(3-12)可看出，$\Delta U$ 和 $\delta U$ 均随负荷电流的增大而增大，随电源频率及电容器的电容量的增大而减小；输出电压在 $2U_{\mathrm{M}}-\Delta U$ 及 $2U_{\mathrm{M}}-\Delta U-\delta U_{\Sigma}$ 之间变动。若以 $\Delta U_{\mathrm{a}}$ 表示倍压电路无负荷时的端电压与有负荷时平均电压 $U_{\mathrm{a}}$ 间的差值，并且 $C_1=C_2=C$，则

$$U_{\mathrm{a}}=(U_{20\mathrm{M}}+U_{20\mathrm{m}})/2=2U_{\mathrm{M}}-(\Delta U+\delta U)=2U_{\mathrm{M}}-3I_{\mathrm{d}}/(2fC) \tag{3-13}$$

$$\Delta U_{\mathrm{a}}=\Delta U+\delta U=3I_{\mathrm{d}}/(2fC) \tag{3-14}$$

必须指出的是，式(3-13)中的 $U_{\mathrm{a}}$ 和通常讲的直流高压装置的额定输出电压平均值 $U_{\mathrm{d}}$ 略有不同。$U_{\mathrm{d}}$ 是指在一个周期内输出电压的算术平均值(或平均值)，它和输出电压的脉动波形有关，而 $U_{\mathrm{a}}$ 是指一个周期内输出电压最大值和最小值二者的平均值。由于电压的脉动波形是指数形而充电时间一般是很短的，因此 $U_{\mathrm{a}}$ 常略大于 $U_{\mathrm{d}}$，但显然相差是很小的，在工程上可近似地看作相等。

倍压电路的纹波因数和半波电路一样为

$$S=\delta U/U_{\mathrm{d}}=I_{\mathrm{d}}/(2fCU_{\mathrm{d}})\ \text{或}\ 1/(2fR_{\mathrm{x}}C) \tag{3-15}$$

式中，$U_{\mathrm{d}}$ 亦可近似用 $U_{\mathrm{a}}$ 计算。

## 3.5　直流高压串级发生器

串级发生器的基本元件是图 3-9 所示的倍压电路。根据所需电压的高低，把不同级数的倍压电路串接起来组成串级发生器如图 3-12 所示。

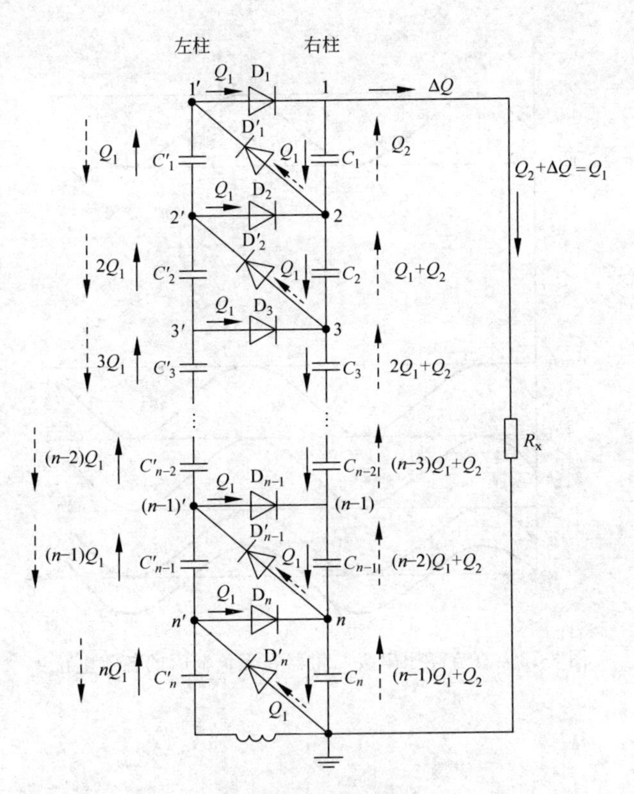


图 3-12 直流高压串级发生器原理图

先研究无负荷时(即当 $R_x=\infty$时)输出电压的情况。由 3.4 节的分析可知,当无负荷时图 3-12 中点 $n$ 的电位 $u_n$ 等于 $2U_M$。点 $n'$的电位 $u'_n$则变动在$(0\sim2)U_M$ 之间。当$C'_{n-1}$上的电压$<2U_M$ 时,电容 $C_n$ 可经 $D'_{n-1}$、$D'_n$向 $C'_{n-1}$充电,直到 $C'_{n-1}$上的电压达到 $2U_M$,这样点$(n-1)'$的电位 $u'_{n-1}$将变动在 $2U_M\sim4U_M$ 之间。

当 $u'_{n-1}>2U_M$ 时,电容 $C'_{n-1}$即可经 $D_{n-1}$、$D_n$ 向电容 $C_{n-1}$充电,直到 $C_{n-1}$上的电压达到 $2U_M$,那么点$(n-1)$的电位 $u_{n-1}$将达到 $4U_M$。同理,电容 $C_{n-1}$还可向电容 $C'_{n-2}$充电。以此类推,最后可使点 1 处的电位 $u_1$ 为 $2nU_M$,各点的电位表示如图 3-13 所示。

当发生器接有负荷 $R_x$,负荷电流为 $I_d$ 时,由于发生器的回路比较复杂,要分析电容器柱各点每瞬间的情况是有困难的。为方便起见,把串级发生器左、右两柱在每周期内的充放电过程分成下列四个步骤[2,3]:

(1) 在时间间隔 $t_0$ 内,左柱电容器经 $D_1$、$D_2$、…、$D_n$ 向负荷放电及对右柱电容器充电。

(2) 在时间间隔 $t_1$ 内,右柱电容器向负荷放电。

(3) 在时间间隔 $t_2$ 内,右柱电容器向负荷并经 $D'_1$、$D'_2$、…、$D'_n$向左柱电容器 $C'_1$、$C'_2$、…、$C'_{n-1}$放电(而 $C'_n$则由电源充电)。

(4) 在时间间隔 $t_3$ 内,右柱电容器向负荷放电。

电容器的充放电都是按指数函数规律进行的,串级发生器输出电压的波形可按上述四个过程表示,如图 3-14 所示。图中还将对应的电源电压波形画出。

四个过程是在两个半周内完成的。正半周内左柱电容器经硅堆 $D_1$、$D_2$、…、$D_n$ 向右柱及负荷放电(图 3-12 中以实线箭头表示)。负半周内右柱电容器经硅堆 $D'_1$、$D'_2$、…、$D'_n$向左柱放

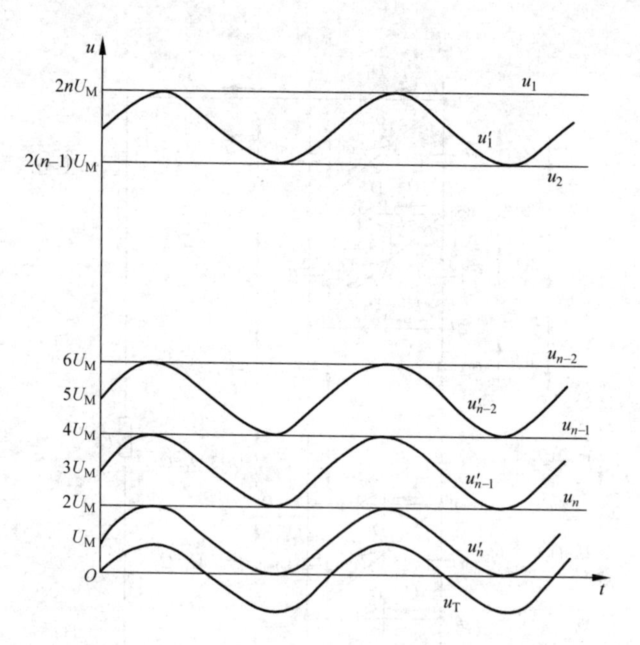


图 3-13 直流高压串级发生器在无负荷时的各点电位

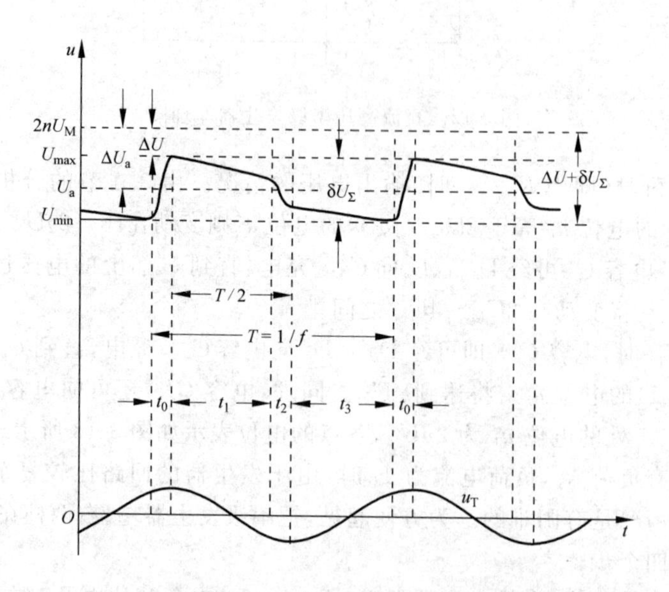


图 3-14 串级发生器在有负荷时输出电压的波形

电(图 3-12 中以虚线箭头表示),同时也向负荷放电。硅堆导通的时间是很短的(图 3-14 中 $t_0$ 及 $t_2$),一周内的大部分时间右柱向负荷放电(图 3-12 中也以虚线箭头表示),如图 3-14 所示右柱在 $t_1+t_2+t_3$ 的时间内放出电荷,只在 $t_0$ 时间内获得电荷。要使串级发生器能维持输出一稳定的平均电压,必须使右柱电容器在 $t_1+t_2+t_3$ 时间内失去的电荷,在 $t_0$ 时间内能够恢复,但右柱电容器是从左柱电容器取得电荷的,要使左柱电容器能不断供给电荷,必须使左柱电容器在 $t_0$ 时间内失去的电荷能在 $t_2$ 时间内得到恢复,下面即按照左、右柱电容器在一周内电荷收支平衡的原理来分析直流高压串级发生器输出电压的纹波与压降。

如图 3-12 所示，一周内流经负荷的电荷为 $Q_1$，其中一部分电荷 $Q_2$ 是由右柱供给的，另一部分电荷 $\Delta Q$ 是由左柱直接供应的，平均负荷电流为

$$I_d = Q_1/T = fQ_1$$

在 $t_1+t_2+t_3$ 时间内负荷获得电荷 $Q_2$ 时，右柱上每个串联的电容器 $C_1 \sim C_n$ 都失去电荷 $Q_2$。在 $t_0$ 时间内左柱向负荷输出电荷 $\Delta Q$，同时向右柱补充电荷 $Q_2$。此时对左柱上串联电容器 $C_1' \sim C_n'$ 来讲每个电容器都失去电荷 $Q_2+\Delta Q=Q_1$，但对右柱来讲每个电容器都获得电荷 $Q_2$。为了补偿左柱电容器失去的电荷，右柱电容器在 $t_2$ 时间内经硅堆 $D_1'$ 向左柱输送电荷 $Q_1$。此时，对左柱来讲串联电容器 $C_1' \sim C_n'$ 每个电容器都获得电荷 $Q_1$，但对右柱来讲 $C_2 \sim C_n$ 每个电容器又失去电荷 $Q_1$。为了补偿右柱的损失，在 $t_0$ 时间内，左柱经硅堆 D 还应送给右柱以电荷 $Q_1$，使得右柱电容器 $C_2 \sim C_n$ 每个电容器都获得电荷 $Q_1$。但左柱电容器 $C_2' \sim C_n'$ 又失去电荷 $Q_1$，显然还得由右柱在 $t_2$ 时间内经硅堆 $D_2'$ 向左柱补充。从上面分析已可看出左、右柱每个电容器在一周内的电荷收支情况是不相同的，如右柱上 $C_1$ 在一周内收支各为 $Q_2$，$C_2$ 在一周内收支各为 $Q_1+Q_2$；又如左柱上 $C_1'$ 在一周内收支各为 $Q_1$，$C_2'$ 在一周内收支各为 $2Q_1$。如以此类推，并把左、右柱上每个电容器在一周内的电荷收支情况列表可得表 3-2。

**表 3-2　直流高压串级发生器输出电压纹波幅值的分析**

| | 右柱 | | | | | | |
|---|---|---|---|---|---|---|---|
| 电容器编号 | $C_1$ | $C_2$ | $C_3$ | $\cdots, C_k, \cdots$ | $C_{n-2}$ | $C_{n-1}$ | $C_n$ |
| 在 $t_0$ 时间内经 $D_1$ | $+Q_2$ | $+Q_2$ | $+Q_2$ | $+Q_2$ | $+Q_2$ | $+Q_2$ | $+Q_2$ |
| 经 $D_2$ | | $+Q_1$ | $+Q_1$ | $+Q_1$ | $+Q_1$ | $+Q_1$ | $+Q_1$ |
| 经 $D_3$ | | | $+Q_1$ | $+Q_1$ | $+Q_1$ | $+Q_1$ | $+Q_1$ |
| ⋮ | | | | ⋮ | ⋮ | ⋮ | ⋮ |
| 在 $t_0$ 时间内电荷总收支 | $+Q_2$ | $+(Q_1+Q_2)$ | $+(2Q_1+Q_2)$ | $+[(k-1)Q_1+Q_2]$ | $+[(n-3)Q_1+Q_2]$ | $+[(n-2)Q_1+Q_2]$ | $+[(n-1)Q_1+Q_2]$ |
| 右柱在 $t_0$ 时间内的纹波 $\delta U_k$ | $+\frac{Q_2}{C_1}$ | $+\frac{(Q_1+Q_2)}{C_2}$ | $+\frac{(2Q_1+Q_2)}{C_3}$ | $+\frac{(k-1)Q_1+Q_2}{C_k}$ | $+\frac{(n-3)Q_1+Q_2}{C_{n-2}}$ | $+\frac{(n-2)Q_1+Q_2}{C_{n-1}}$ | $+\frac{(n-1)Q_1+Q_2}{C_n}$ |
| 在 $t_1+t_2+t_3$ 时间内向负荷放电 | $-Q_2$ | $-Q_2$ | $-Q_2$ | $-Q_2$ | $-Q_2$ | $-Q_2$ | $-Q_2$ |
| 在 $t_2$ 时间内经 $D_1'$ | | $-Q_1$ | $-Q_1$ | $-Q_1$ | $-Q_1$ | $-Q_1$ | $-Q_1$ |
| 经 $D_2'$ | | | $-Q_1$ | $-Q_1$ | $-Q_1$ | $-Q_1$ | $-Q_1$ |
| 经 $D_3'$ | | | | $-Q_1$ | $-Q_1$ | $-Q_1$ | $-Q_1$ |
| ⋮ | | | | ⋮ | ⋮ | ⋮ | ⋮ |
| 在 $t_1+t_2+t_3$ 时间内电荷总收支 | $-Q_2$ | $-(Q_1+Q_2)$ | $-(2Q_1+Q_2)$ | $-[(k-1)Q_1+Q_2]$ | $-[(n-3)Q_1+Q_2]$ | $-[(n-2)Q_1+Q_2]$ | $-[(n-1)Q_1+Q_2]$ |
| 右柱在 $t_1+t_2+t_3$ 时间内的纹波 $\delta U_k$ | $-\frac{Q_2}{C_1}$ | $-\frac{Q_1+Q_2}{C_2}$ | $-\frac{2Q_1+Q_2}{C_2}$ | $-\frac{(k-1)Q_1+Q_2}{C_k}$ | $-\frac{(n-3)Q_1+Q_2}{C_{n-2}}$ | $-\frac{(n-2)Q_1+Q_2}{C_{n-1}}$ | $-\frac{(n-1)Q_1+Q_2}{C_n}$ |

续表

| | 左柱 | | | | | | |
|---|---|---|---|---|---|---|---|
| 电容器编号 | $C_1'$ | $C_2'$ | $C_3'$ | $\cdots,C_k',\cdots$ | $C_{n-2}'$ | $C_{n-1}'$ | $C_n'$ |
| 在 $t_0$ 时间内经 $D_1$ | $-Q_1$ | $-Q_1$ | $-Q_1$ | $-Q_1$ | $-Q_1$ | $-Q_1$ | $-Q_1$ |
| 经 $D_2$ | | $-Q_1$ | $-Q_1$ | $-Q_1$ | $-Q_1$ | $-Q_1$ | $-Q_1$ |
| 经 $D_3$ | | | $-Q_1$ | $-Q_1$ | $-Q_1$ | $-Q_1$ | $-Q_1$ |
| ⋮ | | | | ⋮ | ⋮ | ⋮ | ⋮ |
| 在 $t_0$ 时间内电荷总收支 | $-Q_1$ | $-2Q_1$ | $-3Q_1$ | $-kQ_1$ | $-(n-2)Q_1$ | $-(n-1)Q_1$ | $-nQ_1$ |
| 在 $t_2$ 时间内经 $D_1'$ | $+Q_1$ | $+Q_1$ | $+Q_1$ | $+Q_1$ | $+Q_1$ | $+Q_1$ | $+Q_1$ |
| 经 $D_2'$ | | $+Q_1$ | $+Q_1$ | $+Q_1$ | $+Q_1$ | $+Q_1$ | $+Q_1$ |
| 经 $D_3'$ | | | $+Q_1$ | $+Q_1$ | $+Q_1$ | $+Q_1$ | $+Q_1$ |
| ⋮ | | | | ⋮ | ⋮ | ⋮ | ⋮ |
| 在 $t_1+t_2+t_3$ 时间内电荷总收支 | $+Q_1$ | $+2Q_1$ | $+3Q_1$ | $+kQ_1$ | $+(n-2)Q_1$ | $+(n-1)Q_1$ | $+nQ_1$ |

由表3-2可看出右柱上电容器 $C_k$ 在充电时可获得电荷 $(k-1)Q_1+Q_2$，而在放电时要失去电荷 $(k-1)Q_1+Q_2$，它在一周内电荷收支平衡，因此可以维持输出一稳定的平均电压。不过在放电时输出电压要降低，到充电时，此降低部分又可以恢复，这个电压的纹波可表示为

$$\delta U_k = [(k-1)Q_1 + Q_2]/C_k$$

右柱上电压总纹波应为每个电容器上电压纹波之和：

$$\delta U_\Sigma = \sum_{k=1}^{n} \frac{(k-1)Q_1 + Q_2}{C_k}$$

若串级发生器两柱上所有电容器的电容值都相等，则

$$\begin{aligned}\delta U_\Sigma &= \{Q_2+(Q_1+Q_2)+(2Q_1+Q_2)+\cdots+[(n-1)Q_1+Q_2]\}/C \\ &= n(n-1)I_d/(2fC)+(t_1+t_2+t_3)nI_d/C\end{aligned}$$

因

$$t_0 + t_1 + t_2 + t_3 = T = 1/f$$

故

$$\delta U_\Sigma = n(n+1)I_d/(2fC) - nI_d t_0/C$$

输出电压纹波幅值为

$$\delta U = \delta U_\Sigma/2 = [n(n+1)I_d]/(4fC) - nI_d t_0/(2C)$$

通常 $t_0 \ll T=1/f$，故上式第二项可忽略，则

$$\delta U \approx [n(n+1)I_d]/(4fC) \tag{3-16}$$

前面已分析串级发生器在无负荷时总输出电压为 $2nU_M$，当发生器有负荷时则输出电压会因内部压降而降低。下面我们先分析右柱上每个电容器的压降，然后再算出右柱电容器的全部压降。

左柱最底下一个电容器 $C_n'$ 的充电电压可达 $U_M$，$n'$ 点的最高电位可达 $2U_M$，但在 $t_0$ 时

间内它向右柱电容器及负荷放电时要送出电荷 $nQ_1$,故 $n'$ 点的电位将降低 $nQ_1/C_n'$,显然右柱上电容器 $C_n$ 的最高充电电压仅能达$(2U_M - nQ_1/C_n')$。在 $t_1$ 时间内 $C_n$ 向负荷送出电荷 $I_d t_1$,在 $t_2$ 时间内 $C_n$ 除继续向负荷送出电荷 $I_d t_2$ 外,还将送给左柱电容器电荷$(n-1)Q_1$,因此左柱电容器 $C_{n-1}'$ 的充电电压仅能达

$$2U_M - nQ_1/C_n' - (n-1)Q_1/C_n - I_d(t_1+t_2)/C_n$$

当左柱电容器在 $t_0$ 时间内向右柱充电时,$C_{n-1}'$ 要送给右柱电容器及负荷以电荷$(n-1)Q_1$,则 $C_{n-1}'$ 上的电压将降低到

$$2U_M - nQ_1/C_n' - (n-1)Q_1/C_n - I_d(t_1+t_2)/C_n - (n-1)Q_1/C_{n-1}'$$

因而右柱 $C_{n-1}$ 上的最高充电电压也只能达到这么高。若左、右柱电容器的电容值都相等,可知在电容器 $C_{n-k'}$ 上的压降为

$$\Delta U_{n-k'} = nQ_1/C + 2Q_1[(n-1)+(n-2)+\cdots+(n-k')]/C + k'I_d(t_1+t_2)/C$$

因 $t_1+t_2=T/2$,由此

$$k'I_d(t_1+t_2)/C = k'I_d T/(2C) = k'Q_1/(2C)$$

故上式可改为

$$\begin{aligned}\Delta U_{n-k'} &= nQ_1/C + 2Q_1[(n-1)+(n-2)+\cdots+(n-k')]/C + k'Q_1/(2C)\\ &= (2n-k')(2k'+1)Q_1/(2C)\end{aligned}$$

上式中的 $k'$ 是由下往上数的,为了改成由上往下数,可以将 $k'=n-k$ 代入($k$ 是由上往下数的电容器编号 $k=1,2,\cdots,n$),得

$$\Delta U_k = (n+k)(2n-2k+1)Q_1/(2C)$$

则右柱电容器上总的压降应为

$$\Delta U = \sum_{k=1}^{n}\Delta U_k = \frac{Q_1}{2C}\sum_{k=1}^{n}(n+k)(2n-2k+1) = \frac{I_d}{2fC}\,\frac{8n^3+3n^2+n}{6} \tag{3-17}$$

从式(3-16)及式(3-17)可知,无论压降及纹波都随负荷电流的增大而增大,随电容及频率值的增大而减小,二者都因级数的增加而迅速上增。为了获得较高的平稳的输出电压,应限制负荷电流及级数并增大电容及频率值。必须指出,在上面的分析中未考虑回路中电阻的影响,实际上回路中总是存在电阻的,例如保护硅堆的限流电阻等,此时 $\Delta U$ 和 $\delta U$ 的数值将有所不同,即 $\Delta U$ 会增大,而 $\delta U$ 会减小,不过分析更复杂。

若以 $\Delta U_a$ 代表无负荷时串级发生器的端电压与有负荷时平均电压 $U_a$ 间的差值(见图 3-14),并称为发生器的平均压降,则

$$\Delta U_a = \Delta U + \delta U = (4n^3+3n^2+2n)I_d/(6fC) \tag{3-18}$$

发生器有负荷时最大输出电压平均值为

$$U_a = 2nU_M - \Delta U_a = 2nU_M - (4n^3+3n^2+2n)I_d/(6fC) \tag{3-19}$$

由式(3-19)可知,当 $n$ 增多时 $\Delta U_a$ 的增加异常迅速,以致当 $n$ 超过一定值时,再增加 $n$ 将无补于输出电压而徒然增加结构高度和元件数量。$n$ 应满足

$$\mathrm{d}U_a/\mathrm{d}n = 2U_M - (6n^2+3n+1)I_d/(3fC) = 0$$

式中,$(3n+1)$比 $6n^2$ 小很多可略去不计,得临界级数为

$$n_c = (fCU_M/I_d)^{1/2} \tag{3-20}$$

实际上所选择的级数 $n$ 总小于它的临界值，因为当级数接近 $n_c$ 时，增加级数使结构高度和元件数量按比例上升，而输出电压增加不多，在经济上是不合算的。

串级发生器的纹波因数为

$$S = \delta U/U_d = n(n+1)I_d/(4fCU_d) \quad 或 \quad S = n(n+1)/(4fR_xC) \qquad (3\text{-}21)$$

式中，$U_d$ 亦可近似用 $U_a$ 来计算。

从式(3-21)可知减小纹波因数和增大输出的负荷电流是有矛盾的，在一般情况下，直流高压串级发生器的负荷电流是不大的，因此不难满足 $S \leqslant 3\%$ 的规定要求。但当要求负荷电流较大时，例如开展超高压直流输电研究工作时，就要考虑到进行绝缘子的湿闪和污闪试验，此时要求串级发生器保证较小的纹波因数，就需要采取一些相应的技术措施。

为降低发生器输出电压的纹波，可根据发生器额定电压和电流的大小以及对纹波或电压稳定度的要求(稳定度高对纹波要求也高)分别或同时采取以下措施。

(1) 提高每级电容器的工作电压以减小级数 $n$，这主要会受到电容器额定工作电压的限制。

(2) 增加每级电容器的电容量 $C$，这会受电容器额定电容量和发生器结构尺寸的限制。

(3) 采用对称回路(见图 3-15)或三相回路(见图 3-16)。

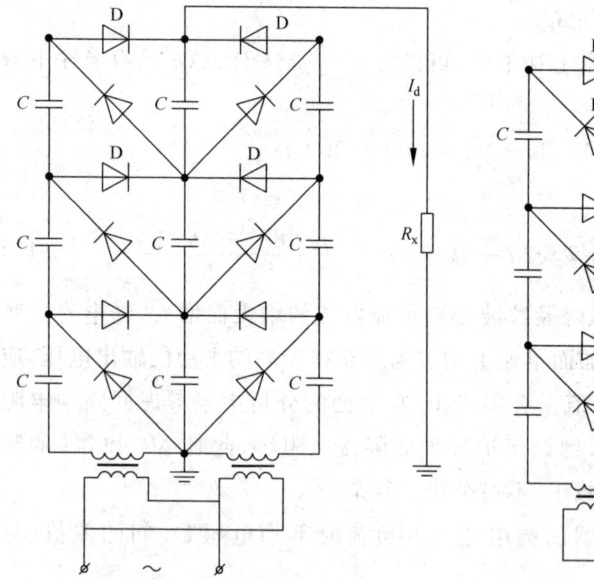


图 3-15　串级发生器的对称回路

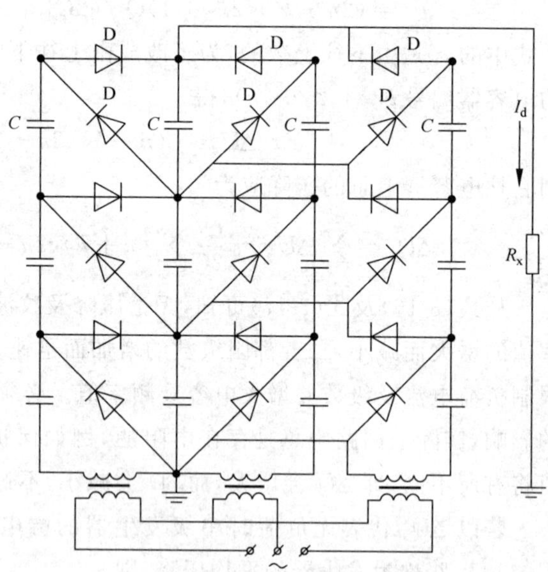


图 3-16　串级发生器的三相回路

普通串级发生器回路内，右柱在一周中仅在很短时间内获得电荷，而在差不多一周的时间内流失电荷。改用对称回路时，右柱在每半周时间内获得电荷一次，而流失电荷时间不到半周。改用三相回路时，右柱在每三分之一周期内获得电荷一次，而流失电荷的时间不到三分之一周期。因此，后两种回路可以减小纹波。显然这两种方法必须增加元件，结构也较复杂。上述三种回路计算压降和纹波的公式如表 3-3 所示，表中 $n$ 代表级数，$C$ 代表每级电容量，$f$ 代表电源频率，$2U_M$ 代表每级空载充电电压值，$I_d$ 代表负荷电流平均值，$t_1$ 则相当于图 3-14 中的 $t_0$(此信息由清华大学戚庆成教授提供)。

表 3-3 串级发生器不同回路的计算公式

| 特性参数 | 回路型式 | | |
|---|---|---|---|
| | 单边回路 | 对称回路 | 三相回路 |
| 电压纹波 $\delta U$ | $\frac{(n+1)nI_d}{4fC}$ | $\frac{nI_d}{4fC}$ | $\frac{n(n+1)I_d}{12fC}-\frac{nI_dt_1}{6C}$ |
| 平均压降 $\Delta U_a$ | $(4n^3+3n^2+2n)\frac{I_d}{6fC}$ | $(2n^3+3n^2+4n)\frac{I_d}{12fC}$ | $(4n^3+3n^2+2n)\frac{I_d}{18fC}$ |
| 临界级数 $n_c$ | $\sqrt{\frac{fC}{I_d}U_M}$ | $2\sqrt{\frac{fC}{I_d}U_M}$ | $\sqrt{\frac{3fC}{I_d}U_M}$ |

此外,当要求负荷电流较大时,还可考虑选用三相桥式电路的串级发生器[4,5](又名三相六脉动串级发生器),如图 3-17 所示。例如,1998 年北京市机电研究院高电压技术研究所肖荫成教授级高工为云南电力试验研究所主持研制了一台污秽试验用的直流高压电源,考虑污秽试验需要的负荷电流较大,故选用了三相桥式整流电路。采用三相调压器和可控硅双重调压,即用调压器对直流输出电压进行粗调,可使晶闸管触发角的值处于较小范围,以提高高压变压器的功率因数,使装置始终处于节能状态和经济运行状态。晶闸管仅用于对直流输出电压进行细调,当负荷波动时,通过电压、电流的双反馈,控制晶闸管以稳定直流输出电压,实现可靠的动态调压,使输出电压保证 1%的稳定度,并采用全数字式控制装置使操作方便、准确。该装置是国内首台技术先进的直流高压污秽试验装置。其主要参数如下:$U_d=250$ kV,$I_d=400$ mA,$S<3\%$,$n=1$,$C=1.0\ \mu$F(300 kV),额定容量下连续工作时间为 1 h,稳定短路电流为 10 A,在 60 s 内输出电压波动不大于±10%(交流电源电压波动±10%时)。

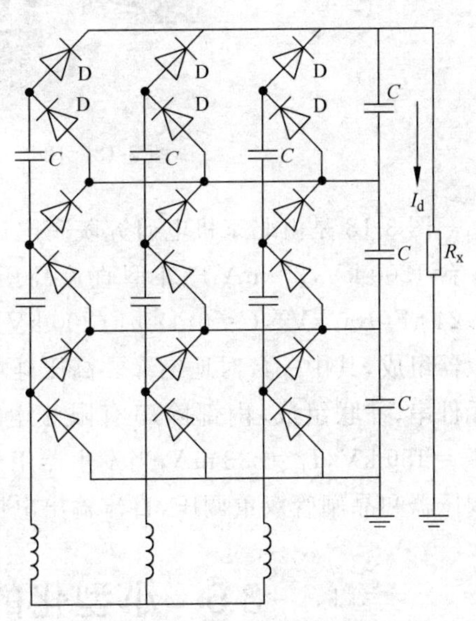


图 3-17 串级发生器的三相桥式回路[4]

(4) 提高供电频率 $f$,一般可选用数千至数十千赫的频率供电,这就需要另外的中频电源,选用逆变器组成的中频电源最大功率一般可达数千瓦(参见 3.6 节),选用大功率电子管振荡器供电,最大功率一般可达 20 kW～30 kW。当需要更大功率的电源时可选用中频机组来供电,中频机组的频率一般为 400 Hz～800 Hz,也可到 1 kHz～10 kHz。不管选用哪种方式供电,其运行和维修均比用工频电源供电要复杂,同时为了升高电压还需解决制造中频变压器的一些技术问题。

以上分析的是负载引起的脉动和压降,并未考虑杂散电容的影响,事实上由于整流元件等的杂散电容的存在,输出电压上还会有附加的脉动和压降,但要小 1～2 个数量级[2],对一般发生器可不予考虑,只在要求很高稳定度的场合(例如加速器的高压电源)才要考虑。

一台完整的直流高压串级发生器还有一些其他部件,例如输出端和试品间的保护电阻 $R'$,硅堆内限流限压用的电阻 $R$,在顶部和硅堆 $D_1$ 并联的保护球隙 $G_1$,与变压器高压侧并

联的保护球隙 $G_2$ 等。发生器的结构一般较简单，高压变压器常单独安装，发生器主体则由两个电容器柱构成双柱结构，两个柱之间装以高压硅堆，如图 3-18 所示。

图 3-18 1200 kV 户外型直流高压串级发生器

图 3-18 是由北京机电研究院高电压技术研究所研制并安装的云南电力试验研究所的一台 1200 kV，20 mA 户外型直流高压串级发生器，主要参数为：$f=50$ Hz，$n=6$，$C_6'=0.24\ \mu$F(100 kV)，$C=0.12\ \mu$F(200 kV)，$S<3\%$。为使运行方式灵活，它由两台 600 kV 发生器组成，其中一台对地绝缘。高压硅堆 $U_r=600$ kV，$I_f=200$ mA，它由许多电性能一致的元件串、并联组成，内部除串有限流电阻 $R$ 外，还采用阻容强迫均压措施。高压变压器 $U_T=150$ kV，$I_T=333$ mA，当发生器用于 1200 kV 时，两台相同的变压器将并联运行。采用调压器和晶闸管双重调压，直流输出电压的稳定度优于±1%。

## 3.6 小型化的直流高压串级发生器

直流高压串级发生器一般都是作为固定性装置安装在试验室或户外试验场，整套装置均较笨重，且对电压的稳定性和脉动等也无特殊要求。当对电力系统的电气设备进行现场试验时，虽所需直流高压装置的电流常常并不大，至多在数毫安左右，但希望装置的重量轻而且体积小，以便于运输和携带，这就要求直流高压装置小型化。对用于静电喷漆等用途的直流高压装置也有同样的要求。而用于电子显微镜和加速器等的直流高压设备，则需要输出电压有较高的稳定度，同时也要求尽量减小其重量和体积。

一般直流高压装置的笨重主要在于数量众多的高压电容器，为使装置小型化，必须减小电容器的尺寸和重量。由于电容器的体积和重量随电压成指数关系增加，而与容量大致成比例增加，因此除选用电气强度高的介质的电容器外，还要尽量减小其电容量，但同时又要保证输出的电流和脉动值，故还需设法提高交流电源的工作频率。这样不仅可减小电容器的体积和重量，而且还可使高压变压器的体积大大缩小，这就要解决中频电源问题，各种用途的便携式直流装置(电流从数百微安至数毫安)常选用频率为数千赫至数十千赫的晶体管振荡器组成的逆变器(即直流-交流换流器)作为交流电源以使整套装置小型化。

广泛用于小型直流高电压装置中的一种晶体管换流器如图 3-19(a)所示，称为推挽式换流器，两只晶体管是推挽工作的，即一管饱和则另一管截止。$R$ 用作直流偏流，$C$ 则作为基极交流通路,用以提供反馈电压保证电路具有足够的正反馈。一般 $C$ 取 0.1 μF~1 μF。变压器是带铁心的,要求铁心具有近似矩形的磁滞回线如图 3-19(b)所示,其工作原理分析如下。

直流电源 $E_c$ 通过电阻 $R$ 向晶体管 $BG_1$、$BG_2$ 基极注入电流,故开始时两管都是导通的。但是由于两管的特性和工作状态不可能完全相同,其中必有一个集电极电流大一些,设 $i_{c1}>i_{c2}$,则流过 $N_{c1}$ 的电流稍大于 $N_{c2}$ 中的电流,变压器铁心中便有磁通产生。若各绕组的同名端如图所示,则磁通在 $N_{b1}$ 上所产生的感应电势的方向使 $BG_1$ 基极电压向负方向变化,而 $N_{b2}$ 上感应电势的方向则使 $BG_2$ 基极电压向正方向变化,导致 $BG_1$ 集电极电流更大,$BG_2$ 集电极电流更小,这样便形成一个正反馈过程,结果使 $BG_1$ 迅速进入饱和,而 $BG_2$ 则迅速截止。这个过程是瞬间完成的,相当于图 3-19(c)中 $t=0$ 时的情形。

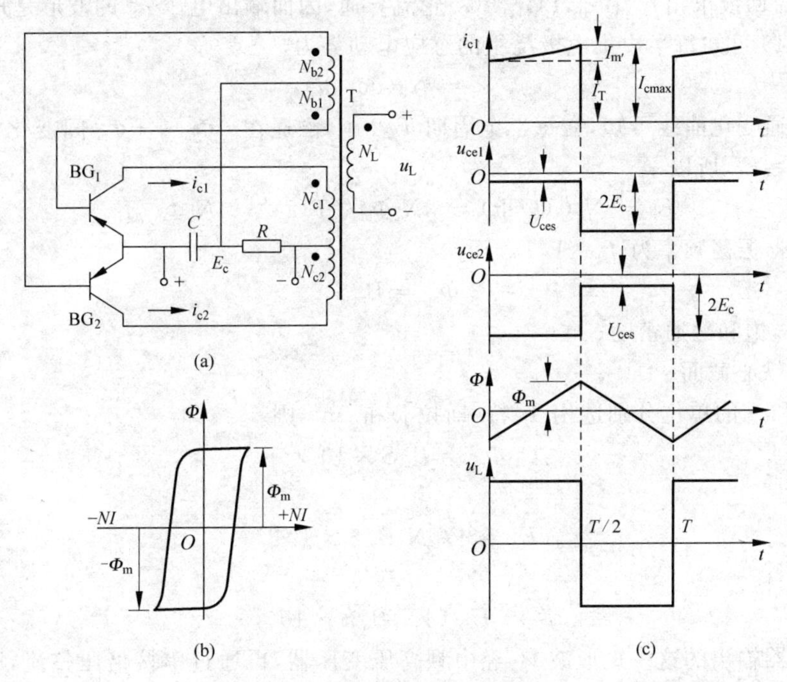


图 3-19 推挽式换流器

(a) 原理接线图;(b) 铁心的磁滞回线;(c) 各部分工作波形

$N_{c1}=N_{c2}=N_c, N_{b1}=N_{b2}=N_b$

当 $BG_1$ 饱和后,线圈 $N_{c1}$ 两端加上电源电压 $E_c$,它是恒定不变的。因此线圈中电流即 $i_{c1}$ 线性增大,线圈中磁通量也随之线性增长,直到变压器铁心达到饱和,这一阶段所经历的时间较长。当磁通达到饱和磁通 $\Phi_m$ 时变压器磁通量的变化率等于零,而所有线圈上的感应电动势都变为零。$N_{b1}$ 上的感应电动势为零后,它加在 $BG_1$ 基极上的负电压消失,于是基极电流和集电极电流及铁心中磁通均开始下降,即电流和磁通对时间的变化率为负。因而 $N_{c1}$、$N_{c2}$、$N_{b1}$、$N_{b2}$ 上感应电动势都改变了方向,即变为背向同名端,这就形成了一个与前述方向相反的正反馈过程。结果 $BG_1$ 迅速由饱和变成截止,$BG_2$ 则由截止转入饱和,相当于图 3-19(c)中 $t=T/2$ 时。接着 $N_{c2}$ 中电流又线性增长直到铁心反向饱和,电路再次翻转(即 $t=T$ 时)。上述过程不断重复,在两个管子的集电极便形成了矩形电压波。

图 3-19(c)表示出各部分的电压、电流等波形。$u_{ce1}$是 $BG_1$ 集电极波形,$BG_1$ 导通时,管压降 $U_{ces}$是很小的,此时 $BG_1$ 所对应的变压器初级线圈 $N_{c1}$上的感应电势为 $E_c$,截止管 $BG_2$ 所对应的 $N_{c2}$线圈上的感应电动势为$(N_{c2}/N_{c1})E_c=E_c$。因此截止管的 C-E 极间除了加有电源电压 $E_c$ 外,还附加上 $N_{c2}$上的感应电动势 $E_c$,即此时的 $u_{ce2}=2E_c$。这也就是说截止管上总要承受两倍于电源电压的反向电压。但应注意的是当晶体管迅速由饱和转变为截止时,储存于变压器漏感中的磁场能量将迅速向线圈两端间的分布电容充电,以致在截止管上出现尖峰电压(波形有上冲)。在负载开路时,这个尖峰电压很大,有可能使晶体管反向击穿。如果考虑到变压器漏感所引起的波形上冲,则晶体管所能承受的反向电压应大于 $2.4E_c$。$i_{c1}$表示 $BG_1$ 的集电极电流,其中 $I_T$ 决定于负载电阻的电流分量(空载时$I_T=0$),而磁化电流是线性增长的,最大值为 $I_m$。变压器铁心中的磁通则是三角波,其正、负最大值为 $\Phi_m$(可由磁滞回线求出)。由于 $BG_1$、$BG_2$ 轮流导通,因而输出电压 $u_L$ 的波形是矩形波。

由图 3-19 可知每半边集电极绕组的感应电动势为

$$e_c = N_c(\mathrm{d}\Phi/\mathrm{d}t)$$

从图中的磁通变化曲线可知,在每半个周期 $T/2$ 中,磁通在$-\Phi_m \sim +\Phi_m$ 间变化。又因管子饱和期间 $e_c=E_c$,所以

$$E_c = N_c(\mathrm{d}\Phi/\mathrm{d}t) = 2N_c\Phi_m/(T/2) = 4N_c\Phi_m/T$$

令换流器振荡频率为 $f_0=1/T$。而

$$\Phi_m = B_m S$$

式中,$B_m$——饱和磁通密度;

$S$——铁心截面。

若 $B_m$ 和 $S$ 的单位分别选用 T(特[斯拉])和 $cm^2$,则

$$\Phi_m = B_m S \times 10^{-12}$$

由此

$$E_c = 4f_0 N_c B_m S \times 10^{-12}$$

故

$$f_0 = E_c/(4N_c B_m S \times 10^{-12}) \tag{3-22}$$

将换流器输出的这一矩形波 $u_L$ 经中频高压变压器,再通过串接倍压整流,即可获得直流高压。由于受换流器功率的限制,这种直流高压串级发生器的功率较小。为提高输出功率,可增加功率转换电路,即用上述换流器输出的矩形脉冲信号去控制功率转换电路中换流器件的通断,以产生功率较大的中频电压。可选用开关管或晶闸管作为换流器件。

一种有代表性的 BGG 型小型直流高压串级发生器是由北京机电研究院高电压技术研究所研制生产的,其原理框图如图 3-20 所示。它用开关管作为换流器件,控制回路在提供开关管驱动脉冲信号的同时,要具有足够的电路增益。当电网电压或负载电流等外界因素发生变动时,通过高压分压器取样,闭环反馈系统快速调整脉冲宽度,保持输出高压的稳定性,同时也可改善直流高压的纹波。BGG 系列的额定输出电压为 60 kV～800 kV,电流为 2 mA～10 mA,纹波因数≤0.1%,电压稳定度优于 0.1%。结构上为单柱式,以一台 200 kV、5 mA 的发生器为例,其主体尺寸为 $\phi$250 mm×810 mm,重仅 23 kg,相应的控制箱为480 mm×320 mm×160 mm,重为 16 kg。BGG 采用较高的中频频率 16 kHz～30 kHz,故发生器无噪声。一台高度为 490 mm 的 BGG 型 120 kV 直流高压串级发生器和控制桌的外形如图 3-21 所示。

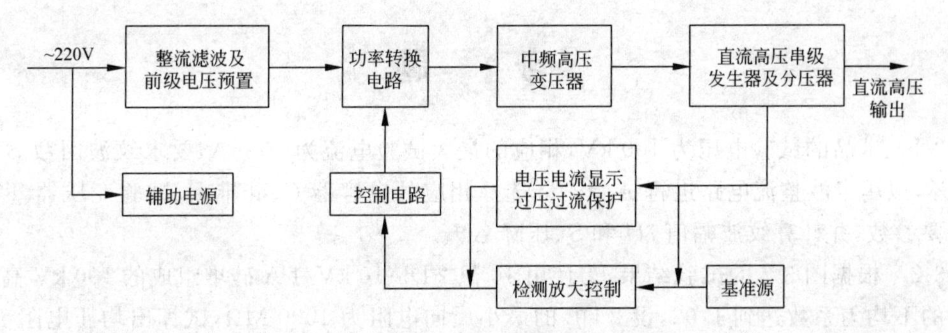


图 3-20 小型化的直流高压串级发生器原理框图

图 3-20 所示的稳压原理也适用于需要高稳定度的直流高压串级发生器，例如在医学上用作断层扫描的 X 光机的直流高压电源(一般电压为±75 kV,400 mA,稳定度为 0.1%,相应的纹波因数≤0.05%)以及电子显微镜和高压加速器用的直流高压电源(一般要求稳定度为 $10^{-5}$～$10^{-4}$)。

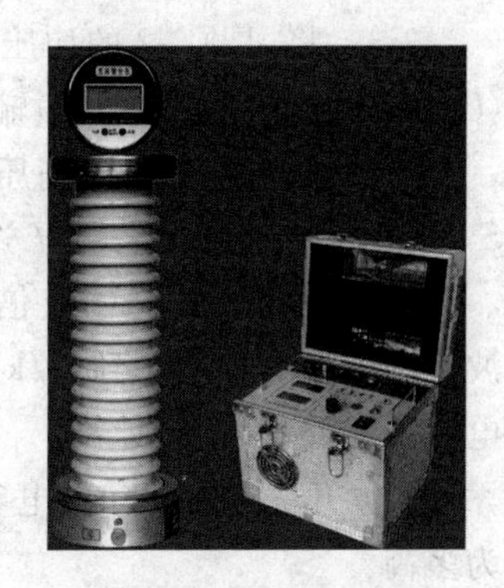

图 3-21 BGG 型 120 kV 直流高压串级发生器

高压加速器用的直流高压串级发生器其输出电压从数兆伏至数百千伏，相应的电流为数毫安至数十毫安，甚至 100 mA～200 mA，频率为数千赫甚至更高。当要求电源功率较大时可由频率从数百赫到 10 kHz 的中频发电机供给，功率不大时也可由大功率振荡器(频率为数千赫或更高，功率可达 20 kW～30 kW)供给。整个高压发生器放在密封容器内，而容器内则多充以 $SF_6$ 气体以减小其体积。当电压较低时电路型式选用单边回路，而当电压在数百兆伏时则常选用对称回路以改善其纹波。

电子显微镜用的直流高压串级发生器的输出电压从数十千伏至数兆伏，电流较小，仅数百微安，故这种装置更能小型化，它由晶体管振荡器供电，频率约 10 kHz。当电压较低时电路型式选用单边回路，而当电压至兆伏及以上时也选用对称电路来减小纹波。在电压较高时为减小装置的体积和重量，整个发生器也装在充有 $SF_6$ 气体的密封容器内。例如一台 1 MV 电子显微镜的直流高压电源即选用对称电路，并放在充以 0.6 MPa 的 $SF_6$ 气体的密封容器内。

# 思 考 题

3-1 和电子技术中所用的整流电路相比，直流高压试验装置有哪些相同和不同之处？

3-2 在高压硅堆中增加均压元件后，为何会影响输出电压的纹波？

3-3 直流高压串级发生器的级数不能无限制增加，为获得更高的输出电压，可采取其他什么措施？

3-4 采用中频电源是使直流高压串级发生器小型化的基本措施，这个措施受哪些因素制约？

# 习　题

3-1　试品的试验电压为 100 kV，相应的最大试验电流为 10 mA，要求纹波因数 $S$ 不大于 3%，拟用半波整流电路进行试验。试选择相应的电容器 $C$、硅堆 D、试验变压器 T 及 $R$ 的主要参数，并计算纹波幅值 $\delta U$ 和 $S$、压降 $\Delta U$。

3-2　根据图 3-7 的试验结果，为使由 10 只 2 DL-10 kV/1 A 硅堆组成的 100 kV 高压硅堆串的不均匀系数达到 1.02，设 2 DL 的最小反向电阻为 1000 MΩ，试算出均压电阻 $R_b$ 需多大？

3-3　将习题 3-2 的均压电阻加于习题 3-1 的直流装置中，试分析估算 $R_b$ 对直流试验时($U_d = 100$ kV，$I_d = 10$ mA)输出电压纹波的影响。

3-4　试选择一直流高压串级发生器的主要部件参数，要求 $U_d = 750$ kV，$I_d = 10$ mA，$S \leqslant 3\%$，$f = 50$ Hz；若将 $f$ 选为中频 20 kHz，各部件参数又为何？

3-5　题图 3-5 为二级倍压整流电路，若 5—0 间正弦波工频电压有效值达到 $U$/kV，考虑充电已经稳定，不考虑电容的泄漏影响，请计算：

(1) 开关 K 断开时，电容 $C_1'$ 和 $C_2'$ 所受到的直流电压为多高？

(2) K 断开时，硅堆 $D_1$ 与 $D_2$ 所受到的最高反向电压各为多高？

(3) K 断开时，用高压静电电压表分别测 1—0 及 2—0 间的电压，其值将为多高？

(4) K 断开时，用高压峰值电压表分别测 3—0 及 4—0 的电压，其值将为多高？

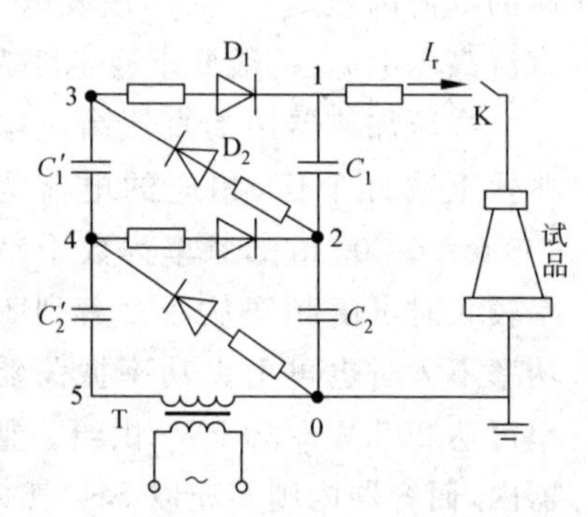


题图 3-5　二级倍压整流电路

(5) 与第(4)问相似，但改用高压静电电压表测量，则其值将为多高？

(6) 当 $C_1 = C_1' = C_2 = C_2' = C$，K 合上时，试品流过直流电流平均值为 $I_d$，试品上直流电压的纹波幅值 $\delta U$ 为多高？压降 $\Delta U$ 为多高？

# 参 考 文 献


[1]　中国国家标准化管理委员会. 高电压试验技术　第 1 部分：一般试验要求：GB/T 16927.1—2011[S]. 北京：中国标准出版社，2011.

[2]　张仁豫，陈昌渔，王昌长，等. 高电压试验技术[M]. 北京：清华大学出版社，1982.

[3]　ВОРОБЬЕВ А А. Высоковольтное испытательное оборудование и измерения [М]. Москва: Государственное Энергетическое Издательство，1960.

[4]　CAVALLIUS N H. High voltage laboratory planning[M]. 余存仪，译. 西安：西安交通大学出版社，1992.

[5]　电机工程手册：输变电、配电设备卷[M]. 2 版. 北京：机械工业出版社，1997.

# 第4章 直流高电压的测量

## 4.1 概述

在高压实验室中测量直流高电压的方法有下列几种：

(1) 利用测量间隙的气体放电来测量未知电压的峰值。

(2) 利用高压静电电压表测量直流电压的有效值；在满足国家标准对"直流电压"规定的情况下，静电电压表测得的就是直流电压的平均值。

(3) 利用以电阻分压器作为转换装置的测量系统来测量直流电压。

与2.1节中所述相同，直流高电压测量系统也由转换装置、传输系统和测量仪器等组件所组成，而测量系统也分为认可的测量系统和标准测量系统。认可的测量系统指满足国家标准GB/T 16927.2—2013[1]给出的一项或几项要求的测量系统。以直流高电压测量为例，按照国家标准GB/T 16927.1—2011[2]规定的标准测量试验电压值(即算术平均值)，一般要求其扩展不确定度(相当于国家标准较早版本的总不确定度)$U_M \leqslant 3\%$。当纹波幅值在GB/T 16927.1—2011中规定的限值以内时，不确定度极限值不应超过上述规定。标准测量系统是指其校准可溯源到相关国家和/或国际标准，且具有足够准确度和稳定性的测量系统。在进行特定波形和特定电压范围内的同时比对测量中，该系统可用于认可其他的测量系统。

作为直流测量系统的性能校核，可通过以下方法对已有的刻度因数进行校核：

(1) 与认可测量系统比对

可与另一个认可测量系统进行比对或按照国家标准GB 311.6—2005[3]与一个棒-棒间隙进行比对。如果两个系统被测值之间的差不大于±3%，则认为标定的刻度因数仍然是有效的。如果其差值大于±3%，应按国家标准GB/T 16927.2—2013[1]的5.2中描述的性能试验(校准)确定标定刻度因数的新值。

(2) 组件刻度因数的校核

应使用具有不大于1%的扩展不确定度的内部或外部校准器来校核每个组件的刻度因数，如果每一个组件的刻度因数与其先前的值之差不大于±1%，则认为该标定的刻度因数仍然是有效的。如果其差超过±1%，则应按国家标准GB/T 16927.2—2013[1]的5.2中描述的性能试验(校准)来确定刻度因数的新值。

纹波幅值测量的扩展不确定度应不大于纹波幅值的10%或不大于直流电压算术平均值的±1%,取两者中较大者。测量系统的动态特性则可由幅频响应来确定,即向测量系统输入一已知幅值的正弦波(通常为低电压),测量其输出,在0.2~7倍的纹波基频率的频率范围内重复这种测量,被测电压的差应在3 dB以内。

对直流高电压测量的详细规定,可查阅国家标准GB/T 16927.2—2013[1]的相关章节。

# 4.2　测量间隙

测量直流高电压的空气间隙有棒-棒空气间隙(简称棒间隙)和球-球空气间隙(简称球间隙)。

## 4.2.1　棒-棒空气间隙

在国家标准GB/T 311.6—2005[3]《高电压测量标准空气间隙》中,对直流高电压的测量推荐使用棒-棒空气间隙。依据IEC60052：2002[4],棒电极由钢或黄铜制成,截面为边长10 mm~25 mm的正方形。两个棒电极布置在同一轴线上。棒电极的端部应与轴线垂直,并具有尖锐边缘以得到可再现的击穿机制。带高电压棒的端部到接地物体和墙(不包括地面)的距离应不小于5 m。

棒-棒标准空气间隙的有关技术条件和研究工作可见参考文献[3-6]。垂直布置的棒-棒标准空气间隙如图4-1所示。

按照国家标准的规定使用时,在标准参考大气条件,正或负直流电压下,垂直或水平布置的棒-棒空气间隙的放电电压$U_0$由下式给出:

$$U_0 = 2 + 0.534d \tag{4-1}$$

式中,$U_0$——间隙的放电电压,kV;

$d$——间隙距离,mm。

式(4-1)的适用范围为250 mm$\leqslant d \leqslant$2500 mm,空气湿度/相对密度($h/\delta$)范围为1 g/m³~13 g/m³。由式(4-1)计算得到的$U_0$,当置信水平不低于95%时,放电电压$U_0$的估计的扩展不确定度为3%。

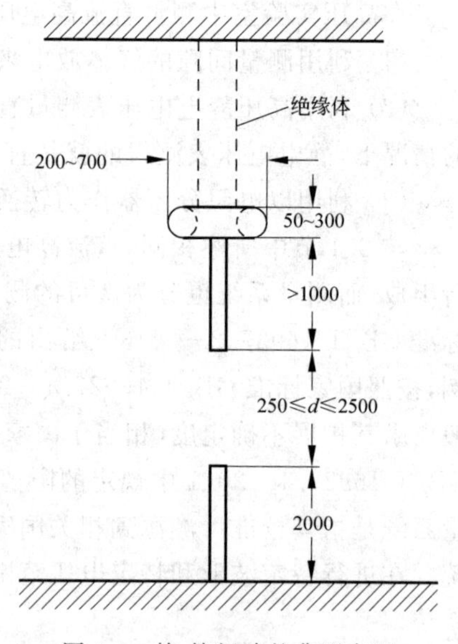


图4-1　棒-棒间隙的典型布置(垂直间隙)

## 4.2.2　用棒间隙校核直流高电压测量装置

可用棒-棒空气间隙来校核认可的测量系统[3-5]。试验时,设定棒电极距离$d$,并对间隙施加电压,电压由放电电压的75%升至100%的时间在1 min左右。在棒间隙放电的瞬间读取被校核测量装置的电压值(装置的标定刻度因数乘以低压表计读数)。使棒间隙相继放电10次,得到被校核测量装置相应的10个电压,取其平均值$U_x$。

在比对试验的实际大气条件(气温$t$、气压$p$和湿度$h$)下,棒间隙放电时,被校核测量装置测出的棒间隙放电电压值为其高压平均值电压 $U_x$。此电压需修正为标准参考大气条件下的棒间隙放电电压 $U_{x0}$。

温度 $t$ 和气压 $p$ 的影响用空气相对密度 $\delta$ 来修正，可参见式(2-1)；湿度 $h$ 的影响用湿度修正因数 $k$ 来修正：

$$k = 1 + 0.014(h/\delta - 11) \tag{4-2}$$

式中，$h$——试验时空气的绝对湿度，$\mathrm{g/m^3}$；

$\delta$——试验时空气的相对密度。

式(4-2)的适用范围：湿度/相对密度($h/\delta$)为 $1\ \mathrm{g/m^3} \sim 13\ \mathrm{g/m^3}$。标准参考大气条件下，放电电压 $U_{x0}$ 按下式计算：

$$U_{x0} = U_x/(\delta k) \tag{4-3}$$

如果由式(4-3)给出的 $U_{x0}$ 与根据棒间隙距离 $d$、由式(4-1)算出的 $U_0$ 之间的差值(绝对值)不大于 3%，则认为被校核测量装置的标定刻度因数仍然有效；如果该差值超过 3%，应重新校准确定标定刻度因数的新值[1]。

在使用标准空气间隙对认可的测量系统进行校核时[4]，标准空气间隙和认可的测量系统各有 3%的扩展不确定度，因此校核比对中它们之间的差别可能超过此数字。然而，当对同一认可的测量系统重复进行性能校核时，相继测量值之间的差别可望明显小于 3%。

### 4.2.3 球-球空气间隙

用球隙也可测量直流电压的最大值，但当空气中有灰尘或纤维性物质时，球间隙在直流电压下的放电出现不稳定和放电电压较低。故国家标准 GB/T 311.6—2005[3]《高电压测量标准空气间隙》规定："通常不推荐将球间隙用作直流电压测量……在湿度范围为 $1\ \mathrm{g/m^3} \sim 13\ \mathrm{g/m^3}$ 时，推荐用棒对棒间隙测量直流电压……如果没有棒对棒间隙，推荐按以下步骤使用球间隙：使间隙的空气流通，间隙中的风速保持至少 3 m/s，然后从较低电压开始升压。缓慢地升高电压，以便准确读取间隙放电瞬间低压侧电压表的读数"。但目前没有足够的资料来评价球隙放电电压数据表上直流电压值的扩展不确定度。

## 4.3 静电电压表

2.3 节已对静电电压表作了详细介绍。这里仅说明静电电压表用于测量直流高电压时的一些情况。

由 2.3 节中的介绍可知，对于被测电压为交流电压或含脉动分量的直流电压，静电电压表的指示值(下称"仪表指示值")与电压的有效值成正比。

如果被测电压是严格平稳的直流电压，则仪表指示值就是直流电压的大小。如果被测电压是含脉动分量的直流电压(平均值为 $U_d$，纹波幅值为 $\delta U$)，则仪表指示值为"$U_d$的平方"加上"脉动分量有效值的平方"后的平方根。一般来说，脉动分量的波形不是正弦形的，为简化分析，仅考虑脉动分量的正弦基波分量，并认为其幅值就是 $\delta U$，则脉动分量的有效值为 $\delta U/\sqrt{2}$。由上述内容可得仪表指示值 $U$ 为

$$U = \sqrt{U_d^2 + (\delta U/\sqrt{2})^2} = \sqrt{U_d^2 + (\delta U)^2/2}$$

由上式可知，仪表指示值 $U$ 与 $U_d$ 有差异。但当 $\delta U/U_d$，即纹波因数 $S$ 较小时，两者的差别很小。国家标准 GB/T 16927.1 规定[2]，高压直流发生装置输出电压的纹波因数 $S$ 不

大于3%；将$\delta U/U_d=0.03$代入上式，得$U/U_d=\sqrt{1+0.03^2/2}=1.0002$，可知$U_d \approx U$。

综上所述，用静电电压表来测量符合标准的直流电压(纹波因数$S$不大于3%)，仪表指示值实际上等于直流电压的平均值，其测量的扩展不确定度一般为1%～2.5%。

但若纹波因数$S$过大，就必须考虑脉动分量对静电电压表指示值的影响。例如，若$S=20\%$，那么$U/U_d=\sqrt{1+0.2^2/2}=1.01$，仪表指示值$U$就比$U_d$大了1%。

# 4.4 电阻分压器

高压直流电阻分压器的关键是要设计一个能在高电压下稳定工作的电阻器——高欧姆电阻器。由高欧姆电阻器组成电阻分压器的方式有两种：

(1) 以高欧姆电阻器$R_1$作为分压器的高压臂，在其下串联接入低压臂电阻器$R_2$，并在低压臂跨接高输入阻抗的低压电压表来测量直流电压，根据所接低压表的型式可测量直流高压的算术平均值、有效值和最大值；

(2) 与高欧姆电阻器$R_1$串联接入直流毫安表，可测量直流高压的平均值。

上述两种系统是比较方便而又常用的测量系统。国家标准规定分压器或高欧姆电阻加上传输系统(如连接测量仪表的电缆线)的标定刻度因数的扩展不确定度应不大于1%，其线性度、长期和短期稳定性均应在±1%以内。在性能记录中所列的环境温度和湿度的范围内，刻度因数的变化不应超出±1%。测量仪器的准确等级则应等于或优于0.5级。

## 4.4.1 高欧姆电阻器

高欧姆电阻器$R_1$通常是由许多个电阻元件$R$串联而成(因为一个电阻的额定工作电压最大约1 kV)，$R$通常固定在绝缘支架上而外面再套以绝缘筒。例如一个100 kV、100 MΩ的高欧姆电阻器可由100个1 MΩ、2 W的金属膜电阻组成。当用于第一种电阻分压器时，其刻度因数即其分压比为$K=(1+R_1/R_2)$，待测电压$U_1=KU_2$，其中$U_2$和$R_2$分别为低压臂电压和电阻。当用于第二种电阻分压器时，其刻度因数为$R_1$，待测电压$U_1=R_1I_1$，其中$I_1$为流过毫安表的电流。上述高欧姆电阻器经比对后的扩展不确定度约为2%。为防止低压部分出现过电压或仪表超量程，常在低压部分并接快速动作的二极管。使用毫安表时，为防止引线和毫安表(一般放在控制台上)发生开路而在控制台上出现高电压，$R_1$应通过一合适的电阻接地。

高欧姆电阻器$R_1$的阻值不能选择得太小，否则在$R_1$中流过的电流$I_1$较大，会要求直流高压设备供给较大的电流，且$R_1$本身的热损耗也会太大，以致$R_1$阻值不稳定而出现测量误差。另一方面$R_1$也不能选得太大，否则由于$I_1$过小而使电晕放电和绝缘支架漏电都会造成误差，故国家标准规定$I_1$不低于0.5 mA。一般$I_1$选择在0.5 mA～1 mA，对于额定工作电压高的分压器$I_1$可选大些，因为电晕和泄漏也更严重些，对于额定工作电压低的分压器则$I_1$可选小些。

## 4.4.2 降低电阻分压器测量误差的措施

造成电阻分压器测量误差的主要原因是电阻值的不稳定。虽然就整个测量系统的误差

来讲除了 $R_1$、$R_2$ 引起的误差之外，还应包括并接的电压表或串接的毫安表的误差，但电表的误差比较容易控制，必要时可选用准确度更高的表计。造成 $R_1$、$R_2$ 实际阻值变化的原因是电阻温度变化、电晕放电和绝缘漏电，现详细分析阻值变化原因及改进措施如下。

**1. 电阻本身发热（或环境温度变化）造成阻值变化**

这个变化的大小决定于所选电阻的温度系数。可用于电阻分压器的国产电阻有金属膜电阻和线绕电阻。由 Ni、Cr、Mn、Si、Al 合金丝或卡玛丝组成的精密线绕电阻的温度系数一般仅 $\pm 1\times 10^{-6}$/℃～$\pm 5\times 10^{-6}$/℃。精密金属膜电阻的温度系数则为 $\pm 10\times 10^{-6}$/℃～$\pm 100\times 10^{-6}$/℃。为减少发热造成的阻值变化，除了根据分压器扩展不确定度的要求可选用温度系数小的电阻元件外，常分别或同时采取以下措施：

(1) 选择元件的容量大于分压器所需的额定功率，以减小温升。

(2) 金属膜电阻和线绕电阻的温度系数在不同温度下常常有正有负，在串联使用时可适当地加以搭配，使 $R_1$ 整体的温度系数最小。

(3) 分压器内充变压器油以增强散热或通以循环的绝缘气体控制分压器的温度。

**2. 电晕放电造成测量误差**

由于电阻元件处于高电位就可能发生电晕放电，电晕放电不仅会损坏电阻元件（特别是薄膜电阻的膜层）使之变质，而且对地的电晕电流将改变上述的 $U_1$ 与 $U_2$ 或 $U_1$ 与 $I_1$ 的关系式而造成测量误差，为此除将 $I_1$ 适当选大些之外，还应根据 $R_1$ 工作电压的高低和对测量系统准确度的要求分别或同时采取以下措施来消除电晕：

(1) $R_1$ 的高压端应装上可使整个结构的电场比较均匀的金属屏蔽罩。

(2) 分压器内充以高气压的气体或高电气强度气体（如 $SF_6$）或变压器油。

(3) 等电位屏蔽。将电阻元件用金属外壳屏蔽起来，屏蔽的电位可由电阻分压器本身来供给，亦可由辅助分压器供给。

图 4-2 是一台扩展不确定度为 0.01% 的 100 kV、100 MΩ 精密电阻器，电阻元件是由低温度系数的卡玛丝绕成的线绕电阻，每个电阻是 1 MΩ，每两个电阻装在一个屏蔽单元内。屏蔽的电位由电阻 $R$ 供给，再将屏蔽单元螺旋地（螺旋直径为 24 cm）安装在有机玻璃架上。由于屏蔽有较大的曲率半径，高压端又有大尺寸的屏蔽罩（直径为 56 cm，有机玻璃架子高度为 42 cm），使高压端和大地之间电场比较均匀，因此屏蔽本身不会发生电晕。电阻 $R$ 和屏蔽之间最大电位差为 $R/2$ 上的压降，即 500 V，所以 $R$ 和屏蔽之间电位梯度不大，$R$ 上不会发生电晕。这种等电位屏蔽的缺点是，如果屏蔽本身发生电晕或屏蔽单元之间有漏电，则仍将造成上述的测量误差。为此可使用辅助分压器来供给屏蔽电位如图 4-3 所示，它是一台扩展不确定度为 0.1%、100 kV、200 MΩ 精密电阻分压器，由 200 个 1 MΩ 线绕电阻组成，每两个电阻放在作为屏蔽单元的金属圆柱筒内，屏蔽电位由碳膜电阻组成的辅助分压器供给，屏蔽与电阻之间最大电位差也仅为 500 V。屏蔽单元安装在有机玻璃板上，整个分压器装在有机玻璃箱内（尺寸为41 cm×16 cm×78 cm）。这种做法若屏蔽上发生电晕和漏电均可由辅助分压器提供而和分压器本体基本无关，但电阻元件和屏蔽之间的绝缘应选用较好的材料以防止电阻和屏蔽间漏电，否则就会失去上述优点了。该分压器的低压臂用差动电压表（分压比为 $10^4$）或电位差计（分压比为 $10^5$）进行测量。分别测量分压器的入口和接地处的电流，这样可用来鉴别有无电晕放电。

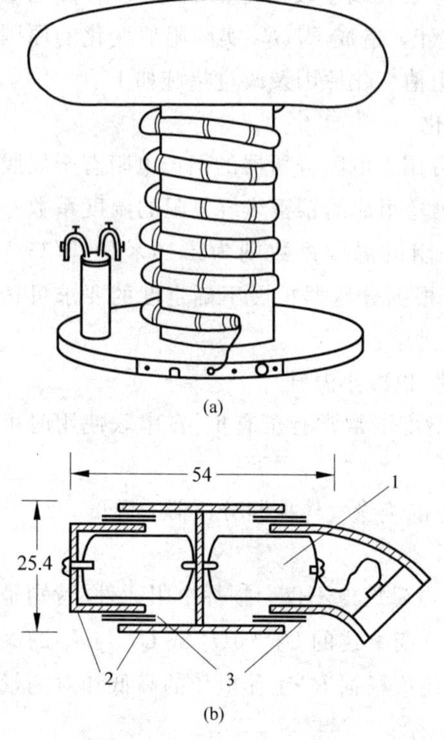


图 4-2 100 kV、100 MΩ 螺旋式精密电阻器
(a) 外形结构图；(b) 屏蔽单元
1—线绕电阻；2—屏蔽；3—绝缘

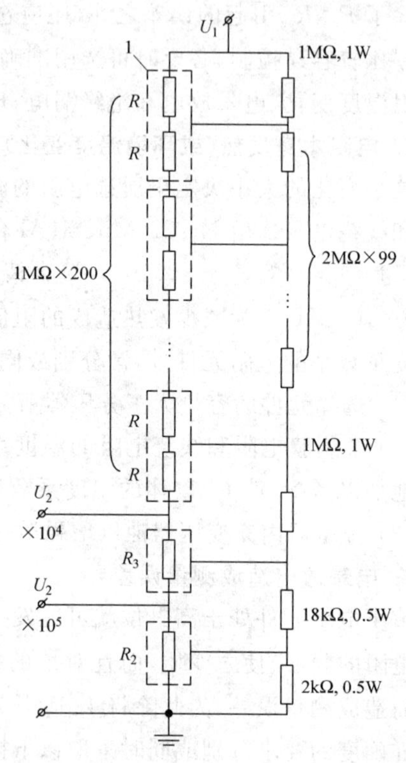


图 4-3 100 kV、200 MΩ 精密电阻分压器接线原理
1—金属圆筒；$R$—1 MΩ；$R_2$—2 kΩ，线绕电阻器（调节分压比为 $10^5:1$）；$R_2+R_3$—20 kΩ，线绕电阻器（调节分压比为 $10^4:1$）

**3. 绝缘支架的漏电造成测量误差**

安装 $R$ 的绝缘支架若有泄漏电流则等于和 $R$（或 $R_1$）并联了一个电阻 $R'$（或 $R_1'$），从而使实际的阻值发生变化。由于绝缘电阻 $R'$（或 $R_1'$）而引起的 $R$（或 $R_1$）和分压比 $K$ 的相对误差可认为等于 $R$ 和 $R'$（或 $R_1$ 和 $R_1'$）的阻值之比，因此为减小泄漏引起的测量误差应选用绝缘电阻大的结构材料，使 $R'$ 比 $R$（或 $R_1'$ 比 $R_1$）大好几个数量级。将 $I_1$ 选大些（即 $R$ 选小些）亦可减小误差，此外亦可采取充绝缘油和等电位屏蔽等措施来进一步减小和消除泄漏引起的测量误差。

## 4.4.3 电阻分压器实例

综合以上技术措施，德国联邦物理技术局（Physikalisch-Technische Bundesanstalt，PTB）研制了一台 300 kV、分压比为 300∶1 的高准确度分压器[7]。分压器由 300 个经加温老化处理、阻值为 2 MΩ 的线绕电阻器串联组成，其中一个作为低压臂。它构成 50 圈不等距的螺旋并安装在充满绝缘油的外壳中，螺距的变化使电阻柱的电位分布大致等于静电场的分布。其顶部装有屏蔽罩和屏蔽环，底部装有屏蔽环。该分压器在 300 kV 时扩展不确定度优于 0.001%。

北京机电研究院高电压技术研究所李汉民教授级高工于 2001 年主持研制了一台 150 kV

精密直流高压电阻分压器。高压臂为 150 MΩ，由 300 个阻值为 500 kΩ 的线绕电阻器组成。它的温度系数低于 $5\times10^{-6}$，分压比为 $10^3$、$10^4$、$10^5$ 三挡。经与美国标准技术研究所(National Institute of Standards and Technology，NIST)的扩展不确定度为 0.006% 的分压器进行比对，其差别的扩展不确定度为 0.003%。根据未定系统误差的绝对和法合成原理[8]，该 150 kV 精密直流高压电阻分压器的扩展不确定度当优于 0.01%。

### 4.4.4 交、直流两用阻容分压器

近年来国内外都趋向于将电阻分压器做成阻容分压器[7]，即在电阻元件上并联相应的电容元件，使之在同一分压比下既可测量直流高压，也可测量交流高压，达到一机两用节约资金的目的。以一台典型的 BGV-200 kV 交、直流两用分压器(北京机电研究院高电压技术研究所研制)为例，$K=1000$，$R_1=667$ MΩ，由 20 个 10 kV、33.35 MΩ、温度系数为 $100\times10^{-6}$/℃ 的电阻器 $R$ 组成。$C_1=100$ pF，由 20 个 10 kV、2000 pF、温度系数为 $20\times10^{-6}$/℃ 的电容器 $C$ 组成。每个 $R$ 和 $C$ 并联连接，测量直流时的扩展不确定度为 0.5%，测量交流时为 1.0%。分压器尺寸为 $\phi$70 mm×930 mm，屏蔽罩直径为 $\phi$300 mm，重 8 kg。其外形如图 4-4 所示。

图 4-4 BGV-200 kV 交直流两用分压器

## 4.5 桥式电阻分压器

分压器的测量误差主要是由于 $R_1$ 阻值不稳定造成的分压比的变化，因此如果能在工作条件下随时测准分压比，即可大大提高分压器的准确度，桥式线路的电阻分压器即可解决在高电压下直接测量分压比的问题。

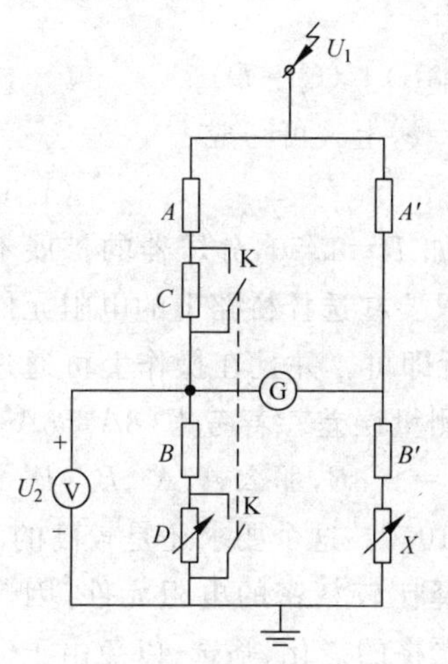


图 4-5 桥式电阻分压器原理接线

### 4.5.1 工作原理

桥式电阻分压器的原理接线如图 4-5 所示。这是一个桥式线路，$A$、$A'$ 是分压器的高压臂(二者阻值接近相等)，$B$、$B'$ 是低压臂电阻，$D$、$X$ 是可调电阻箱，G 是指零用高灵敏度检流计，测量时要进行两次平衡。

第一次平衡，K 合上，$C$、$D$ 短接，调节 $X$ 使 G 指零，桥路平衡，得

$$A/B=A'/(B'+X)$$

第二次平衡，K 打开，调节 $D$ 使 G 指零，桥路又平衡，得

$$(A+C)/(B+D)=A'/(B'+X)$$

故 $A/B=(A+C)/(B+D)$，即 $AD=BC$。由此分压比

$$K=U_1/U_2=(A+B)/B=(C+D)/D \tag{4-4}$$

电阻 $C$ 选用已知阻值的精密电阻(工作电压较高)，$D$ 可选用一精密电阻箱，这样通过二次平衡由 $C$ 的阻值和 $D$ 的读数可以立即测出分压比 $K$，只要 $C$ 和 $D$ 有足够的准确度，则

$K$ 的准确度即能保证。

桥式线路的主要特点是分压器高压臂 $A$、$A'$（二者阻值接近相等）阻值的变化并不影响分压比的测量准确度，因为分压比在分压器运行条件即在高电压下随时可以测得。同样 $B$、$B'$、$X$ 的阻值变化也不影响分压比的准确度，因此对由大量元件组成的高压臂所选用的电阻的要求可大大降低，例如不一定选用昂贵的精密线绕电阻而有可能选用价格低数十倍的金属膜电阻。

## 4.5.2 电阻的短时稳定性

虽然 $A$、$A'$等电阻阻值在较长时间内的变化对 $K$ 并无影响，但在桥路二次平衡所需的短时间内（约 2 min）则要求阻值是稳定的或者变化很小，否则将增加 $K$ 的测量误差。因此对电阻也有一个"短时"稳定性的要求，现分析如下。

设桥路从第一次平衡到第二次平衡期间 $A$、$A'$、$B$、$(B'+X)$的阻值变化各为 $\Delta A$、$\Delta A'$、$\Delta B$、$\Delta B'$（为简化符号，将$(B'+X)$阻值的变化简记为$\Delta B'$），相对变化各为 $\delta A$、$\delta A'$、$\delta B$、$\delta B'$，则第二次平衡时可得

$$A(1+\delta A+C/A)/[B(1+\delta B+D/B)]=A'(1+\delta A')/[(B'+X)(1+\delta B')]$$

则

$$(1+\delta A+C/A)/(1+\delta B+D/B)=(1+\delta A')/(1+\delta B')$$

式中，$C/A$、$D/B$、$\delta A$、$\delta A'$、$\delta B$、$\delta B'$，均是小数，展开并略去两个小数的乘积可得

$$\delta A+C/A+\delta B'\approx\delta B+D/B+\delta A'$$

整理得

$$(A+B)/B=(C+D)/D+A[(\delta A-\delta A')+(\delta B'-\delta B)]/D$$

令分压比

$$K'=(A+B)/B,\quad K=(C+D)/D$$

由此可得二次平衡期间由于阻值变化引起分压比的相对误差为

$$\delta K=(K'-K)/K=A[(\delta A-\delta A')+(\delta B'-\delta B)]/(C+D)$$

一般 $C\gg D$，并令 $C/A=P$，分压器的扩展不确定度为 $e$，则 $\delta K=e$，上式可写成

$$(\delta A-\delta A')+(\delta B'-\delta B)\leqslant Pe \tag{4-5}$$

即 $A$、$A'$、$B$、$(B'+X)$阻值的短时稳定性应满足上式要求。例如 $P=1/50$，分压器的扩展不确定度 $e=0.1\%$，则 $Pe=2\times10^{-5}$。这样一个要求可以满足，只要在选择桥路上的电阻元件时分别使 $A$ 和 $A'$，$B$ 和$(B'+X)$的温度系数完全一样或很接近即可。并且在操作上可通过多次重复调平衡来检查电阻的短时稳定性和减少由此引起的测量误差。若考虑$(\delta A-\delta A')$和$(\delta B'-\delta B)$均为 $Pe/2$，并考虑最恶劣情况即 $\delta A=-\delta A'$，$\delta B'=-\delta B$，那么 $A$、$A'$、$B$、$(B'+X)$的短时稳定性分别应$\leqslant Pe/4$。按上例情况即有 $Pe/4=5\times10^{-6}$。这个要求还是较高的。

为保证电阻的短时稳定性，在设计高压臂 $A$、$A'$时，宜选择比较精密的电阻元件（因其温度系数也往往较小），容量上也要有较大裕度。同时要经过严格的老化、筛选，以免由于电阻元件的工艺质量、固有噪声等因素影响其短时稳定性。另外由于电晕放电和绝缘漏电均是不稳定的电流，因此也会影响分压比的短时稳定性，而且不能用多次重复调平衡的办法来减小其影响，因此在桥式分压器中仍应选用好的绝缘材料和采用等电位屏蔽，以消除和减小电晕放电和漏电所引起的误差。

电阻 $A$、$A'$的阻值决定于分压器的额定工作电压，构成 $A$、$A'$的电阻元件可选用性能稳定而温度系数不大的精密金属膜电阻，也可选用线绕电阻。

### 4.5.3 分压比的误差

分压比 $K$ 由 $C$、$D$ 算得，因而 $C$ 和 $D$ 的准确度也直接影响 $K$ 的准确度，即

$$K=(C+D)/D=1+C/D$$

根据误差传递原理，$K$ 的相对误差 $\delta K$ 和 $C$、$D$ 的相对误差的关系为

$$\delta K=\delta C+\delta D$$

为保证 $K$ 的准确度为 $e$，那么 $\delta C$ 和 $\delta D$ 最大不能超过 $e/2$，而且应该比 $e/2$ 小得多。因如上所述，构成 $\delta K$ 的除了 $C$、$D$ 的准确度引起的误差外，还有其他电阻元件的短时稳定性引起的误差。

因为

$$C/A=D/B=P$$

其中，$C$ 和 $D$ 的阻值决定于 $P$，$P$ 选得太大则 $C$ 的阻值大而工作电压过高，不易保证$\leqslant e/2$ 的准确度，$P$ 选得太小则对 $A$、$A'$等短时稳定性及检流计的要求过高，因此 $P$ 一般在 $10^{-1}\sim10^{-2}$之间。但 $C$ 还是工作在较高电压下，因此其结构上也要考虑用等电位屏蔽等措施，和 $A$ 一样。

为使分压比 $K$ 的测量误差 $\delta K\leqslant e$，还要求 $D$ 和$(B'+X)$在桥路二次平衡时的可调节阻值(即 $D$ 和 $X$ 可调节的最小步进的阻值)分别为$\pm eD$ 和$\pm e(B'+X)$。并且要求检流计 G 有足够的灵敏度，当 $D$ 调节阻值为$\pm eD$ 时，在检流计中所引起的不平衡电流 $\Delta I_y$ 能够反映出来，即要求检流计的灵敏度优于 $\Delta I_y$，按照电桥理论进行计算(计算中作一些必要的简化)可得

$$\Delta I_y=\pm eDI_1/(2B)=\pm PeI_1/2 \tag{4-6}$$

式中，$I_1$ 是流经分压器 $A$ 或 $A'$的电流。

### 4.5.4 桥式电阻分压器实例

以下介绍一台电压为 500 kV 的桥式电阻分压器，其主要技术参数为

$$U_1=500\,\text{kV},\quad I_1=1\,\text{mA},\quad U_2=500\,\text{V},\quad K=1000,\quad e=0.1\%$$

因

$$A\approx A'\approx 500\,\text{M}\Omega,\quad B\approx(B'+X)\approx 500\,\text{k}\Omega$$

取 $P=1/100$，则 $C=5\,\text{M}\Omega$，工作电压为 5 kV，$D=PB=5\,\text{k}\Omega$，可调节阻值为$\pm eD=\pm5\,\Omega$。$X$ 的可调度为$\pm e(B'+X)=\pm500\,\Omega$。检流计灵敏度为 $\Delta I_y\leqslant0.5\times10^{-8}$ A/mm。在实际结构中为简化桥路元件，选 $B=510\,\text{k}\Omega$，$B'=500\,\text{k}\Omega$。$D$ 和 $X$ 均用精密直流电阻箱，阻值误差不大于 0.01%。G 可选用 AC-15/2 型光点反射式直流检流计，灵敏度为 $1.5\times10^{-9}$ A/mm。

由于 $P$ 不能选得太小，因此 $C$ 是一个 5 kV 的高压电阻箱，它由 10 个 500 kΩ、阻值误差不大于 0.01%的 RX11-1 型精密线绕电阻组成，在结构上和 $A$、$A'$一样设有金属等电位屏蔽，$C$ 的整体阻值误差能保证在 0.01%以内。

分压器的原理接线和高压臂的外形如图 4-6 所示。$A$ 和 $A'$的结构完全相同，电阻元件选用阻值误差为±0.1%、0.5 W、250 kΩ 的 RJ 7-0.5 型精密金属膜电阻器。它们的屏蔽做成螺旋状安装在有机玻璃架上，屏蔽电位由辅助分压器供给，辅助分压器可选用碳膜电阻组

成。$A$、$A'$的顶端是一直径为1 m的扁球形防晕罩。为了消除外界电晕放电对桥路的干扰，还将$A$在1/3和2/3处的屏蔽和$A'$对应的屏蔽相连接，以强制使二者的屏蔽电位相同，如图4-6(b)所示。

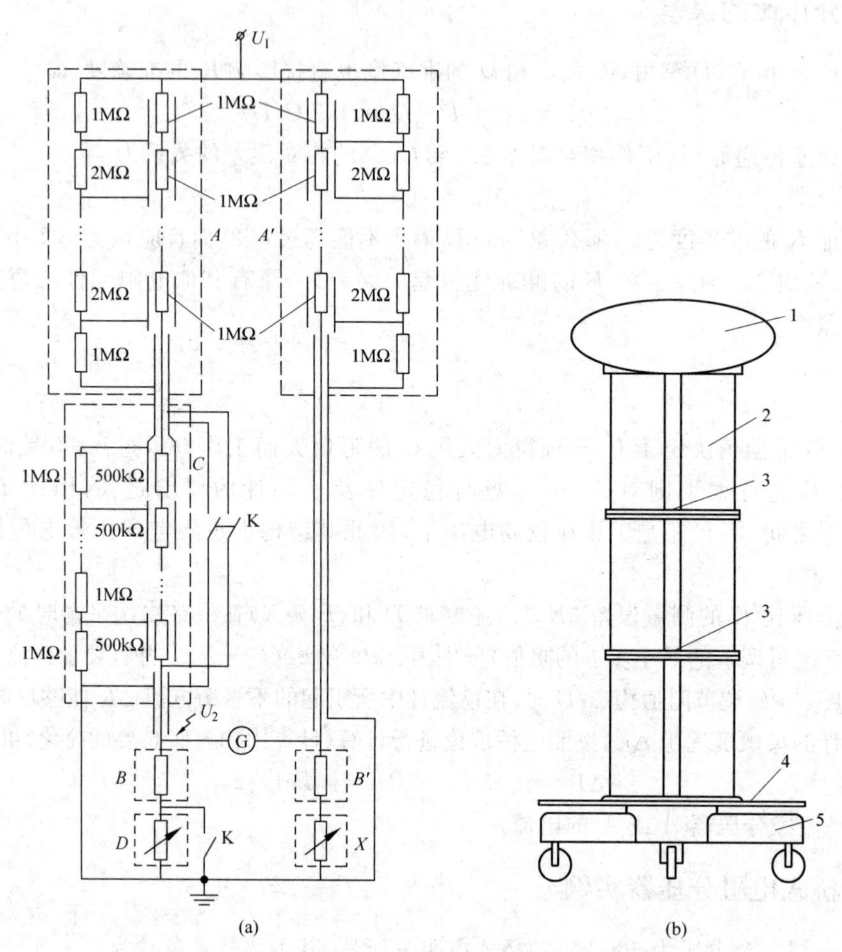


图4-6 扩展不确定度为0.1%的500 kV桥式电阻分压器

(a) 原理接线图；(b) 外形图

1—防电晕屏蔽罩；2—绝缘筒；3—屏蔽相互连接处；4—底板；5—底座

低压臂电压$U_2$可用Q 7-V型0.2级500 V静电电压表进行测量，因此整个测量系统，即分压器加上低压臂表计，其扩展不确定度在0.5%以内，为提高准确度亦可选用精密表计来测量低压臂电压。若再用电桥快速平衡技术，则可更大地改善测量的扩展不确定度。

## 4.6 测量系统的比对和校准

通常用准确度更高的或者标准的测量系统，通过比对测量对其他测量系统进行校准或标定，使之成为符合国家标准要求的认可的测量系统。例如将扩展不确定度为0.5%的精密分压器系统作为基准，去认可一台扩展不确定度为3%的测量系统。直流标准电压测量系统[1]在其使用范围内，应能够以$U_M \leqslant 1\%$的扩展不确定度进行直流电压测量，不确定度不受最高达3%的纹波的影响。而标准测量系统的性能则可通过采用和较高级标准测量系统,在相关试验电压下,进行比对测量的校准来证明。此较高级标准测量系统可溯源到国家计量研究院的标准。对较高级标准测量系统的要求是:测量电压的扩展不确定度 $U_{M1} \leqslant 0.5\%$。

亦可选用其他方法进行校准和标定,例如核反应法[9]。其原理是利用每个元素在不同的核反应中具有准确的共振峰值,根据国际电工委员会介绍其误差可不大于 $\pm 3\times 10^{-4}$,为此可用它作为基准来校准其他直流高压测量系统。例如当用质子P轰击以金属锂(Li)组成的靶时,放出γ射线而变成铍(Be),相应的共振峰值为(441.2±0.3)kV。共振峰值可用静电分析器或磁分析器测量。该法的缺点是,比对试验较为复杂且一次试验只能校准一个点。

用标准直流高压源也可进行校准和标定,例如俄国的V. Jaroslawski[10]应用齐纳二极管的稳压特性研制了一套标准直流高压电源,其原理如图4-7所示。齐纳二极管的工作原理是:当输入的反向电压超过其反向击穿电压,流过管子的电流在一定范围内变化时,管子两端的电压变化很小从而达到稳压的目的。图4-7中,在低压侧串接一稳流器,当其上电压在0～1000 V之间时,流过二极管的电流可精确地稳定在5 mA,这样二极管两端的电压即是一个非常稳定的数值,可用作为标准电源。由于单个二极管的稳定电压一般低于10 V,故而标准直流高压源需要由成千上万个齐纳二极管串接而成。

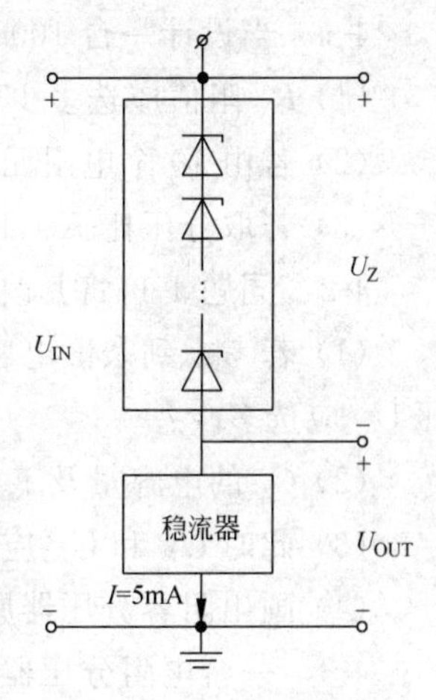


图4-7 标准直流高压源的原理方块图

一般用118个齐纳二极管串接组成稳定电压 $U_Z$ 为1 kV的一个组,100个组可串接成一个100 kV的组件,也即100 kV的标准直流高压源DWINA-100。预先对每组的 $U_Z$ 用稳压源和精密表计,例如HP3458A型8位半精密万用表进行校准,仍采用图4-7的接线,精确测定所加电压 $U_{IN}$ 和稳流器的电流及其输出电压 $U_{OUT}$,则该组的稳定电压为

$$U_Z = U_{IN} - U_{OUT}$$

齐纳二极管的自热是 $U_Z$ 误差的主要来源,为减小因温度影响 $U_Z$ 的准确度,选用了高精密温度补偿二极管,并在组合时使该组或该组件的总温度系数最小,同时使用强力通风装置。

在进行比对或标定时,所加电压 $U_{IN}$ 的精确值可由下式算得:

$$U_{IN} = U_Z + U_{OUT}$$

式中,$U_Z$——预先准确测得的每组的稳定电压之和;

$U_{OUT}$——在比对时实测得到。

需指出的是,$U_{OUT}$ 通常小于1 kV,并大大小于 $U_Z$,故其测量准确度对 $U_{IN}$ 的测量扩展不确定度的影响很小。用短接或增加组数或组件数,即调节的最小步进为1 kV或100 kV,可改变输入电压以适应比对试验的要求。

影响 $U_{IN}$ 的扩展不确定度的因素主要有:$U_Z$ 的测量误差及温度影响,$U_{OUT}$ 的测量误差,稳流器调整的准确度和电流的测量误差,电晕和泄漏电流的影响等。已制成的电压为100 kV和300 kV的标准直流高压源的扩展不确定度在标准大气条件下为0.01%,电压为1000 kV的DWINA-1000相应的扩展不确定度则优于0.02%。

# 思考题

4-1 在设计交、直流两用的阻容分压器时，若交、直流的额定电压是相同的，试从高电压技术观点分析在选择电阻元件时应注意什么？

4-2 试分析、比较桥式电路分压器和一般分压器的各自特点，若由你选择的话，你倾向于哪一种，为什么？

4-3 本章介绍的标准直流高压源的特点是什么？和桥式电路相比它的基准是如何传递的？

# 习题

4-1 当设计一台100 kV直流高压分压器时，取$I=0.5$ mA。

(1) $R_1$阻值应选多少？

(2) 若由10个电阻元件$R$构成，$R$的阻值及工作电压$U_R$应选多少？

(3) 若取分压比$K=1000$，则$R_2$的阻值、工作电压$U_{R2}$及低压电压表的量程应选多少？

4-2 同题4-1，将其改为交、直流两用分压器而交流工作电压仍为100 kV。

(1) 若考虑到杂散电容影响，$C_1$至少取100 pF，则每个电容元件$C$的电容量和工作电压$U_C$应选多少？

(2) $C_2$的电容量及工作电压$U_{C2}$应选多大？

(3) 此时$U_R$和$U_{R2}$应如何选择？

(4) 画出阻容分压器原理接线图。

4-3 一台电阻分压器$U=300$ kV，$I=0.5$ mA，$K=1000$。

(1) 试选择参数$R_1$、$R_2$及低压表计量程$U_2$。

(2) 按国家标准规定分压比的扩展不确定度为1%，整个分压器系统的总不确定度应优于3%。试据此提出对电阻元件温度系数的要求(设电阻因发热及环境温度引起的温度总变化为0～35 ℃)及低压表计的不确定度的要求。

4-4 同题4-2，为防止电晕和泄漏电流对测量的影响，拟加上等电位屏蔽和辅助分压器，将阻容元件改为每1000 V一组并置于屏蔽中。辅助分压器电流$I_1'=0.125$ mA。

(1) 重新计算$R$、$C$、$R_2$、$C_2$的值。

(2) 计算辅助分压器的总阻值$R_1'$及$R'$、$R_2'$。

(3) 画出完整的原理接线图。

# 参考文献

[1] 中国国家标准化管理委员会. 高电压试验技术 第2部分：测量系统：GB/T 16927.2—2013[S]. 北京：中国标准出版社，2013.

[2] 中国国家标准化管理委员会. 高电压试验技术 第1部分：一般定义及试验要求：GB/T 16927.1—2011[S]. 北京：中国标准出版社，2011.

[3] 中国国家标准化管理委员会.高电压测量标准空气间隙：GB/T 311.6—2005[S]. 北京：中国标准出版社，2005.

[4] 国际电工委员会. Voltage measurement by means of standard air gaps：IEC 60052：2002[S]. 3rd ed. 2002.

[5] 中华人民共和国能源部.用于测量直流高电压的棒-棒间隙：DL 416—91[S]. 北京：中国电力出版社，1991.

[6] FESER K，HUGHES R C. Measurement of direct voltage by rod-rod gap[J]. Electra，1988，3(117)：23-34.

[7] KUFFEL E，ZAENGL W S，KUFFEL J. High voltage engineering fundamentals[M]. 2nd ed. Woburn：Butterworth-Heinemann，2000.

[8] 王秉钧，王昌长，谈克雄.数理统计在高电压技术中的应用[M].北京：水利电力出版社，1990.

[9] 张仁豫，陈昌渔，王昌长，等. 高电压试验技术[M]. 北京：清华大学出版社，1982.

[10] HÄLLSTRÖM J，ARO M，JAROSLAWSKI V，et al. International intercomparison of direct and switching impulse votage measurement systems with zener-diode based reference[J]. DWINA Electra，1998，(179)：25-37.

# 第 5 章 冲击电压的产生

## 5.1 冲击电压发生器的功用和冲击电压波形

冲击电压发生器是一种产生脉冲波的高电压发生装置。原先它只被用于研究电力设备遭受大气过电压(雷击)时的绝缘性能,后来又被用于研究电力设备遭受操作过电压时的绝缘性能。所以对于冲击电压发生器,要求不仅能产生出现在电力设备上的雷电波形,还能产生操作过电压波形。冲击电压的破坏作用不仅取决于幅值,还与波前陡度有关。对某些设备还要采用截断波来进行试验。此外,冲击电压发生器还可用来作为纳秒脉冲功率装置的重要组成部分;在大功率电子束和离子束发生器以及二氧化碳激光器中,可作为电源装置。

根据实测,雷电波是一种非周期性脉冲,它的参数具有统计性。它的波前时间(约从零上升到峰值所需时间)为 0.5 μs~10 μs,半峰值时间(约从零上升到峰值后又降到 1/2 峰值所需时间)为 20 μs～90 μs,累积频率为 50%的波前和半峰值时间分别为 1.0 μs～1.5 μs 和 40 μs～50 μs。操作冲击电压波的持续时间比雷电冲击电压波长得多,形状比较复杂,而且它的形状和持续时间,随线路的具体参数和长度的不同而有异,不过目前国际上趋向于用一种几百微秒波前和几千微秒波长的长脉冲来代表它。雷电冲击电压又可分全波和截波两种。截波是利用截断装置把冲击电压发生器产生的冲击波突然截断,电压急剧下降来获得。截断的时间可以调节,或发生在波前或发生在波尾。

为了保证多次试验结果的重复性和各试验室间试验结果的可比性,对波形及波形定义应有明确规定。为此国际电工委员会和我国国家标准规定了标准雷电冲击全波及截波的波形和标准操作冲击电压波形,如图 5-1～图 5-4 所示[1,2]。此外,还可参见图 5-15。

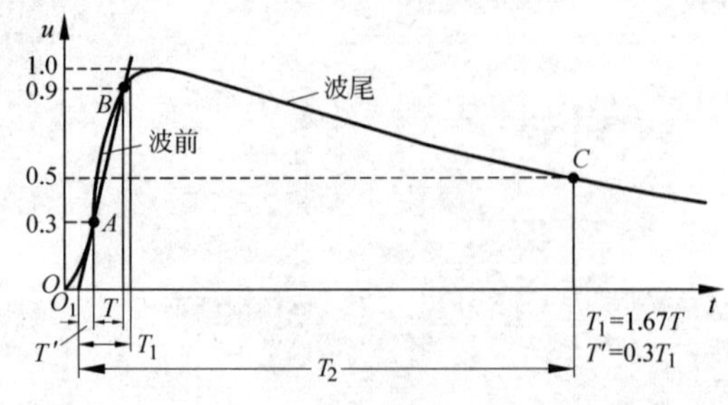

图 5-1　雷电冲击电压全波

图 5-1 中 $O$ 为原点。有时用示波器摄取到的波形,在 $O$ 点附近往往模糊不清,或是有起始之振荡。在产生冲击电压的发生器的内电感大时,波形起始处也可能有一小段较为平坦。此时波形的原点(真正的起始点)在时间轴上不容易确定。电压波的峰值点,由于比较平

坦，在时间上也不易确定。IEC 和国家标准采用了如图 5-1 所示的办法来求得视在原点 $O_1$，再从 $O_1$ 算起求出波前时间 $T_1$ 和半峰值时间 $T_2$。规定视在波前时间 $T_1$ 为 $T/0.6$。规定的标准雷电冲击试验电压波的波前时间 $T_1$ 为 $1.2(1\pm30\%)\mu s$，半峰值时间 $T_2$ 为 $1.5(1\pm30\%)\mu s$。

若雷电冲击电压在波前峰值附近含有振荡或过冲波（见图 5-2(a)中的曲线 1），应通过适当方法，由记录曲线提取出雷电冲击电压的试验电压波形。

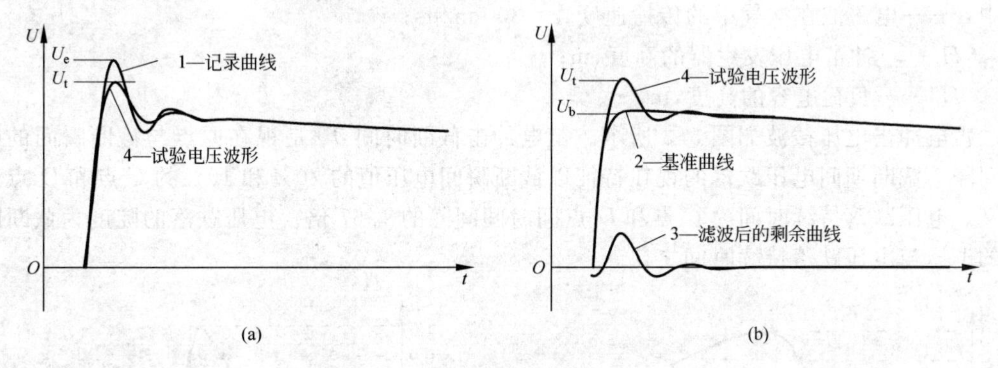


图 5-2 记录电压波形和试验电压波形

(a) 记录曲线和试验电压波形；(b) 基准曲线叠加滤波后的剩余曲线成为试验电压波形

根据 IEC 60060-1 和国家标准 GB/T 16927.1 的规定，可通过以下步骤把记录曲线转换成试验电压波形。

(1) 求取基准曲线

舍弃记录曲线头、尾部的各一小部分后，用双指数波形拟合来获得基准曲线（参见 GB/T 16927.1—2011 附录 B），见图 5-2(b)中曲线 2。

(2) 求取剩余曲线

以记录曲线与基准曲线的差值构成剩余曲线。

(3) 求取滤波后的剩余曲线

引入试验电压函数

$$k(f)=1/(1+2.2f^2) \tag{5-1}$$

式中，$f$ 为过冲的振荡频率，MHz。$k(f)$是一个幅频函数[3]，是对多类不同的绝缘，施加叠加不同高频率过冲的冲击电压波，研究出的与绝缘电气强度相关的幅频关系。以等于试验电压函数 $k(f)$的转移函数 $H(f)$创建滤波器，以此滤波器对剩余曲线进行滤波，可以获得滤波后的剩余曲线（参见上列标准附录 B 及附录 C），见图 5-2(b)中曲线 3。

(4) 求取试验电压滤形和波幅

将基准曲线和滤波后的剩余曲线叠加，得到试验电压波形，见图 5-2(b)中曲线 4。由基准曲线的最大值 $U_b$ 和记录曲线的最大值 $U_e$，求得试验电压波形的波幅为

$$U_t=U_b+k(f)(U_e-U_b) \tag{5-2}$$

标准规定由试验电压波形求得波前时间和半峰值时间。

雷电冲击电压波形上的过冲值，本书中都显示的是相对过冲幅值，它的定义是：

$$\beta=100\times[(U_e-U_b)/U_e]\% \tag{5-3}$$

IEC 标准及国家标准 GB/T 16927.1 规定冲击试验电压的过冲 $\beta$ 最大允许值为 10%。在峰值 90%以下波前部分的振荡，对试验结果的影响一般是可以忽略的。IEC 标准对此振荡的大小没有作出规定；国家标准 GB/T 16927.1 规定了振荡最大允许值的大小（本书略述）。

根据笔者对高阶集中参数的大型冲击电压发生器的计算结果，在产生标准雷电冲击电压时，过冲波的频率不太可能高于0.5 MHz。不过考虑到杂散振荡以及试验回路中会存在流动波的多次反射，此时冲击波前上可能会叠加较高频率的振荡波，它的最高振荡频率 $f_{\max}$ 可按下式进行估算：

$$f_{\max} = c/[4(H_g + H_C)] \tag{5-4}$$

式中，$c$——电磁波在空气中的传播速度，$c=300\ \mathrm{m}/\mu\mathrm{s}$；

$H_g$——冲击电压发生器的高度，m；

$H_C$——负荷电容的高度，m。

雷电冲击电压截波如图5-3所示。雷电冲击截断时间 $T_c$ 是视在原点与截断瞬间的时间间隔。截断期间电压跌落的视在特征以截断瞬间电压值的70%和10%的 $C$ 点和 $D$ 点来定义。电压跌落持续时间为 $C$ 点和 $D$ 点间时间间隔的1.67倍。电压跌落的陡度为截断瞬间的电压与电压跌落持续时间之比。

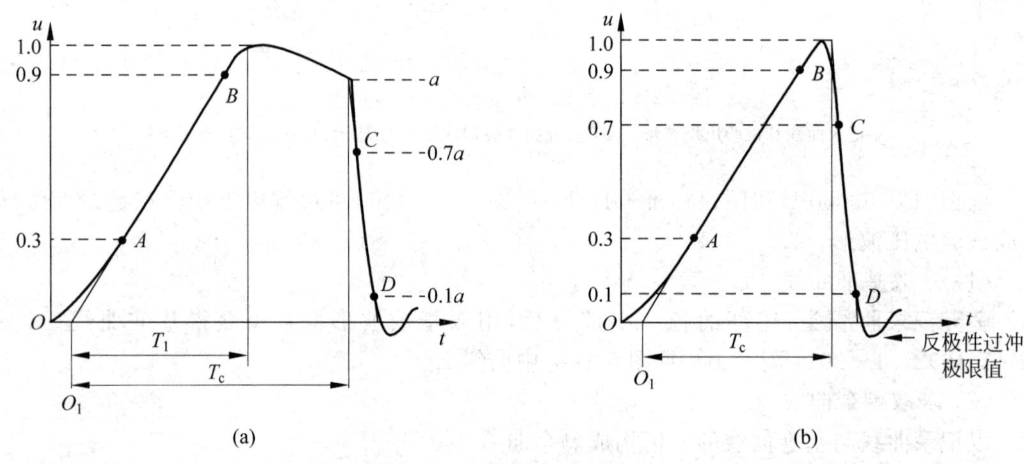


图5-3 雷电冲击电压截波

(a) 在波尾截断的雷电冲击；(b) 在波前截断的雷电冲击

由IEC 60060-1规定的操作冲击波波形如图5-4所示。它的半峰值时间 $T_2$ 是从实际原点到波尾下降到半峰值的时间间隔。波前时间 $T_p$ 是从实际原点到达峰值的时间间隔。由于波幅处比较平坦，峰值点不容易准确地确定，所以新标准规定了用下列计算式来确定波前时间

$$T_p = KT_{AB}$$

式中

$$K = 2.42 - 3.08 \times 10^{-3} \times T_{AB} + 1.51 \times 10^{-4} \times T_2$$

$T_2$、$T_{AB}$ 如图5-4中所示，均以 $\mu$s 为单位。

IEC 60060-1还对标准操作冲击电压规定了90%峰值以上的时间 $T_d$，$T_d$ 是指冲击电压超过峰值90%的持续时间。规定的标准操作冲击电压的波前时间 $T_P$ 为250(1±20%)$\mu$s，半峰值时间 $T_2$ 为2500(1±60%)$\mu$s。IEC 60076-3：2000规定了试验额定电压≥220 kV变压器及电抗器内绝缘的操作冲击电压波的波形如图5-5所示。规定视在波前时间 $T_1$ 至少为100 $\mu$s，通常不大于250 $\mu$s，90%峰值以上时间 $T_d \geqslant 200\ \mu$s，从视在原点到第一次过零时间 $T_z \geqslant 500\ \mu$s。有关的国家标准(GB 1094.3—2003)所规定的此类操作冲击电压波形，与上述IEC文件相同。

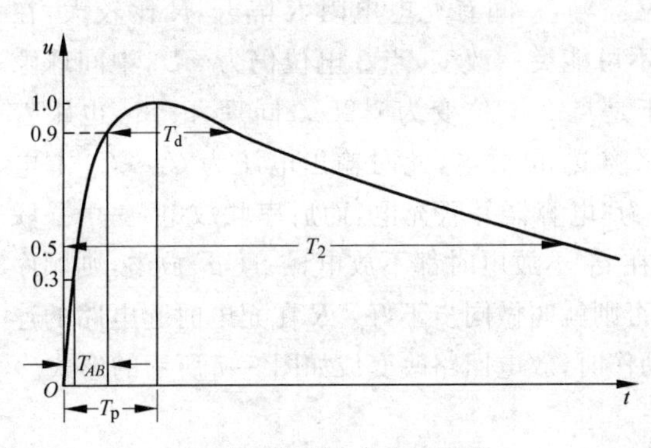


图 5-4 操作冲击电压波形

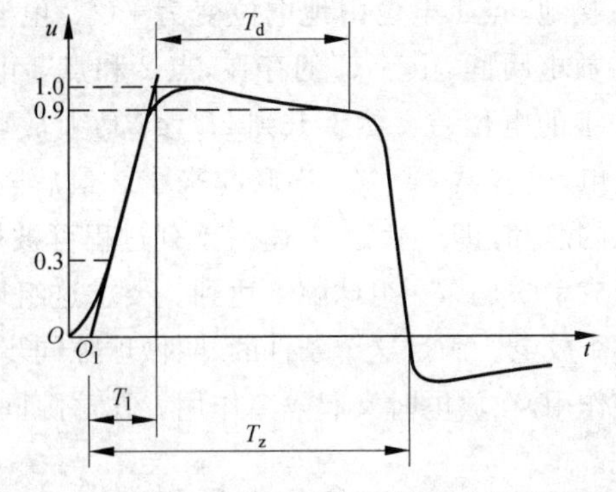


图 5-5 试验变压器内绝缘的操作冲击电压波形

按照试验标准并考虑到足够的裕度，冲击电压发生器的标称电压与被试设备额定电压间的关系大致如表 5-1 所示。表中下限值满足型式试验需要，上限值供研究试验用。

**表 5-1 冲击电压发生器标称电压与被试设备额定电压间的关系**

| 试品额定电压/kV | 35 | 110 | 220 | 330 | 500 |
|---|---|---|---|---|---|
| 冲击电压发生器标称电压/MV | 0.4～0.6 | 0.8～1.5 | 1.8～2.7 | 2.4～3.6 | 2.7～4.2 |

## 5.2 冲击电压发生器的基本原理

冲击电压发生器要满足两个要求：首先要能输出几十万伏到几百万伏的电压，同时此电压要具有一定波形。它是用马克斯(Marx)回路来达到这些目的的，如图 5-6 所示。

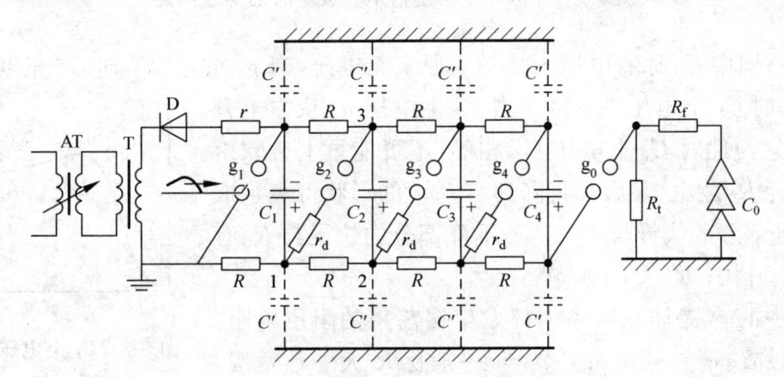


图 5-6 冲击电压发生器基本回路

T—试验变压器；D—高压硅堆；$r$—保护电阻；$R$—充电电阻；$C_1 \sim C_4$—主电容器；$r_d$—阻尼电阻；$C'$—对地杂散电容；$g_1$—点火球隙；$g_2 \sim g_4$—中间球隙；$g_0$—隔离球隙；$R_t$—放电电阻；$R_f$—波前电阻；$C_0$—试品及测量设备等电容

试验变压器 T 和高压硅堆 D 构成整流电源，经过保护电阻 $r$ 及充电电阻 $R$ 向主电容器 $C_1 \sim C_4$ 充电，充电到 $U$，出现在球隙 $g_1 \sim g_4$ 上的电位差也为 $U$。假若事先把球间隙距离调到稍大于 $U$，球间隙不会放电。当需要使冲击电压发生器动作时，可向点火球隙的针极送去一脉冲电压，针极和球皮之间产生一小火花，引起点火球隙放电，于是电容器 $C_1$ 的上极板经

$g_1$ 接地，点 1 电位由地电位变为$+U$。电容器 $C_1$ 与 $C_2$ 间有充电电阻 $R$ 隔开，$R$ 比较大，在 $g_1$ 放电瞬间，由于 $C'$ 的存在，点 2 和点 3 电位不可能突然改变，点 3 电位仍为$-U$，中间球隙 $g_2$ 上的电位差突然上升到 $2U$，$g_2$ 马上放电，于是点 2 电位变为$+2U$。同理，$g_3$、$g_4$ 也跟着放电，电容器 $C_1 \sim C_4$ 串联起来了。最后隔离球隙 $g_0$ 也放电，此时输出电压为 $C_1 \sim C_4$ 上电压的总和，即$+4U$。上述一系列过程可被概括为“电容器并联充电，而后串联放电”。由并联变成串联是靠一组球隙来达到。要求这组球隙在 $g_1$ 不放电时都不放电，一旦 $g_1$ 放电，则顺序逐个放电。满足这个条件的，叫做球隙同步好，否则就叫做同步不好。$R$ 在充电时起电路的连接作用，在放电时又起隔离作用。在球隙同步动作时，放电回路改变成如图 5-7 所示的形式。

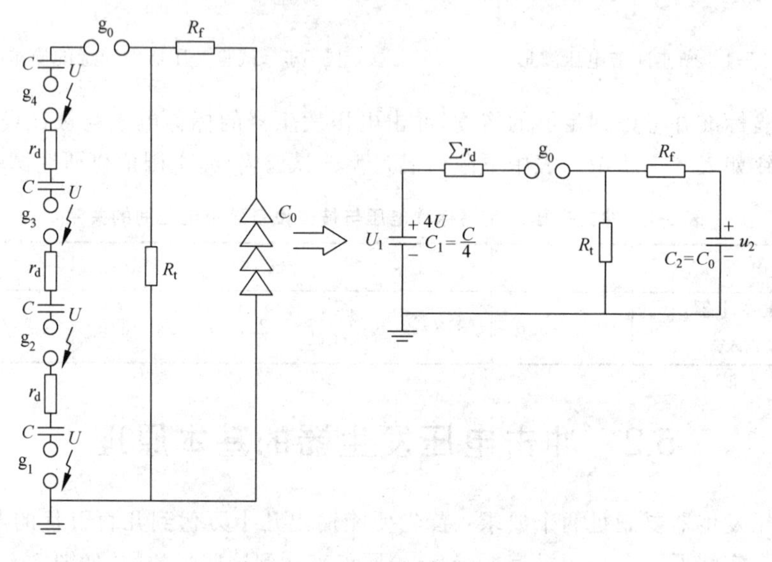


图 5-7　冲击电压发生器串联放电时的等效回路

图 5-7 右图中 $C_1$ 原有电压$+4U$，$C_2$ 原来无电压，当 $g_0$ 放电，$C_1$ 向 $C_2$ 充电，$C_2$ 上将建立起电压，同时 $C_1$ 上电压将下降。当 $C_2$ 上电压 $u_2$ 从零上升到 $U_{2,\max}$ 时，它与此时 $C_1$ 上电压 $U_1$ 相等，不可能再上升。由于二者都将经 $R_t$ 放电，最后都将降到零。$u_2$ 的形状可表示成图 5-8。上升部分的快慢与 $R_f$ 有关，下降部分的快慢与 $R_t$ 有关。$R_f$ 小，上升快；$R_t$ 大，下降慢。

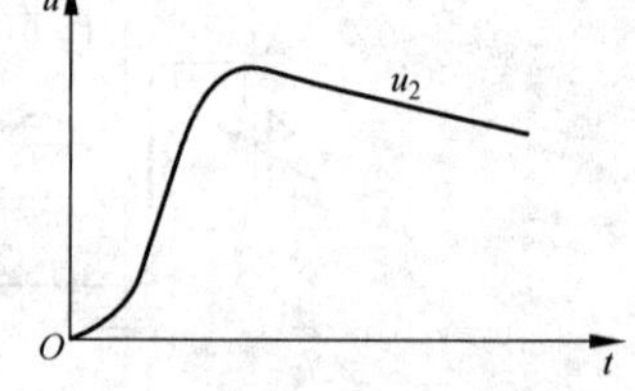


图 5-8　$C_2$ 上电压 $u_2$ 的曲线

图 5-6 中的 $r_d$ 是防止回路内部发生振荡用的阻尼电阻。但不一定要设置，请参见 5.6.1 节。$r$ 一般比 $R$ 大一数量级，不仅保护硅堆，还可使各级电容器的充电电压比较均匀。

从以上分析可看出，要提高冲击电压发生器的输出电压有两种途径：一种是升高充电电压，但它受电容器额定电压的限制；另一种是增加级数，但级数多了会给同步带来困难。

图 5-9 电路采用了两个半波的整流倍压充电方式。发生器的动作原理，基本上和图 5-6 回路一样。和图 5-6 相比较，图 5-9 中中间球隙所跨接的电容器台数增加了一倍。若以中间球隙数计为级数，则有利于级数之减少。对充电用交流试验变压器来说，正负两个半波在充电时都发挥了作用。在相同交流充电电压下，直流输出电压增加了一倍。不过图 5-9 中球隙 $g_2$ 在动作时的过电压倍数，要比图 5-6 中的 $g_2$ 为低，关于这一点可请读者自行分

析。为了克服这一缺点,直流充电部分可改为对地的倍压回路(见图 3-8 或图 3-9(a)),此时在电容 $C_2$ 的下极板处直接接地。

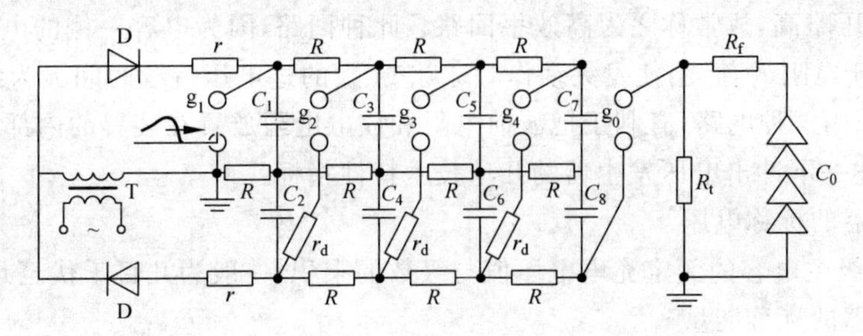


图 5-9　双边充电的冲击电压发生器回路

目前常用的一种回路如图 5-10 所示。

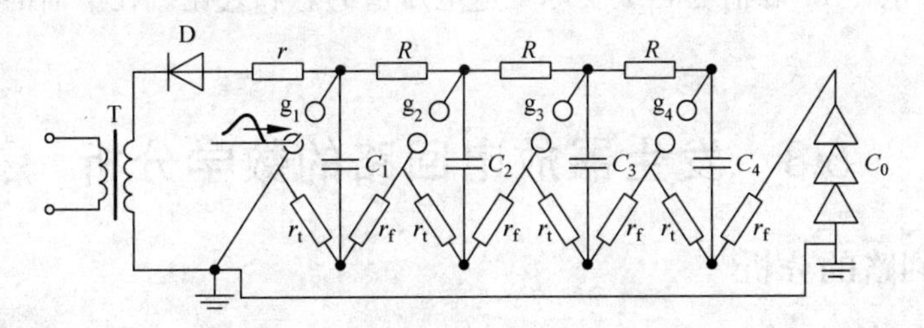


图 5-10　冲击电压发生器高效率回路

这种回路的 $r_f$ 和 $r_t$ 被分散放在各级小回路内,没有专用的 $r_d$,也可以没有隔离球隙 $g_0$。只一边有充电电阻 $R$,另一边有 $r_f$ 和 $r_t$ 兼作充电电阻。这种回路的动作原理和前两种一样,其串联放电后的等效回路见图 5-11。

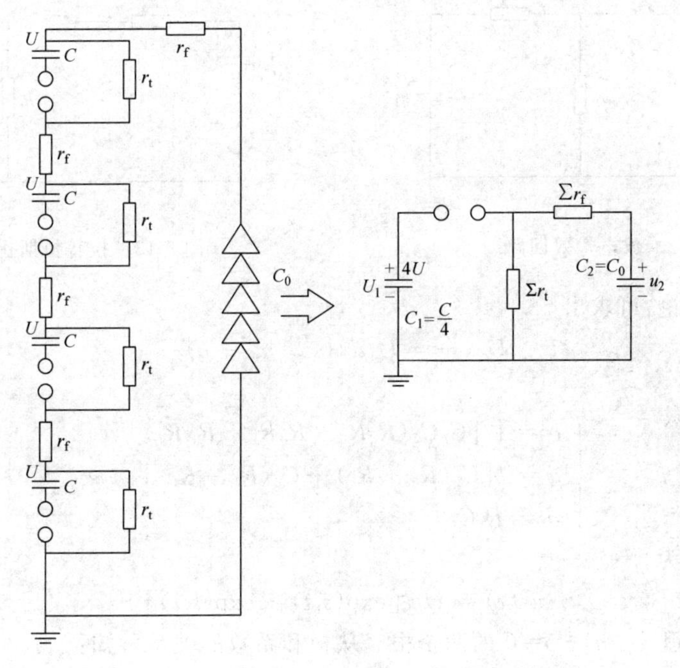


图 5-11　高效率回路串联放电的等效回路

图 5-11 的右图中 $u_2$ 的峰值差不多可达 $U_1$ 值。在图 5-7 中,由于阻尼电阻 $\sum r_d$ 和放电电阻 $R_t$ 构成了分压回路,其输出电压 $u_2$ 的峰值略低于 $U_1$。在相同的充电电压下,图 5-10 回路的输出电压略高,故常称之为高效率回路。此种回路,因为电容一侧的电阻(图 5-10 中之下侧),远小于电阻 $R$ 值,会使发火动作时球隙 $g_2$ 上的过电压持续时间大为缩短(见 5.5.1 节)。发生器采用这种电路,有利于把波前电阻和放电电阻放置在装置的内部。

最后,讲述一下冲击电压发生器的几项技术特性指标:

(1) 发生器的标称电压

发生器每级主电容的额定充电电压值与级数的乘积,一般为几百千伏至几千千伏。

(2) 发生器的标称能量

发生器主电容在标称电压下的总储存能量,一般为几十千焦至几百千焦。

(3) 发生器的效率

发生器输出电压 $u_2$ 峰值与各级实际充电电压值的总和之比。在下面的计算中,以符号 $\eta$ 表示效率。

# 5.3 发生器放电回路的数学分析

## 5.3.1 基本回路的分析

从 5.2 节已得到放电等效回路,如图 5-12 所示。对于高效率回路,只要令 $R_d=0$ 即可。图中若各阻容值及 $C_1$ 上的充电电压值 $U_1$ 已知,就可以通过电路理论,求解出试品 $C_2$ 上的电压 $u_2(t)$。在本书的原版本[8]中,已用古典电路方法详述了求解 $u_2(t)$ 的方法。现改用拉普拉斯运算法简述求解过程。把图 5-12 电路改画为拉普拉斯的运算电路如图 5-13 所示。

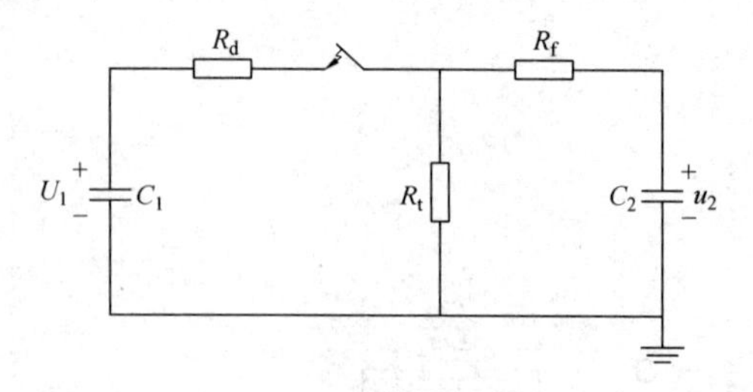

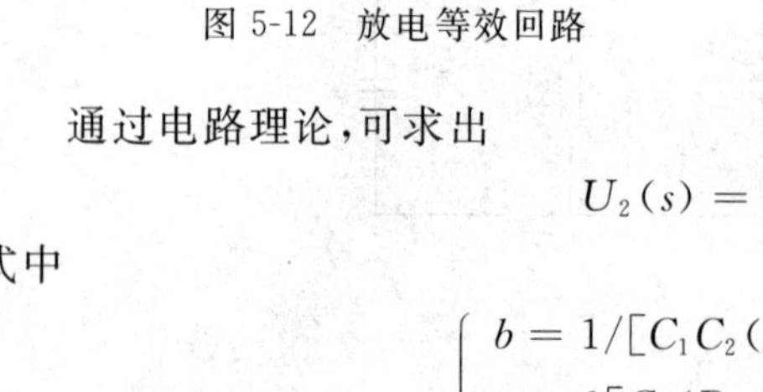

图 5-12 放电等效回路

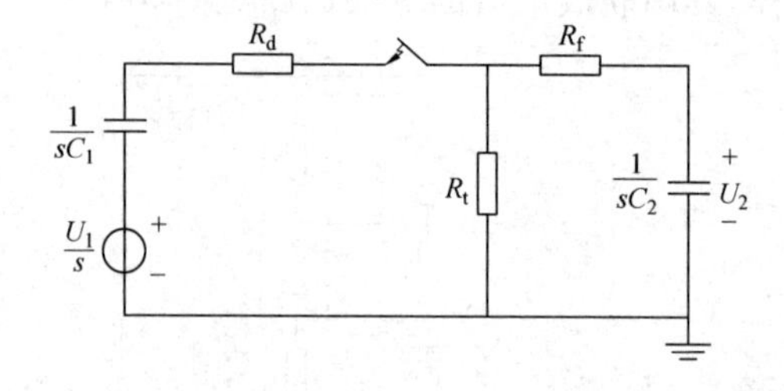

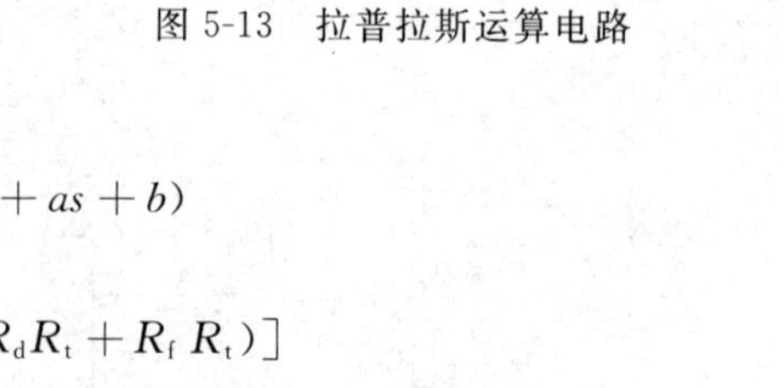

图 5-13 拉普拉斯运算电路

通过电路理论,可求出

$$U_2(s) = U_1 d/(s^2 + as + b)$$

式中

$$\begin{cases} b = 1/[C_1C_2(R_dR_f + R_dR_t + R_fR_t)] \\ a = b[C_1(R_d + R_t) + C_2(R_t + R_f)] \\ d = R_tC_1b \end{cases}$$

上式经反变换后为

$$u_2(t) = U_1\xi[\exp(s_1t) - \exp(s_2t)] \tag{5-5}$$

式中,$s_1$、$s_2$ 为方程 $s^2+as+b=0$ 的两个根。从根和系数的关系可知:

$$s_1s_2 = b \tag{5-6}$$

$$s_1 + s_2 = -a \tag{5-7}$$

$$s_1, s_2 = -(a/2) \pm [(a/2)^2 - b]^{1/2} \tag{5-8}$$

由式(5-4)和式(5-6)得

$$s_1 s_2 = 1/[C_1 C_2 (R_d R_f + R_d R_t + R_f R_t)] \tag{5-9}$$

通过式(5-4)及式(5-7)可得下列关系式：

$$(s_1 + s_2)/(s_1 s_2) = -[C_1(R_d + R_t) + C_2(R_t + R_f)] \tag{5-10}$$

$$\xi = d/(s_1 - s_2) = R_t C_1 s_1 s_2/(s_1 - s_2) \tag{5-11}$$

式中，$\xi$ 称为回路系数，它的大小与所采用的回路参数值相关。

对于冲击电压 $u_2$ 来说，$|s_2| \gg |s_1|$，$u_2$ 由式(5-5)所示的两个指数分量所构成。图 5-14 中的两条指数曲线可叠加合成 $u_2$ 曲线。观察此曲线时，注意 $s_1$ 和 $s_2$ 实际上都是负值。通常称它们为时间常数的(负)倒数值。

令 $\mathrm{d}u_2/\mathrm{d}t=0$，可求得 $u_2$ 达到峰值 $U_{2\mathrm{m}}$ 的时刻 $T_\mathrm{m}$，即

$$s_1 \exp(s_1 T_\mathrm{m}) - s_2 \exp(s_2 T_\mathrm{m}) = 0 \tag{5-12}$$

$$T_\mathrm{m} = [\ln(s_1/s_2)]/(s_2 - s_1) = [\ln(s_2/s_1)]/[s_1(1 - s_2/s_1)] \tag{5-13}$$

因此，可得出

$$U_{2\mathrm{m}} = U_1 \xi [\exp(s_1 T_\mathrm{m}) - \exp(s_2 T_\mathrm{m})] = U_1 \xi \xi_0 \tag{5-14}$$

式中，$\xi_0$ 由方括号内的算式算得，称为波形系数，也就是说，$\xi_0$ 值是由波形决定的。而

$$\eta = U_{2\mathrm{m}}/U_1 = \xi \xi_0 \tag{5-15}$$

称为发生器放电时的(电压)效率。

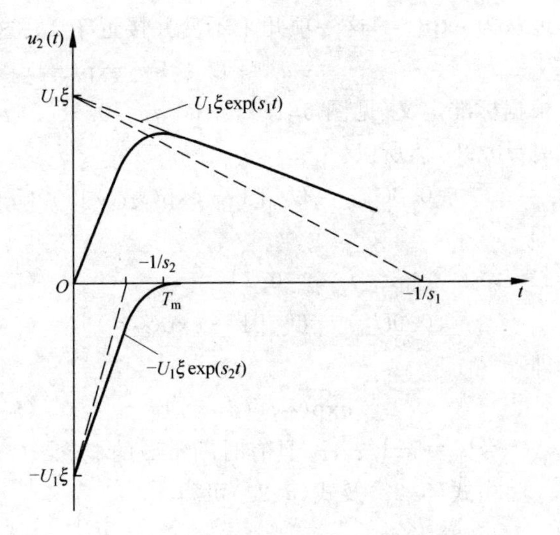


图 5-14　冲击电压波形及其分量

由于雷电冲击电压波形的 $T_1$ 和 $T_2$ 采用“视在”的参数，它们和 $s_1$、$s_2$ 之间很难用简明的关系式来表达。实际上人们通过大量数字计算，已经计算出以双指数波来代表的不同冲击波的 $s_1$ 和 $s_2$ 数值。举例来说，对于 1.2 μs/50 μs 标准雷电冲击电压和 250 μs/2500 μs 标准操作冲击电压的各个参数值，可如表 5-2 所示。

**表 5-2　两种标准冲击电压的特性参数**

| 波形/μs | $s_1/\mu\mathrm{s}^{-1}$ | $s_2/\mu\mathrm{s}^{-1}$ | $T_\mathrm{m}/\mu\mathrm{s}$ | $\xi_0$ |
|---|---|---|---|---|
| 1.2/50 | −0.014659 | −2.4689 | 2.089 | 0.9641 |
| 250/2500 | $-3.1696\times10^{-4}$ | −0.0160 | 250.0 | 0.9055 |

若输出电压 $u_2$ 的峰值设为单位值，则标准雷电冲击电压可用下式表示：

$$u_2(t) = 1.03725[\exp(-0.014659t) - \exp(-2.4689t)] \tag{5-16}$$

式中，$t$ 的单位为 μs，等号右侧的系数为 $1/\xi_0$。

如前面已指出过的，得到 $s_1$、$s_2$ 的值后，从前述一些关系式，便可求得 $R_f$ 和 $R_t$ 值。以高效率回路为例，其 $R_f$ 和 $R_t$ 值可由下面的式(5-17)和式(5-18)求得。

令

$$T_0 = -(1/s_1 + 1/s_2)$$

$$R_f = [1/(2C_2)]\{T_0 - [T_0^2 - 4(C_1 + C_2)/(s_1 s_2 C_1)]^{1/2}\} \tag{5-17}$$

$$R_t = \{1/[2(C_1 + C_2)]\}\{T_0 + [T_0^2 - 4(C_1 + C_2)/(s_1 s_2 C_1)]^{1/2}\} \tag{5-18}$$

### 5.3.2 简化回路的近似计算分析

上述的回路计算分析法所推导出的结果，不便于记忆。在实际使用中常采用近似计算法来寻求回路的参数。

前面已推导出双指数冲击电压的表达式为

$$u_2 = U_1\xi[\exp(s_1 t) - \exp(s_2 t)] \tag{5-19}$$

式中，$|s_2| \gg |s_1|$，即波前时间基本上取决于式(5-19)的后一项，而半峰值时间更大程度上取决于前一项。波前时间相对而言很短，而波尾衰减相对很慢。在确定波前时间时，可近似地认为 $\exp(s_1 t)$这一项几乎不变并接近于1。这样，在确定波前时间时可认为

$$u_2 \approx U_1\xi[1 - \exp(s_2 t)] \approx U_{2m}[1 - \exp(s_2 t)] \tag{5-20}$$

根据标准定义(见图5-15)，$t_1$ 时 $u_2 = 0.3U_{2m}$，$t_2$ 时 $u_2 = 0.9U_{2m}$，所以

$$0.3U_{2m} = U_{2m}[1 - \exp(s_2 t_1)] \tag{5-21}$$

即

$$\exp(s_2 t_1) = 0.7 \tag{5-22}$$

$$0.9U_{2m} = U_{2m}[1 - \exp(s_2 t_2)] \tag{5-23}$$

即

$$\exp(s_2 t_2) = 0.1 \tag{5-24}$$

令 $s_2 = -1/\tau_2$，$\tau_2$ 具有时间常数的概念。

由式(5-22)及式(5-24)可得

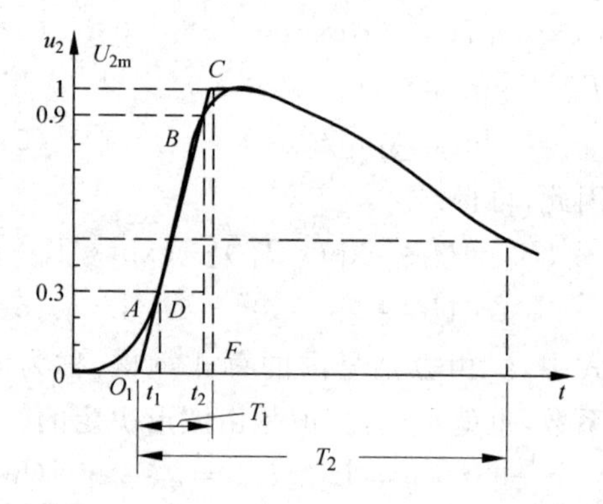


图5-15 标准雷电冲击电压定义

$$t_2 - t_1 = \tau_2 \ln 7$$

因图5-15中$\triangle O_1CF$与$\triangle ABD$相似，故

$$T_1 = (t_2 - t_1)/(0.9 - 0.3) = \tau_2 \ln 7/0.6 = 3.24\tau_2 \tag{5-25}$$

在相对很短的时间内，电容经过波尾时间流失的电荷很少，故在确定 $\tau_2$ 时，等效电路内的 $R_t$ 可认为阻值极大(图5-16)，即

$$\tau_2 \approx (R_d + R_f)C_1 C_2/(C_1 + C_2) \tag{5-26}$$

$$T_1 = 3.24(R_d + R_f)C_1 C_2/(C_1 + C_2) \tag{5-27}$$

对标准冲击电压来说，半峰值时间 $T_2$ 比 $\tau_2$ 长得多，到达半峰值时间时式(5-19)中的 $\exp(s_2 t)$项早已衰减到零，在用近似法确定半峰值时间时，可认为

$$U_{2m}/2 \approx U_{2m}\exp(s_1 T_2) \tag{5-28}$$

令 $s_1 = -1/\tau_1$，则由式(5-28)可得

$$T_2 \approx \tau_1 \ln 2 = 0.693\tau_1 \tag{5-29}$$

在 $u_2$ 经过峰值后，电容经电阻放电。由于 $C_1 \gg C_2$，所以放电回路可近似为图5-17。回路的放电时间常数

$$\tau_1 \approx (R_d + R_t)(C_1 + C_2) \tag{5-30}$$

$$T_2 \approx 0.693(R_d + R_t)(C_1 + C_2) \tag{5-31}$$

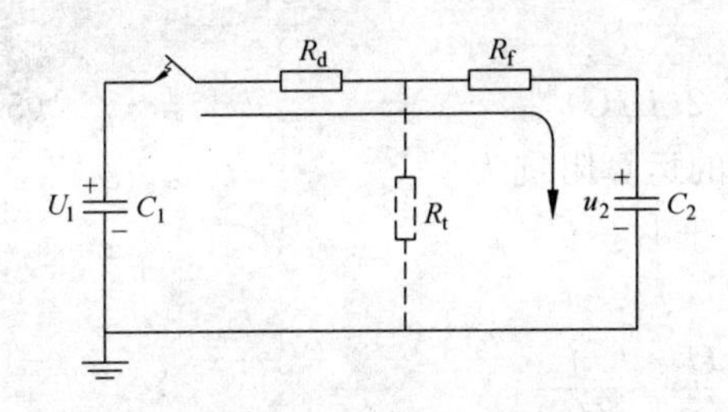


图 5-16 求波前的近似等效电路

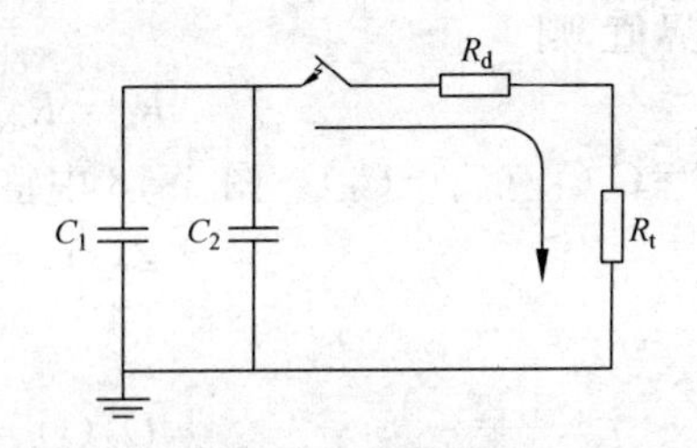


图 5-17 求半峰值时间的近似等效电路

用近似方法还可求得回路的效率。从图 5-12 可看出 $C_2$ 上原来是没有电荷的，要在 $C_2$ 上建立起电压来，必定要从 $C_1$ 分出一部分电荷来，如不考虑从 $R_t$ 流掉的电荷，最后的稳定电压应为 $U_1C_1/(C_1+C_2)$。此外若在设置内部阻尼电阻的情况下，$R_d$ 上会产生压降，也即 $R_d$ 与 $R_t$ 会形成分压，所以回路效率可近似地表达为

$$\eta \approx [C_1/(C_1+C_2)][R_t/(R_t+R_d)] \tag{5-32}$$

$R_d$ 先按经验选定，一般每级的 $r_d$ 选为 5Ω～25Ω，$\sum r_d$ 即为 $R_d$。

以上各项计算中，$C_2$ 可认为是个给定值，它包括了试品电容、冲击电压发生器的出口电容和测量装置的电容以及有时专门设置的调波电容。$C_1$ 根据 $C_2$ 来选择以使 $\eta$ 不致太低。发生器作放电试验应用时，其标称能量值也不能太低，$C_1$ 也应有足够大的数值。表 5-3 中给出了常见试品的冲击入口电容值，可供读者参考。此外，通过式(5-27)和式(5-31)可以求出在标准雷电冲击电压下的 $R_f$ 和 $R_t$ 值。

**表 5-3 常见试品的冲击入口电容**

| 试　　品 | 冲击入口电容/pF |
|---|---|
| 绝缘子 | 100 以下 |
| 高压套管 | 50～600 |
| 高压断路器，电流互感器及电磁式电压互感器 | 100～1000 |
| 电力变压器 | 1000～2500 |
| 电缆进线的电力变压器 | 3000～4500 |
| 气体绝缘金属封闭开关设备 | 1000～6000 |
| 电容式电压互感器 | 3000～5000 |
| 电力电缆(每米) | 150～400 |

## 5.3.3 考虑回路电感的简化回路分析

以上分析略去回路电感不计，其实回路电感不可避免，它将影响波形，轻微时将改变波形参数，严重时可能引起振荡。在实践中发现式(5-31)比较符合实测半峰值，式(5-25)与实测波前值有差别，就是由于回路电感所致。假如把回路电感 $L$ 考虑进去，图 5-16 将变为 $R$-$L$-$C$ 回路，如图 5-18 所示。为获得非振荡波，应使

$$R_d + R_f \geqslant 2\left[L\Big/\left(\frac{C_1C_2}{C_1+C_2}\right)\right]^{1/2}$$

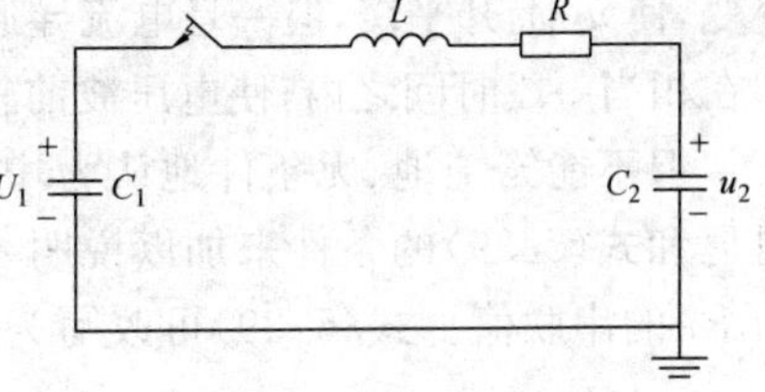


图 5-18 考虑电感后的求波前等效电路

如取临界值，则

$$R = R_d + R_f = 2(L/C)^{1/2} \tag{5-33}$$

式中，$C = C_1C_2/(C_1+C_2)$。图5-18中整个回路的运算阻抗为

$$Z(s) = R + sL + 1/(sC)$$

所以

$$U_2(s) = \frac{1}{sC_2} \cdot \frac{U_1}{s} \cdot \frac{1}{Z(s)}$$

整理后得

$$U_2(s) = \frac{1}{C_2L}\frac{U_1}{s[s^2 + (R/L)s + 1/(LC)]} \tag{5-34}$$

在临界阻尼下，反变换为 $t$ 函数得

$$u_2(t) = \frac{C_1}{C_1+C_2}U_1\left[1 - \left(1 + \frac{R}{2L}t\right)\exp\left(-\frac{R}{2L}t\right)\right]$$

利用临界阻尼条件消去上式中的 $L$，并令 $\tau_2 = RC$，且考虑 $U_{2m} = C_1U_1/(C_1+C_2)$，得

$$u_2(t) = U_{2m}[1 - (1 + 2t/\tau_2)\exp(-2t/\tau_2)] \tag{5-35}$$

再根据标准冲击电压的定义(见图5-15)，得

$$0.3 = 1 - (1 + 2t_1/\tau_2)\exp(-2t_1/\tau_2)$$

即

$$(1 + 2t_1/\tau_2)\exp(-2t_1/\tau_2) = 0.7 \tag{5-36}$$

$$0.9 = 1 - (1 + 2t_2/\tau_2)\exp(-2t_2/\tau_2)$$

即

$$(1 + 2t_2/\tau_2)\exp(-2t_2/\tau_2) = 0.1 \tag{5-37}$$

对于式(5-36)，令 $x = 2t_1/\tau_2$，得

$$x = \ln[(1+x)/0.7]$$

用收敛甚快的迭代法处理上式，可得

$$x = 1.0973, \quad 即得 \quad t_1 = 0.5487\,\tau_2$$

用类似的方法可从式(5-37)算得

$$t_2 = 1.9449\,\tau_2$$

从上两式可算出

$$t_2 - t_1 = 1.396\,\tau_2 \tag{5-38}$$

根据标准波的定义(见图5-15)，$t_2 - t_1 = 0.6\,T_1$，所以

$$T_1 = 2.327\,\tau_2 \approx 2.33\,\tau_2 = 2.33(R_d + R_f)C_1C_2/(C_1+C_2) \tag{5-39}$$

以式(5-39)与前面未考虑电感 $L$ 作用的式(5-25)结果相比较可以看出，回路内的电感使波前时间有所缩短。这是由于回路电感虽在隔离球隙 $g_0$ 放电后的初瞬时刻不让电流发生突变，使 $u_2$ 上升平缓，但一旦电流导通到一定值，电感 $L$ 会在一段时期内促使电流上升较快，即在相当一段时间之内，使电压波前较为陡化并较早到达峰值 $U_{2m}$，波前时间 $T_1$ 也可缩短。

但不能笼统地、无条件地认为增加电感 $L$ 就可减小 $T_1$ 值，其原因可以从同时满足临界阻尼和式(5-39)的条件来加以说明。为了表达简洁一些，令 $C$ 和 $R$ 分别代表 $C_1$ 与 $C_2$ 及 $R_d$ 与 $R_f$ 的串联值。式(5-39)可改写为

$$T_1 = 2.33\,RC \tag{5-40}$$

把临界阻尼条件式(5-33)代入式(5-40)可得

$$T_1 = 4.66(LC)^{1/2} \tag{5-41}$$

由此式可得到 $T_1$ 与 $(LC)^{1/2}$ 成正比的结论。即使是略欠阻尼的条件下，$T_1$ 也是随 $(LC)^{1/2}$ 的增长而增长的。通过式(5-41)还可说明，当要求产生一定的 $T_1$ 时，负荷电容 $C_2$ 的值还受到了回路中 $L$ 值的制约。例如在要求产生标准冲击电压时，要求 $T_1$ 为 1.2 μs。若认为

$$C_1 \gg C_2, \quad C_2 \approx C$$

则允许最大的负荷电容

$$C_{2m} \approx 0.0663\ \mu s^2/L$$

实际上因为标准雷电冲击电压的 $T_1$ 允许有一公差，最大可为 1.56 μs，而且冲击电压也允许有一定量的过冲，所以允许的最大负荷电容 $C_{2m}$ 可以比上面的计算值大很多。

在试验电力变压器时，也可采用在试品前置入一低通滤波器来减小过冲值的方法[4]。

## 5.3.4 发生器放电回路的程序计算

对于大型高参数的冲击电压发生器的放电回路，可以看作是带有分布参数的多个链形回路。这种回路虽然可以通过贝杰龙(Bergeron)等计算法进行计算，但是比较繁复，而且对地电容等杂散参数也未必能估计得准确。因此宁可采用 3～5 阶的集中回路参数电路来进行计算。计算方法常用状态方程数值解法，贝杰龙计算法和拉普拉斯变换法。早在 20 世纪 30 年代，就有文献[5]刊登了有关冲击电压发生器电路采用拉普拉斯变换法求解的介绍。由于那时计算机还没有发明，对于高阶回路的计算很难付之实用。现在使用拉普拉斯变换法进行计算，似乎也要受到四次以上代数方程没有理论解法的限制。但人们已经掌握了多种代数方程的数值计算法，而且一般来说，最高采用五阶回路进行计算，也就足够准确了。采用拉普拉斯变换法进行计算的一大优点是，在获得数值解的同时，可以得到所需电压波形的解析式。在叠加有过冲波的情况下，还可以获得过冲波振荡的频率值，从而可以算得幅频因数(见式(5-1))及试验电压幅值(见图 5-2)。

**1. 最基本的冲击电压发生器三阶放电回路**

图 5-19(a)示明了最基本的冲击电压发生器三阶放电回路。把它转换成图 5-19(b)的拉普拉斯运算电路后，可以写出试品上作用到的象函数电压 $U_2(s)$：

$$U_2(s) = BU/M(s) = BU/[s^3 + A(1)s^2 + A(2)s + A(3)] \tag{5-42}$$

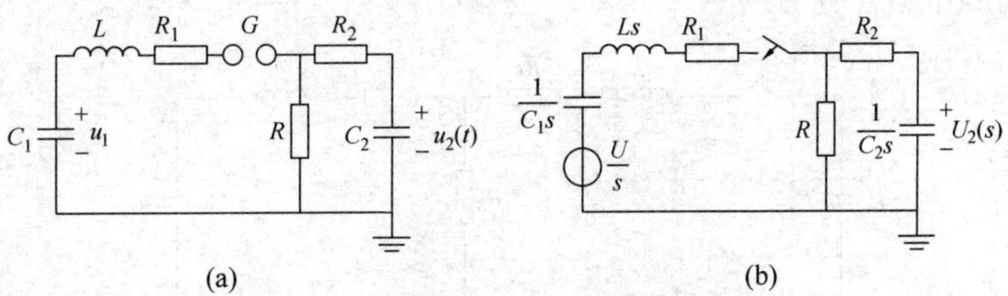


图 5-19 冲击电压发生器三阶放电回路

式中，$U$——$C_1$ 上的初始直流充电电压，经常可以假设它为单位值 1；

$$A = 1/[C_2L(R+R_2)], \quad B = AR$$
$$A(1) = A[L + C_2(R_1R_2 + R_2R + RR_1)]$$
$$A(2) = [1/(C_1L)] + A(R+R_1)$$
$$A(3) = A/C_1$$

代入各项参数之后，最终可以求得

$$U_2(s) = BU/[(s-s_1)(s-s_2)(s-s_3)] \tag{5-43}$$

其中，$s_1$、$s_2$、$s_3$ 为 $M(s)=0$ 的三个根，可能是三个实根，也可能是一个实根和一对共轭复数根。在不考虑出现重根的条件下，上式可写为

$$U_2(s) = [D/(s-s_1)] + [E/(s-s_2)] + [F/(s-s_3)] \tag{5-44}$$

其中，$D$、$E$、$F$ 是三个系数。通过式(5-43)与式(5-44)相等的关系，同时令 $s$ 等于某一个根值，就可以分别求出 $D,E,F$ 值。

若三个根为一个实根 $s_1$ 与一对共轭复数根 $s_2$、$s_3$，则

$$U_2(s) = [D/(s-s_1)] + [G_i/(s-s_2)] + [G_i^*/(s-s_3)] \tag{5-45}$$

式中，$G_i$ 和 $G_i^*$ 是一对共轭复数。

设 $s_2=\alpha+j\omega_0$，$s_3=\alpha-j\omega_0$，$G_i=G\exp(j\varphi)$，$G_i^*=G\exp(-j\varphi)$，反变换后可得

$$u_2(t) = D\exp(s_1 t) + G_i\exp(s_2 t) + G_i^*\exp(s_3 t)$$

应用欧拉公式，上式可改写为

$$u_2(t) = D\exp(s_1 t) + 2G\exp(\alpha t)\cos[\omega_0 t \times 180°/\pi + \varphi] \tag{5-46}$$

在附录C中所列出的计算程序中，反变换是采用了第二展开定理，即

$$u_2(t) = \sum_{i=1}^{n}[N(s_i)/M'(s_i)]\exp(s_i t) \tag{5-47}$$

对应于式(5-42)，$N(s_i)$是一个常数 $BU$。

**2. 基本的冲击电压发生器四阶放电回路**

图5-20为一种基本的冲击电压发生器四阶放电回路。通过计算可以求得

$$U_2(s) = N(s)/M(s) = BU/[s^4 + A(1)s^3 + A(2)s^2 + A(3)s + A(4)] \tag{5-48}$$

式中，$U$——$C_1$ 上的初始直流充电电压，经常可以假设它为单位值1；

$$A(1) = AC_1C_2[L_1(R_2+R_3) + L_2(R_1+R_3)]$$

$$A(2) = A[C_1C_2(R_1R_2 + R_2R_3 + R_3R_1) + C_1L_1 + C_2L_2]$$

$$A(3) = A(R_1C_1 + R_3C_1 + R_2C_2 + R_3C_2)$$

$$A(4) = A = 1/(C_1C_2L_1L_2)$$

$$B = AR_3C_1$$

$N(s)$在式(5-48)中为常数 $BU$。

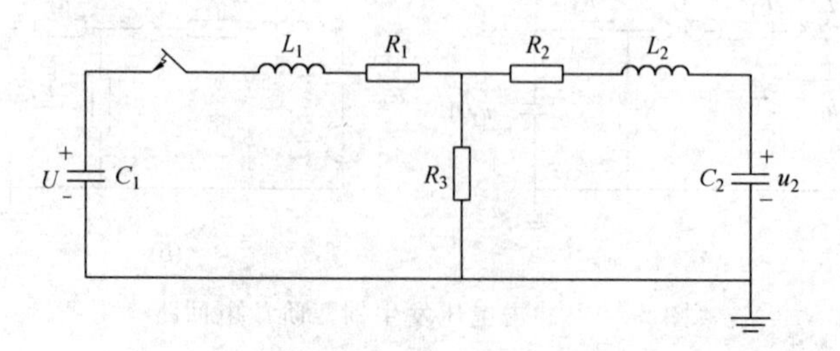


图5-20 冲击电压发生器四阶放电回路

反变换求 $u_2(t)$的方法，与前面所述的基本上相同。$M(s)=0$ 时产生四个根。在电感量不大时，四个根均为实数根。在电感量较大时，由标准冲击波的波形性质决定，应为一个小实根，一个较大的实根和一对共轭复数根。附录C中列出了另一种四阶发生器放电回路的计算式。

各个 $R$、$C$ 及 $L$ 值在多数情况下应为已知值。放电电阻和波前电阻可先用简化公式求出，上机计算后再作数值调整，直到波形满足要求为止。参数 $C$ 及 $L$ 分别用微法和微亨作单位，这样时间 $t$ 的单位便为微秒。对于式(5-48)中分母等于零的四次方程求解，可调用多种计算四次方程的子程序，在程序例中写为 CALL X4FC。我们采用的是牛顿迭代法(见参考文献[6])，先求出小实根及大实根，然后求出其他两个根(有可能是一对共轭复数根)。用第二展开定理求出 $u_2(t)$，计算出不同 $t$ 值下的 $u_2$ 值。为适应波前时间及半峰值时间的精确值，对于前者采用 DTF 时间 $t$ 的步长为 0.01 μs，对于后者采用 DTT，$t$ 的步长为 0.2 μs。计算数 NM 一般采用 320 即可。在计算操作冲击电压时，上述 DTF、DTT 步长值及计算总数 NM 要作修改，最前面的 $U$ 和 $T$ 的定维数或许也要加大一些。主程序的较后的部分，采用了一种简单的插入法求出 $0.3U_{2m}$、$0.5U_{2m}$、$0.9U_{2m}$ 的相应时间 $T_3$、$T_5$、$T_9$。最终求出具有较高准确度的波前时间 $T_1$ 和从视在原点起算的半峰值时间 $T_2$ 以及它们与标准波相比的百分误差值 $T_1E$ 和 $T_2E$。

根据实际情况，最好能像图 5-20 那样把电感分为 $L_1$ 和 $L_2$ 来进行计算。不过有时为了减小回路的阶数，可将电感集中地放在内回路或外回路，计算表明这样会引起 5%以下的波前时间测量误差。电感集中地放置在外回路，会使波前陡化。放电电阻上的电感一般也会引起 5%以下的波前时间测量误差，它也会使波前陡化。在忽略放电电阻上的电感时，若只设置一个电感，更宜将电感集中放置在内回路。

## 5.4 冲击电压发生器的充电回路

本节讨论的是发生器的恒压充电方式，关于恒流充电见后面的 7.6.2 节。

冲击电压发生器的充电回路大致有下列几种形式(见图 5-21(a)～(h))。图 5-21(a)是基本充电回路。图中 $R$ 是充电电阻；$r$ 是保护电阻；$RD$ 是个大电阻，它与微安表串联起来可以测量电容器上的充电电压。试验变压器接地端经一毫安表接地，可以测量充电电流。微安表与毫安表都旁接一保护间隙，以防当仪表损坏时在控制桌上出现高电压。充电电阻是逐个串接起来的，在放电时每个充电电阻上的电压不超过电容器上的充电电压，结构比较简单。但这样做有一个缺点，每个电容器的充电时间不一样，当首端电容器充满电时，末端电容器上还没有充满。为使电容器上充电比较均匀，一般选保护电阻 $r$ 的阻值比 $R$ 大一个数量级，使保护电阻不仅起保护整流装置的作用，还起均压的作用。图 5-21(b)是高效率回路中的充电回路，它利用波前电阻 $r_f$ 和波尾电阻 $r_t$ 构成充电回路，对雷电冲击电压来说 $r_f$ 和 $r_t$ 都比 $R$ 小得多，所以整个回路的充电时间比图 5-21(a)较短。有时如试验变压器的输出电压不足以使电容器充满电，可用 5-21(c)回路，变压器的输出电压只要有电容器 $C$ 的额定电压的一半就够了。图 5-21(d)是双边充电回路，它比起单边充电回路来，级数不增加，充电时间不增长，输出电压可增加一倍。图 5-21(e)是在高效率回路中采用双边充电，它的充电变压器高压绕组两端都处在高电位，绝缘结构应是特殊的。若充电变压器高压绕组一端接地，可改用图 5-21(c)那样的倍压充电电路。当发生器标称电压越高，级数越多，充电不均匀性的矛盾越尖锐，有人采用多路充电的方式(如图 5-21(f))来解决，但这种做法使结构比较复杂。图 5-21(g)回路中每台电容器的充电时间是基本一样的，但在隔离球隙动作之前，出现在旁接电阻 $R'$ 上的电压是很高的。在分析放电回路时可看出，当中间球隙动作后，主电容器是可以经过充电电阻放电的。如希望充电电阻不影响主回路的放电效率，要求经过充电电阻放电的时间常数为主回路放电时间常数的 10～20 倍。雷电冲击电压的波长较短，当充电电阻在 $10^4\ \Omega$ 数量级时，就可满足这个要求。操作冲击电压的波长较长，如要满足此要求，将使充电时间很长，充电很不均匀，从而使效率很低。为此有人采用图 5-21(h) 回路，图中各级 g 为球间隙，B 是气动开关，充电时合上，放电时断开。冲击试验时，放电次数很多，对此开关的要求是很高的。如不采用这种开关，充电电阻又不太高，计算操作冲击电压的波形时，应把充电电阻的作用考虑进去。

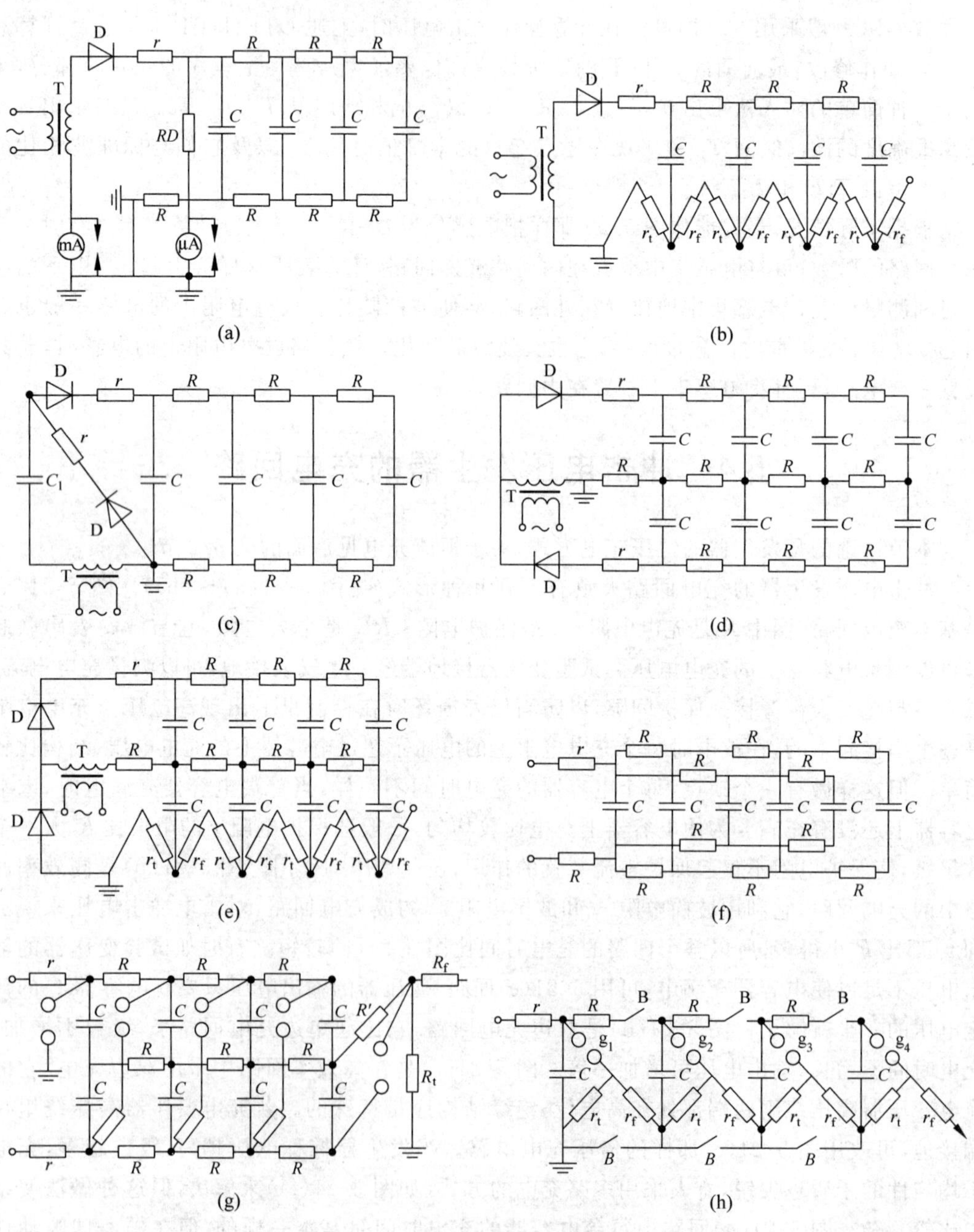


图 5-21 冲击电压发生器充电回路

冲击电压发生器的充电回路与简单的 $RC$ 充电回路不同。首先它是多段的,电容器与电容器之间隔着电阻;其次它的充电电压不是稳态直流电压而是整流电压。有人把冲击电压发生器的充电回路看成一均匀线路来进行分析。图 5-22 中把充电电阻都挪到一边,并令 $n$ 为级数,则有

$$R_1 = \frac{nR'}{l}, \quad C_1 = \frac{nC}{l}$$

式中,$nR'$——总充电电阻值;

$nC$——总电容值。

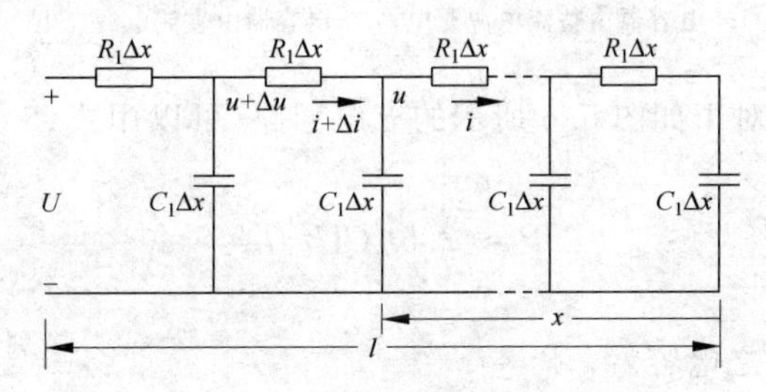


图 5-22 充电回路看成均匀线

经过数学推导可得,最后(即 $x=0$ 处)一台电容器上的充电电压随时间的变化如下式所示:

$$u(t)\mid_{x=0} \approx U\left[1-\frac{4}{\pi}\exp\left(-\frac{t}{T}\right)\right] \tag{5-49}$$

$$T = 4R'Cn^2/\pi^2 \approx nR' \cdot nC/2 \tag{5-50}$$

考虑到前面接有保护电阻 $r$,冲击电压发生器多级充电回路为图 5-23(a),在观察最后一台电容器充电情况时,可以近似地简化为图 5-23(b)电路。请注意 $R=R'/2$。

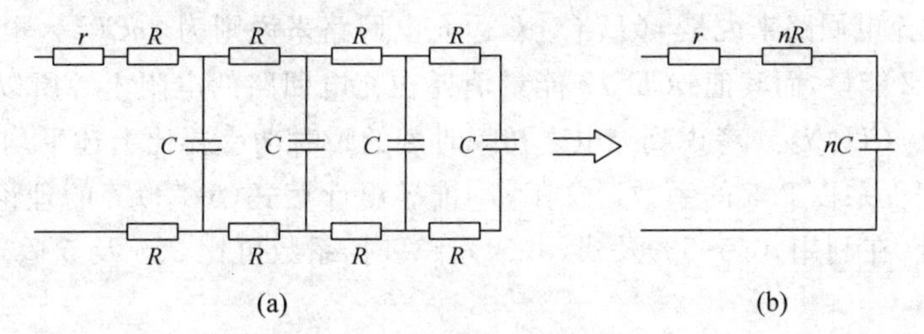


图 5-23 多级充电回路的简化

由整流电源向电容器充电时,随着电容器上电压的升高,硅堆在每半周内导通的时间将越来越短。要对这种情形进行分析比较困难。一般由试验曲线来决定电容器由整流电源充电时的电压变化情况。图 5-24 中曲线 2 代表直流电压充电时电容器上的电压变化,可用公式表示如下:

$$u_C = U_m\{1-\exp[-t/(R_0C_0)]\} \tag{5-51}$$

由整流电压充电比由直流电压充电慢得多[7],假若由直流电压充电到 $u_C/U_m=0.9$,需要充电时间 $t_充=2.3R_0C_0$,那么由整流电压充电到 $u_C/U_m=0.9$,需要充电时间 $t_充=15R_0C_0$(见图 5-24 曲线 1、2)。对图 5-23 所示的充电回路,则在上述条件下,

$$t_充 = 15(r+8nR/\pi^2)nC \approx 15(r+nR)nC \tag{5-52}$$

每级充电电阻值约为保护电阻值的 $\frac{1}{10}$。但要校核一下它对放电回路的影响。

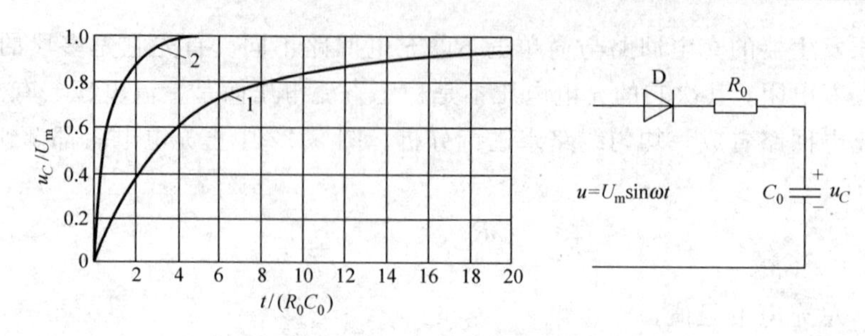


图5-24 决定冲击电压发生器充电时间用的曲线

1—电容器由整流电源充电；2—电容器由直流电源充电

根据参考文献[7]，对于如图5-6所示的充电回路，可以用式(5-53)来求充电变压器的容量：

$$P \approx 2.5nCU_C^2/t_{充} \tag{5-53}$$

式中，$n$——级数；

$C$——每级电容器之电容量；

$U_C$——电容器的额定电压；

$t_{充}$——充电时间。

对于如图5-9所示的双边充电回路，变压器的容量用下式求出：

$$P \approx 5nCU_C^2/t_{充} \tag{5-54}$$

式中，$C$为每台电容器的电容量，其他符号之说明同前。从放电回路来说，后者的每一级为两台电容$C$相串联。

可从工程观点来对式(5-53)和式(5-54)进行解释。变压器在$t_{充}$时间内，总共供给充电回路的电能对单边充电回路来说是$nCU_C^2$(对双边充电回路来说则为$2nCU_C^2$)，根据电路理论，电容器获得$nCU_C^2/2$能量，而其他$nCU_C^2/2$能量消耗在充电回路的电阻上。所以在$t_{充}$时间内的平均供电功率为$nCU_C^2/t_{充}$。考虑到充电之初瞬时刻的瞬时功率要比上述平均功率高得多，为此需在平均功率上乘以2.5的系数。文献[7]推导出计算式(5-53)等的理论依据是很不严密的。为安全计，在利用式(5-53)及式(5-54)计算时，系数可比2.5及5适当大一些。

## 5.5 冲击电压发生器的同步

冲击电压发生器由并联充电变为串联放电是靠点火球隙$g_1$和中间球隙$g_2$、$g_3$、$g_4$、…来完成的(见图5-25)。充电前先把球隙距离调到稍大于充电电压$U$。当充电到$U$时，向点火球隙$g_1$送去一脉冲，$g_1$点燃后，$g_2$、$g_3$等由于出现自然过电压而逐个击穿，最后使隔离球隙击穿，这个过程叫做同步。

### 5.5.1 中间球隙过电压状态分析

点火球隙的结构如图5-26所示。点火脉冲发生回路如图5-27所示。先由一低压正脉冲使闸流管动作，$C_a$向$R_a$放电，于是送出一高压脉冲使点火球点燃，同时又送出一低压脉冲去启动传统的高压示波器。点火球$g_1$点燃后，图5-25中$Z$点电位由$-U$变为零，$Y$点电位由0突变为$+U$，在简化分析时认为$X$点由于杂散电容$C_1$的存在而能保持充电结束时

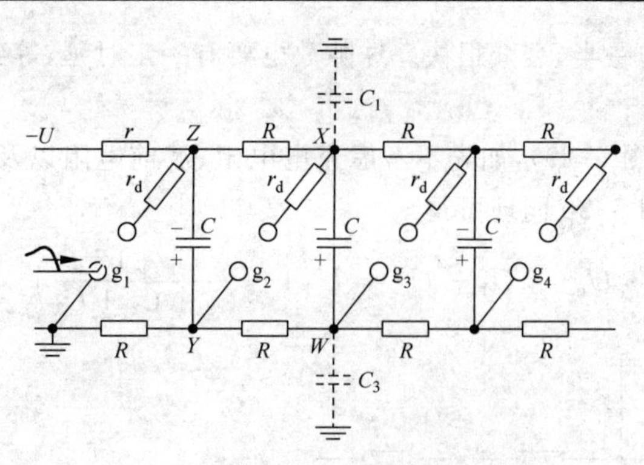


图 5-25 冲击电压发生器基本回路

的$-U$电位，如此则$g_2$上出现的电位差为$2U$，即它的自然过电压为$2U$。以上只是理想化的分析。实际上$X$点的电位还受到间隙$g_2$间的电容$C_2$的影响，另一方面还受到充电电阻的影响。现分别作定性分析如下。

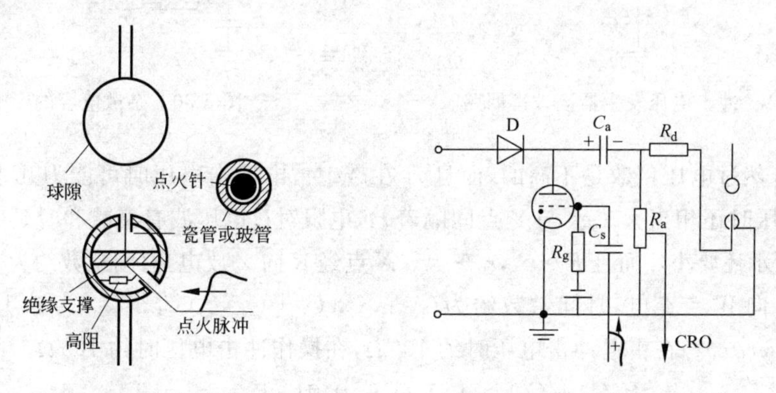


图 5-26 点火球隙　　图 5-27 点火脉冲发生回路

如先不考虑充电电阻的影响，在放电瞬间图 5-25 中一、二级间的电容关系如图 5-28 所示。当$Y$点出现$+U$时，分配到$X$点的电压为$U\dfrac{C_2}{C_1+C_2+C_3}$，$X$点原有电位$-U$，故

$$U_X=U\frac{C_2}{C_1+C_2+C_3}-U=-U\frac{C_1+C_3}{C_1+C_2+C_3}$$

$g_2$上出现的过电压为

$$U_{g_2}=U_Y-U_X=U-\left(-U\frac{C_1+C_3}{C_1+C_2+C_3}\right)=U\left(1+\frac{C_1+C_3}{C_1+C_2+C_3}\right) \tag{5-55}$$

当$(C_1+C_3)\gg C_2$时，$g_2$上出现的过电压才为$2U$，但$C_1$、$C_3$都是杂散电容，比起$C_2$来都不大，所以即使在这种条件下自然过电压的倍数也是不高的。何况$R\not\to\infty$，$Z$点变为 0 电位，$Y$点变为$+U$后都将通过$R$影响$X$和$W$的电位。$X$点经$R$向$Z$点放电的时间常数约为$R(C_1+C_3)$。$Y$点经$R$向$W$点充电时间常数也约为$R(C_1+C_3)$。$R$一般约为 10 kΩ，$(C_1+C_3)$为 0.1 pF～1 pF，时间常数为 0.01 μs～0.1 μs。这两种过程是同时进行的，结果都使$X$点电位变动，$U_X$变动

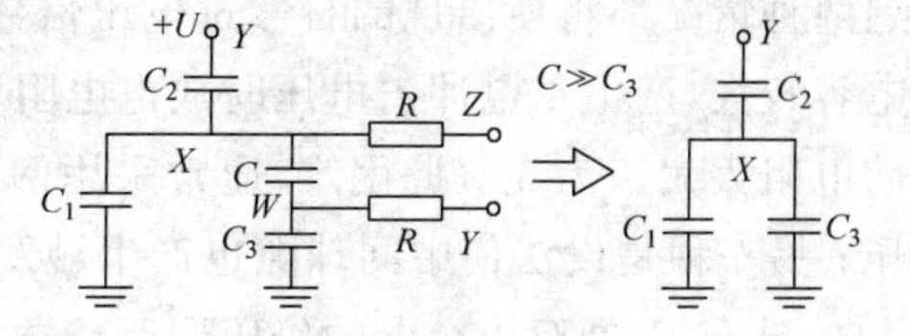


图 5-28 杂散电容的影响

的时间常数只为上值的一半，衰减很快。球隙放电要有一定时延，等到 $g_2$ 临近击穿时，过电压已衰减不少。

对高效率回路(见图 5-29)，如先不考虑充电电阻、波前电阻以及放电电阻的影响($R\to\infty, r_f=0, r_t\to\infty$)，由图 5-30 同理可得

$$U_{g_2}=U_Y-U_X=U\left(1+\frac{C_1+C_3}{C_1+C_2+C_3}\right) \tag{5-56}$$

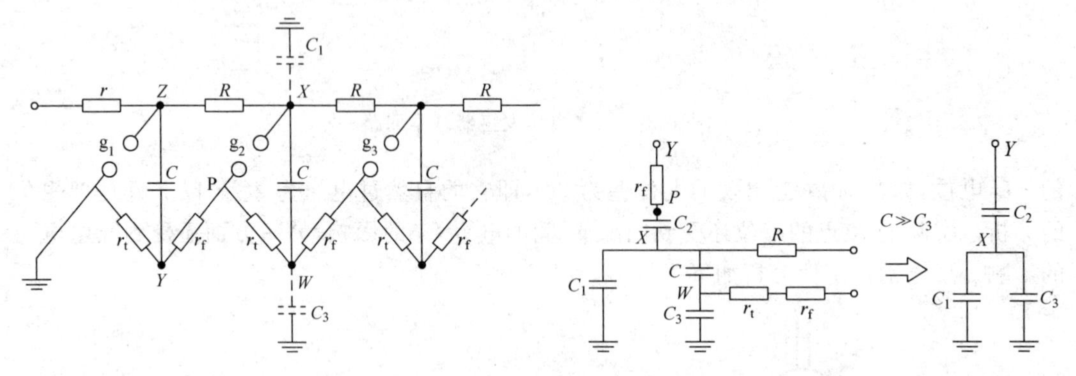


图 5-29 冲击电压发生器高效率回路

图 5-30 杂散电容的影响

同样，不仅自然过电压倍数是不高的，而且 $r_f$ 在产生雷电冲击电压时可能为几十欧，在产生操作冲击电压时还相当大。$g_2$ 与 $Y$ 点间隔着 $r_f$，电阻对过电压波有衰减和时延的作用，实际 $U_{g_2}$ 比上式所示还要小。而且 $R\not\to\infty, r_t\not\to\infty$。$X$ 点经 $R$ 向 $Z$ 放电，时间常数约为 $R(C_1+C_3)$，$Y$ 点经 $r_f$、$r_t$ 向 $W$ 点充电，时间常数约为 $(r_f+r_t)(C_1+C_3)$。$(C_1+C_3)$ 为 0.1 pF～1 pF，$R$ 约 10 kΩ，$(r_f+r_t)$ 在雷电冲击电压时约 $10^2$ Ω，在操作冲击电压时约 $10^3$ Ω。所以

$$R(C_1+C_3)\approx 0.1\ \mu\text{s}\sim 0.01\ \mu\text{s}$$

$$(r_f+r_t)(C_1+C_3)\approx 0.01\ \mu\text{s}\sim 0.0001\ \mu\text{s}$$

可见 $U_X$ 的衰减比前述的一种电路要快得多，而且在高效率回路中，中间球隙的自然过电压也比前一种电路为低，所以它的同步性能也较差。

## 5.5.2 改善发生器同步性能的措施

球隙放电是有分散性的，大气条件、尘土、球面状态等又可能增大分散程度。为使冲击电压发生器能可靠调节、良好同步，必须使出现过电压的倍数超过球隙放电的分散范围，有人认为过电压应不低于 1.2 倍。目前高参数冲击电压发生器多数采用高效率回路。碰到下列两种情况都将使出现的自然过电压倍数较低(可能仅 1.1 倍左右)，同步不可靠：①若主电容较大，产生雷电冲击电压时放电电阻太小；②若负荷电容较小，产生操作冲击电压时波前电阻太大。为克服此困难，通常采用两种方法：一种是用适当的回路布置增加自然过电压；另一种是设法使中间球隙也产生触发点火，促使各个球隙同时进行放电。

图 5-31 是双边充电的倍压回路。这种回路的自然过电压不高，当 $g_1$ 点燃后，出现在 $g_2$ 上的过电压倍数顶多 1.5 倍。如 $X$ 点电位变动，过电压倍数还将降低。图中在 $X$ 点接上几千欧的 $R_g$ 及几百皮法的 $C_g$。由于 $R_g$、$C_g$ 有固定 $X$ 点电位的作用，使 $g_2$ 上的过电压倍数为 1.5 倍。一般讲此种冲击电压发生器只要开始两级一放电，余下级的放电就比较容易，所以

不必在各级上都采取措施固定电位。

照射可以促使间隙放电。一般要求冲击电压发生器的球隙都排在一垂线上。前一级球隙放电时产生的紫外线照射到后一级球隙，促使它放电，从而提高同步性能。点火球隙 $g_1$ 放电照射第一对中间球隙 $g_2$ 尤为重要。图 5-32 是利用每级球隙的针极和球皮间发生的小火花照射球间隙来改善同步性能。图 5-32 在充电时点 1、2、3 电位为零，1′、2′、3′电位为 $+U$。每个球皮都通过一高阻值的小电阻 $r$ 与针极相连，充电时每个球皮与本身针极电位相等，杂散电容 $C_{2a}$、$C_{3a}$ 及 $C_{2b}$、$C_{3b}$ 上都无电荷。外来脉冲送到第一级球隙 $g_1$ 的球皮上，使两个球的球皮与针极间都产生一小火花，因而引起 $g_1$ 放电。点 1′电位降为零，点 1 电位变为 $-U$。$T_{2b}$ 针极电位变为 $-U$，但 $T_{2b}$ 的球皮电位由于 $r$ 的瞬间隔离作用和 $C_{2b}$ 的瞬间稳压作用仍保持为零，于是球皮和针极间放电。同理，$T_{2a}$ 的针极电位为 $+U$，球皮电位由于点 1′电位降为零而波动，球皮和针极间放电。这对小火花照射到间隙，引起 $g_2$ 放电。同样道理，引起 $g_3$、$g_4$、…放电。这样利用触发来引起球隙放电，可使球隙的点火范围扩大，同步性能得到改善。

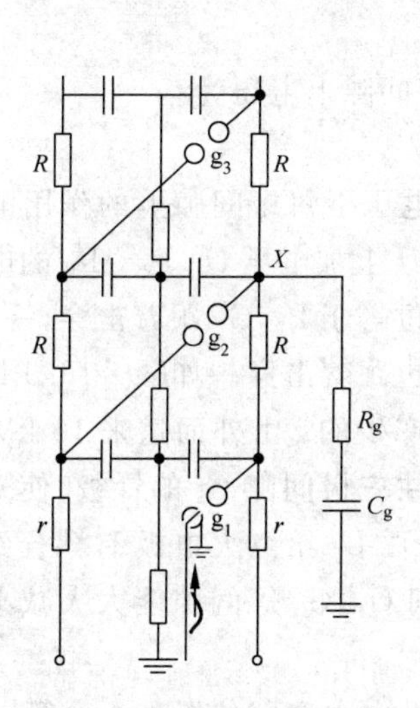

图 5-31　增大杂散电容提高同步性能的方法

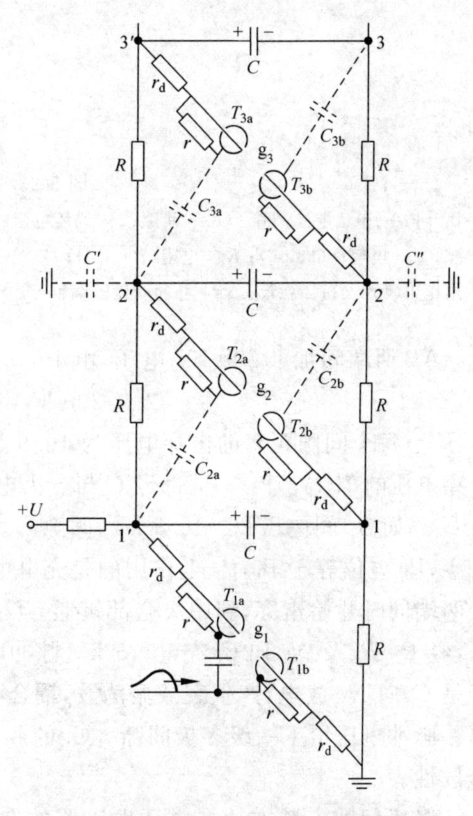

图 5-32　利用触发来提高同步性能的方法

减少火花间隙放电电压的分散性也是改善同步性能的一个途径，所以一般都采用对称的球隙，间隙距离不超过 1/2 球径，球面要光洁，球要布置在一条垂线上等措施。暴露的球隙易受外界条件的影响，如大气、尘土等。对户外的冲击电压发生器，这些影响更显著，将增大球隙放电的分散性。冲击试验为求得一个数据，常常需要几十次调节电压，通过机械传动机构来准确地调节细小距离，不仅麻烦而且困难，因此出现气体压力调整式放电球隙。把球隙固定在密封容器内,充以压缩气体,调节气压可以改变放电电压。这样不仅消除了外界条件对放电的影响,而且放电电压的调节也较精确。现在还有一种多极间隙,它的线路如图5-33所示。使用这种间隙,不必调距离,也不必调气压,而可在20 kV～200 kV范围内使间隙导通,分散度小于50 ns。这种间隙的工作原理如下。

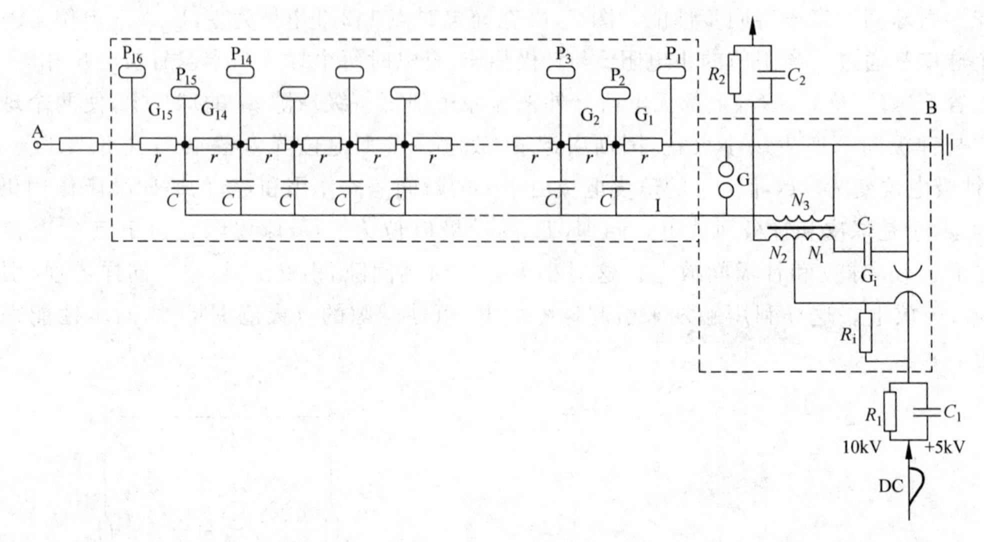


图5-33　多极间隙线路

$P_1$～$P_{16}$—棒状电极；$G_1$～$G_{15}$—间隙；$r$—均压电阻(20.4 MΩ)；I—点火电极；$C$—电容(5.5 pF)；G—保护间隙；$C_i$—电容(6630 pF)；$R_i$—电阻(200 kΩ)；$G_i$—三极间隙(ϕ20 mm)；$C_1$、$C_2$—隔离电容(50 pF)；$R_1$、$R_2$—充电电阻(40 kΩ)；$N_1$、$N_2$、$N_3$—脉冲变压器绕组

AB两端间加上200 kV电压,由于$r$均匀分布,每个间隙上电压为

$$200\ \text{kV}/15 = 13.3\ \text{kV}$$

实际上,每个间隙距离的击穿电压为16.9 kV。在额定电压下每个间隙上的作用电压仅为击穿电压的79%。$P_2$～$P_{15}$都经$C$与点火电极I相连,在I上加电压$U_i$,$P_2$～$P_{15}$的电位都升高$U_i$。如$G_1$间电压$U$>16.9 kV,间隙$G_1$击穿。$P_2$电位等于$P_1$,$G_2$跟着击穿,一直到$G_{14}$击穿,$P_{15}$电位等于$P_1$,$P_{16}$上作用的是充电电压,$G_{15}$当然也跟着击穿。如$U_i \gg 16.9$ kV,也可能两端同时开始击穿,到中央全部贯通。$U_i$电压是这样产生的:由外面送来10 kV直流电压,经$R_1$、$R_i$及$N_1$向$C_i$充电。5 kV脉冲电压经$C_1$送往三极间隙$G_i$的针极,使$G_i$击穿,于是$C_i$向$N_1$放电,产生衰减振荡波,耦合到$N_3$,输出电压$U_i$给点火电极I,耦合到$N_2$,送出一脉冲电压给下一级多极间隙。$G_i$的放电火花照射到$G_1$、$G_2$等间隙能大大减小放电的分散性。

多极间隙安装在冲击电压发生器的点火球隙和各极中间球隙位置上[8]。第一级的点火是通过经由$R_1C_1$的脉冲电压所形成,第二级的点火脉冲则是经由$R_2C_2$的通路传达的(见图5-33)。多极间隙弧压降大,会使发生器的输出电压与充电电压间呈现某种非线性关系;间隙多了容易熄弧,输出电压波形可能发生不连续跳跃。有专家认为不适宜把它使用在变压器厂的冲击电压发生器上。

目前国内外都已采用增加各级辅助放电间隙的方法来改善发生器的同步性能[9]。

# 5.6 雷电冲击电压的波形振荡

## 5.6.1 阻尼条件分析

目前的冲击电压发生器多用电阻调波，在放电回路的一节（见 5.3 节）只分析了电阻、电容对波形的影响。但实际上回路里存在电感，连线、电容器、电阻等都不可避免存在固有电感，如处理不当，输出电压波形可能有振荡。试验电压波形不应有振荡，因此在设计冲击电压发生器时要尽量减小回路电感（如连线要短，电阻要绕成无感的，电容器的内电感要尽可能小），并且要使回路内的串联电阻不小于临界阻尼值。图 5-34 为假定放电电阻趋于∞时的放电等效回路。$C_1$ 为冲击电容，$C_2$ 为负荷电容，$\sum r_d$ 为阻尼电阻，$R_f$ 为波前电阻，$L$ 为冲击电压发生器内、外部电感之和。要使冲击电压发生器放电主回路内不发生振荡，应满足下列条件：

$$\sum r_d + R_f \geqslant 2\left[L\Big/\left(\frac{C_1 C_2}{C_1 + C_2}\right)\right]^{1/2}$$

令

$$R = \sum r_d + R_f,\quad C = C_1 C_2/(C_1 + C_2)$$

则上式可写为

$$R \geqslant 2(L/C)^{1/2}$$

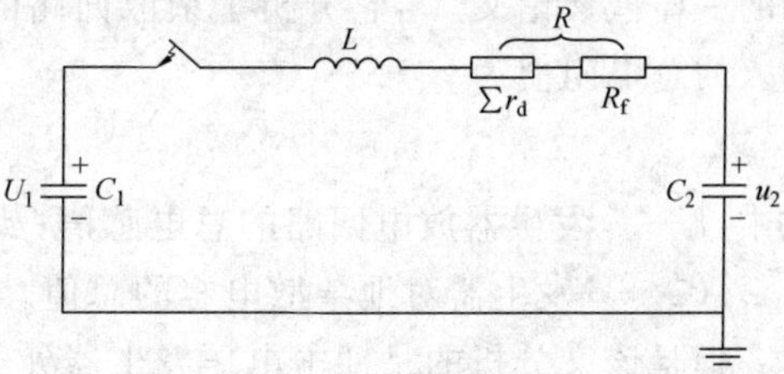

图 5-34 未考虑 $R_t$ 作用时的放电回路

然而标准雷电冲击试验电压波形允许最大的过冲 $\beta$ 为 10%（见 5.1 节）。由于最大的过冲出现在雷电冲击电压的峰值附近，放电电阻阻值较大，因此后者对振荡的影响不是很大。在考虑图 5-34 电路状况时，$u_2$ 波形产生 10% 过冲的条件是

$$R = 1.18(L/C)^{1/2} \tag{5-57}$$

下面来证明式(5-57)。

当图 5-34 电路出现欠阻尼条件时，根据电路理论，可以写出大家熟悉的表达式如下：

$$u_2(t) = U[1 - (\omega_0/\omega)\exp(-\alpha t)\sin(\omega t + \varphi)]$$

式中，$U = C_1 U_1/(C_1 + C_2)$；$\alpha = R/(2L)$；$\omega_0 = 1/(LC)^{1/2}$；回路固有振荡角频率 $\omega = (\omega_0^2 - \alpha^2)^{1/2}$；$\varphi = \arctan(\omega/\alpha)$。其中 $C = C_1 C_2/(C_1 + C_2)$。在上式中，右边第一项为电压的强制分量，而第二项为电压之自由分量。后者也可以写为下列表达式：

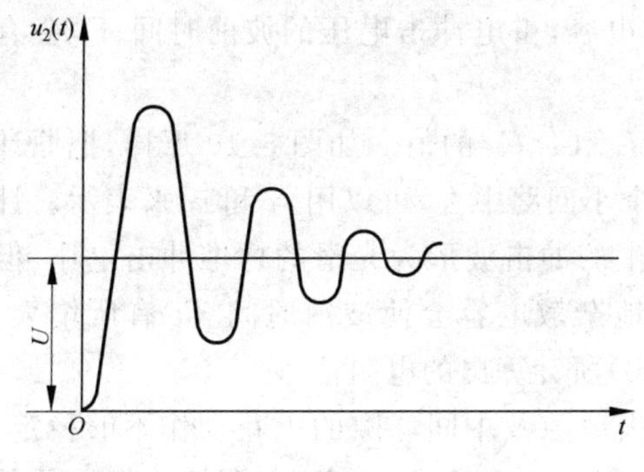

图 5-35 振荡的 $u_2$ 波形

$$u_{自由} = -(U/\omega\sqrt{LC})\exp(-\alpha t)\sin(\omega t + \varphi) \tag{5-58}$$

$u_2(t)$的图形如图 5-35 所示。为求 $u_2(t)$的最大值出现的时刻，可令 $\mathrm{d}u_2/\mathrm{d}t = 0$，最终求得

$$\omega t = n\pi + \arctan(\omega/\alpha) - \varphi$$

即

$$\omega t = n\pi,\quad n = 1,3,5,7,\cdots$$

时出现极值,第一个最大值出现在 $t=\pi/\omega$ 的时刻。把式(5-58)中的 $u_{自由}$ 表达成为过冲 $\beta$ 的相对值,并把 $t=\pi/\omega$ 的过冲出现时刻代入此式中,便可得

$$\beta=-(\omega_0/\omega)\exp(-\alpha\pi/\omega)\sin(\pi+\varphi)$$

利用前面的一些关系,上式化简为

$$\beta=\exp(-\alpha\pi/\omega)$$

为求出一定过冲 $\beta$ 值下的 $x=R(C/L)^{1/2}$ 值,把 $R=x(L/C)^{1/2}$ 值代入 $\alpha$,并写出 $\omega$ 表达式,由此可以得到如下的关系式:

$$\beta=\exp[-\pi x/(4-x^2)^{1/2}] \tag{5-59}$$

从此式可得到 $\beta=0.1$ 时,$x=1.18$。

发生器的放电电阻及电阻分压器也在回路中起着阻尼作用,会使过冲值 $\beta$ 减小一些。

冲击电压发生器工作在稍欠阻尼的条件下,有利于提高其(电压)效率和试品的电容量。

人们历来认为杂散回路会产生雷电冲击波形上的高频振荡。本书以往的版本引述了早期的一篇俄文论文[10],它分析了杂散回路的振荡问题,最终给出了阻尼此类高频振荡所需加入的总电阻值为

$$R\geqslant\pi\sqrt{L/C'} \tag{5-60}$$

式中,$L$——发生器放电回路的总电感值;

$C'$——发生器对地杂散电容的总值。

但是该文分析的是冲击电压发生器处于空载的情况,以致计算结果所要求的阻尼电阻数值之高,难以令人置信。现结合清华大学早期建立的标称电压为1000 kV的冲击电压发生器情况,画出图5-36(a)所示电路图,应用贝杰龙(Bergeron)法[11]进行有关问题的计算。发生器共有5级,每级电容器的电容量 $C$ 为0.15 μF,每级的分布电感 $L_0$ 为30 μH,每级的对地杂散电容 $C_0'$ 为40 pF,每级的阻尼电阻 $r_d$ 计算值为0 Ω或0.01 Ω,试品电容 $C_0$ 为600 pF,集中安置在临近于试品区的波前电阻 $R_f$ 和放电电阻 $R_t$ 的数值,都选择成使在试品上能产生1.2 μs/50 μs的冲击电压。当 $r_d$ 为0 Ω时,$R_f$ 选为980 Ω,$R_t$ 选为2260 Ω。当 $r_d$ 为0 Ω时,$C_0$ 上冲击电压的波前是光滑的曲线。在图5-36(b)中表明了 $r_d$ 为0 Ω时试品上的冲击电压波前曲线形状(右曲线)和波前电阻左端的冲击电压曲线(左曲线)。

通过这个计算实例可以否定杂散回路会在试品上的雷电冲击波形叠加高频振荡的结论。当然,如果发生器是处于空载条件下,也就是图5-36(a)中不存在 $R_f$、$R_t$ 和 $C_0$ 的情况下,发生器的输出波形是振荡的。

图5-36(a)电路中,若不考虑存在对地的杂散电容,雷电冲击电压的波前时间 $T_1$ 会有明显的增大。

采用上述特例计算的5级冲击发生器参数 $C$、$L_0$、$C_0'$、$C_0$ 的值。如图5-10那样,把原计算的波前电阻 $R_f$ 和放电电阻 $R_t$ 均匀地分布到5个小回路中去,可以用 $r_f$ 和 $r_t$ 来表示。计算表明当 $r_f$ 和 $r_t$ 分别为196 Ω和452 Ω时,所产生的冲击波形为光滑的标准冲击电压,但波前时间 $T_1$ 为1.43 μs。可见对于这种电路,对地杂散电容会使波前时间 $T_1$ 有所增大。现在的总阻尼电阻为980 Ω,它远小于根据式(5-60)所计算出的电阻值。

在波前上出现高频振荡的原因之一是由于发火球隙及中间球隙的火花动作不够稳定。笔者曾经在图5-36(a)电路的放电电阻上并接入一个1000 pF的电容,它会使冲击波前的波形大为光滑。

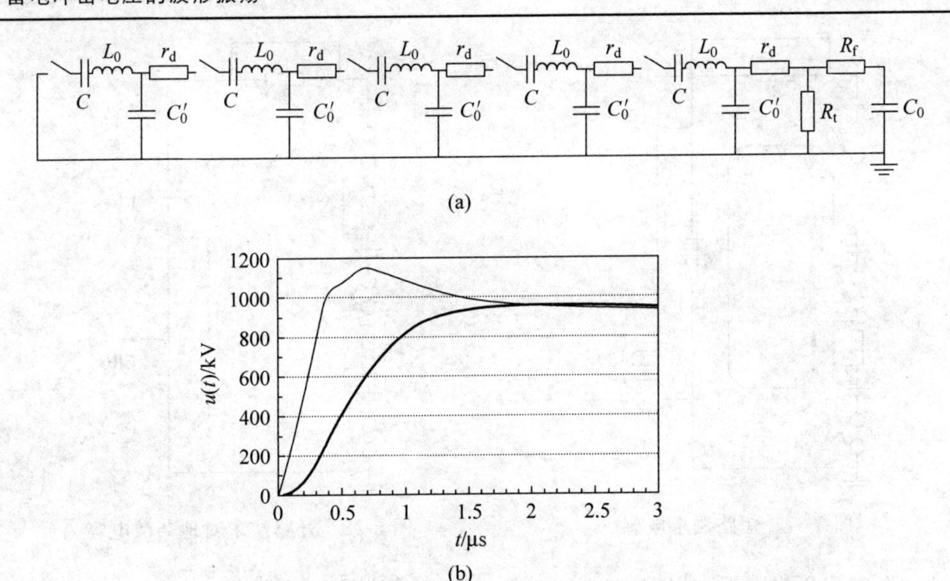


图 5-36 考虑了对地杂散电容的 5 级发生器电路和 $r_d$ 为 0 Ω 时的输出电压波形

(a) 5 级发生器电路；(b) 输出电压波形

## 5.6.2 发生器电感和杂散电容的求取

对已有的冲击电压发生器，可用自由振荡法来求得固有电感 $L$ 及对地总杂散电容 $C'$。

用短路法求电感的等效回路如图 5-37 所示，把冲击电压发生器的阻尼电阻、波前电阻以及放电电阻都短接起来，向电容器充一不高的电压，使球隙动作，回路内有一放电电流流过，用示波器测得此放电电流的振荡频率 $f_1$。这是一个 $LC$ 振荡回路，其频率为

$$f_1 = 1/[2\pi(LC/n)^{1/2}] \tag{5-61}$$

式中，$L$——主回路总电感；

$C$——每级主电容；

$n$——发生器的级数。

$f_1$ 和 $C/n$ 都已知后，即可求得 $L$ 值。

用开路法求对地杂散电容的等效回路如图 5-38 所示，把冲击电压发生器的阻尼电阻、波前电阻短接起来，等电容器充满电，使球隙动作，利用分压器示波器测得输出电压的振荡频率 $f_2$，即

$$f_2 = \frac{1}{2\pi\sqrt{L\left[\dfrac{\dfrac{C}{n}(C'+C_d)}{\dfrac{C}{n}+(C'+C_d)}\right]}} \tag{5-62}$$

式中，$L$——冲击电压发生器的电感，在短路法中已经求得；

$\dfrac{C}{n}$——冲击电容；

$C_d$——分压器的电容。

冲击电容和分压器电容都是已知值，测得 $f_2$，代入式(5-62)即可求得冲击电压发生器的对地杂散电容 $C'$。也可用电桥直接测量杂散电容，做起来比较方便。

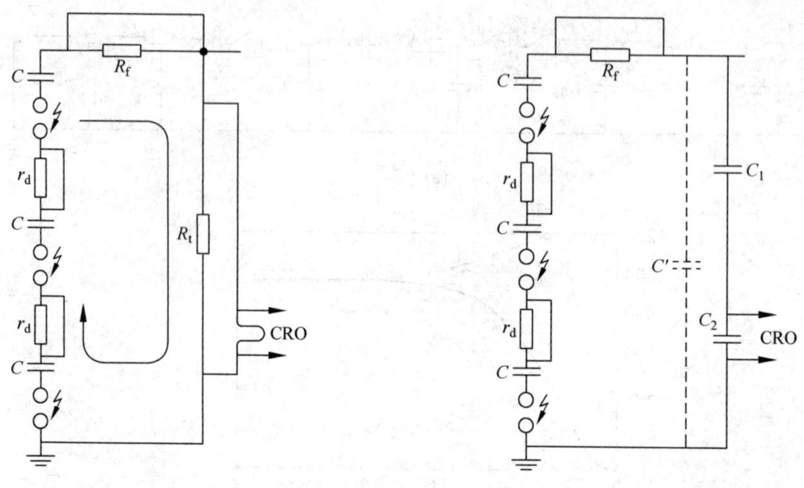


图 5-37 短路法求电感　　　　图 5-38 开路法求对地杂散电容

对一个正在设计中的冲击电压发生器的电感和对地杂散电容,只能作近似估算。冲击电压发生器的电感包括元件电感和回路电感。元件电感中有电容器的电感和电阻电感。脉冲电容器的电感一般做得比较小。电阻丝绕电阻必须绕成无感的,它的残余电感和绕制方法有很大关系。若能把元件电感尽量减小到可以略去不计,剩下的就是回路电感。冲击电压发生器的回路包括由电容器等构成的内环和由引线及试品等构成的外环(见图 5-39)。内环和外环都可按单匝线圈进行估算。单匝线圈电感的简化算式为

$$L = 2l_0\left(\ln\frac{4l_0}{d} - C\right)\times 10^{-3}\quad \mu\text{H} \tag{5-63}$$

式中,$l_0$——线圈周长,cm;

$d$——导线直径,cm;

$C$——常数,它与线圈的形状有关(见表 5-4)。

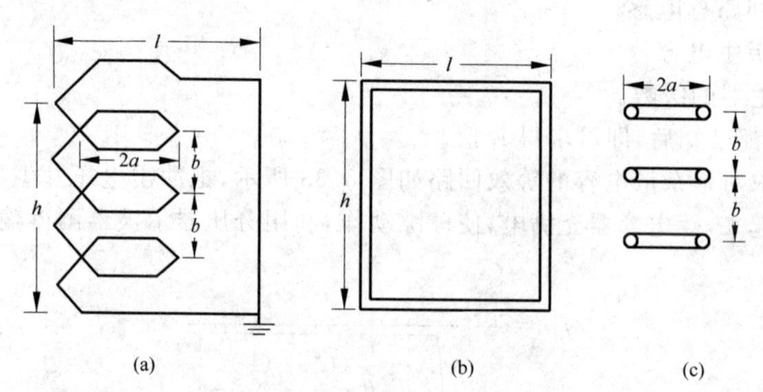


图 5-39 估算回路电感时的简化回路

(a) 冲击电压发生器放电回路;(b) 由引线及试品构成的外环;(c) 由电容器等构成的内环

**表 5-4 不同线圈形状的电感计算公式中的常数 $C$ 值**

| 线圈形状 | 圆　形 | 正六角形 | 正方形 | 等边三角形 |
|---|---|---|---|---|
| 常数 $C$ | 2.451 | 2.636 | 2.853 | 3.197 |

若不计小环之间的互感，则 $n$ 级冲击电压发生器的回路总电感等于外环电感加 $n$ 个小环电感之和。

估算冲击电压发生器的杂散电容比较困难，一种粗略的办法就是把冲击电压发生器近似地看成一圆柱形导体，长度等于发生器高度，直径是估计的等值直径，离地高度等于第一级离地面距离，再按下式估算它的对地杂散电容：

$$C' = \frac{2\pi\varepsilon l}{\ln\frac{2l}{d}\sqrt{\frac{4h+l}{4h+3l}}} \tag{5-64}$$

式中，$l$——圆柱形导体长度，m；

$d$——圆柱形等值直径，m；

$h$——底盘离地高度，m；

介电常数 $\varepsilon=\varepsilon_r\varepsilon_0$，空气的相对介电常数 $\varepsilon_r$ 为 1，$\varepsilon_0=[10^{-9}/(4\pi\times 9)]$ F/m。

## 5.7 冲击电压发生器的结构

冲击电压发生器是靠电容器串联放电来获得高电压的。每台电容器有不同电位。应该按照电位来把电容器分布在相应的位置上，电容器和地之间、电容器相互之间都应保持一定的绝缘距离，所以标称电压越高，冲击电压发生器的结构也越高。冲击电压发生器的结构可因条件和要求的不同而有异：有的是户内的，有的是露天的；有的是固定的，有的是可移动的。电容器的形式常常是冲击电压发生器结构形式的决定性因素。

对结构设计总的要求如下：

(1) 电性能上要绝缘可靠，不发生闪络或击穿等事故。

(2) 机械上要稳定牢靠。除本身载荷外，要考虑地震，露天的要考虑风载。

(3) 在保证绝缘距离的前提下，结构高度应尽可能低；在保证稳定前提下，底面积也不宜过大。

(4) 要使回路尽可能短，电感尽可能小。

(5) 应易于接近冲击电压发生器的各个部分，尤其是一些经常调节的部件。要保证工作人员检修、维护及调整时的方便与安全。在较高电压的冲击电压发生器的结构设计中，必须考虑电容器的拆装起卸的方便与可能。

(6) 增加试验时的灵活性。有可能方便地改变接法或更换元件来增减冲击电容、输出电压或调节波形。

冲击电压发生器的结构，大致可分为阶梯式、塔式、柱式及圆筒式四种。

阶梯式的结构，由于连线长、回路大、电感大、技术性能差而且占地大，现已不再采用。

塔式冲击电压发生器的结构是竖立的多层绝缘台，逐层放上电容器(图 5-40)。塔式结构的柱子按结构高低，承重大小可采取三柱、四柱、甚至更多柱子。一般的塔式结构都是从地面竖立起来的，但在特殊条件下，有从屋顶悬垂下来的多层绝缘台。后一种结构对建筑有较高要求，但在地面可腾出较大的工作面。塔式结构中电容器被重叠布置在一条垂直线上，不少垂直空气间隙被电容器本体所占用，将使结构高度较高。在多柱结构中，常把电容器分布在各柱上，盘旋上升，使在一根垂线上的电容器个数减少，从而降低结构高度。塔式结构占地小、高度适中、拆装检修方便,是目前较多采用的一种结构。

柱式冲击电压发生器是把绝缘壳的电容器和相同直径的绝缘筒交换叠装成柱状。柱子根数可以为单根或多根(见图5-41)。柱式结构利用电容器外壳作为绝缘柱的一部分,结构比较紧凑,外表比较美观。但这种结构要求电容器必须是绝缘壳的,而且尺寸必须合适。如电容器太长太细,装出来的冲击电压发生器结构太高,强度不够。用于柱式结构的电容器多半是特制的,从已有产品中不一定能找到合适的电容器。柱式结构的另一缺点是,当要撤换底下一个电容器时必须拆掉整个柱子。但如有合适尺寸的电容器,装出来的柱式冲击电压发生器不仅外表美观而且技术性能是比较高的。

圆筒式结构冲击电压发生器是把电容器布置在一大圆筒内,整个装置外形是一个大圆筒,或几个叠装的大圆筒(见图5-42),筒内充满油,利用油间隙作为电容器间的绝缘距离。油的电气强度比空气高得多,所以这种结构的尺寸小、连线短、移动比较方便、外观比较好看、技术性能比较高,但这种结构的最大缺点是当一个电容器损坏时将使整个装置不能使用。通常把整个装置的电容器分装在几个大筒内,万一一个筒内出现故障,其余的筒尚可工作。这种结构的冲击电压发生器,多半是由制造厂特制成套供应。

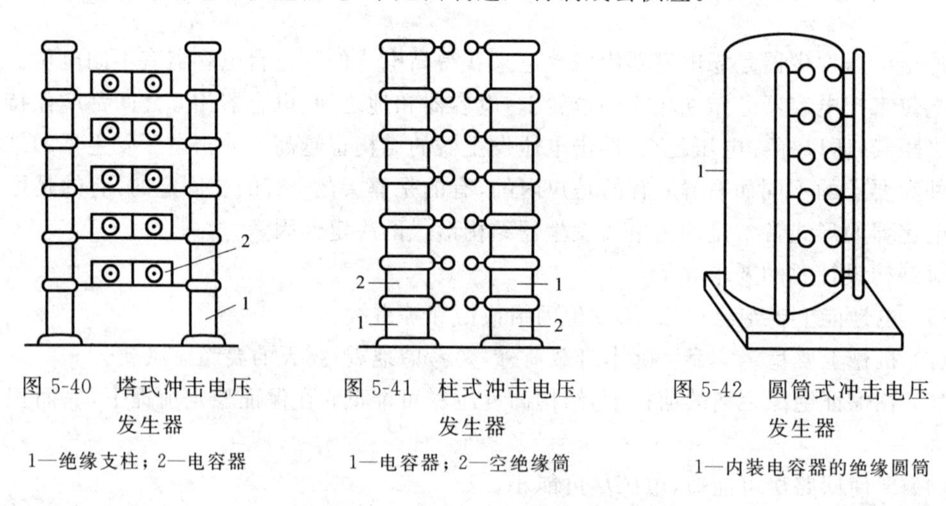


图5-40 塔式冲击电压发生器

1—绝缘支柱;2—电容器

图5-41 柱式冲击电压发生器

1—电容器;2—空绝缘筒

图5-42 圆筒式冲击电压发生器

1—内装电容器的绝缘圆筒

冲击电压发生器中的电容器要有很大的电容量和很高的工作电压,固有电感要小,冲击放电时要有足够的电气强度和机械强度,通常采用油-纸绝缘或油-薄膜绝缘的脉冲电容器。脉冲电容器分金属壳和绝缘壳两种。金属壳电容器一般有一个瓷套管引出高压线作为一极,金属壳作为另一极。绝缘壳电容器两端有金属法兰各作为一极。绝缘壳多为酚醛树脂纸筒或环氧树脂玻璃布筒,也可能为瓷套。瓷绝缘的优点是不怕受潮和淋雨,其缺点是笨重易碎。酚醛树脂绝缘易受潮,怕淋雨,不能用于潮湿地区和户外设备。

冲击电压发生器结构常用支柱绝缘子或特制的瓷套组装起来。瓷绝缘的电性能很好,不怕受潮和淋雨,户内外都能适用。但瓷的抗拉强度比较低,又属脆性材料,在机械强度计算中要采取较大裕度。有时也有用酚醛树脂筒组装起来,如柱式及圆筒式结构,酚醛树脂绝缘怕受潮,不能用于户外,即使室内设备,也不宜用于潮湿区。结构设计中对绝缘距离的考虑,一般按放电距离再乘以1.2~1.5倍的安全系数来估计。

冲击电压发生器中的阻尼电阻、波前电阻和放电电阻都与波形有关,要求电感小、热容量大、稳定性高。现在都用电阻丝按无感绕法做成。要求电阻材料的电阻率比较大,电阻率的温度系数比较小。目前多采用康铜丝或卡玛丝按图 5-43(a)和(b)所示的方法绕在塑料管上或者以电阻丝作纬线、玻璃丝作经线编织成带状，再把此电阻带裹在绝缘管上，如图 5-43(c)所示。残余电感的大小与绕法有很大关系，匝间距离越小，残余电感越小。包绝缘的电阻丝可以绕得密一点，裸线的匝间距离相对要大一些。可以采用类似于图 5-43(a)的结构，但要设法把电流流向相反的两根漆包电阻丝埋在同一个槽道内。这样绕制出来的电阻残余电感较小，而且也不难制作。

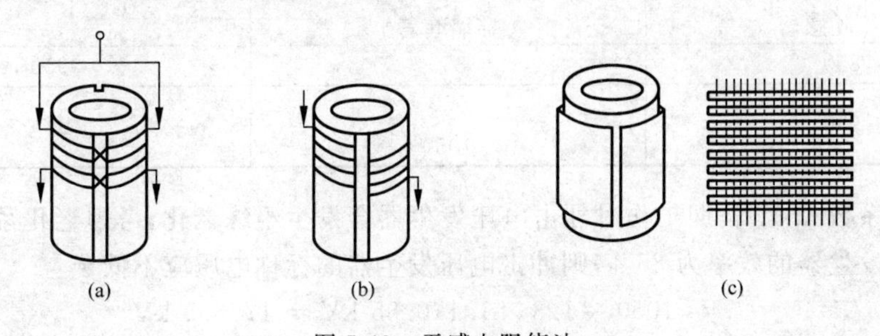


图 5-43　无感电阻绕法

(a) 交叉式；(b) 往复式；(c) 织带式

冲击放电时电阻上的温升按绝热过程来考虑。如当冲击电压发生器动作但试品不放电时，冲击电压发生器的全部能量都消耗在放电电阻中(阻尼电阻阻值很小可以略去不计)，使之发热而不考虑散热。一般从绝缘材料考虑取电阻的允许温升为 150 ℃，再结合所需阻值一起来决定电阻丝的长度和直径。当试品放电时，冲击电压发生器的全部能量消耗在放电电阻和波前电阻中。此时波前电阻和放电电阻是并联关系，在计算波前电阻的温升时，应抛除放电电阻中消耗的能量。

整个电阻的长度决定于作用电压的高低，应保证不发生沿面闪络。电阻管的直径按机械强度和拟绕阻丝长度来选取。当试品放电时波前电阻几乎要承受全部电压。根据波前长短波前电阻要作相应调节，但出现在它上面的电压并不与阻值成比例关系。应估计到可能的调节范围，即使阻值最小时，也不致发生沿面闪络。

保护电阻和充电电阻一般不影响波形，对稳定性的要求不高，而阻值比较大，如考虑丝绕电阻比较费工，可采用液体电阻，但液体电阻终究有补充和更换液体的麻烦，近来多采用镍铬丝绕的电阻。液体电阻制作简单，在一根绝缘管中，按所需阻值充以蒸馏水或自来水或二者的混合液，管子两端配上密封的铜电极或铝电极就做成一根液体电阻。由于液体的电阻率是可调的，绝缘管的长度决定于出现在它上面的电位差和结构上的要求。绝缘管的直径与容量有关。两种电阻都应能耐受充电电流引起的发热。一般来讲由于充电电流比较小，液体电阻热容量比较大，液体电阻的直径由于结构上的要求也不会太细，因而发热不会太严重。

## 5.8　冲击电压发生器设计计算举例

**任务**：为某地区试验所设计一台冲击电压发生器。试品电压等级为 220 kV。不考虑大电力变压器试验。

**1. 冲击电压发生器标称电压选择**

被试品的电压等级为 220 kV，冲击电压发生器的标称电压应能满足此要求。220 kV

产品的雷电冲击试验电压如表 5-5 所示(按 GB 311.1—2012)。

**表 5-5 220 kV 产品的雷电冲击耐受电压**

| 额定雷电冲击耐受电压/kV | | 截断雷电冲击耐受电压/kV |
|---|---|---|
| 变压器<br>并联电抗器<br>耦合电容器<br>电压互感器 | 高压电力电缆<br>高压电器<br>母线支柱绝缘子<br>穿墙套管 | 变压器类设备的内绝缘 |
| 850 | 850 | 950 |
| 950 | 950<br>1050 | 1050 |

取裕度系数 1.3;长期工作时冲击电压发生器会发生绝缘老化,考虑老化系数 1.1;假定冲击电压发生器的效率为 85%,则冲击电压发生器的标称电压应不低于

$$U_1 = 1050 \times 1.3 \times 1.1/0.85\ \text{kV} = 1766.5\ \text{kV}$$

**2. 冲击电容选择**

如不考虑大电力变压器试验和整卷电缆试验,其他产品中互感器的电容较大,约 1000 pF,冲击电压发生器的对地杂散电容和高压引线及球隙等的电容如估计为 500 pF,电容分压器的电容如估计为 600 pF,则总的负荷电容为

$$C_2 = 1000 + 500 + 600 = 2100\ \text{pF}$$

如按冲击电容为负荷电容的 10 倍来估计,约需冲击电容为

$$C_1 = 10C_2 \approx 20000\ \text{pF}$$

**3. 电容器选择**

从国产脉冲电容器的产品规格中找到 MY 220-0.1 瓷壳高压脉冲电容器比较合适,这种电容器的规格如表 5-6 所示。

**表 5-6 MY 220-0.1 瓷壳高压脉冲电容器的规格**

| 型 号 | 工作电压/kV | 试验电压/kV | 电容/μF | 外形尺寸/mm | 重量/kg | 外壳 |
|---|---|---|---|---|---|---|
| MY 220-0.1 | 220 | 264 | 0.1 | $\phi 635 \times l 845$ | 361 | 瓷壳 |

用此种电容器 8 级串联,标称电压可达 1760 kV,基本上满足前述要求。每级由 2 个电容器并联,使冲击电容

$$C_1 = (2 \times 0.1/8)\ \mu\text{F} = 0.025\ \mu\text{F}$$

此值 $>10C_2$,可使(电压)效率不致很低。发生器采用柱式结构(见图 5-41),高度约 $8 \times 84.5$ cm ≈ 676 cm,不足 7 m。

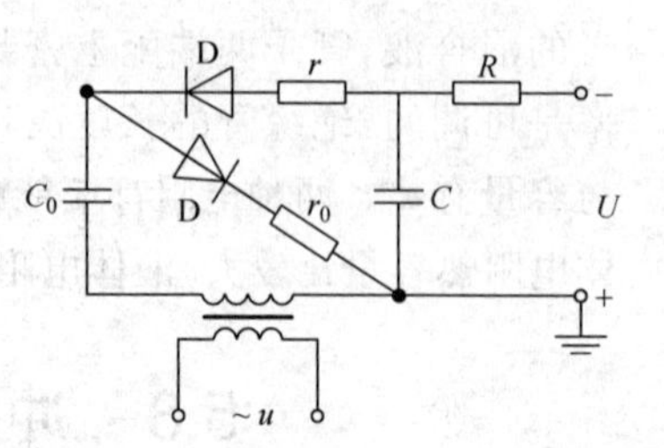

图 5-44 发生器的充电回路

**4. 回路选择**

选用高效率回路和倍压充电,得回路如图 5-44 及图 5-45 所示。

与图 5-10 所示电路相比,这里采用的电路中因电容器 $C_1$ 有一点直接接地,有利于降低整个装置的高度。第一个点火球处于高电位,虽使得点火装置稍复杂一些,但现代技术是可以解决的。

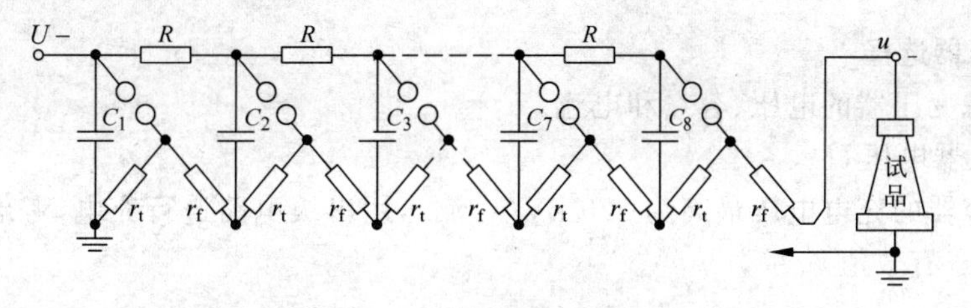


图 5-45 发生器的放电回路

**5. 冲击电压发生器主要参数**

标称电压 $U_1=220\times8=1760\ \text{kV}$

冲击电容 $C_1=0.025\ \mu\text{F}$

标称能量 $W_n=C_1U_1^2/2=0.025\ \mu\text{F}\times(1760\ \text{kV})^2/2=38.72\ \text{kJ}$

**6. 波前电阻和放电电阻的计算**

当试品电容约为 1000 pF,负荷总电容为 2100 pF 时,根据式(5-27),有

$$\text{波前时间}\quad T_1=1.2\ \mu\text{s}=3.24\ R_f\times C_1C_2/(C_1+C_2)$$
$$=3.24\ R_f\times0.025\ \mu\text{F}\times0.0021\ \mu\text{F}/(0.0271\ \mu\text{F})$$

求得波前电阻 $R_f=191.18\ \Omega$,每级波前电阻 $r_f=R_f/8\approx23.9\ \Omega$。

在考虑回路电感影响时,采用式(5-39)进行计算,即

$$T_1=2.33\ R_f\times C_1C_2/(C_1+C_2)$$

则可得

$$R_f=265.8\ \Omega,\quad r_f\approx33.2\ \Omega$$

半峰值时间与参数的关系,按式(5-31)进行计算。

$$\text{半峰值时间}\quad T_2=0.693\ R_t(C_1+C_2)$$
$$50\ \mu\text{s}=0.693\ R_t(0.025\ \mu\text{F}+0.0021\ \mu\text{F})$$

求得放电电阻 $R_t\approx2662\ \Omega$,每级放电电阻 $r_t=2662\ \Omega/8\approx333\ \Omega$。

**7. 冲击电压发生器的效率**

根据式(5-32),得

$$\eta=C_1/(C_1+C_2)=0.025/0.0271=0.923$$

此值比原估计的效率为 0.85 高,所以所选电容是合适的。

**8. 充电电阻和保护电阻的选择**

要求 $C(R+r_f)\geqslant(10\sim20)Cr_t$,得

$$R\geqslant20\times333\ \Omega-33.2\ \Omega\approx6627\ \Omega$$

取 $R=10\ \text{k}\Omega$。每根充电电阻的结构长度应能耐受 220 kV。如取保护电阻 $r$ 为充电电阻 $R$ 的 50 倍,则保护电阻 $r$ 为 500 kΩ。

**9. 充电时间的估算**

由于采用了倍压充电回路,难以精确分析。现仍按简单整流充电的计算法,参照式(5-52),但考虑到电容 $C$ 的另一侧为 $r_t$ 及 $r_f$,它们远小于充电电阻 $R$。此外还应考虑倍压回路第一个回路中的保护电阻 $r_0$ 的作用。充电至 0.9 倍电压时,有

$$T_{\text{充}}=15(r_0+r+nR/2)\times nC$$

设 $r_0=r$,则计算得 $T_{\text{充}}\approx25\ \text{s}$。

实际上还存在充电回路中 $C_0$ 的影响,它可使充电时间增加一些,可估计 $T_{\text{充}}$ 为 30 s。

**10. 变压器选择**

需要考虑变压器的电压、容量和电流。

(1) 变压器电压$U$

每台电容器的充电电压最高为220 kV(直流),用串级电路进行充电,考虑裕度1.1,则变压器的电压(有效值)

$$U = 1.1 \times 110\ \text{kV}\sqrt{2} \approx 85.6\ \text{kV}$$

(2) 变压器容量$S$

根据式(5-53),并再加大安全系数到3.0。变压器容量

$$\begin{aligned} S &= 3.0 \times W_n / T_{充} \\ &= 3.0 \times 38.7\ \text{kJ}/30\ \text{s} = 3.87\ \text{kV}\cdot\text{A} \end{aligned}$$

(3) 变压器电流$I$

$$I = S/U = 3.87/85.6 = 0.0452\ \text{A}$$

(4) 选择变压器型号

选择国产试验变压器,型号为YD-10/100,其额定电压为100 kV,额定容量为10 kV·A,额定电流为0.1 A,满足要求。

**11. 硅堆选择**

考虑到缩短充电时间,充电变压器经常提高10%的电压,因此硅堆的反峰电压为110 kV×1.1+110 kV=230 kV。

硅堆的额定电流以平均电流计算。实际充电电流是脉动的,充电之初平均电流较大。选择硅堆用的平均电流难以计算。现只能根据充电变压器输出的电流(有效值)来选择硅堆额定电流。电流的有效值是大于平均值的。

$$I_n = 7.74\ \text{kV}\cdot\text{A}/(110\ \text{kV}/\sqrt{2}) = 0.099\ \text{A}$$

因此,选硅堆的额定电流为0.1 A。选择由两支2 DL-150/0.1串联组成每一个整流器。

**12. 球隙直径的选择**

$\phi$250 mm球隙在间隙距离为90 mm时的放电电压为226 kV,故选$\phi$250 mm铜球9对。

**13. 波前电阻和放电电阻阻丝选择计算举例**

已知波前电阻$r_f$=23.9 Ω,放电电阻$r_t$=333 Ω,一级电容器储能为0.5×0.2 μF×(220 kV)$^2$=4.84 kJ。假定试品不放电时能量全部消耗在放电电阻中,试品短路放电时能量的333/(333+23.9),即4.52 kJ消耗在波前电阻中。如采用双股相反绕的无感电阻结构,则波前电阻的每股阻值为2×23.9 Ω,即47.8 Ω。每股电阻丝消耗的能量为4.52/2 kJ,即2.26 kJ。同样情况,放电电阻的每股丝的阻值为2×333 Ω,即666 Ω,每股电阻丝消耗的能量为4.84/2 kJ,即2.42 kJ。冲击放电的过程很快,电阻丝消耗的能量可按绝热过程考虑,所消耗的能量全部转变为电阻丝的温度升高。如所采用的电阻丝为康铜丝。康铜丝的密度$\nu$为8.9 g/cm$^3$,电阻率$\rho$为0.48×10$^{-6}$ Ω·m,比热容$C_m$为0.417 J/(g·℃),电阻允许最高温升$\theta$为150 ℃。令电阻丝长度为$l$/m,直径为$d$/mm,则可得

$$R_0 = 4\rho l/(\pi d^2) \tag{1}$$

而消耗的能量

$$W = \nu l \times \pi d^2 \times C_m \theta/4 \tag{2}$$

将式(1)和式(2)消去$l$,得电阻丝的直径为

$$d = (2/\sqrt{\pi})[W\rho/(\nu R_0 C_m \theta)]^{1/4} \tag{3}$$

首先令

$$R_0 = 2r_f = 47.8\ \Omega,\quad W = 2260\ \text{J}$$

最后,由式(3)可得

$$d = (2/\sqrt{\pi})[(2260\ \text{J} \times 0.48 \times 10^{-6}\ \Omega \cdot \text{m})/(8.9\ \text{g/cm}^3 \times 47.8\ \Omega \times 0.417\ \text{J/(g} \cdot ℃) \times 150\ ℃)]^{1/4} = 0.507\ \text{mm}$$

实际选 $\phi$0.52 mm 的电阻丝两根,并按相反方向并绕。由式(1)得其一根丝的长度为

$$l = R_0 \pi d^2/(4\rho) = 47.8\ \Omega \times \pi \times (0.52\ \text{mm})^2/(4 \times 0.48 \times 10^{-6}\ \Omega \cdot \text{m}) = 21.15\ (\text{m}) \approx 21.2\ \text{m}$$

实际温升可由式(2)得

$$\theta = 4W/(\nu l \pi d^2 C_m)$$

代入得实际温升 $\theta$=132.3 ℃。

再次令 $R_0 = 2r_t = 666\ \Omega$,$W$=2420 J 代入式(3)得电阻丝的直径为

$$d = 0.267\ \text{mm}$$

实选 $\phi$0.28 mm 的电阻丝两根按相反方向并绕。可算得一根丝的长度 $l$ 为 85.4 m,实际温升 $\theta$ 为 124 ℃。

用所选康铜丝两根并联,并按相反方向绕到绝缘棒上,要求匝间距离尽可能小。电阻棒的长度应使两端间能耐受 220 kV 的电压。

## 5.9 雷电冲击截波电压的产生

在冲击电压作用下,绝缘发生破坏,冲击电压尾部电压突然急降至零,这种冲击电压波称为截断波,或简称截波。截断时的陡度很大,对电气设备的匝间绝缘威胁很大,所以像变压器等设备,在出厂前要进行截波试验。产生截波的原理很简单,如图 5-46 所示,试品并联一截断间隙,并按预定放电电压调节间隙距离,冲击电压发生器向试品送去一全波,由于间隙动作,作用到试品上时已成为一截波。棒间隙是最简单的截断间隙。但棒间隙的放电分散性太大,不能满足截波的要求。球间隙放电的分散性较小,但球放电只能发生在波前或波峰处,不可能发生在波尾。

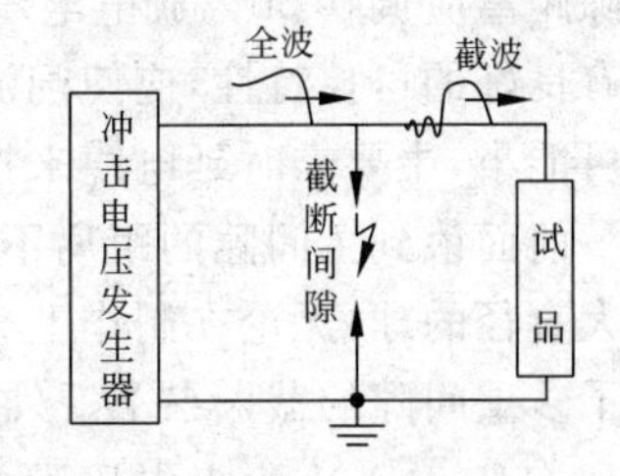

图 5-46 产生截波的基本回路

假如冲击电压发生器送来的是 1.2/50 μs 的标准波,球间隙不可能产生2 μs～3 μs 的截波。既利用球做截断间隙,又要得到 2 μs～3 μs 的截波,目前采用两种方法。一种方法是使冲击电压发生器产生波前为 3 μs 左右的冲击全波,利用球间隙的自动放电来获得所需截波,截波电压的幅值由球极来控制。这种方法的截断装置较简单,但冲击电压发生器要重调波形,截断时间不可控。另一种方法采用有针孔的球间隙,冲击电压发生器产生标准波,靠送向针孔处的脉冲电压来使球间隙放电。这种方法的截断装置较复杂,但冲击电压发生器不需要另调波形,球隙放电是可控的,截断可发生在波前或波尾的任意部位。下面介绍一下这种方法。

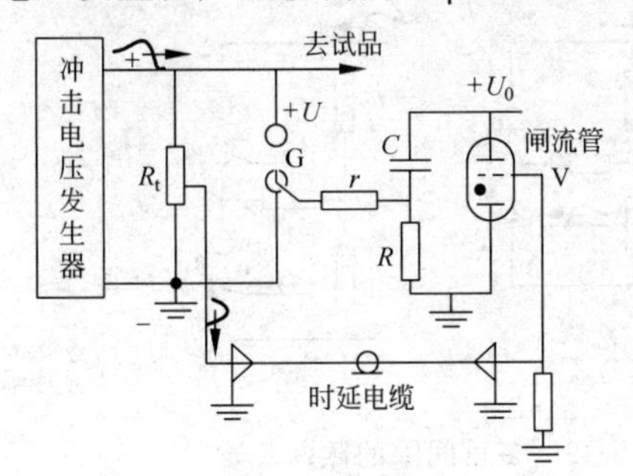

图 5-47 用闸流管的可控截断回路

图 5-47 是用闸流管的可控截断装置一例。可控

球隙的下球是带针孔的，其结构原理和冲击电压发生器的点火球隙一样。球隙距离调到在作用电压下不自动放电，而当针端出现小火花时即放电。点火装置是由电容 $C$，电阻 $R$ 和闸流管 V 构成。$C$ 由一直流电源充电至 $U_0$，此时 $R$ 处在零电位，闸流管起开关作用，平时它不导通，$C$ 不能放电，当在栅极出现一正脉冲时，它就导通。电容 $C$ 向 $R$ 放电，针端和球皮间出现电位差，于是出现小火花。当正冲击电压作用到分压电阻上时，在接地端附近输出一小脉冲电压经时延电缆送到闸流管栅极，引起闸流管导通。

截断时间决定于时延回路的时延。其中包括时延电缆的时延，闸流管点燃的时延，针孔间隙放电的时延和主间隙截断的时延。时延电缆是控制截断时间的主要元件。冲击波在电缆中流动，具有一定的波速 $v/(\mathrm{m}/\mu\mathrm{s})$。流过一定的长度 $l/\mathrm{m}$，需要一定的时间 $t_d=(l/v)/\mu\mathrm{s}$。改变时延电缆的长度，可以调节截断时间 $T_d$。由于电缆有损耗，波流过时要衰减，波前会拉平，实际的时延会比计算值略有增加。闸流管的点燃时间决定于管子特性，同一管子的点燃时间与栅极电压有关，提高加到栅极的脉冲电压可以缩短点燃时间。一般为十分之几个微秒。针孔间隙放电时延与所加脉冲电压有关，脉冲电压高一点，放电时延可以小一点，一般在 0.03 μs～0.05 μs 范围内(图 5-48)。主间隙的放电时延和它的分散性，对截断时间的控制是比较关键的。主间隙的截断时延和截断时的电压 $U_c$ 与主间隙的 50%放电电压 $U_{50}$ 之比($U_c/U_{50}$)有关。$U_c/U_{50}$ 越接近 100%，时延就越小。另一方面如 $U_c$ 比 $U_m$ 小得太多，放电也不易控制。主间隙越长，$U_c/U_{50}$ 值越小，放电时延越大，放电分散性也越大。$U_c/U_{50}>85\%$时，针孔间隙的距离和作用在它上面的起动脉冲幅值对主间隙的放电时延的影响都不明显。主间隙距离与本身球径之比超过 40%时，放电时延将随之急剧上增，希望间隙距离不超过球径的 40%。如 ϕ50 cm 球径，希望在400 kV 时截断，取 $U_c/U_{50}$ 为 95%，则球隙距离应调在 50%放电电压为 400/0.95 kV 处，可得放电时延为 0.05 μs。如要截断装置有良好的可控特性，应使闸流管的点燃时延，针孔间隙的放电时延以及主间隙的放电时延尽可能小，主要靠时延电缆来控制截断时间。

前面谈到主间隙的距离不应超过球径的 40%，这样当被截断电压越高，要求球径越大。太大直径的球，无论在制作上、经济上和对实验室的布置都是不利的。为解决这个矛盾，出现了多重间隙的截断装置。如图 5-49(a)所示截断电压由 $g_1$、$g_2$ 共同分担。$g_1$ 上电压为 $U_cR_1/(R_1+R_2)$，$g_2$ 上电压为 $U_cR_2/(R_1+R_2)$。点火脉冲使 $g_1$ 动作，$g_2$ 上电压立即上升 $(R_1+R_2)/R_2$ 倍，跟着也放电。$g_1$ 放电后，$R_1$ 被短路，为避免影响冲击电压的波形，故在中间球上串联了电阻 $r$。图 5-49(b)与图 5-49(a)的不同点只在于 $g_2$ 间隙也有点火脉冲。由于截断电压被多对球隙所分担，故球径可以小得多。有时还可做成上边的球隙直径较大，下边的球隙直径较小。目前见到的这种多重间隙，球隙已多至 8 对，电压达到 2000 多千伏。

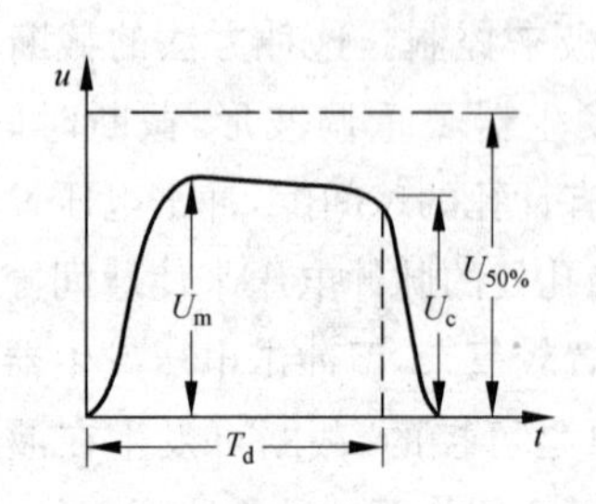


图 5-48 截断时间和作用电压

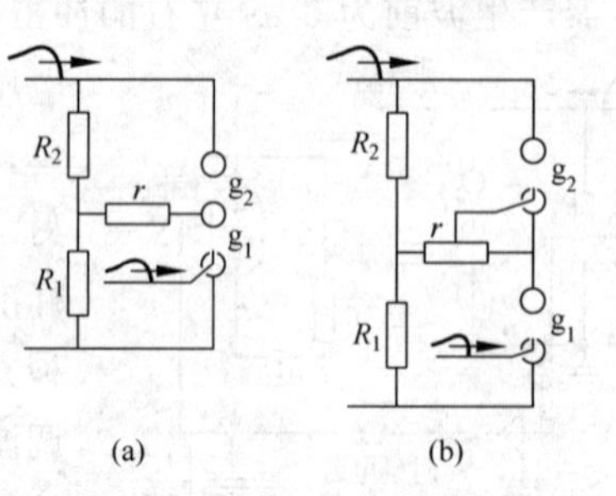


图 5-49 多重间隙的截断装置

(a) $g_1$ 有点火脉冲；(b) $g_1$ 和 $g_2$ 有点火脉冲

# 5.10 陡波前冲击电压的产生

在伏秒特性试验、绝缘子和绝缘材料的击穿试验中，近来常需要陡波前的冲击电压。在原子物理和加速器技术等领域更需要纳秒级的冲击电压发生器。

通常冲击电压发生器输出波前的长短决定于负荷电容和回路电感。要获得陡波，必须减少负荷电容和回路电感。波前长度最终将决定于冲击电压发生器回路的杂散电容和固有电感。一般较高电压的冲击电压发生器要产生 0.1 μs 以下的波前是有困难的。

为了提高输出电压的陡度，可采用图 5-50 的方法，在输出端并接一个几百皮法的无感电容 $C_2$。$g_1$、$g_2$、$g_3$、…动作，冲击电压发生器向 $C_2$ 脉冲充电，然后隔离球隙 $g_4$ 放电，出现在 $R_L$ 上的电压 $u_L$ 的波前陡度将只决定于 $C_2$-$g_4$-$R_L$ 回路，$u_L$ 的幅值及波尾部分才受冲击电压发生器本体回路的影响。由于 $C_2$-$g_4$-$R_L$ 回路电感较小，才一个火花隙，$u_L$ 的陡度可比没有 $C_2$ 时提高。这种回路有可能获得 0.04 μs～0.1 μs 的陡波。试验还证明了 $C_2$ 具有滤去波前的杂散振荡波的作用。

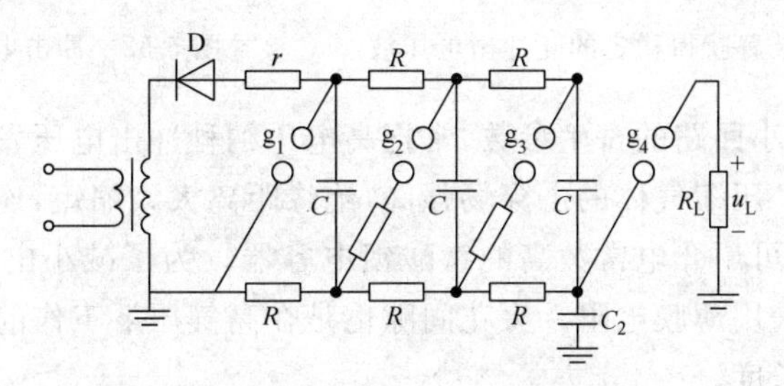


图 5-50　产生陡波回路

图 5-50 电路中，球隙 $g_4$ 的放电形成时间是不稳定的，所以所产生的波前陡度也不会很稳定。可以采用多重间隙的装置(见图 5-51)来产生较为稳定的陡波波前。此图中 $C_0$ 由 8 只 50 kV、1 μF 的电容器串联组成，$R_1$ 为 200 Ω，$C_1$～$C_8$ 各为 0.01 μF，$r_1$～$r_8$ 各为 4 kΩ。在 $G_0$ 击穿后，$C_0$ 经 $R_1$ 向 $C_1$～$C_8$ 充电。经过一段稳定的短促的时间，将启动脉冲电压 $u_{st}$加到 $G_1$ 的点火电极上，促使 $G_1$ 立即击穿。如果 $C_1$～$C_8$ 上的电压分布是均匀的，当 $G_1$ 击穿后，$G_2$ 立即在近于两倍的过电压下击穿。以此类推，$G_3$、…、$G_8$、$G_9$ 便会以极快的速度相继击穿。$G_8$ 和 $G_9$ 击穿之后，$C_1$～$C_8$ 对 $R_2$ 放电，由此可获得波前时间约 50 ns、幅值约 400 kV 的陡波前冲击电压波。图中的 $G_1$ 若用高压闸流管来代替，则控制更为精确。

冲击电压发生器放电时的等效回路可用图 5-52 表示，$C_1$ 为冲击电容，$C_2$、$R_L$ 分别为负荷电容、负荷电阻，$L$ 及 $R_d$ 为回路内的固有电感和阻尼电阻，虚线方框代表球间隙，K 是理想开关，$r$ 代表火花电阻。$u_L$ 的波前陡度决定于回路参数 $C_1$、$L$、$R_d$、$C_2$。要增大陡度必须减小 $L$ 及 $C_2$，$L$ 小了 $R_d$ 也可相应减小。火花电阻 $r$ 不是常数，它随时间改变，它与流过间隙的电荷量成反比与间隙长度成正比。开始时间隙电阻大，后来变成完全导电通道，电阻很小。所以在图中即使不存在 $L$ 及 $C_2$，只是 $C_1$ 通过火花间隙向 $R_L$ 放电，由于 $r$ 是先大后小随时间变化，$u_L$ 不可能为直角波前。$u_L$ 的波前将反映火花间隙上的电压变化。由此看来，一个冲击电压发生器要产生陡波，不仅要把回路寄生参数减少到应有的大小，还应采用快速动作的开关。在一个大气压下空气间隙的放电形成时间约 10 ns～20 ns，因此靠大气中的火花间隙来获得很短波前的电压是有困难的。气隙的火花形成时间随气压的上升而缩短，在几十个大气压下的间隙放电形成时间有可能缩短到 1 ns 甚至更短。

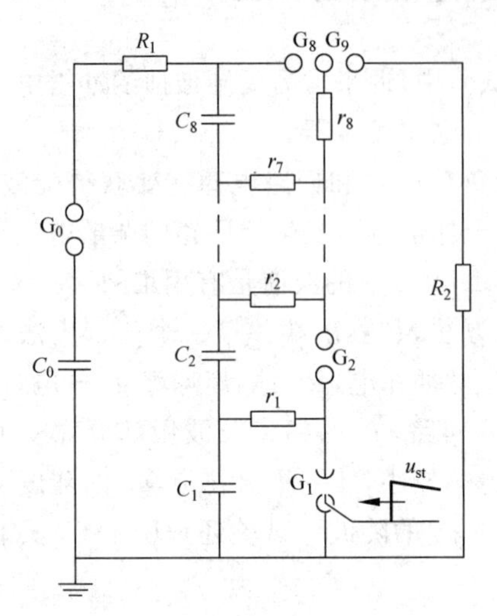

图 5-51　利用多重间隙装置获得稳定的陡冲击电压波

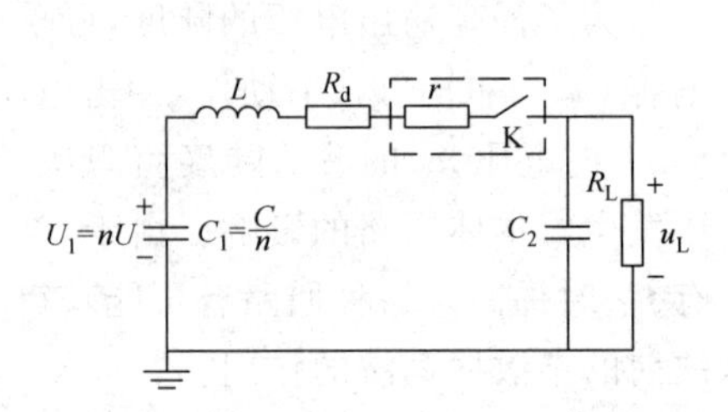


图 5-52　冲击电压发生器放电等效回路

为了缩小尺寸，减小回路的寄生参数，常把高电压纳秒冲击电压发生器的整个结构装在密闭的压缩气体缸中。压缩气体的击穿场强高，绝缘距离大大缩短，连线电感大大减小。为了缩小电容器的尺寸，可用介电常数高的钛酸钡电容器。为了减小电阻的残余电感和趋肤效应，不用丝绕电阻，采用薄膜电阻。火花间隙也是在高气压下工作的。这种装置有可能获得纳秒数量级的波前长度。

设计纳秒冲击电压发生器有两个基本原则：第一，把放电回路的寄生参数减少到应有的大小并采用快速动作开关，上述的密闭结构就是应用了这条原则；第二，先产生一个不太陡的波形，再加以改进。使波前变陡的一个常用手段是陡化器。陡化器是一个充油的火花间隙或充压缩气体的火花间隙。陡化器的工作原理如图 5-53 所示。当火花间隙 $g_0$ 动作，向导线 $Z_1$ 送入一个不太陡的原始脉冲。由于间隙放电有一定时延，当原始脉冲到达陡化器，并且电压已上升到击穿值时，间隙也不马上放电。如间隙放电的时延时间超过原始脉冲的波前时间，当间隙动作时，已处在原始脉冲的幅值电压之下，间隙很快击穿后进入导线 $Z_2$ 的将是一个变陡了的脉冲。如末端经波阻抗接地，陡化后脉冲到达终端将无反射波。油间隙比一般空气间隙放电时延长，动作时间短，是一种比较方便的陡化器，可获得几个纳秒的波前。油间隙的分散性较大，而且油的电气强度有一定限度，不如用很高气压的压缩气体间隙，后者可以更好地起到陡化的作用。图 5-50 中在冲击电压发生器输出端并接一储能电容器 $C_2$ 的方法也被用于纳秒技术中来提高脉冲陡度，并要求这个电容器 $C_2$ 是无感的，火花间隙 $g_4$ 处在很高气压的压缩气体中。

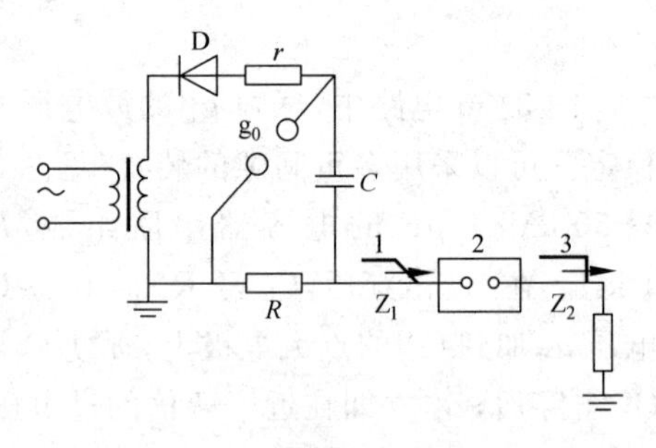


图 5-53　陡化器工作原理图

1—原始脉冲；2—陡化器；3—陡化后脉冲

# 5.11 操作冲击电压的产生

随着超高压、特高压输电的出现,用操作冲击电压试验线路绝缘和电气设备日显重要。国际上对操作冲击电压的波形已有规定(见 5.1 节)。目前产生操作冲击电压的方法,大致可分为用变压器来产生或冲击电压发生器来产生两种途径。本节中只介绍用冲击电压发生器产生操作冲击电压的方法。产生操作冲击电压和产生雷电冲击电压的原理是一样的,只是操作冲击电压的波前和波尾都比雷电冲击电压长得多,在选择回路参数时要有所区别。由于操作冲击电压的波前和波尾都很长,要求调波电容和冲击电容都比较大,大概要大10 倍。同时要求波前电阻和放电电阻也比较大。放电电阻增大了,要求充电电阻作相应增大,否则必须考虑充电电阻对波形的影响。最好用电容分压器来测量冲击电压,如用电阻分压器时,它的阻值应选得较大,如100 kΩ。在波前为 250 μs 左右的操作冲击电压下,不均匀电场中空气间隙的击穿电场强度是比较低的,因此在设计产生操作冲击电压的发生器时要注意选择合适的对墙和对其他物体的安全距离,要采用屏蔽罩等措施来提高空气间隙的击穿场强。

产生操作冲击电压和产生雷电冲击电压时的回路是一样的,不过两种波形的定义不同,仍可利用式(5-9)、式(5-10)来计算产生操作冲击电压时的回路参数。产生雷电冲击电压时不考虑充电电阻对波形的影响,但在产生操作冲击电压时,除非利用气动开关在放电时把充电电阻切除,否则由于此时波尾电阻与充电电阻阻值接近,应该把充电电阻对波形的影响考虑进去。高效率回路和一般双边充电回路在考虑充电电阻的影响时的放电等效回路的变动情况分别如图 5-54(a)～(c)所示。

图 5-54(c)中的 $r_1$、$r_2$、$r_3$ 可从三角形转星形的电路公式求得,以 $r_1$ 为例。

$$r_1 = n r_f r_t / (r_f + r_t + R) \tag{5-65}$$

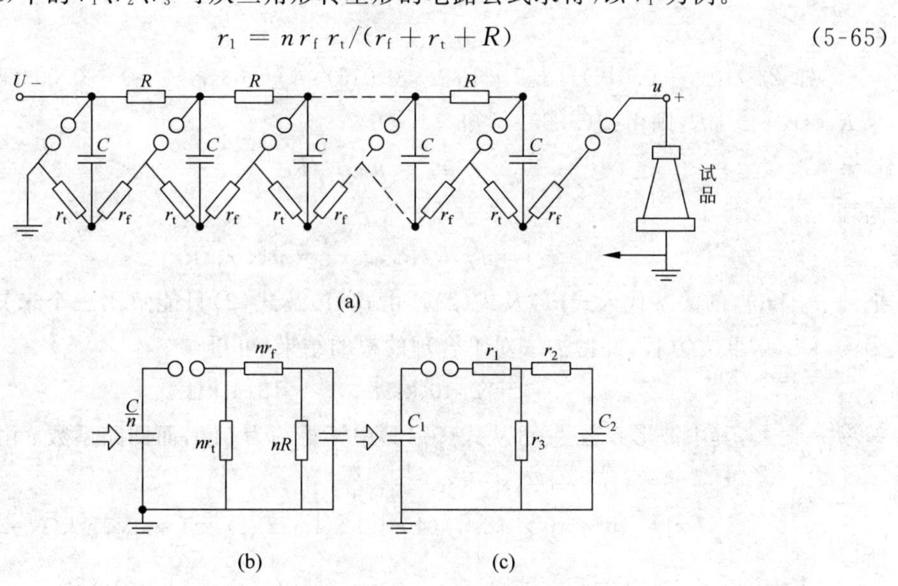


图 5-54 充电电阻对放电回路的影响

(a) 整个放电回路;(b)、(c) 等效放电回路

$n$—级数

图 5-54(a)电路中最后一台电容器 $C$ 的放电并不受充电电阻 $R$ 的影响。但当级数 $n$ 较大时,由此引起的差别性就可不必计较了。

对于双边充电的发生器电路,充电电阻 $R$ 的放电作用可按电路的关系来处理,从而可获得一并联在出口端的一个等效电阻。整个等效电路图 5-54(b)与(c)是一样的,不过多了内部阻尼电阻,但它比 $nr_f$ 小很多。

操作冲击电压发生器回路参数的计算方法基本上已在 5.3.1 节中叙述过了。现再举一计算实例来说明。

**实例** 操作冲击电压发生器回路参数计算

所采用的操作冲击电压发生器的回路,类似于图 5-54 所示,但级数共为 10 级,每级的电容 $C$ 为 220 kV、0.3 μF。负荷总电容 $C_0$ 为 0.003 μF。若要产生 250/2500 μs 的操作冲击电压,试求每级的波前电阻、放电电阻、充电电阻及效率。

**解** 这个操作冲击电压发生器的标称电压为 2200 kV,如图 5-54(c)所示。

冲击电容 $C_1=0.3/10\ \mu F=0.03\ \mu F$,$C_2=0.003\ \mu F$,级数 $n=10$。

由表 5-2 可查得

$$s_1=-3.1696\times10^{-4}\ \mu s^{-1}\approx-3.2\times10^{-4}\ \mu s^{-1}$$
$$s_2=-0.016\ \mu s^{-1}$$

由式(5-9)可得

$$\begin{aligned}r_1r_2+r_2r_3+r_3r_1&=1/(s_1s_2C_1C_2)\\&=1/(3.2\times10^{-4}\times0.016\times0.03\times0.003)\end{aligned}\quad(1)$$

从式(5-10)可得

$$(s_1+s_2)/(s_1s_2)=-[C_1(r_1+r_3)+C_2(r_2+r_3)]$$

即

$$(3.2\times10^{-4}+0.016)/(3.2\times10^{-4}\times0.016)=[0.03(r_1+r_3)+0.003(r_2+r_3)]\quad(2)$$

令 $R_0=r_f+r_t+R$,则由式(5-65)可知

$$r_1=n\,r_fr_t/R_0$$

同理

$$r_2=n\,r_fR/R_0,\quad r_3=n\,R\,r_t/R_0$$

把 $r_1$、$r_2$ 和 $r_3$ 的关系代入式(1)及式(2)。由式(1)及式(2)只能解出三个未知数,为此取 $R$ 为 40 kΩ,解联立方程,并抛去一对不合理的根的结果,可得

$$r_f=2.40\ k\Omega,\quad r_t=12.4\ k\Omega$$

效率 $\eta=\xi\xi_0$,其中波形系数 $\xi_0$ 可从式(5-14)中算得约为 0.9,而回路系数 $\xi$ 由式(5-11)得

$$\xi=r_3C_1s_1s_2/(s_1-s_2)$$
$$r_3=10\times40\times12.4/(40+12.4+2.4)\ k\Omega\approx90.5\ k\Omega$$

所以

$$\xi=90.5\times1000\times0.3\times s_1s_2/[10(s_1-s_2)]=0.886$$

最后解得

$$\eta=\xi\xi_0=0.886\times0.9\approx0.8$$

# 5.12 电力变压器的操作冲击电压试验

本节介绍用已充电的电容器，通过一定的电路对电力变压器低压侧绕组放电，从而在高压侧绕组产生操作冲击电压的方法——感应法。用这种方法可以产生非振荡的或振荡的操作冲击电压。为叙述简洁，本书将非振荡型操作冲击电压简称为操作冲击电压，振荡型操作冲击电压简称为 OSI(oscillating switching impulse)电压。

## 5.12.1 概述

20 世纪六七十年代以前都用交流工频耐压等效地取代操作冲击试验，后来人们认识到工频耐压并不能完全等效地代表操作冲击试验。操作冲击试验所采用的波形能更好地代表实际的操作冲击波形，有利于降低变压器的绝缘水平。变压器高压出线端部与地之间的绝缘水平是取决于保护内过电压的避雷器放电水平的。高压出线端部相间出现的操作过电压水平，决定于断路器的性能。对于电力变压器则规定 220 kV 等级及以上的，都要求进行操作冲击耐压试验。采用加压于被试变压器的低压侧，通过感应法在高压绕组上产生高电压的试验方式，有利于简化试验装置，使之更方便于在现场进行试验。操作冲击试验的其他优点还有：试验不会产生绝缘上的残留性损伤；它的探伤灵敏度较高。1966 年美国 GE 公司首先对电力变压器进行了操作冲击试验[12]。对于制造厂和电力系统现场，进行电力变压器内绝缘试验时，都采用下面 5.12.3 节规定的试验电压波形。后来的标准[13]又规定在电力系统现场允许采用振荡型操作冲击电压的试验，它的波形规定是针对所有高压电器的，变压器也可以根据此项规定进行试验。

## 5.12.2 变压器高压绕组端部对地等效电容的估算

不管是操作冲击电压还是 OSI 电压，分析电压波形与试验电路元件参数的关系时，都需掌握变压器高压绕组端部对地的等效电容 $C_2'$，这包括：①高压绕组对地分布电容折合到端部的对地等效电容；②高压绕组的纵向电容；③高压绕组对邻近中压或低压绕组的分布电容折合到高压绕组端部的对地等效电容；④接在高压绕组端部的电容分压器的电容。上述电容 $C_2'$ 还需折合为变压器低压侧的电容值 $C_2$，即 $C_2'$ 需乘以变压比 $k$ 的平方倍后得到 $C_2$，所以数值很大。它不仅明显影响波形参数，而且还影响施压的电压效率。因此首先要对变压器的等效电容值进行估算。

根据变压器众所周知的理论，原、副边阻抗按变压比 $k$ 的平方倍进行折合，依据此原理进行等效电容的计算最为方便。笔者早年就使用这种方法进行了运算[14]。

**1. 单相双绕组变压器高压绕组对地电容的折算**

如图 5-55 所示，设高压绕组端点之间施加的电压为 1，则低压绕组端点之间的感应电压为 $1/k$。假设电压沿绕组是均匀分布的。设 $A$ 点处的 $y$ 坐标 $y=1$，接地点 $y=0$。高压绕组的总对地电容，已用

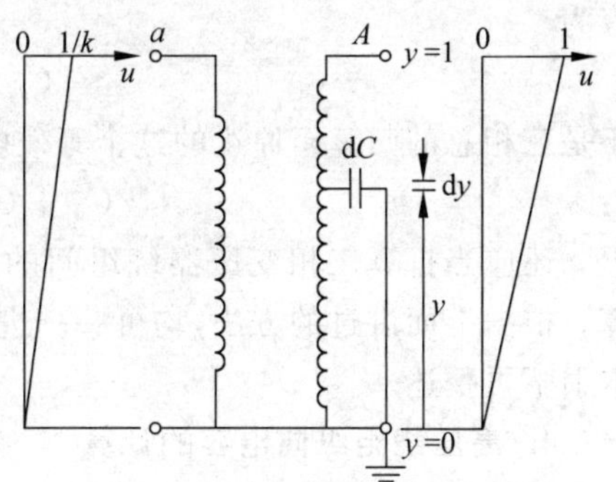


图 5-55 高压绕组对地电容的折算

电桥测出为 $C_H$。设在高压绕组的 $y$ 处 $C$ 有一增量 $dC$，即 $dy$ 间隔的对地电容为 $dC$，$dC=C_H dy$。$dC$ 两端的电压是 $u$，在数值上 $u=y$，它与 $A$ 点电压的电压比是 $y$。于是把高压绕组对地电容总和折合到高压端点 A 对地的电容，其值为

$$C'_e=\int_0^1 y^2 C_H dy = C_H/3$$

再按照电压比平方的关系，将 $C'_e$ 折合为变压器原边(低压)绕组 $a$ 点的对地电容 $C_e$，其值为

$$C_e = k^2 C_H/3 \tag{5-66}$$

**2. 单相双绕组变压器高压绕组对低压绕组电容的折算**

图 5-56 用于进行高、低压绕组之间电容的折算。以 $C_{12}$ 表示高、低压绕组之间的总电容。在 $y$ 处的 $dC=C_{12}dy$，$dC$ 两端间的电压为 $y-y/k$。全部 $C_{12}$ 折合到低压绕组两端间的等效电容 $C_{e12}$ 可按下式计算：

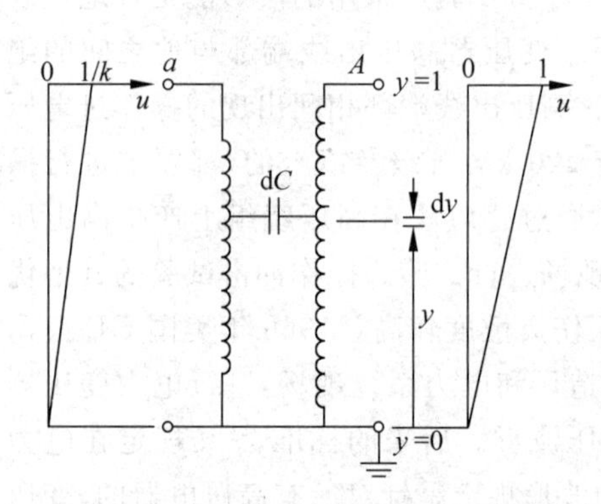


图 5-56 高、低压绕组之间电容的折算

$$C_{e12} = \int_0^1 k^2(y-y/k)^2 C_{12} dy = (k-1)^2 C_{12}/3 \tag{5-67}$$

若高、低压绕组是异名端子接地则可求得：

$$C_{e12} = (k^2+k+1)C_{12}/3 \tag{5-68}$$

同样可以证明[15]，高压绕组若是中部出线，高、低压绕组是同名端子接地时可得：

$$C_{e12} = (k^2/3-k/2+1/3)C_{12} \tag{5-69}$$

若高压绕组是中部出线，而高、低压绕组是异名端子接地时可得：

$$C_{e12} = (k^2/3+k/2+1/3)C_{12} \tag{5-70}$$

**3. 三相变压器等效电容的计算**

以后面图 5-59(a)的接线图为例，分析三相高压绕组对地电容的折算。

设每相绕组的电压比是 $k$，进行试验时的高压 B 点对地电压若为 1，则低压 $y$-b 间的输入电压应为 $-1/(1.5k)$。中性点 $O$ 处的电压为 1/3。计算过程详见参考文献[14]。可以获得 B 相绕组对地电容折合到低压侧的等效电容

$$C_B = (1.5k)^2\int_{1/3}^1 1.5C_{相}\, y^2 dy = 13k^2 C_{相}/12 \tag{5-71}$$

用以上的概念，可以计算出 A 相及 C 相绕组对地电容的折算至原边 $y$-b 间的等效电容为

$$C_A = C_C = k^2 C_{相}/12$$

于是三相总的归算至原边的这个等效电容分量为

$$C_A + C_B + C_C = 15k^2 C_{相}/12 \tag{5-72}$$

还应当折算三相变压器绕组间的电容。它主要是指高、(中、)低压绕组间的电容的折算。根据上面讲过的方法，均可一一进行折算。因为三相变压器的试验接线是多种多样的，本书不再赘述。

**4. 高压绕组纵向电容的计算**

对于纠结式的高压绕组，纵向电容的数值较大，必须予以计算。计算方法可参考文献[14]。

## 5.12.3　电力变压器的非振荡型操作冲击电压试验

**1. 操作冲击电压波形**

GB 1094.3—2003 按相关 IEC 标准规定了进行变压器类电器操作冲击试验的波形，如前面图 5-5 所示。波前时间 $T_1$ 由视在时间(virtual time)的定义所决定(见 5.1 节)，标准要求 $T_1 \geqslant 100\ \mu s$。前面已经讲到波长时间 $T_z$ 是从视在原点 $O_1$ 到达波形下降到再次到 0 的时间间隔。标准规定 $T_z \geqslant 500\ \mu s$，但最好能达到 1000 $\mu s$。还规定 90% 峰值时间 $T_d \geqslant 200\ \mu s$。此操作冲击波形在波尾下降到一定的时刻时会形成突然的下降，是因为变压器铁心达到饱和造成激磁电抗 $L_0$ 大为下降。试验规定采用负极性波，因为对外绝缘和试验引线来说，负极性不容易放电；而对变压器内绝缘来说，正、负极性的考验是一样的。

**2. 操作冲击试验的接线**

变压器进行操作冲击试验时，可以在变压器高压侧直接施加操作冲击电压，也可以采用在变压器低压侧施加操作冲击电压，利用被试变压器的电磁感应升压作用，在变压器的高压侧产生操作冲击电压。后一种接线在现场试验时使用更为方便。它的原理接线如图 5-57 所示，其等效电路图如图 5-58 所示(图中参数值都已折合到原边)。图 5-57 中 $C_2'$ 是变压器高压绕组端部对地的等效电容，图 5-58 中 $C_2$ 是电容 $C_2'$ 折合到低压侧的电容值。

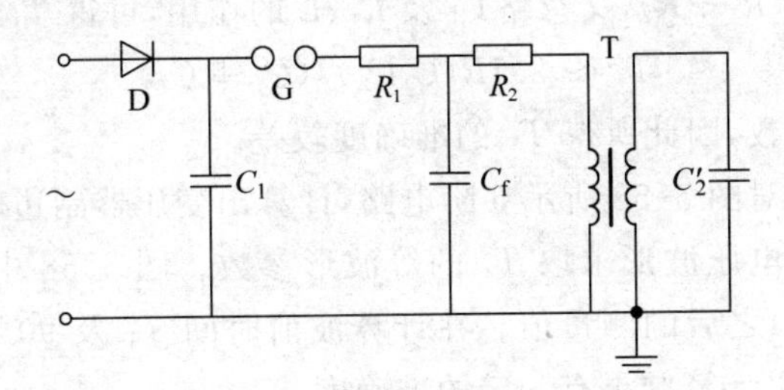


图 5-57　变压器的操作冲击感应耐压试验接线

D—高压硅堆；$C_1$—主电容；G—球间隙；$R_1$、$R_2$ 及 $C_f$—调波电阻及电容；

T—被试变压器；$C_2'$—高压绕组对地的等效电容和电容分压器电容

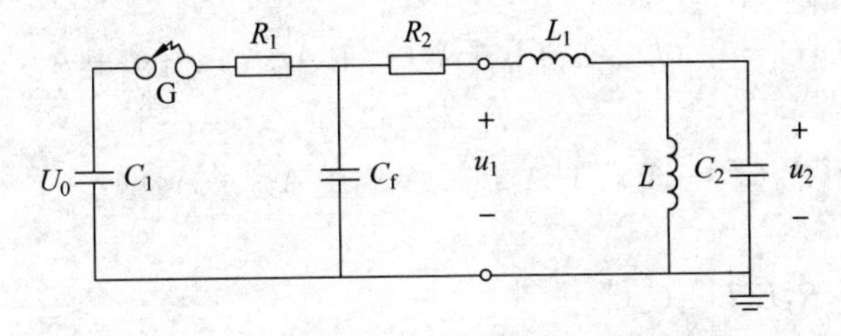


图 5-58　产生操作冲击电压的等效电路图

$L_1$—变压器原边和副边的漏电抗总和；$L$—变压器的激磁电抗；

$C_2$—高压绕组对地的等效电容和电容分压器电容

采用 $R_1$、$R_2$ 和 $C_f$ 的 T 形调波回路，有利于抑制由于变压器漏感阻碍初始瞬间电流流过所造成的原边绕组上出现的初始高脉冲电压。$R_1$、$R_2$ 还起着阻尼高频振荡的作用。阻尼电阻总值 $R=R_1+R_2$。初始值 $R$ 可选为 $(L_1/C')^{1/2}$，其中 $C' \approx C_1C_2/(C_1+C_2)$。$R_2$ 应达到一定的数值，可由实际调试决定。其初始值可选为 $\{L_1/[C_fC_2/(C_f+C_2)]\}^{1/2}$。

对于三相变压器共用一个铁心的情况，试验应是逐相进行的。基本上可以采用交流倍频耐压试验的接线来施压。图 5-59(a)是一种试验 110 kV 变压器的接线,图 5-59(b)是试验某一种超高压变压器的接线。

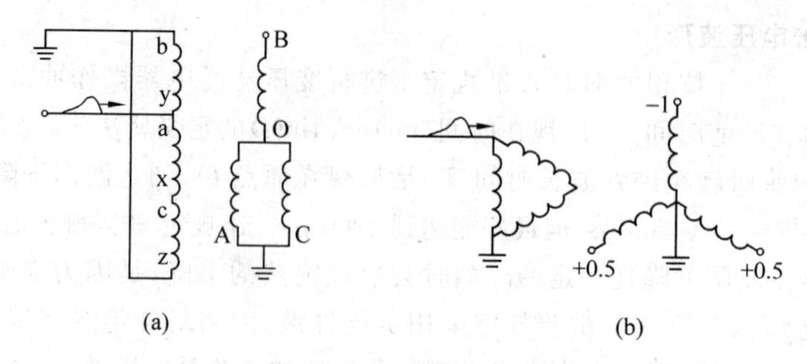


图 5-59　三相变压器的操作冲击感应耐压试验接线图

(a) 试验某一种 110 kV 变压器的接线；(b) 试验某一种超高压变压器的接线

**3. 操作冲击电压波形分析**

在按图 5-57 的电路接线进行试验前,需要掌握电路中各元件参数对产生的操作冲击电压波形的影响,以选择合适的元件参数。

(1) 波前时间 $T_1$ 的分析

在图 5-58 中令 $R=R_1+R_2$,又忽略 $C_f$ 及 $L_1$、$L$ 的作用,可得 $T_1$ 的最简单的估算式[16]:

$$T_1 \approx 2.7R(C_1C_2)/(C_1+C_2) \tag{5-73}$$

此估算式忽略了一些参数,因此所得 $T_1$ 的准确度较差。

比较准确的方法是对图 5-58 所示 5 阶电路,计算出变压器副边输出电压随时间变化的函数 $u_2(t)$,然后根据此电压波形求取 $T_1$ 的等波形参数。图 5-58 中的激磁电抗 $L$ 采用刚反充磁(见本节 3 之(2))之后的测量值。在计算波前时间 $T_1$ 及 90%时间 $T_d$ 时,因为激磁电抗 $L$ 还没有饱和,所以计算结果有一定的准确度。

使用运算法来计算试验电压 $u_2(t)$,其基础是拉普拉斯变换及反变换。

在设定主电容 $C_1$ 的充电电压为单位值 1 时,用象函数表达的原边电压 $U_1(s)$ 及副边输出电压 $U_2(s)$ 的方程为[15]:

$$U_1(s) = C_1[LL_1C_2s^2+(L+L_1)]s/[A_0(s^5+A_1s^4+A_2s^3+A_3s^2+A_4s+A_5)] \tag{5-74}$$

$$U_2(s) = C_1Ls/[A_0(s^5+A_1s^4+A_2s^3+A_3s^2+A_4s+A_5)] \tag{5-75}$$

式中

$$\begin{aligned}
A_0 &= R_1L_1LC_1C_2C_f \\
A_1 &= (R_1R_2LC_1C_2C_f+LL_1C_2C_f+L_1LC_1C_2)/A_0 \\
A_2 &= [R_1C_1C_f(L_1+L)+LR_1C_1C_2+LR_2C_2(C_1+C_f)]/A_0 \\
A_3 &= [R_1R_2C_1C_f+(L_1+L)(C_1+C_f)+LC_2]/A_0 \\
A_4 &= [(R_1+R_2)C_1+R_2C_f]/A_0 \\
A_5 &= 1.0/A_0
\end{aligned}$$

$U_2(s)$表达式右侧的分母与 $U_1(s)$完全一样。使用分解定理可求出拉普拉斯反变换后的 $u_1(t)$和 $u_2(t)$的表达式。进行计算时合适使用的单位,时间 $t$ 是 ms,与此相适应,电容 $C$ 的单位为 mF,电感为 mH,电阻为 Ω。套用现成的冲击电压回路计算程序(附录 C)进行计算，但要注意时间数值应根据操作冲击的特点对上述程序进行一些修改，求5次方程根的子程序也需要根据现在的条件重新编排。求5次方程的实根时，可以首先采用牛顿迭代法[6]（参见附录C）解出一个实数根。然后用综合除法，求出4次方程的各项系数，再用解4次方程式的经典公式或者盛金公式（参见附录D）求出其他4个根的数值。笔者计算了某一个实例，计算所得到的部分结果可用图5-60中的波形表达出来。此图中，具有起始小尖脉冲的波形是低压侧波形。在小脉冲之后，低压侧波形就基本上与高压侧波形相重叠了。

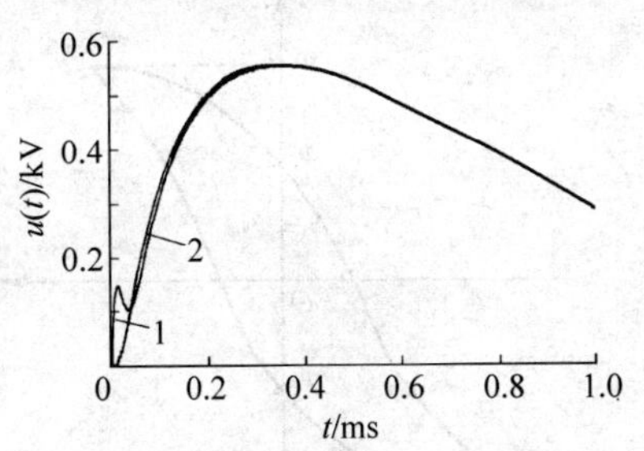


图 5-60 计算实例得到的变压器原、副边电压波形

1—原边；2—副边

计算原边低压侧波形的目的是为了检验所采用的 $R_1$、$R_2$ 和 $C_f$ 的T形调波回路参数，是否抑制首端尖脉冲到了合适的数值。

其他计算结果是：①在 $C_1$ 的初始电压 $U_0$ 假定为1时（下同），可得低压侧电压 $u_1(t)$ 的最大值 $U_{1m}$（相对值）为0.55257。波的初始尖脉冲的幅值为0.1494，它出现在12 μs之时。此脉冲峰值与操作冲击电压的最大值之比为0.270。②高压侧电压 $u_2(t)$ 的最大值 $U_{2m}$（相对值）为0.55336。此数实际上是电压效率值，由于激磁电抗的作用，此值低于 $C_1/(C_1+C_f+C_2)=0.6$。③电压 $u_2(t)$ 的最大值出现时间 $T_p=341$ μs。④电压 $u_2(t)$ 的视在波前时间 $T_1=241$ μs。⑤电压 $u_2(t)$ 的90%间隔时间 $T_d=373$ μs。

计算与实验的结果相比有一定的准确度。

（2）波长时间 $T_Z$ 的分析

在 $C_1U_0/2$ 足够大的条件下，操作冲击波的波长时间 $T_Z$ 实际上由铁心达到饱和的程度来决定。

变压器的感应电压，取决于绕组匝数 $N$ 及铁心中主磁通 $\Phi$ 的变化率，即 $u(t)=N\mathrm{d}\Phi/\mathrm{d}t$，而

$$\int_0^{T_Z} u(t)\,\mathrm{d}t = N\int_{\Phi_0}^{\Phi_s} \mathrm{d}\Phi = N(\Phi_s-\Phi_0) = N\Delta\Phi \tag{5-76}$$

式中，$\Phi_0$——时间 $t=0$ 时的磁通量；

$\Phi_s$——铁心的饱和磁通量。

另一方面也可写出

$$\int_0^{T_Z} u(t)\,\mathrm{d}t = KU_m T_Z \tag{5-77}$$

当试验电压高时，波形比较丰满（见图5-61），但系数 $K$ 总是一个小于1的值。

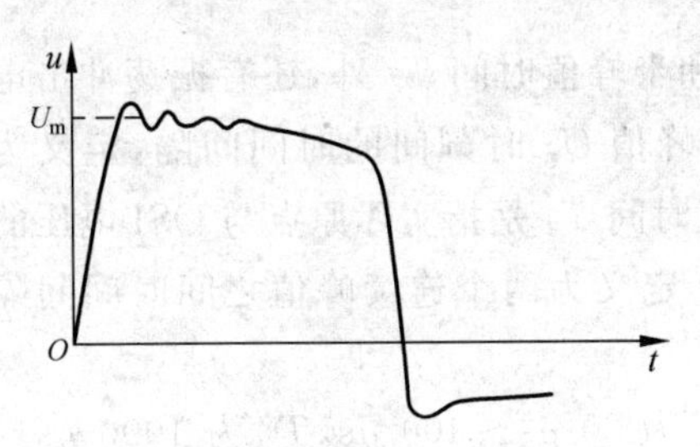


图 5-61 实际的操作冲击电压波形

从变压器的基本原理可得下述关系式：

$$U = 4.44\, fN\Phi_m \tag{5-78}$$

式中，$U$——变压器受试绕组额定（相）电压有效值；

$\Phi_m$——交流额定电压下铁心主磁通量最大值；

$f$——交流额定频率。

这样，由式（5-76）～式（5-78）可得

$$T_Z = \frac{N\Delta\Phi}{KU_m} = \frac{U\Delta\Phi}{4.44fKU_m\Phi_m} \tag{5-79}$$

设 $f=50$，$K=0.75$，$\Phi_s=1.1\Phi_m$，$|\Phi_r|=\Phi_s/2$，起始时，若铁心内存在反向的最大剩磁（见图5-62），则有

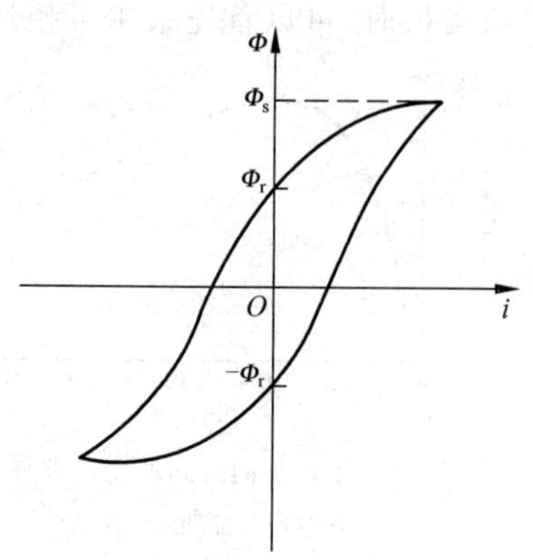


图5-62 铁心内磁通 $\Phi$ 与激磁电流 $i$ 的关系
$\Phi_s$—饱和磁通量；$\Phi_r$—剩磁通量

$$\Delta\Phi=\Phi_s-\Phi_0=\Phi_s-(-\Phi_r)=1.5\Phi_s=1.65\Phi_m$$

将上式代入式(5-79)，得

$$T_Z=(9.9U/U_m)\times10^{-3}\ \mathrm{s} \tag{5-80}$$

若铁心内无剩磁，即 $\Phi_0=0$，则得

$$T_Z=(6.6U/U_m)\times10^{-3}\ \mathrm{s} \tag{5-81}$$

当存在正向剩磁，且 $\Phi_r=\Phi_s/2$，则

$$T_Z=(3.3U/U_m)\times10^{-3}\ \mathrm{s} \tag{5-82}$$

由式(5-80)～式(5-82)可知，铁心中剩磁状况对 $T_Z$ 的长短关系影响甚大。进行多次同极性（标准规定做负极性操作冲击试验）耐压试验后，$T_Z$ 会逐次缩短。可以先做反极性试验，然后做规定的极性试验，此时 $T_Z$ 可有所增长。

### 5.12.4 电力变压器的振荡型操作冲击电压试验

**1. 振荡型操作冲击电压**

国家标准 GB/T 16927.3—2010《高电压试验技术 第3部分：现场试验的定义及要求》[13]规定，在现场可以使用振荡型操作冲击电压对高压电气设备进行试验。

采用感应法产生 OSI 电压对电力变压器进行试验的优点[16,17]是：

(1) OSI 电压能更好地反映电力系统实际发生的操作冲击波形；

(2) 在主电容充电电压相同的情况下，可提高输出电压，即冲击发生电路的电压效率提高，有利于简化试验设备；

(3) 具有限制变压器铁芯饱和效应的可能性，有利于产生持续时间长一些的操作冲击电压波形；

(4) 主电容是对低压绕组放电，放电电压低，测量局部放电时的背景噪声较易被抑制，有利于获得较低的最小可测放电量。

振荡型操作冲击电压的定义[13]是：电压迅速上升到峰值，然后伴随着频率在 1 kHz～15 kHz 之间的阻尼振荡下降至零，可以有或无电压极性的反转。图5-63是 OSI 电压波形的示例，用包络线和振荡频率表述其特性。

振荡型操作冲击电压的波形参数除峰值时间 $T_p$ 和半峰值时间 $T_2$ 外，还有振荡冲击电压的频率 $f$。峰值时间 $T_p$ 是指实际原点与到达电压峰值 $U_p$ 时刻间的时间间隔，定义为 $0.3U_p$ 与 $0.9U_p$ 两时刻时间间隔 $T$ 的2.4倍。半峰值时间 $T_2$ 是指实际原点与 OSI 电压的包络线降低到半峰值时刻间的时间间隔。振荡频率 $f$ 定义为两个连续峰值之间时间间隔的倒数。

根据国家标准[13]规定，波形参数值的范围为：$T_p$ 为 20 μs～400 μs，$T_2$ 为 1000 μs～4000 μs，$f$ 大致为 1 kHz～15 kHz。

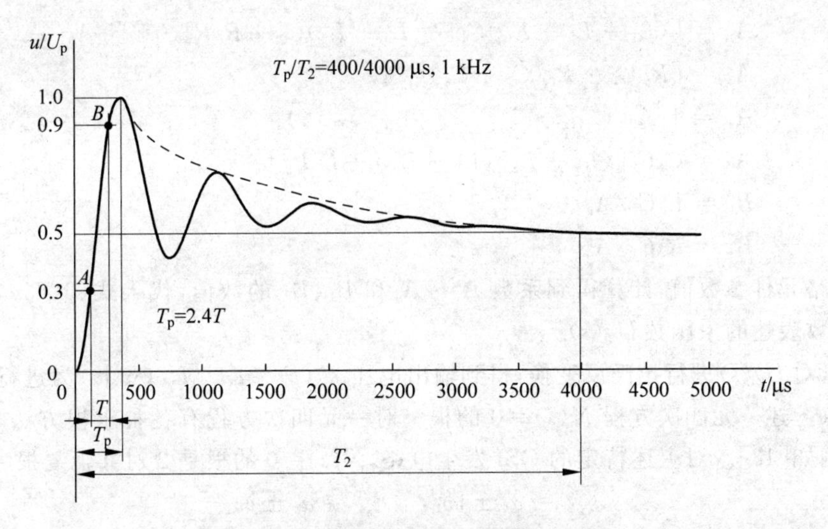


图 5-63 振荡型操作冲击电压波形示例

**2. OSI 电压发生电路和波形分析**

(1) OSI 电压发生电路

图 5-64 所示是产生 OSI 电压的一种电路,图中代表变压器的参数是:原边漏感 $L_1$、副边漏感 $L_2$,励磁绕组的电抗 $L_0$、电阻 $R_0$,变压器的等效电容 $C_2$(包括分压器电容等;并已折合至原边值);$C_1$ 是主电容;$L_W$、$R_W$ 是外加调波电感、电阻。$C_1$ 充电到电压 $U$ 后,使隔离球隙 G 放电,在变压器的副边,亦即 $C_2$ 上就产生 OSI 电压。

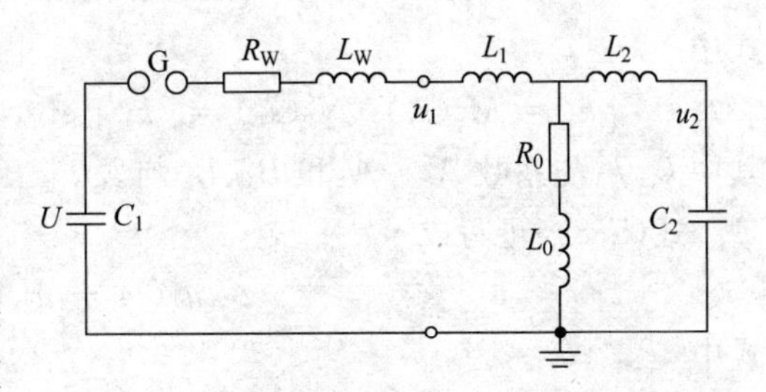


图 5-64 产生振荡型操作冲击电压的电路图

对确定的 OSI 电压发生电路,输出的 OSI 电压波形与电路元件参数有关。以下分析电路元件参数对 OSI 电压波形的影响。

(2) OSI 电压波形分析

对图 5-64 所示的 OSI 电压发生电路,可以使用运算法来计算变压器的 OSI 电压波形。采用运算法的优点是,可得到输出电压的解析表达式,由此可清晰地了解电路中发生的物理过程。

用运算法求解线性电路的过渡过程时,得到的象函数的一般形式通常是两个多项式之比,且分母多项式的次数大于分子多项式的次数。若将主电容的充电电压 $U$ 设定为相对值 1,可求得变压器副边输出电压的象函数为

$$U_2(s) = M_2(s)/N(s) \tag{5-83}$$

式中

$$N(s) = s^4 + A_1 s^3 + A_2 s^2 + A_3 s + A_4$$

$$M_2(s) = B_1 s + B_2$$

其中

$$A_1 = C_1 C_2 [R_w(L_0 + L_2) + R_0(L_1 + L_2 + L_w)]/A_0$$

$$A_2 = [(L_1 + L_0 + L_w)C_1 + (L_0 + L_2)C_2 + R_0 R_w C_1 C_2]/A_0$$
$$A_3 = [R_w C_1 + R_0(C_1 + C_2)]/A_0$$
$$A_4 = 1/A_0$$
$$A_0 = C_1 C_2[(L_0 + L_2)(L_1 + L_w) + L_0 L_2]$$
$$B_1 = L_0 C_1/A_0$$
$$B_2 = R_0 C_1/A_0$$

依据各电路元件参数值，计算得到系数 $A_0 \sim A_4$ 和 $B_1$、$B_2$ 的数值，代入式(5-83)，即可得到由数字系数表达的象函数 $U_2(s)$。

随后，对 $U_2(s)$ 进行拉氏反变换，得到输出电压 $u_2(t) = \mathcal{L}^{-1}[U_2(s)]$。为进行拉氏反变换，需求取上述一元四次方程 $N(s)=0$ 的根。对一元四次方程有各种求根方法，可参阅有关文献，例如[18]。对上述特定的 OSI 发生电路，$N(s)=0$ 的根是 2 对共轭复根

$$s_{1,2} = \alpha_1 \pm j\omega_1, \quad s_{3,4} = \alpha_3 \pm j\omega_3$$

式中，$s_1$、$s_2$、$s_3$、$s_4$ 与系数 $A_0 \sim A_4$ 有关。

通过拉氏反变换的运算[19]，可推导出：

$$u_2(t) = 2 \mid k_1 \mid e^{\alpha_1 t}\cos(\omega_1 t + \theta_1) + 2 \mid k_3 \mid e^{\alpha_3 t}\cos(\omega_3 t + \theta_3) \tag{5-84}$$

式中

$$k_1 = M_2(s_1)/N'(s_1) = \mid k_1 \mid e^{j\theta_1}, \quad k_3 = M_2(s_3)/N'(s_3) = \mid k_3 \mid e^{j\theta_3}$$

其中 $k_1$、$k_3$ 与系数 $A_0 \sim A_4$ 和 $B_1$、$B_2$ 有关。

式(5-84)可写成

$$u_2(t) = u_{21}(t) + u_{22}(t) \tag{5-85}$$

式中

$$u_{21}(t) = 2 \mid k_1 \mid e^{\alpha_1 t}\cos(\omega_1 t + \theta_1) \tag{5-86}$$
$$u_{22}(t) = 2 \mid k_3 \mid e^{\alpha_3 t}\cos(\omega_3 t + \theta_3) \tag{5-87}$$

由式(5-85)～式(5-87)可知，输出电压 $u_2(t)$ 由衰减振荡电压 $u_{21}(t)$ 和 $u_{22}(t)$ 两部分组成，它们具有不同的振荡频率，角频率分别为 $\omega_1$ 和 $\omega_3$。可将其中频率稍高的部分称为高频部分，另一个称为低频部分。

依据同样原理，可算得变压器的原边电压 $u_1(t) = u_{11}(t) + u_{12}(t)$，也是由两个不同频率的振荡电压 $u_{11}(t)$ 和 $u_{12}(t)$ 组成，振荡频率与 $u_{21}(t)$ 和 $u_{22}(t)$ 的分别相同。

**3. OSI 电压发生电路元件参数选择**

对确定的电力变压器，在图 5-64 所示操作冲击发生电路中，$L_1$、$L_2$、$L_0$、$R_0$ 和 $C_2$ 是变压器的固有参数，是确定值，可供选择的元件参数只有 3 个——主电容 $C_1$、调波电感 $L_W$ 和调波电阻 $R_W$，正确选择这 3 个元件参数，才能得到符合国家标准要求的 OSI 波形。

(1) 主电容

主电容 $C_1$ 的选择相对简单，为了保证足够的电压效率 $\eta$，$C_1$ 值通常取为 $C_2$ 值的 10 倍或以上。

(2) 调波电感

从后面图 5-65 可知，$T_p$ 主要取决于 $u_2(t)$ 的高频振荡部分。以 $f_h$ 表示高频振荡频率，$T_h$ 表示高频振荡波的周期。近似认为 $T_p = 0.5T_h$，则

$$f_h = 0.5/T_p \tag{5-88}$$

即可由要求的 $T_p$，估算出所需具有的高频振荡频率 $f_h$。

从图 5-64 所示电路可知，高频振荡可近似认为是在 $C_1$-$R_W$-$L_W$-$L_1$-$L_2$-$C_2$ 串联电路中产生，或简单表示为 R-L-C 串联电路，其中 $R=R_W$，$L=L_W+L_1+L_2$，$C=C_1C_2/(C_1+C_2)$。这样，高频振荡频率近似为 $f_h=1/(2\pi\sqrt{LC})$，通过运算，可得到

$$L_W=(4\pi^2 f_h^2 C)^{-1}-(L_1+L_2) \tag{5-89}$$

即可由前面估算的 $f_h$，再来估算调波电感 $L_W$。或将式(5-88)代入式(5-89)，得到 $L_W=(0.1T_p^2)/C-(L_1+L_2)$，或写成

$$L_W=[(0.1T_p^2)(C_1+C_2)/(C_1C_2)]-(L_1+L_2) \tag{5-90}$$

即可由要求的 $T_p$ 值，考虑电容、电感参数，由式(5-90)估算调波电感 $L_W$。

(3) 调波电阻

对上述 R-L-C 串联电路的放电过程，在 $R<2\sqrt{L/C}$ 的条件下，电路中发生的是衰减振荡过程，衰减系数 $\delta=R/(2L)$ 越大，衰减越快。

作一些假设，并通过对输出电压 $u_2(t)$、高频电压 $u_{21}(t)$ 和低频电压 $u_{22}(t)$ 的分析，得到调波电阻 $R_W$ 的估算公式为

$$R_W=-\{2(L_W+L_1+L_2)\times\ln[0.9-\cos(T_2/\sqrt{L_0(C_1+C_2)})]\}/T_2 \tag{5-91}$$

即可由要求的 $T_2$ 值，考虑电容、电感参数，由式(5-91)估算调波电阻 $R_W$。

**4. OSI 电压计算实例**

选用一台 110 kV/4 kV-2000 kV·A 变压器[20]作为计算对象，其参数为：$L_1=1$ mH，$L_2=1$ mH，$L_0=463$ mH，$R_0=160$ Ω，$C_2=0.0003059$ mF；OSI 电路中可选择的元件参数为主电容 $C_1$，调波电感 $L_W$ 和调波电阻 $R_W$。$C_1$ 的选择相对简单，而 $L_W$ 和 $R_W$ 可根据式(5-90)和式(5-91)进行估算。在此要强调，变压器的励磁绕组电抗 $L_0$ 对半峰值时间 $T_2$ 的影响较大，应准确确定(计算或实测)$L_0$ 的数值。根据变压器的铭牌额定数据，按空载电流计算励磁电感 $L_0$，这是比较简单的方法；但变压器在额定电压下使用后会留下剩磁，要充分考虑此剩磁对计算所得励磁电感的影响。

编写了计算 OSI 电路输出电压 $u_2(t)$ 波形的程序，见附录 D。计算时，时间 $t$ 的单位选为 ms，与此对应，电容 $C$、电感 $L$ 和电阻 $R$ 的单位分别为 mF、mH 和 Ω。

对这台变压器，如果要求获得波形参数 $T_p$ 为 0.2 ms、$T_2$ 为 1.5 ms 的 OSI 电压，那么 $C_1$、$L_W$ 和 $R_W$ 应选多大？选 $C_1=0.0036$ mF，用估算程序算得 $L_W=12.19$ mH，$R_W=14.68$ Ω。将它们输入程序，算得 $T_p=201.3$ μs，$T_2=1556$ μs。适当调整调波元件参数值，取 $L_W=12$ mH，$R_W=16.3$ Ω，可获得要求的波形。

主电容的充电电压 $U$ 设定为相对值 1，计算所得 $u_2(t)$ 的波形如图 5-65 所示。图 5-65(a)、(b)分别为 $u_2(t)$ 的低频振荡部分 $u_{22}(t)$ 和高频振荡部分 $u_{21}(t)$，图 5-65(c)为高频部分叠加于低频部分后的输出电压 $u_2(t)$。在 $t=0$ 的起始点，低频电压 $u_{22}$ 取正值，高频电压 $u_{21}$ 取负值，两者叠加，输出电压为 0。随后，在低频部分的基础上，叠加的高频部分逐步衰减，低频部分也将衰减(比高频部分慢得多)，形成输出电压 $u_2(t)$。在图 5-65(c)中还画出了振荡波形峰值点的包络线。

计算所得的结果归纳于下：

变压器副边输出电压 $u_2(t)$ 的最高峰值 $U_p$ 为 1.70，说明电压效率为 1.70；峰值时间

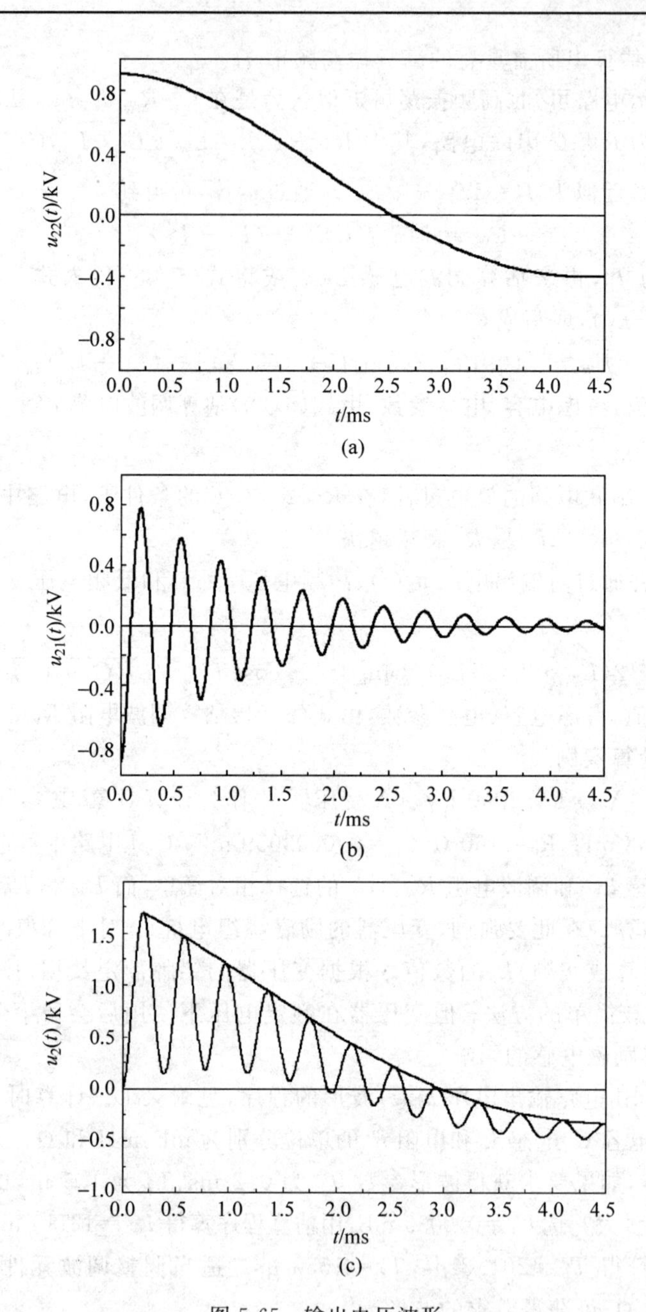


图 5-65　输出电压波形

(a) 低频振荡部分 $u_{22}(t)$；(b) 高频振荡部分 $u_{21}(t)$；(c) 两者叠加后的输出电压 $u_2(t)$

$T_p$ 为 200.1 μs，半峰值时间 $T_2$ 为 1502 μs，振荡频率 $f$ 为 2.56 kHz，结果是满意的，波形参数符合国家标准[13]的规定。

需要指出的是，通过另一程序算得的变压器原边电压 $u_1(t)$ 的最高峰值 $U_{1P}$ 为 1.45，对照已折合到原边的 $U_p$ 数值(1.70)，$U_{1p}$ 大约小了 14.7%。这与用感应法产生非振荡型操作冲击电压时的情况不一样，在 OSI 试验的情况下，不能再通过测量 $U_{1p}$ 然后由变压器的变比来获得高电压侧 $U_p$ 的数值。

# 思 考 题

5-1　在解释冲击电压发生器的动作原理时，为什么要强调其对地杂散电容的作用？

5-2　在如图 5-9 所示的发生器电路中，当各个电容器已充满电而 $g_1$ 触发后，请分析球隙 $g_2$ 上的过电压倍数值。

# 习　题

5-1　一台冲击电压发生器的放电等效回路如题图 5-1 所示。已知冲击电容 $C_1$ 为 0.02 μF，负荷电容 $C_2$ 为 2 nF，阻尼电阻 $R_d$ 为 100 Ω，若要获得 250 μs/2500 μs 的操作冲击波形，在不计充电电阻及电感 $L$ 的影响下，电阻 $R_f$ 及 $R_t$ 应取值多大？

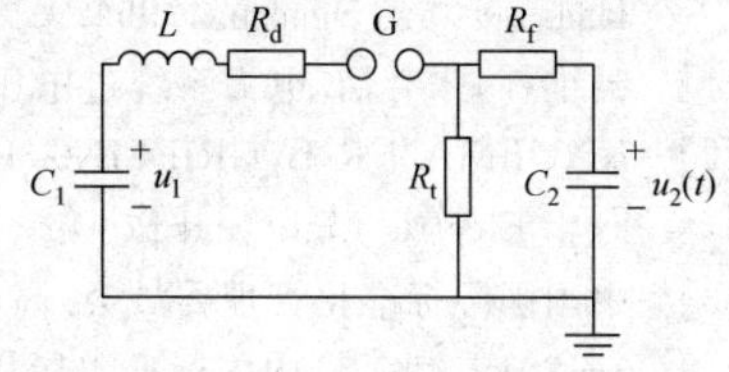

题图 5-1　发生器放电等效回路

5-2　一台冲击电压发生器的放电等效回路如题图 5-1 所示，$C_1$、$C_2$ 和 $R_d$ 的数值与上题相同。若要获得标准雷电冲击波形，请用近似计算式算出 $R_t$ 和 $R_f$ 及效率 $\eta$ 值。若考虑放电回路的总电感 $L$ 为 18.86 μH，$R_f$ 及 $R_t$ 按上面的计算值不变时，请计算一下波形的波前时间 $T_1$ 及半峰值时间 $T_2$。若实际电感比上述值大得较多，则波形将会发生什么变化？

5-3　一台冲击电压发生器的冲击电容值为 $C_1$，$C_1$ 甚大于试品和其他负荷电容的总值 $C_2$。若主放电回路的总电感 $L$=50 μH，并要获得标准雷电冲击电压波，请用处于临界阻尼条件下的简化计算式计算出最大允许的 $C_2$ 值。

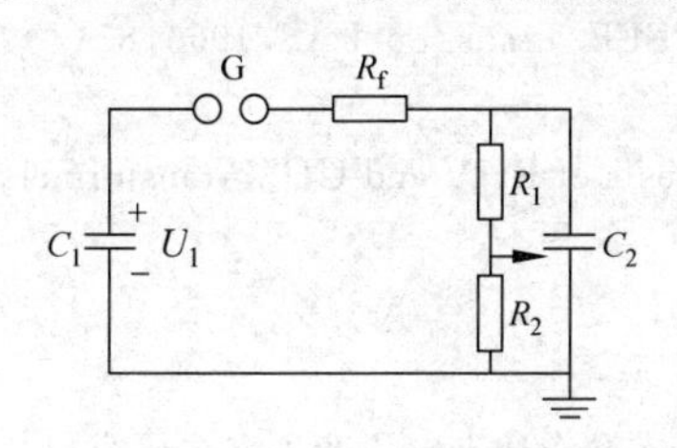

题图 5-4　放电电阻兼作分压器的电路

5-4　在题图 5-4 中已知 $C_1$=0.02 μF，$C_2$=1 nF，$U_1$=1.4 MV，$R_f$=650 Ω，$R_t$=2100 Ω。$R_1$ 为放电电阻兼作为分压器高压臂电阻。该电阻所用的合金丝的比热容为 0.42 J/(g·℃)，若电阻丝的总重量为 240 g，考虑绝热过程，试计算冲击电压发生器动作一次，$R_1$ 的温升为多高？（注：$R_1 \gg R_2$，故不必考虑 $R_2$ 的影响。）

5-5　题图 5-1 中，$C_1$ = 0.025 μF，$C_2$ = 1 nF，$L$ = 80 μH，已选定 $R_d$ = 80Ω，请用 FORTRAN 语言编出计算程序（参考附录 C）并上机计算出产生 1.2 μs/50 μs 波形下合适的 $R_f$ 及 $R_t$ 值并计算出效率 $\eta$ 值。写出 $u_2(t)$ 的解析表达式。

# 参 考 文 献

[1]　国际电工委员会. High Voltage Testing Techniques-Part 1：General test requirements：IEC 60060-1：2010[S]. 3rd ed. 2010.

[2]　中国国家标准化管理委员会. 高电压试验技术　第 1 部分：一般定义及试验要求：GB/T 16927.1—2011[S]. 北京：中国标准出版社，2011.

[3] HÄSTRÖM J K, et al. Applicability of different implementations of k-factor filtering schemes for the revision of IEC 60060-1 and-2[C]//Proceedings of the 14th International Symposium on High Voltage Engineering, Beijing, 2005, B-32: 92.
[4] 王雪刚，郭建贞，李众祥. 减小高电压大容量变压器雷电冲击峰值过冲的方法[C]//中国电机工程学会高压专委会2007年学术年会论文集，2007.
[5] THOMASON J L. Impulse generator circuit formulas[J]. Trans. Amer. I. E. E. 1934: 169-176.
[6] 谭浩强，田淑清. FORTRAN语言[M]. 北京：清华大学出版社，1990.
[7] ВОРОВЬЕВ A A. Высоковолътное испытательное оборудование и измерения [M]. Москва: Государственное Энергетическое Издательство, 1960.
[8] 张仁豫，陈昌渔，王昌长，等. 高电压试验技术[M]. 北京：清华大学出版社，1982.
[9] ARNOLD R. Increasing the trigger range of a Marx generator by means of auxiliary spark[J]. ETZ-A, 1971, 92(1): 56-57.
[10] СМИРНОВ С М, ТЕРЕНТЬЕВ П В. Генераторы импульсов высокого напряжения[M]. Москва: Издательство Энергия, 1964.
[11] 吴维韩，张芳榴. 电力系统过电压数值计算[M]. 北京：科学出版社，1990.
[12] KAUFMAN R B, GRIFFING R M. G. E. performs switching-surge tests on power transformers [J]. Electric Light and Power, 1964, (6): 68-71.
[13] 中国国际标准化管理委员会. 高电压试验技术 第3部分：现场试验的定义及要求：GB/T 16927.3—2010. 北京：中国标准出版社，2010.
[14] 唐山供电局修试所，清华大学高三班等联合试验组. 三相电力变压器的操作波试验[J]. 清华大学学报，1978, 18(1): 18-32.
[15] 陈昌渔. 电力变压器操作冲击试验电压波形的计算[J]. 高压电器，2016, 52(1): 27-29.
[16] ÄLGBRANT A. Switching surge testing of transformens[J]. IEEE Trans. on PAS, 1966, 85(1): 54-61.
[17] THIONE L, SPINELLI A, BOSSI A, et al. Switching impulse tests of EHV and UHV transformers [J]. IEEE Trans. on PAS, 1980, 99(2): 779-789.
[18] 数学手册编写组. 数学手册[M]. 北京：人民教育出版社，1979.
[19] 江缉光，刘秀成. 电路原理[M]. 北京：清华大学出版社，2007.
[20] 梁建锋，李军浩，侯欣宇，等. 基于IEC 60060-3标准的变压器感应式操作冲击电压产生方法研究[J]. 电工电能新技术，2014, 33(6): 75-80.

# 第6章 冲击高电压的测量

## 6.1 概 述

冲击电压,无论是雷电冲击波或是操作冲击波,都是快速或是较快速的变化过程。随着GIS装置的发展,在该装置中发生的操作冲击波是一个极快速瞬态过程,简称为VFTO(very fast transient overvoltage)过程。它的波形的变化过程更快,以纳秒计量。因此测量冲击高电压的仪器和测量系统,必须具有良好的瞬态响应特性。一些适宜于测量慢过程稳态(如直流和交流)电压的仪器和测量系统不一定适宜于或根本不可能用来测量冲击高电压。冲击电压的测量包括峰值测量和波形记录两个方面。能够直接测量冲击电压峰值的方法,仅为测量球隙。在测量波形及不想通过放电手段测量峰值时,需要通过由转换装置等所组成的测量系统来进行工作。最常用的转换装置是分压器。冲击测量系统通常由接有串联阻尼电阻的高压引线、分压器、接地回路、测量电缆或光缆以及示波器等的测量仪器所组成。与2.1节所述相同,冲击测量系统也由转换装置、传输系统和测量仪器等组件所组成。冲击测量系统也分为认可的测量系统及标准测量系统两类。无论对雷电还是对操作冲击电压的测量,其认可的测量系统需要满足的一般要求是:①测量冲击峰值(对雷电冲击是全波峰值)的扩展不确定度$U_{M1}\leqslant 3\%$。②测量波前截断冲击波的峰值时,如果截断时间为$T_c$,而$0.5\ \mu s<T_c<2\ \mu s$则测量的扩展不确定度$U_{M2}\leqslant 5\%$。③以$U_{M3}\leqslant 10\%$的扩展不确定度,测量定义冲击波形的参数。④测量可能叠加在冲击波上的振荡,以保证它们不超过GB/T 16927.1—2011规定的允许值。标准规定的冲击测量系统动态特性的要求,请见下面的6.3.8节。

目前最常用的测量冲击高电压的方法为:①测量球隙;②分压器与数字存储示波器(或数字记录仪)为主要组件的测量系统;③微分积分环节与数字存储示波器为主要组件的测量系统;④光电测量系统。

## 6.2 用球隙测量冲击电压的特点

球隙不仅可以测量交流电压和直流电压,也可以用来测量冲击电压。测量交、直流电压时的许多规定,仍可用于冲击测量,本节只介绍一些特点。冲击电压测量标准中规定,在测量标准全波和波尾截断的标准波时,峰值电压的扩展不确定度不应大于3%,球隙是能满足此点要求的。

一般间隙的冲击放电电压高于交流和直流的放电电压,冲击比大于1。因为球隙间的电场是稍不均匀电场,它的伏-时特性大体上是条水平线,冲击比等于1。所以球隙的冲击放电电压和交、直流放电电压可以并列在一张表中。但表中所列的是50%放电电压值,即是造成铜球隙50%放电概率的期望电压值。雷电冲击电压和操作冲击电压都可用球隙测量电压,并可在同一表中查得。但附录A中表A1的结果,不适用于10 kV以下的冲击电压测量。

测量交、直流电压时球隙必须串有很大阻值的保护电阻来保护球面和防止振荡,冲击放电时间很短,不需要保护球面,而且放电前经过球隙的电容电流较大,如串接电阻过大,会影响测量结果。但也不能不串接电阻,因为电阻可用来降低电压截断速度。否则在电压截断时,在试品上可能会引起不希望的电压。另一个目的是此电阻可用来消除大直径球的球隙回路中的振荡,这种振荡可能在球隙间引起比试品上更高的电压。对于较小直径的球,这一现象通常是不重要的。标准规定串联电阻的阻值不应超过500 Ω,为了避免造成振荡,电阻器应是低电感的,其电感量应不超过30 μH。

球隙放电的分散性较小,不过在冲击电压下,一般仍要经过2~3次预放电以后,放电才逐渐趋向稳定值。所谓稳定值仍是在一个较小范围内的分散值,所以球隙采用50%放电电压值来测量冲击电压。常采用多级法来确定50%放电电压值。根据情况可以固定电压,逐级调整球隙距离;也可以固定球隙,逐级调节施加的电压值。通常是由小值往大值调节。相邻两级间级差不大于预期放电电压的1%。每级加压至少10次,各次放电的时间间隔不小于30 s,共做5级。每级加压至少10次。由每级的放电概率及相应的电压值或距离,可在正态概率纸上求得50%放电电压值,见图6-1。国家标准GB/T 311.6—2005规定,除了确定50%放电电压之外,还应检验放电的惯用偏差$z$(即图6-1中标准偏差$\sigma$的相对值)。对雷电冲击全波电压,$z$应不大于1%;对操作冲击电压,$z$应不大于1.5%。标准规定也可以用放电的升降法来求取需要的数值。

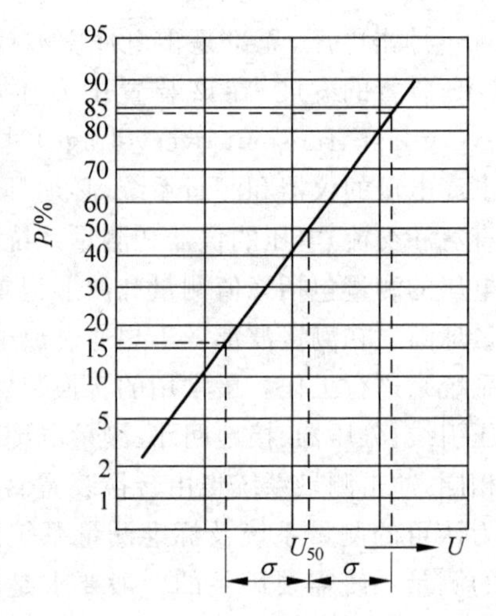

图6-1 电压与放电概率$P$

冲击电压发生器的放电火花,可以起到对铜球隙放电的照射作用。

# 6.3 冲击高电压分压器

## 6.3.1 冲击高压分压系统的构成

电压值不很高的冲击电压,如峰值为几千伏至50 kV,可以通过商品高电压探头或衰减器及通用的数字存储示波器直接进行测量。但当被测的冲击电压的峰值很高时,则必须要通过分压器等转换装置及其他多个部件组成的冲击高压分压系统来进行峰值及波形的测量。图6-2示明了冲击高压测试回路的布置概况。连接线的原则是,发生器应先连线到试品,然后从试品接线到分压器。避免在后者的连线上流过较大的电流,否则会造成测量误差。分压器与试品间为避免相互的电场及电磁场的干扰影响，两者必须相距一定的距离。然而中间的连线既然是测量系统的一个构成部分，它必然会对分压器的电压测量产生影响。在测量陡冲击波或波前截断波时，常在引线的首端加一阻尼电阻 $R_d$，其阻值选为 300 Ω～400 Ω，以与长引线形成的阻抗匹配，此引线始端的阻尼电阻，可以改善测量系统的转换特性。

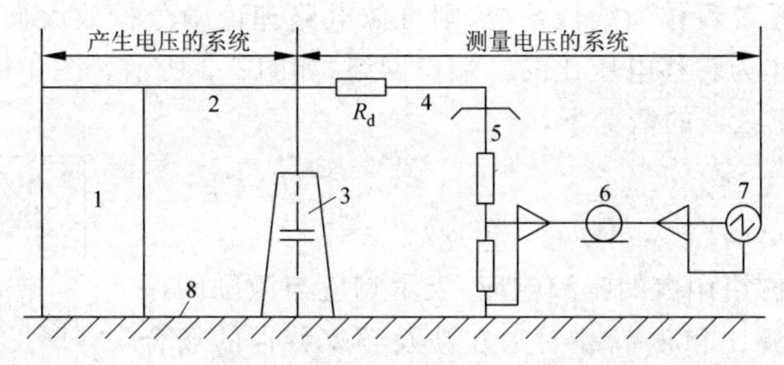


图 6-2 冲击高电压测试时的回路布置

1—冲击发生器；2—接试品的引线；3—试品；4—接分压器的引线；

5—分压器；6—同轴电缆；7—记录仪器；8—接地回路

图 6-2 中的终端测量仪器是记录仪器。以往是采用专门设计的高压示波器和峰值电压表，它们的电磁兼容特性相对较好。即使如此，记录仪器也要与高压试区相距几十米。目前已大量采用通用的数字存储示波器(或数字记录仪)取代传统的高压示波器及峰值电压表，传统的仪器已趋于淘汰。由于这些仪器是通用性的，电磁兼容特性较弱，除了必须远离高压试区外，还应把它放置在屏蔽室或屏蔽箱中使用，而且要采取其他严密的防干扰及反击措施，否则有可能在放电试验时，把弱电的元件打坏。为了消除记录仪器与高压试区间的强电场和电磁干扰及安全事故，须采取几十米长的射频同轴电缆，从分压器下端把电压信号引至记录仪器。同轴电缆的外层屏蔽层良好接地，可以屏蔽静电场，防止静电场对内导体的作用。但电缆的屏蔽层中多多少少会有一些与输送的信号不相关的电流流过，对输送的信号会产生严重的干扰。造成这种电流的原因之一是，电缆首端的接地端与分压器接地端相连，当试品或测量球隙放电时，此处会产生一冲击高电位。若电缆末端也接地，而两接地点之间又无良好的导体(如大面积的铜板)相连，此时电缆的外屏蔽层中，便会流过瞬间的电流。除此之外，附近的强干扰源，也会造成屏蔽外皮中的电流流动。若电缆的耦合阻抗不很小，这些电流会严重干扰输送的信号。在频域内，耦合阻抗 $Z_c(\omega)$的定义是：

$$Z_c(\omega) = (U_n/l)/I_d \tag{6-1}$$

式中，$U_n$——长度 $l$ 的电缆中屏蔽内表面的电压降；

$I_d$——屏蔽中的干扰电流。

若屏蔽是由刚性的金属管或波纹管做成，则当电流的频率增加时，$Z_c$ 将连续降低，比直流下的 $Z_c$ 值大为下降。因为涡流会减小圆柱形屏蔽内表面的电流密度。因此刚性的或可弯的波纹管的屏蔽最适用于减弱干扰。编织的屏蔽层，其耦合阻抗因受编织线间接触电阻的影响，通常 $Z_c(\omega)$仅在有限的频段内随频率下降，而后会随频率的上升而上升。双层屏蔽电缆有两层绝缘隔开的编织屏蔽层，有利于减小 $Z_c$ 值。图 6-2 中的接地回路 8 对测量工作也关系重大。在实验室内击穿放电时，会产生很大的振荡的短路电流，若仅用简单的导线作为接地回路，不可能使电压降减至很小。为了减小阻抗应采用高导电材料的铜或铝制成的大金属板。许多近期建造的高压实验室把这种接地回路与整个法拉第笼焊接在一起，使之构成全屏蔽的实验室。在较老的实验室里,至少应采用较宽的金属带来组成接地回路。

### 6.3.2 冲击测量系统的转移特性

**1. 频率响应**

简单地把测量系统看作为线性系统,则可像电路理论中分析放大回路、滤波回路一样,把冲击测量系统看作为转移电压比的二端口网络,如图 6-3 所示。图中网络函数 $N(s)$是复变量 $s$ 的函数。在正弦波的情况下,

$$s = \mathrm{j}\omega$$

$$N(\mathrm{j}\omega) = |N(\mathrm{j}\omega)| \underline{/\theta(\mathrm{j}\omega)}$$

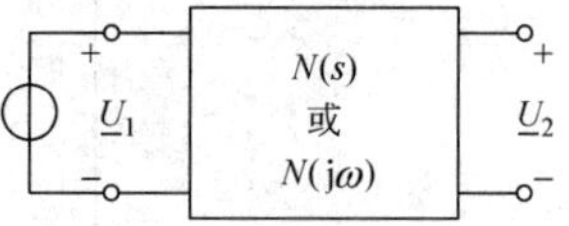

图 6-3 转移电压比的二端口网络

式中,$|N(\mathrm{j}\omega)|$——网络函数的幅频响应,表示响应与激励的振幅比和频率 $\omega$(注:在涉及频率特性的场合下,常简称角频率 $\omega$ 为频率)的关系;

$\theta(\mathrm{j}\omega)$——网络函数的相频响应,表示响应与激励的相位差对频率 $\omega$ 的关系。

在测量冲击电压时,激励电压为 $u(t)$,通常用 $t$ 的双指数函数来表示,如可以表达为

$$u(t) = A(\mathrm{e}^{-\alpha t} - \mathrm{e}^{-\beta t}) \tag{6-2}$$

式中,$-\alpha$ 及$-\beta$分别相当于第 5 章中的表达式(5-8)中的 $s_1$ 及 $s_2$。

在理论上可通过傅里叶正变换式,求出 $u(t)$的频谱密度函数。双指数波是由两个指数波所构成。为了显示简单起见,可只举其中一个指数波分量为例,求它的频谱密度函数[1]。

$$u_1(t) = \begin{cases} A\exp(-\alpha t), & t > 0, \alpha > 0 \\ 0, & t < 0 \end{cases}$$

傅里叶正变换式的一般表达式为

$$F(\mathrm{j}\omega) = \int_{-\infty}^{\infty} f(t)\exp(-\mathrm{j}\omega t)\,\mathrm{d}t \tag{6-3}$$

于是

$$\begin{aligned} U_1(\mathrm{j}\omega) &= \int_0^{\infty} A\exp(-\alpha t)\exp(-\mathrm{j}\omega t)\,\mathrm{d}t \\ &= [-A/(\alpha + \mathrm{j}\omega)]\exp[-(\alpha + \mathrm{j}\omega)t]\Big|_0^{\infty} \\ &= A/(\alpha + \mathrm{j}\omega) \end{aligned}$$

由此可得幅频函数:

$$|U_1(\mathrm{j}\omega)| = |A/(\alpha + \mathrm{j}\omega)| = A/(\alpha^2 + \omega^2)^{1/2} \tag{6-4}$$

相频函数:

$$\theta(\omega) = -\arctan(\omega/\alpha) \tag{6-5}$$

以上的幅度频谱和相位频谱分别如图 6-4(a)、(b)所示。

$u_1(t) = A\exp(-\alpha t)$既是标准冲击电压的一个组成部分,也可以代替一种波前无限陡、峰值为 $A$ 的一种冲击电压。对式(6-2)所示的双指数冲击电压的频谱密度函数,可按叠加关系写出。用同样的方法,可以求出截断时间为 $T_c$ 的冲击截波的频谱密度函数[2]。在图 6-5 中示明了标准雷电冲击(1.2 μs/50 μs)电压和不同截断时间 $T_c$ 的截断波的幅频函数的计算结果。从图中的数值可见,若测量的是光滑的 1.2 μs/50 μs 电压,测量系统的频响上限值 $f_B$ 达 0.5 MHz~1 MHz 即已足够。但冲击电压的波前和波峰上往往会叠加有杂散的高频振荡波,所以测量雷电冲击全波,$f_B$ 还应当高一些。有人提出要高达 5 MHz~10 MHz[2]。在

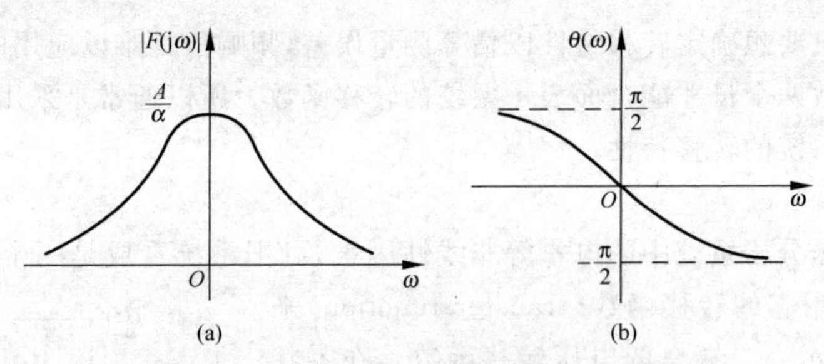


图 6-4 $Ae^{-\alpha t}$ 函数的幅度频谱和相位频谱

(a) 幅度频谱；(b) 相位频谱

测量 0.5 μs 截断的波前截断波时，由图 6-5 可见 $f_B$ 达 10 MHz 似也足够，但有的专家提出，此时要求的 $f_B$ 应大于 100 MHz[2]。不过很高电压的测量系统不可能达到这样高的 $f_B$ 值。标准允许专用另一降低电压的测量系统来进行叠加的高频振荡的测量。

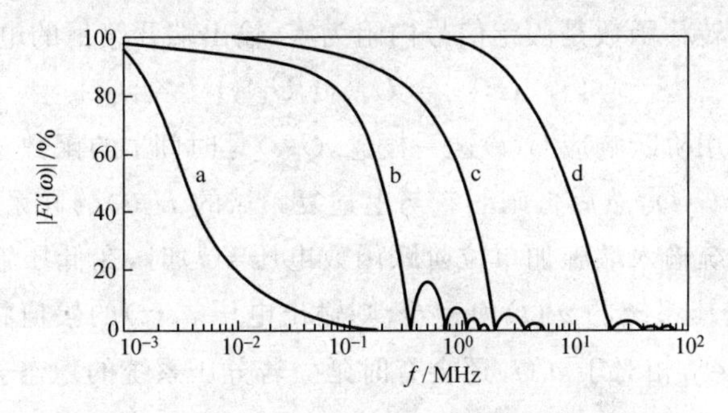


图 6-5 1.2 μs/50 μs 标准雷电脉冲的幅度频谱

a—全波；b—3 μs 截断波；c—0.5 μs 的波前截断波；d—0.05 μs 的波前截断波

在现行 IEC 及国家标准中列有幅-频响应 $G(f)$ 的条款，它定义为：当测量系统输入为正弦信号波时，以频率为函数的输出和输入之比。如图 6-6 所示为两条幅-频响应曲线的实例。其中由曲线 A 可表示出频率上限 $f_{2A}$ 和频率下限 $f_{1A}$。曲线 B 表示 $G(f)$ 在频率低至直流电压下还保持恒定，它还具有较高的频率上限 $f_{2B}$。$G(f)$ 的测量方法是对被试系统输入一个幅值已知的正弦波信号，该信号一般是低电压的，然后测量其输出电压。在适当频率范围内，重复进行试验即可测得幅频特性。实际上对较高电压的分压系统进行此项试验存在

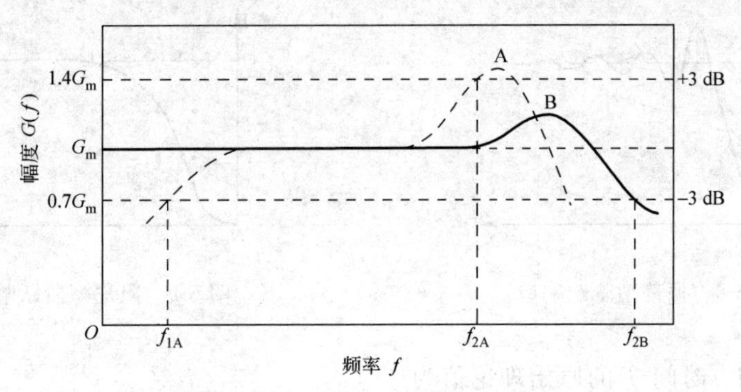


图 6-6 幅-频响应频幅极限实例

频率上限 $f_{2A}$ 和频率下限 $f_{1A}$ 如曲线 A 所示；曲线 B 表示响应直至直流电压下还保持恒定

一定的困难。而且要想确定转移特性以估算测量误差，频响法是难以应用的，因为需要用幅频函数及相频函数两个量才能全面表示系统的转移函数。所以通常是采用下面要讲的阶跃响应来反映分压系统的转移特性。

**2. 阶跃响应**

若忽略高电压分压系统中的电晕等非线性因素，可把系统看成是一个二端口网络。这种网络的性能可用它的转移函数(transfer function)来描述，如图 6-7 所示。二端口的电压转移函数是在零状态下，输出端的电压象函数与输入端的电压象函数之比(设 $I_o(s)=0$)。

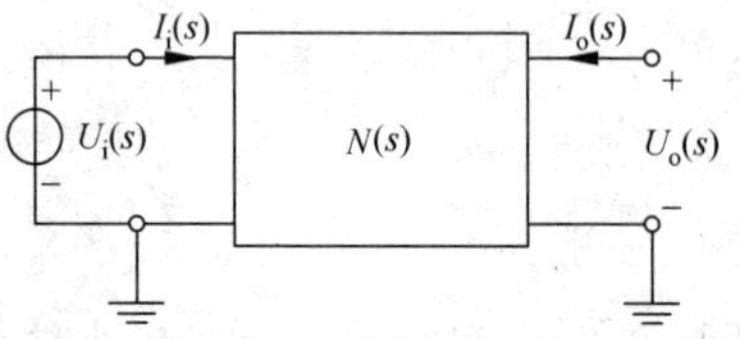

图 6-7　二端口电压转移函数

分压系统的输出端接的是各类示波器或记录仪，后者的输入阻抗很高，所以输出端的电流几乎为零。转移函数与输入端的信号内阻及输出端的信号阻抗相关。在此我们所说的电压转移函数是假定信号内阻为零，输出端开路下的电压转移函数

$$H(s) = U_o(s)/U_i(s) \tag{6-6}$$

高压测量中常应用阶跃响应 $G(t)$ 这一概念，$G(t)$ 是时间 $t$ 的函数。下面先讲解能反映测量系统动态特性的 $G(t)$，然后再阐明它与上述复频域的 $H(s)$ 的联系性。

当在高压分压系统输入端施加单位阶跃函数电压 $\varepsilon(t)$ 时，在低压输出端便可得一阶跃响应 $G(t)$。若输入分压系统的 $u_i(t)$ 为 $\varepsilon(t)$，则输出电压 $u_o(t)$ 的幅值将小得多，而且 $u_o(t)$ 的波前部分常会有畸变，相对于 $u_i(t)$ 还会有时延。若分压系统的稳态分压比为 $K$，

$$K = u_i(t)/u_o(t)\,|_{t\to\infty}$$

则分压系统的 $G(t)$ 的最终稳定值将为 $(1/K)\cdot\varepsilon(t)$。对于良好的测量系统，在短时间内即可达到其最终值。为了只比较输出端与输入端的波形，我们把输出电压归一化(normalize)。实际即把上述的 $G(t)$ 值乘以 $K$ 值，使阶跃响应成为归一化的阶跃响应 $g(t)$，即

$$g(t) = KG(t)$$

通常不计分压系统所产生的时延，可把波形开始输出的时间点作为原点。一种常见的 $g(t)$ 的图形如图 6-8 所示。对于连接线上接有阻尼电阻的电阻分压器，也可能出现图 6-9 所示的 $g(t)$ 图形。

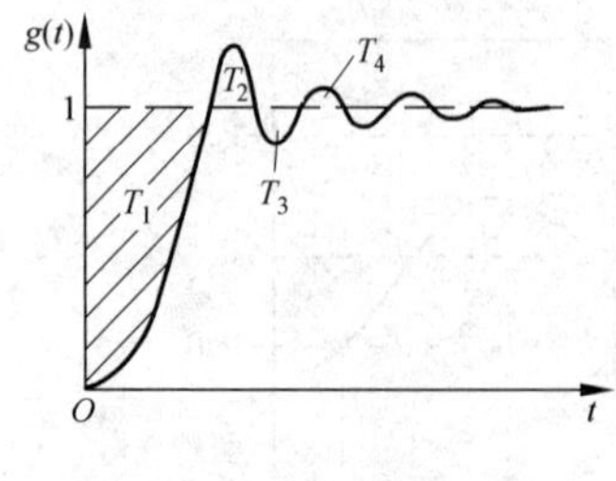


图 6-8　振荡型阶跃响应

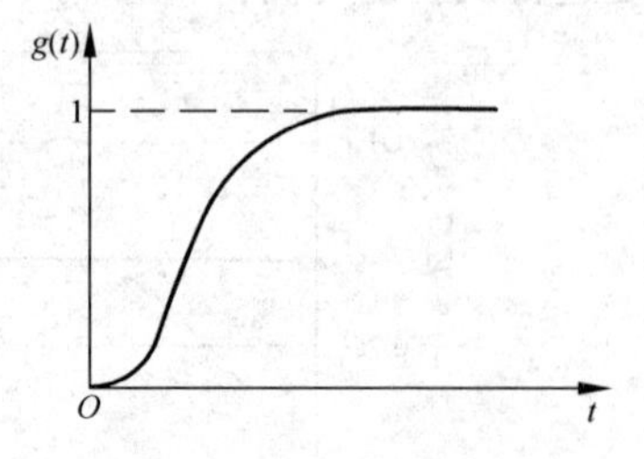


图 6-9　阻尼型阶跃响应

定义阶跃响应时间 $T$ 的原始理论值为

$$T = \int_0^{\infty} [1 - g(t)]\mathrm{d}t \tag{6-7}$$

对于图 6-8，有

$$T=T_1-T_2+T_3-T_4+\cdots$$

对于振荡型阶跃响应波，单位响应波形 $g(t)$ 及响应参数的定义如图 6-10 所示。$O_1$ 是阶跃响应原点，它是响应曲线在(单位)阶跃响应的零电平处脱离噪声首次开始单调上升的瞬间。图中 $\beta$ 是过冲值。剖面线的这块面积称为部分方波响应时间 $T_\alpha$。

老版本 IEC 标准[IEC 63-3(1976 年版)]曾规定阶跃响应时间为判断冲击分压器系统动态特性的主要判据。后来发现这是很不全面的。IEC 标准 60-2：1994 中，规定对认可的冲击测量系统，采用过冲 $\beta$ 和部分响应时间 $T_\alpha$ 作为判断动态性能的指标。但 2010 年颁布的最新版本标准[3]已经没有过冲 $\beta$ 方面的规定了。

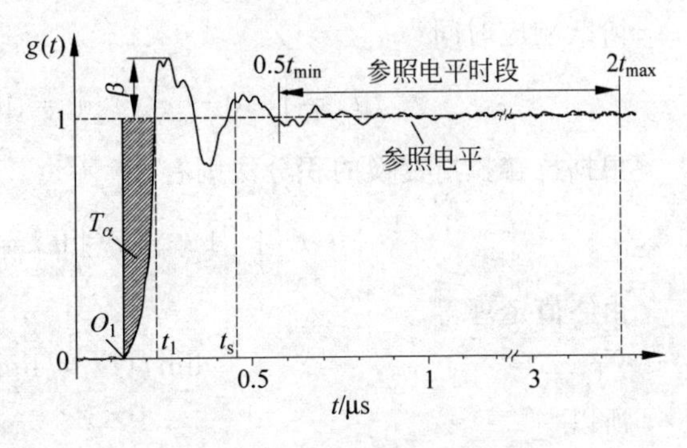

图 6-10 $g(t)$响应参数的定义

IEC 60060-2：2010 标准[3]及国家标准 GB/T 16927.2—2013[4]中规定，在标准测量系统的校准时可以采用和较高级标准测量系统进行比对测量(称为标准方法)，但也可以采用刻度因数的测量和阶跃响应评定的替代方法(见 6.3.8 节)。后者分别不同波形，用几个响应特性指标来判断(见 6.3.8 节)。特性指标之一是实验响应时间 $T_N$，它的定义与前述的原始阶跃波响应时间 $T$ 有某些相似之处。$T_N$ 是阶跃波响应积分自 $O_1$ 积分至 $2t_{max}$ 的值，即

$$T_N=\int_{O_1}^{2t_{max}}[1-g(t)]dt \tag{6-8}$$

式中，$t_{max}$ 是所测冲击电压标称时段的上限值。标称时段是指：测量系统被认可的相关冲击电压时间参数最小值($t_{min}$)和最大值($t_{max}$)之间的时间间隔。IEC 及国家标准都确定阶跃响应参照电平(reference level)的时间间隔，其下限等于 0.5 倍的标称时段的下限值即 $0.5t_{min}$，其上限等于 2 倍的标称时段的上限值即 $2t_{max}$。

对于雷电冲击全波和波尾截断的冲击波，$t_{max}$ 规定等于最长的波前时间 $T_{1,max}$，而 $t_{min}$ 为最短的波前时间 $T_{1,min}$。对于波前截断的冲击波，$t_{max}$ 规定等于最长的截断时间 $T_{c,max}$，而 $t_{min}$ 为最短的截断时间 $T_{c,min}$。

对于优质测量系统而言，$g(t)$ 较快稳定到最终值 1，式(6-8)的积分上限值取为 $2t_{max}$ 或 $\infty$，对积分值差别不大。著名高电压技术专家 Zaengl 教授认为[2]尽管阶跃响应时间 $T$ 这个参数存在不足之处，但仍应承认，它在衡量测量系统的转移特性方面的作用。而且它在电网络的计算方面，也存在一些优点，在 $n$ 个线性网络相级联时，可以证明[5]

$$T=\sum_{k=1}^{n}T_k$$

前面已讲过，可把测量系统看作为线性二端口网络(见图 6-7)。由此可推导出单位阶跃响应 $g(t)$ 及阶跃响应时间 $T$ 与电压转移函数 $H(s)$ 之间的关系。对分压测量系统，采用归一化的电压转移函数 $h(s)$ 较为方便。后者为稳态分压比 $K$ 乘以 $H(s)$。则分压比和转移函数分别为

$$K=\lim_{s\to 0}\left[\frac{U_i(s)}{U_o(s)}\right]=\lim_{s\to 0}\left[\frac{1}{H(s)}\right]$$

$$h(s) = KH(s)$$

根据 $G(t)$ 的定义可写出：

$$G(t) = \mathcal{L}^{-1}[H(s)/s] \tag{6-9}$$

归一化的单位阶跃响应为

$$g(t) = KG(t) = \mathcal{L}^{-1}[h(s)/s] \tag{6-10}$$

阶跃响应时间为

$$T = \int_0^{\infty}[1-g(t)]\mathrm{d}t = \lim_{t\to\infty}\left\{\int_0^t[1-g(t)]\mathrm{d}t\right\}$$

根据拉普拉斯变换的积分法则有

$$\mathcal{L}\left\{\int_0^t[1-g(t)]\mathrm{d}t\right\} = \frac{1}{s}\left[\frac{1}{s}-\frac{h(s)}{s}\right]$$

由终值定理得

$$\lim_{t\to\infty}f(t) = \lim_{s\to 0}[sF(s)]$$

所以

$$T = \lim_{s\to 0}\{[1-h(s)]/s\} \tag{6-11}$$

根据物理概念

$$\lim_{t\to\infty}g(t) = 1$$

由终值定理可得

$$\lim_{s\to 0}h(s) = 1$$

代上式至式(6-11)，不能得解。但采用洛必达法则即可得

$$T = \lim_{s\to 0}[-\mathrm{d}h(s)/\mathrm{d}s] = \lim_{s\to 0}[-h'(s)] \tag{6-12}$$

有的教材[2]采用网络矩阵 $\boldsymbol{A}$ 和归一化电压转移函数 $h(s)$ 分析高压测量系统，并由此导出阶跃响应 $g(t)$ 和阶跃响应时间 $T$ 值。这些分析方法具有一定的方便性。本书中有的地方也采用了这一方法。

知道分压器测量系统的阶跃响应 $g(t)$ 后，理论上便可以求出输入端施加任何波形时的低压臂上的响应波形。因为知道 $g(t)$，相当于知道归一化电压转移函数 $h(s)$（见式(6-10)）及 $H(s)$，输入电压即为激励电压 $U_{\mathrm{i}}(s)$。于是，可求出其零状态下的响应电压为

$$U_{\mathrm{o}}(s) = U_{\mathrm{i}}(s)H(s) \tag{6-13}$$

低压臂输出电压

$$u_{\mathrm{o}}(t) = \mathcal{L}^{-1}[U_{\mathrm{o}}(s)]$$

也可以用卷积定理求出 $u_{\mathrm{o}}(t)$。

$$h(t) = \mathcal{L}^{-1}[h(s)],\quad h(s) = s\cdot\mathcal{L}[g(t)] = \mathcal{L}[g'(t)]$$

$$u_{\mathrm{o}}(t) = u_{\mathrm{i}}(t)*h(t) = \int_0^t u_{\mathrm{i}}(\tau)h(t-\tau)\mathrm{d}\tau = \int_0^t u_{\mathrm{i}}(\tau)g'(t-\tau)\mathrm{d}\tau \tag{6-14}$$

根据卷积交换律，也可以写为

$$u_{\mathrm{o}}(t) = h(t)*u_{\mathrm{i}}(t) = \int_0^t h(\tau)u_{\mathrm{i}}(t-\tau)\mathrm{d}\tau = \int_0^t g'(\tau)u_{\mathrm{i}}(t-\tau)\mathrm{d}\tau$$

此外根据杜阿美尔(Duhamel)积分式，在现条件下又可表达为另外两式，其中之一为

$$u_{\mathrm{o}}(t) = \int_0^t u_{\mathrm{i}}'(\tau)g(t-\tau)\mathrm{d}\tau \tag{6-15}$$

新标准已规定可用阶跃响应卷积法来确定测量系统的动态特性。标准中引用的是式(6-15)。

### 6.3.3 各类冲击电压分压器概述

分压器作为转换装置是常用的冲击测量系统的主要组成部分之一。它的作用是把高达几十万伏或几百万伏的冲击高电压转换成示波器等记录仪能够测量的低电压。老式的高压示波器的现象板上最高能施加 1 kV～2 kV，而通用的数字存储示波器一般只能加上几十伏。所以要通过高压分压器把高电压转换成几百伏或上千伏的电压输入同轴电缆，然后在电缆末端再装一个小型分压器(它起着二次分压的作用)，再次把电压降成适宜于数字示波器测量的几百毫伏至几十伏电压。

冲击电压分压器可分为电阻分压器、电容分压器和阻容分压器。前两类分压器与前面讲述过的稳态电压下的分压器基本原理相似，但由于有动态特性的要求，它应尽可能做成接近是无感的。电阻分压器的阻值也远比稳态电压下所应用的分压器为小，由于热容量的限制，它的极限电压是 2 MV，而且只用它来测量雷电冲击电压。电容分压器由于存在回路杂散振荡问题，应用它测量雷电冲击电压时，其额定电压也不能太高，它是测量操作冲击电压的主要分压器。为了阻尼电容分压器回路的振荡，发展了阻容串联分压器。以往生产的阻容并联分压器，在快速的雷电冲击电压作用下，存在着与纯电容分压器相同的缺点，即难以阻尼分压器回路的杂散振荡。从测量雷电冲击电压而言，它并没有太多的优点，已被阻容串联分压器所取代。

配合数字存储示波器的测量，可以采用一种较晚发展起来的特殊分压系统——微分积分测量系统。它的优点是对发生器的负载效应很小，可以使商品的充气标准电容器成为测量冲击电压的主要元件。

以上各类分压器均可用来组成认可的测量系统。需测量很高电压(如电压高达 2 MV～5 MV 或更高)的雷电冲击电压时，宜采用串联阻容分压器。雷电冲击下的标准测量系统，可由日本首先研制出来的压缩型电阻分压器组成，电压峰值高达 1 MV 的该种类型分压器，完全可以满足标准所要求的各项特性指标。德国物理技术研究院(PTB)为 IEC 工作组研制成了高性能的 500 kV 阻容分压器，由它可以组成标准冲击测量系统。从原理上讲，它可以兼作为交流、雷电冲击、操作冲击测量之用。不过非充气式电容器的温度特性和长期稳定性要比优质电阻丝绕成的电阻器差。但电容值可以定期用电桥校正。

标称电压高的冲击电压发生器，应配备较高电压和较低电压两套分压器，以增加测量工作的灵活性。较高电压的分压器应是“认可的”类型，而较低电压则是“标准的”类型。用后者可以定期校准前者。而且根据 1997 年版国家标准的建议，两者还可以相互取长补短。在测量较高电压冲击波时，先用高电压的分压器采集波形，然后降低电压，再用较低电压的标准分压器补测波形上所叠加的杂散高频振荡波。

除了高动态特性的要求外，对冲击分压器还要求有高稳定度、高线性度和元件的低温度系数。这些要求与稳态下用的分压器相似(见 2.4 节)。

下面逐一讲述各类分压器的特性。

### 6.3.4 电阻分压器

在雷电冲击电压条件下，采用电阻分压器作为转换装置，具有一定的优点：

(1) 当它采用温度系数小的电阻丝康铜丝或温度系数小而且电阻率高的卡玛丝绕成时,它的温度稳定性高,长期稳定性也较高。

(2) 采用压缩型电阻分压器结构,它的响应特性有可能比较高。

由于具有上述优点,较多的标准测量系统是由电阻分压器组成的。但它还有一些不足之处:

(1) 为追求高响应性能,它的阻值不能太高。由于它会对冲击电压发生器造成负载影响,它的接入会缩短冲击波的半峰值时间。但一般可以通过调整发生器的放电电阻来解决。

(2) 由于工作时电阻会发热,电阻的能量消耗与所加电压的平方值相关,这就造成了当阻值选为 10 kΩ～20 kΩ 时,所加雷电冲击电压不能高于 2 MV 的主要原因。作为标准分压器,阻值应该不大于 10 kΩ。

同样由于上述原因,电阻分压器难以应用于测量操作冲击电压。

电工界所用的电阻分压器,通常是用优质电阻丝无感绕成。为了减小电感,要求在满足阻值及限制温升的前提下,电阻丝应尽可能短。从此观点来说,上述的卡玛丝不仅电阻温度系数很低,而且电阻率较高,最宜于选用。它的绕制方法与冲击电压发生器的波前电阻等基本上相同,可参看图 5-43。所谓无感绕法实际上还是存在电感的,残余电感的大小,决定于流过相反方向电流的相邻两根丝的靠近程度。在匝间绝缘允许的条件下,匝间距离应尽可能缩短。如采用涂敷绝缘漆的电阻丝,可以绕得很密。若把电阻浸在绝缘油里,不仅可以缩短匝间距离,而且可增大热容量、提高电晕起始电压,从而缩小电阻体的尺寸。冲击电阻分压器的典型阻值是 10 kΩ,最好不超过 20 kΩ,最小不低于 2 kΩ。研制工作表明较高电压小于 2 kΩ 的分压器,容易在阶跃响应上产生高的过冲。分压器的总高度决定于工作电压,即应保证在额定工作电压下不发生闪络。电阻丝的直径按它的阻值及通过的冲击电流峰值及波形来决定,即由耗散的电能所达到的温升来决定。一般所用的绝缘结构材料允许温升后到达 150 ℃。冲击试验是连续多次的,每次过程是极其短暂的,可按绝热过程来考虑。如考虑每分钟作用 2～3 次冲击电压,则须考虑冲击多次后温度会累积上升。在保守的考虑情况下,可把在额定电压作用下的一次冲击温升限制至 50 ℃,允许每克电阻丝在每次冲击时消耗能量 20 J。若考虑很少应用在额定电压下,则温升的限制值可以适当升高。

**1. 电阻分压器性能分析**

电阻分压器是由电阻丝无感绕法绕成的,但还存有一些残余电感 $L$。一般认为 $L/R<T_1/20$($T_1$ 为波前时间)时,在分析分压器回路时,可不考虑电感的影响。现把分压器看成由分布参数组成,且考虑有对地杂散电容的影响。把它分成无穷多个小段,整个分压器由这许多个小段级联构成。其电路模型如图 6-11 所示。认为接地端 $x=0$,全长为 $l$。设 $R'$ 为单位长度上的电阻值;$K'$ 为单位长度上的纵向电容值;$C'$ 为单位长度的对地杂散电容值。这样,每 $\mathrm{d}x$ 长的电阻为 $R'\mathrm{d}x$;每 $\mathrm{d}x$ 长的纵向电容为 $K'/\mathrm{d}x$;每 $\mathrm{d}x$ 长的对地电容为 $C'\mathrm{d}x$。在 $x=l$ 处加上幅值为 $U_0$ 的阶跃脉冲电压波。通过下面的电路分析,求 $x$ 处的电压 $u(t)$,最终求分压器低压臂输出端 $X$ 处的电压 $u(t)$。$X$ 是离 $x=0$ 处很近的位置,即 $X\ll l$。

电路状况的初始部分分析与交流分压器是一样的。请参见式(2-8)～式(2-14)。因此在采用拉普拉斯变换的分析法时,可以得到在 $x$ 处的电压 $U(s)$ 为

$$U(s)=A\cosh\lambda x+B\sinh\lambda x$$

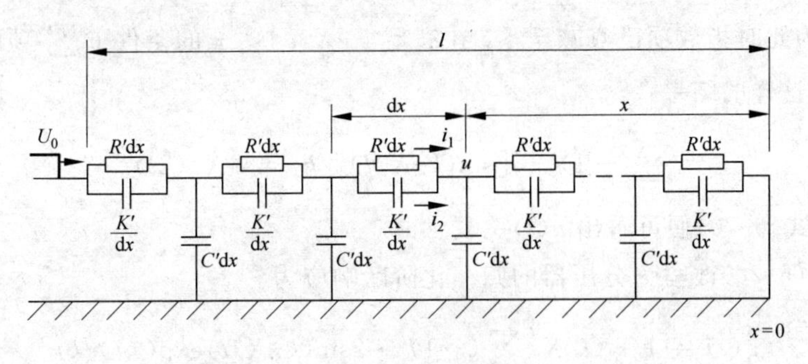


图 6-11 分压器的分布参数电路

利用边界条件

$$x=0,\quad U(s)=0$$

$$x=l,\quad U(s)=U_0/s$$

得

$$U(s)=U_0\,\frac{\sinh(\lambda x)}{s\sinh(\lambda l)}=\frac{\sinh\left(\dfrac{x}{l}\sqrt{\dfrac{RCs}{1+KRs}}\right)}{s\sinh\left(\sqrt{\dfrac{RCs}{1+KRs}}\right)}U_0 \tag{6-16}$$

式中，$R$——电阻分压器全长总电阻，$R=R'l$；

$C$——电阻分压器全长对地总电容，$C=C'l$；

$K$——电阻分压器全长纵向总电容，$K=K'/l$。

利用分解定理得

$$u(t)=U_0\left[\frac{x}{l}+\sum_{k=1}^{\infty}\frac{2\sin\left(\dfrac{x}{l}k\pi\right)}{\pi k\cos(k\pi)}\,\frac{\exp(s_k t)}{1+(k^2\pi^2K/C)}\right] \tag{6-17}$$

式中

$$s_k=-\frac{k^2\pi^2}{RC\left(1+k^2\pi^2\dfrac{K}{C}\right)} \tag{6-18}$$

电阻分压器的纵向电容比对地电容小得多，可以略去不计，故

$$u(t)=U_0\left[\frac{x}{l}+\sum_{k=1}^{\infty}\frac{2\sin\left(\dfrac{x}{l}k\pi\right)}{k\pi\cos(k\pi)}\cdot\exp(s_k t)\right] \tag{6-19}$$

式中

$$s_k=-k^2\pi^2/RC$$

若要求分压器低压臂输出端的电压，则令 $x=X$ 即可。此时可把式(6-19)改写为

$$u(t)=U_0\left[X/l+\sum_{k=1}^{\infty}(-1)^k\cdot 2\sin(k\pi X/l)\exp(s_k t)/k\pi\right] \tag{6-20}$$

从式(6-20)可以看到，当 $t\to\infty$ 时，低压臂可以获得按稳态分压比(即 $X/l$ 的倒数值)的

输出电压,因为此时指数项已衰减至零。在满足 $|\pi X/l|<\pi$ 的条件下 $\sum$ 项中无限项三角级数之和具有这样的结果:

$$\sum_{k=1}^{\infty}(-1)^{k-1}\{[\sin(k\pi X/l)]/k\}=\pi X/(2l)$$

当 $t=0$ 时,从式(6-20)便可看出 $u(t)=0$。

可以把式(6-20)改写为分压器的归一化阶跃响应为

$$g(t)=1+(l/X)\sum_{k=1}^{\infty}(-1)^{k}\cdot 2\sin(k\pi X/l)\exp(s_{k}t)/k\pi \tag{6-21}$$

式(6-21)中的e指数项,随着 $k$ 和 $t$ 的增长衰减得很快,所以 $k$ 只要取值到一个不过大的自然数 $n$ 为止,即可满足工程运算的要求。这样便可认为 $\sin(k\pi X/l)\approx k\pi X/l$,于是可把式(6-21)改写为

$$g(t)\approx 1+2\sum_{k=1}^{n}(-1)^{k}\exp[-k^{2}\pi^{2}t/(RC)] \tag{6-22}$$

如令 $(RC)/\pi^{2}=\tau$,则上式可写为

$$g(t)\approx 1+2\sum_{k=1}^{n}(-1)^{k}\exp(-k^{2}t/\tau) \tag{6-23}$$

即

$$g(t)\approx 1-2[\exp(-t/\tau)-\exp(-4t/\tau)+\exp(-9t/\tau)-\exp(-16t/\tau)+\cdots] \tag{6-24}$$

根据阶跃响应时间的定义

$$T=\int_{0}^{\infty}2\sum_{k=1}^{n}(-1)^{k+1}\exp[-k^{2}\pi^{2}t/(RC)]\mathrm{d}t=(2RC/\pi^{2})\sum_{k=1}^{n}(-1)^{k+1}/k^{2} \tag{6-25}$$

当式(6-25)中 $n$ 值取得大时,通过 $f(y)=y^{2}$ 分解为三角级数,最终令 $y=0$ 可证明

$$\sum_{k=1}^{n}(-1)^{k+1}/k^{2}\approx\pi^{2}/12$$

可得

$$T=RC/6 \tag{6-26}$$

文献[6]首先把式(6-19)推导成为

$$u(t)=U_{0}(X/l)\left[1+2\sum_{k=1}^{\infty}(-1)^{k}\exp(-k^{2}t/\tau)\right]$$

杨学昌教授认为该文献在数学处理上,存在着自相矛盾的缺陷,为此他重新进行了严密的数学推导[7],最终获得了确切的 $u(t)$ 表达式,并由此得出了下式的结果:

$$T=(RC/6)[1-(X/l)^{2}]$$

在 $X\ll l$ 时,$T\approx RC/6$。

此结果与式(6-26)相同。

**例 6-1**　有一台电阻分压器,阻值 $R$ 为 $2\times10^{4}\ \Omega$,对地杂散电容 $C$ 的总值为 50 pF,请画出大致的 $g(t)$,并计算 $T$ 的理论值。

**解**　由已知

$$\tau=RC/\pi^{2}=2\times10^{4}\times50\times10^{-6}/\pi^{2}\approx0.1\ \mu\text{s}$$

根据前面讲述过的 $t$ 的两个极端值时的 $g(t)$ 值为

$$t = 0 \text{ 时}, g(t) = 0$$

$$t \to \infty \text{ 时}, g(t) = 1$$

其他 $t$ 处于稍大值时的 $g(t)$，可以根据式(6-23)进行计算，$n$ 取到 6 时计算准确度即已足够。计算结果如表 6-1 所示。

**表 6-1 计算结果**

| $t/\mu s$ | 0 | 0.02 | 0.10 | 0.20 | 0.53 | $\infty$ |
|---|---|---|---|---|---|---|
| $g(t)$ | 0 | 0.01 | 0.30 | 0.73 | 0.99 | 1.0 |

由此可画出 $g(t)$ 图形如图 6-12 所示。

响应时间为

$$\begin{aligned} T &\approx RC/6 \\ &= 2\times 10^4\ \Omega \times 0.05\ \text{nF}/6 \\ &\approx 166.7\ \text{ns} \end{aligned}$$

譬如已知电阻分压器的 $g(t)$ 如式(6-21)所示。现欲求输入电压 $u_i(t) = A[\exp(-\alpha t) - \exp(-\beta t)]$ 条件下的输出电压 $u_o(t)$。根据前述的式(6-10)、式(6-13)、式(6-14)关系式或卷积公式(6-15)，先计算出对应于输入电压第一个分量 $u_{i1} = A\exp(-\alpha t)$ 时的输出电压 $u_{o1}(t)$。经过计算可得标准化的输出电压为

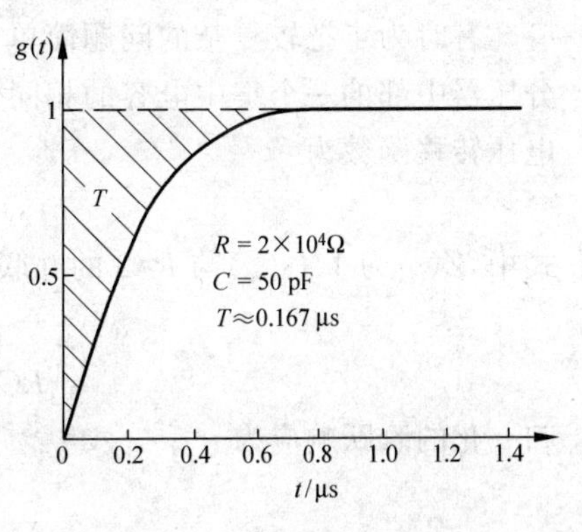


图 6-12 电阻分压器的阶跃响应

$$u_{o1}(t) = (2Al/\pi X)\sum_{k=1}^{\infty}(-1)^k[k\sin(k\pi X/l)][\exp(-\alpha t) - \exp(-k^2 t/\tau)]/(\alpha\tau - k^2) \tag{6-27}$$

式中，$\tau = RC/\pi^2$。

（注：标准化的输出电压(nomalized output voltage)，此处特不称为归一化，以免产生矛盾。）

然后可计算出输入电压为 $u_{i2} = A\exp(-\beta t)$ 下的输出电压的第二个分量 $u_{o2}(t)$。显然 $u_{o2}(t)$ 与 $u_{o1}(t)$ 的计算式基本上一样，只需把式(6-27)中的 $\alpha$ 置换成 $\beta$ 即可。则

$$u_o(t) = u_{o1}(t) - u_{o2}(t)$$

下面写出输出电压 $u_o(t)$ 的表达式，为了简化表达式并避免符号混淆，以 $N$ 代表分压器的稳态分压比，即 $N = l/X$，所以标准化的输出电压为

$$\begin{aligned} u_o(t) = \frac{2NA}{\pi}\sum_{k=1}^{\infty}(-1)^k k\sin(k\pi/N)\Big[\Big(\frac{\exp(-\alpha t)}{\alpha\tau - k^2} - \frac{\exp(-\beta t)}{\beta\tau - k^2}\Big) - \\ \frac{\tau(\beta-\alpha)\exp(-k^2 t/\tau)}{(\alpha\tau - k^2)(\beta\tau - k^2)}\Big] \end{aligned} \tag{6-28}$$

当 $RC$ 值较大时，$\tau$ 较大，造成的误差也较大。具体计算一下在 $\tau$ 较大且 $\alpha$ 及 $\beta$ 也很大(即冲击波为陡波前和短半峰值时间)时的 $u_o(t)$，还可发现除了有波形畸变外，还可以产生峰值误差。在一般的 $\tau$ 值条件下，半峰值时间为 50 $\mu$s 下的峰值误差是极小的。波形变化的情况如图 6-13 所示。

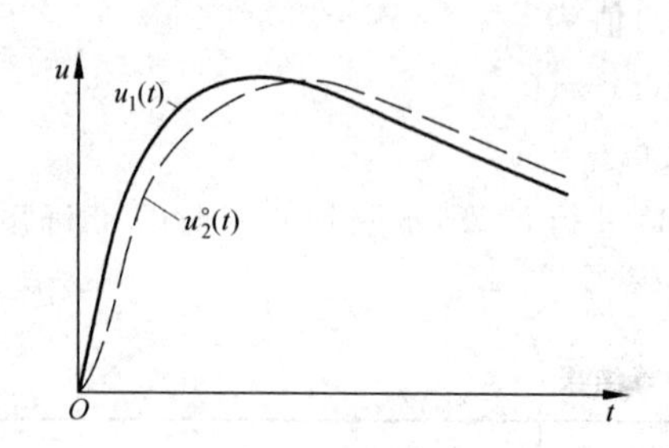


图 6-13 双指数冲击波通过电阻分压器后的波形变化

$u_1(t)$—输入波形；$u_2^{\circ}(t)$—测得波形(已标准化)

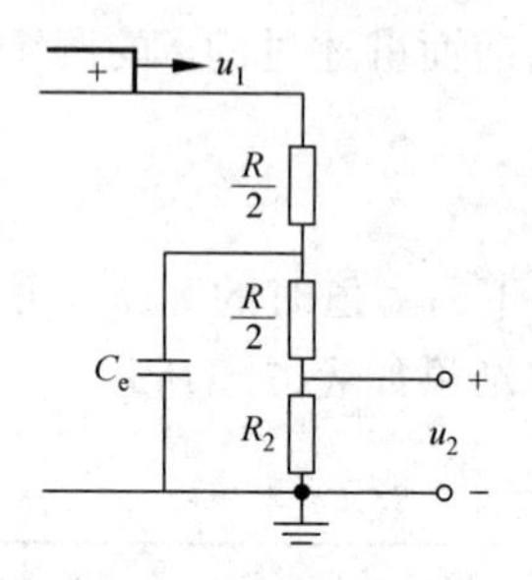


图 6-14 具有集中 $C_e$ 的电阻分压器的等效电路

有时为了把较复杂的问题简单化,可把电阻分压器的对地分布电容的效应看成是处于分压器中部的一个集中电容的相同效应。其电路如图 6-14 所示。此分压器系统的归一化电压转移函数为

$$h(s) = 2Z(s)/[R/2 + Z(s)]$$

式中,$Z(s)$为$1/(sC_e)$与$R/2$的并联阻抗值。

$$h(s) = 4/(RC_e s + 4) = 1/(Ts + 1)$$

$$T = RC_e/4$$

归一化的阶跃响应为

$$g(t) = \mathcal{L}^{-1}[h(s)/s]$$

即

$$g(t) = 1 - \exp(-t/T) \tag{6-29}$$

式中,$T$值即为阶跃响应时间。以前已证明,当分压器的对地分布电容总值为$C$时,$T \approx RC/6$。所以

$$C_e \approx 2C/3$$

在图 6-15 中,进行了单指数与多指数两种阶跃响应曲线的比较。两者的形状是不一样的,但$g(t)=1$的横线与两响应曲线之间所夹的面积$T$是一样大小的。

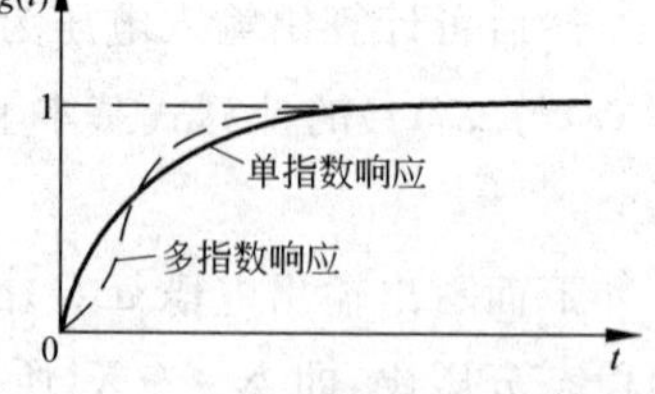


图 6-15 单指数和多指数阶跃响应曲线

式(6-29)所示的$g(t)$,比之由式(6-21)或式(6-23)所示的$g(t)$大为简化。借助于把对地杂散电容集中在分压器中央时所获得的电压传递函数$h(s)$或阶跃响应$g(t)$,可较方便地计算分压器在不同激励波条件下的响应波。下面举两个计算实例。

**例 6-2** 已知电阻分压器的归一化传递函数为

$$h(s) = 1/(Ts + 1), \qquad T = RC_e/4$$

求分压器的输入电压$u_i = A\exp(-\alpha t)$时的低压臂的标准化输出电压$u_o(t)$。

**解** $u_i = A\exp(-\alpha t)$

它的象函数为

$$U_i(s) = A/(s + \alpha)$$

$$U_o(s) = U_i(s)h(s) = A/[T(s+1/T)(s+\alpha)]$$

所以标准化输出电压为

$$u_o(t) = \mathcal{L}^{-1}U_o(s) = A[\exp(-\alpha t) - \exp(-1/T)]/(1-\alpha T) \tag{6-30}$$

根据式(6-30)的结果，读者可写出输入电压为双指数波形下的低压臂输出电压。

**例 6-3** 已知电阻分压器的归一化阶跃响应为

$$g(t) = 1 - \exp(-t/T), \quad T = RC_e/4$$

求输入电压 $u_i(t)$ 为锯齿函数(即单一锯齿波)下的分压器低压臂的输出电压 $u_o(t)$ 和峰值测量的相对误差。

**解** 输入电压分为两个阶段，如图 6-16 所示。

$$0 < t \leqslant t_d \text{ 时}, u_i(t) = t/t_d$$

$$t > t_d \text{ 时}, u_i(t) = 0$$

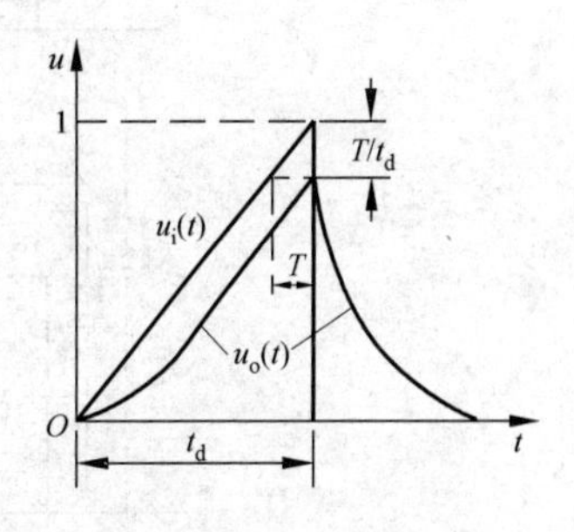


图 6-16 单一锯齿波及其响应波

本题可应用卷积公式(即式(6-15))进行计算。

$$u_o(t) = u_i(t) * h(t) = \int_0^t u_i(\tau)h(t-\tau)\mathrm{d}\tau$$

式中

$$h(t) = \mathcal{L}^{-1}[h(s)], \quad h(s) = s \cdot \mathcal{L}[g(t)]$$

把各已知式代入上式，可求得

$0<t\leqslant t_d$ 时，

$$u_o(t) = (t/t_d)\{1-(T/t)[1-\exp(-t/T)]\}$$

$t\geqslant t_d$ 时，

$$u_o(t) = (1-T/t_d)\exp[-(t-t_d)/T] + (T/t_d)\exp(-t/T)$$

在 $t\geqslant t_d$ 下，代入式(6-15)求 $u_o(t)$时，因截断后 $u_i(t)=0$，所以积分项

$$\int_0^t u_i(\tau)h(t-\tau)\mathrm{d}\tau = \int_0^{t_d} u_i(\tau)h(t-\tau)\mathrm{d}\tau$$

将 $t=t_d$ 代入上述任何一个 $u_o(t)$的表达式，可得低压臂输出电压的峰值为

$$U_{om} = 1 - (T/t_d)[1 - \exp(-t_d/T)]$$

峰值测量的相对误差为

$$F = [u_i(t_d) - u_o(t_d)]/u_i(t_d) = (T/t_d)[1 - \exp(-t_d/T)]$$

在满足 $t_d \gg T$ 的条件下，$\exp(-t_d/T) \ll 1$，此时误差 $F \approx T/t_d$。

从例 6-3 的计算结果可见，在用电阻分压器测量波前截断波时，峰值的相对误差不仅与响应时间 $T$ 有关，还与截断瞬间 $t_d$ 有关。为了满足一定的峰值测量相对误差，截断瞬间越短，响应时间要求越小。

**2. 电阻分压器性能的改进**

如前节分析的结果，电阻分压器测量冲击电压时所产生的误差，与阻值 $R$ 和对地杂散电容 $C$ 的乘积相关。阻值最小约为 2 kΩ。若再减小，一方面对发生器产生冲击电压会有影响，另一方面因难以阻尼残余电感与杂散电容之间的振荡，所产生的阶跃响应会产生较高的过冲，由此也会造成测量误差。上面已讲过 $R$ 的典型值为 10 kΩ，所以减小测量误差主要是着眼于减小对地杂散电容的大小及影响。若在高压电阻分压器的高压端作用上阶跃电压波如图 6-17 所示，在施加电压的最初瞬间，由于有对地杂散电容电流的存在，使电阻分压器上的电压分布不均匀，大部分电压集中在顶部(如图 6-17(b)中曲线 $t_0$)，在近地的 $x$ 处电压很

低。当该电压波作用时间很长之后,电压分布就均匀了(图6-17(b)中直线 $t_\infty$)。从起始分布到最终分布的过程中,在 $x$ 处所测得的电压不是阶跃波而是个指数波。如采用补偿对地杂散电容的办法,则这种情况可以得到改善。

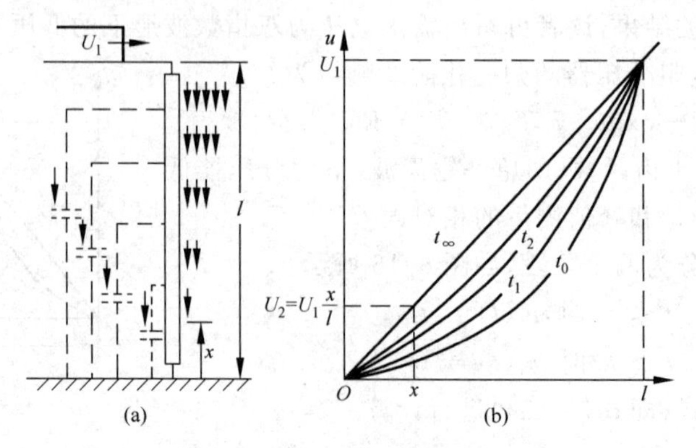


图6-17 电阻分压器上电压分布不均的原理图

(a) 对地杂散电容电流;(b) 电压分布

在分压器顶端加一环电极(如图6-18所示),环与分压器本体间存在杂散电容,由环流向分压器本体间的杂散电容电流可以部分地补偿由分压器本体流向地的杂散电容电流,从而改善分压器上的电压分布。这个环叫做屏蔽环,装屏蔽环的电阻分压器叫做屏蔽电阻分压器。屏蔽环的补偿效果与屏蔽环的直径和深度有关(见图6-18)。根据经验,屏蔽环的直径差不多为分压器高度 $l$ 的60%。如屏蔽环的直径和深度选择合适,应使分压器轴线上的电位分布在不存在电阻时是接近于均匀的。

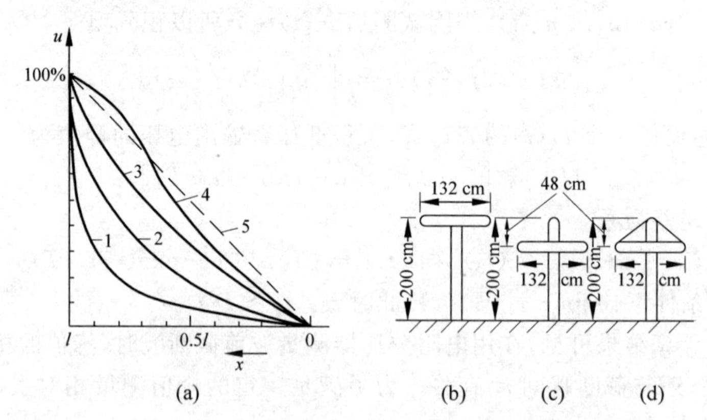


图6-18 各种屏蔽环对分压器上起始电压分布的影响

(a) 不同情况下分压器上起始电压分布;(b) 圆环屏蔽置于顶端;

(c) 圆环屏蔽离顶端48 cm;(d) 圆锥形屏蔽

1—无屏蔽时电压分布;2—图(b)情况下电压分布;3—图(c)情况下电压分布;

4—图(d)情况下电压分布(过补偿);5—理想电压分布

对地杂散电容的大小决定于分压器的尺寸。缩小分压器尺寸可以提高它的性能。但分压器尺寸受工作电压控制,在一定电压下要缩小分压器尺寸,只能把分压器放在电气强度较高的介质中。把分压器浸在油里是一种简单易行的方法。一般当分压器工作在正常压力的大气中,它的允许电位梯度为3 kV/cm~5 kV/cm,当它工作在变压器油中的允许电位梯度为 15 kV/cm，所以有可能大大缩小尺寸，减少电容，改善响应。图 6-19 是一个 1 MV 的超小型电阻分压器。这个电阻分压器的电阻丝是用电阻率 $\rho=133\ \mu\Omega\cdot\mathrm{cm}$、温度系数 $\alpha=\pm10\times10^{-6}/℃$、直径为 0.185 mm 包聚苯乙烯薄膜的卡玛丝。两根电阻丝并联按无感绕法绕在直径 60 mm、长 460 mm 的绝缘管上，总阻值为 9.3 kΩ。在 1 MV 标准雷电冲击作用下的计算温升为 100 ℃。在电阻体两端各装有 $\phi$250 mm 的屏蔽电极，电极间的电场分布是基本均匀的。电阻体离地高约 2 m。装在一高约 3 m、直径为 40 cm、壁厚10 mm 的绝缘筒内。日本原研制者 T. Harada 等声称[8]，这个分压器的实验响应时间为5 ns。他们是按照图 6-19(c)的电路用两根同轴电缆把被测电压信号从低压臂引出。这是日本人惯用的一种消除地电位对同轴电缆的干扰影响的方法。清华大学研制了类似结构的 XZF-900(kV)及 XZF-250(kV)两类冲击用标准电阻分压器。其中 XZF-250 分压器曾与加拿大国家研究委员会(NRC)高压实验室的标准分压器进行过比对，两者间误差很小。XZF-250 分压器系统的实验阶跃响应时间 $T_N$ 为 4 ns；部分响应时间 $T_\alpha$ 为 3 ns；过冲 $\beta$ 为 9%。

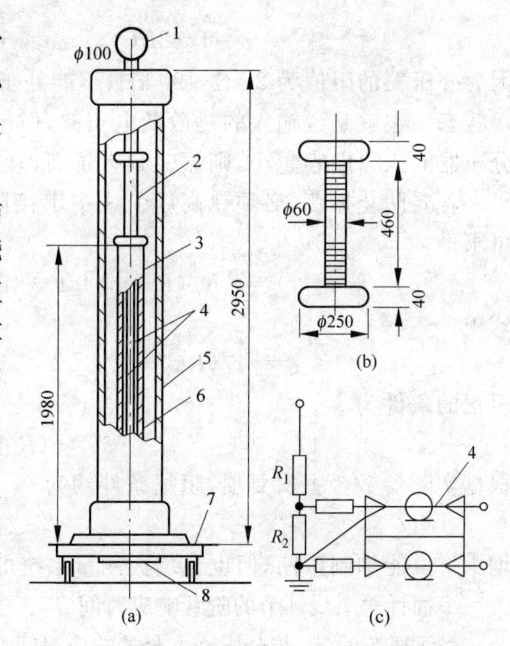


图 6-19 1 MV 超小型电阻分压器结构图

(a) 结构图；(b) 高压臂；(c) 电路

1—高压端子；2—高压臂；3—支柱绝缘圆筒(内壁衬金属箔)；4—两条高频同轴电缆；5—绝缘筒；6—绝缘油；7—底座；8—电缆出线盒

**3. 高压引线对电阻分压器性能的影响**

为了避免分压器和试品之间的电场的相互影响，分压器和试品之间要隔开一定的距离。在测量几百万伏的冲击电压时，试品和分压器之间的高压引线往往是较长的。若测量的波形是很短的雷电冲击波前截断波，较长的导线应看成是分布参数网络，而作为终端系统的分压器也应看成是另一个分布参数网络。实际计算时可把每个分布参数网络以有限个(譬如6 个)段落来代表，即可较准确地模拟无限单元网络的情况并获得足够准确的计算结果。可应用的计算方法之一是贝杰龙(Bergeron)法。对于标准雷电冲击全波的测量情况，可以把较长的引线看成是一个 1 $\mu$H/m 的集中电感 $L$ 的效应。终端的分压器，忽略其电感效应，可看作是一个入口电容 $C$ 与电阻 $R$ 的并联电路。入口电容是它的屏蔽环对地电容与电阻分压器从顶端向下观察到的电容之和。可由图 6-20 的等效电路来分析试品端电压与分压器顶端电压之间的关系。如果在图的点 1 上作用有单位阶跃电压波，不考虑导线的电阻效应则分压器顶端的电压为

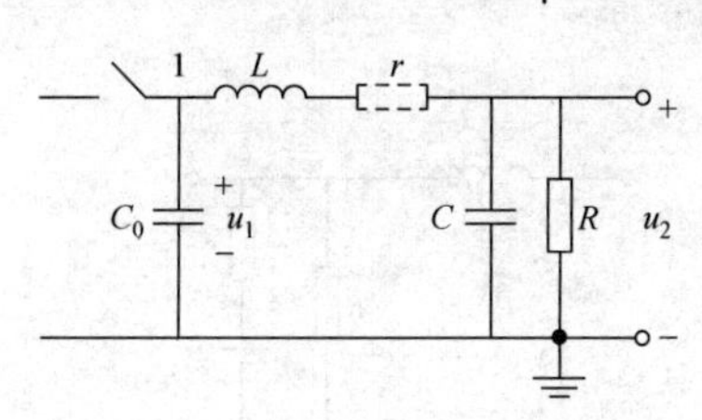


图 6-20 屏蔽电阻分压器带引线时的等效电路

$C_0$—试品；$R$、$C$—电阻分压器；$L$—引线电感；$r$—阻尼电阻

$$u_2(t)=1-[(\omega\cos\omega t+\delta\sin\omega t)/\omega]\exp(-\delta t) \tag{6-31}$$

式中

$$\delta=1/(2RC),\quad \omega=[1/(LC)-1/(4R^2C^2)]^{1/2}$$

因为分压器的阻值为 2 kΩ～20 kΩ，不能处于 $R<(1/2)(L/C)^{1/2}$ 的条件下，所以电路处于振荡状态。也就是说输入的是阶跃电压波，但出现在分压器顶端的是阶跃波叠加衰减振荡波。分压器的入口电容越小，则振荡频率越高，衰减越快，畸变越小；反之则畸变越大。

若要防止振荡，必须在高压引线中串接阻尼电阻 $r$，如图 6-20 中虚线所示。此时同样可求得

$$u_2(t)=[R/(R+r)][1-(\omega\cos\omega t+\delta\sin\omega t)\exp(-\delta t)/\omega] \tag{6-32}$$

式中

$$\delta=[1/(RC)+r/L]/2,\quad \omega=[(R+r)/(LRC)-\delta^2]^{1/2}$$

阻尼的条件为

$$\delta^2\geqslant(R+r)/(LRC)$$

根据实际参数舍去次要项，阻尼条件约为

$$r\geqslant 2(L/C)^{1/2} \tag{6-33}$$

增大 $r$ 虽能抑制振荡，但也会增大测量系统的响应时间，有可能会增大测量误差。

下面计算引线环节的阶跃响应时间 $T_1$。可把引线与分压器本身看成是相互级联的两个环节。引线环节的 $T_1$ 与分压器本身的响应时间 $T_2$ 叠加即为两个环节总的 $T$ 值[5]。引线环节中

$$\begin{aligned}T_1&=\int_0^{\infty}[1-u_2^{\circ}(t)]\mathrm{d}t=\int_0^{\infty}[(\omega\cos\omega t+\delta\sin\omega t)\exp(-\delta t)/\omega]\mathrm{d}t\\&=2\delta/(\delta^2+\omega^2)\end{aligned} \tag{6-34}$$

式中，$u_2^{\circ}(t)$ 为标准化的 $u_2(t)$。实际上在高压引线中有无 $r$ 时，$u_2^{\circ}(t)$ 的表达式不变（见式(6-31)及式(6-32)），只是两式中的 $\delta$ 和 $\omega$ 值不同。当无阻尼电阻 $r$ 时，可求出

$$T_1=L/R \tag{6-35}$$

当有阻尼电阻 $r$ 时

$$T_1=(L+rRC)/(R+r)\approx rC+L/R \tag{6-36}$$

由于 $rC>L/R$，所以高压引线内的阻尼电阻增大了响应时间，而且 $r$ 越大，响应时间越大。新的国家标准[4]认为阶跃响应时间 $T$（标准中是实验响应时间 $T_N$）仅是特性指标之一。新标准以部分响应时间 $T_\alpha$ 及过冲 $\beta$ 作为测量误差之判据（见 6.3.8 节）。从后者的观点，适当加入 $r$，可以降低 $\beta$，有可能会带来一定的好处。但 $r$ 值较大后，$T_\alpha$ 值也增大，会增大测量误差。

图 6-21 表示的是一种串接阻尼电阻的方法。在这种接法中，阻尼电阻能够抑制振荡但不增大响应时间。这种接法的等效电路如图 6-22，输入单位阶跃波时分压器顶端的电压为

$$u_2(t)=1-\{\cos\omega t+(L-RrC)\sin\omega t/[2LC\omega(R+r)]\}\exp(-\delta t)$$

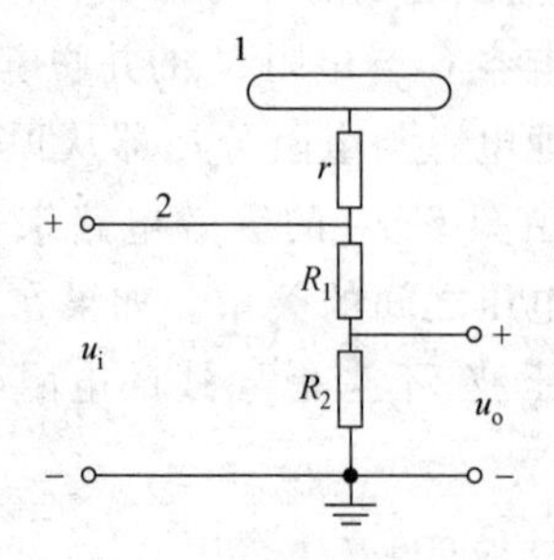


图 6-21　屏蔽电阻分压器中阻尼电阻的方法
1—屏蔽环；2—高压引线

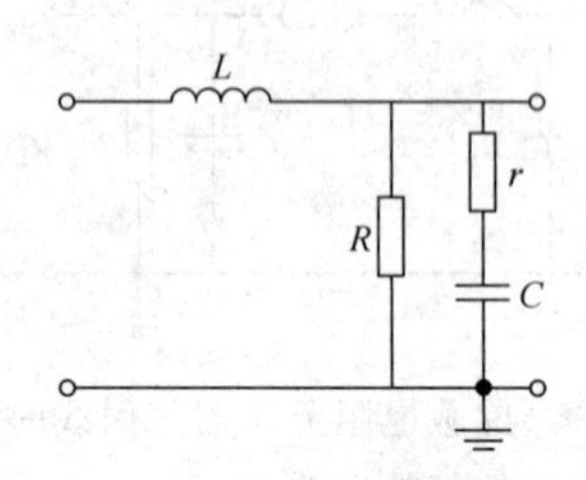


图 6-22　图 6-21 的等效回路

其响应时间为

$$T_1 = \int_0^{\infty} [1 - u_2(t)] \mathrm{d}t$$

$$= [\delta/(\delta^2 + \omega^2)] + (L - RrC)/[2LC(R + r)(\delta^2 + \omega^2)] \tag{6-37}$$

式中

$$\delta = (L + RrC)/[2LC(R + r)], \quad \omega^2 = R/[LC(R + r)] - \delta^2$$

所以

$$T_1 = L/R$$

这时的响应时间和没有阻尼电阻时一样，比式(6-36)中的 $T_1$ 小得多。

图 6-20 所示的处理方式，阻尼电阻 $r$ 与分压器本体结合在一起作为一个组件，引线作为另一个组件，被称为测量系统的二组件系统。在测量快速冲击波时，经常把阻尼电阻 $r$ 放在引线的首端(即试品端)，阻值取为 300 Ω～400 Ω，它与引线的波阻抗形成首端匹配。此时阻尼电阻 $r$ 和引线及分压器形成三组件系统。阶跃响应试验示明三组件系统的阶跃响应特性较好。

**4. 电阻分压器的低压臂及测量回路**

(1) 电阻分压器的低压臂

分压器的低压臂通常是以极短的引线与高压臂相连接。为了避免外界的电场和电磁场的干扰，它是用接地的金属屏蔽壳包围起来的。它通常是用与高压臂同一种类型的电阻丝以无感绕法绕在薄绝缘片或圆绝缘小柱上构成。必要时可由几个元件并联组成，这些元件可按对称辐射形的布置方式或遵照同轴布置的原则布置在屏蔽盒中，以使冲击电流均匀分布在同轴布置的各个元件中。此类分压器低压臂的两种布置的剖面简图如图 6-23 所示[2]。

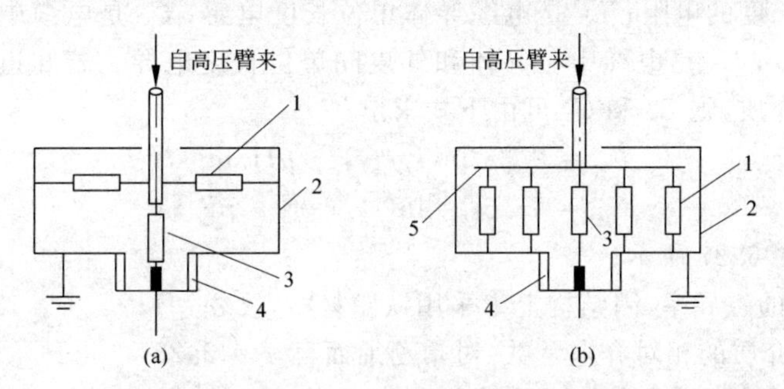


图 6-23 分压器低压臂两种结构图

1—低压臂元件($R_2$)；2—金属盒；3—匹配电阻；4—信号电缆接口；5—铜圆盘

低压臂与高压臂选择同一种电阻丝制成，可以减小温度对分压比的影响。低压臂尽可能做成极低感，宁可在必要时，采用“补偿”法，再另加一小型线圈与低压臂元件相串联以改善分压器的响应特性。如图 6-24 所示的分压器在未考虑对地杂散电容时，当高压端输入一电压阶跃波，很容易证明当低压臂 $L_2 \to 0$ 时，阶跃响应时间 $T$ 等于高压臂的 $L_1/R_1$。

当 $L_1/R_1 = L_2/R_2$ 时 $T=0$，不过 $L_2$ 的引入，对后面的同轴电缆的阻抗匹配是不利的。

(2) 射频同轴电缆的特性

由于要避免高压试验区对测量仪器的电磁场和静电场的影响，同时也为了安全，测量仪器和分压器要相隔一段距离，一般需几米到几十米的距离。通常是用射频同轴电缆把分压器和示波器连接起来，如图 6-25 所示。射频同轴电缆的外层是金属编织线制成的屏蔽外套层及塑料保护外皮层。最中央是单根或多股铜导线。其间的绝缘介质多数采用稍带柔性的中性介质聚乙烯，它的 $\tan\delta$ 值极小。波阻抗大多为 50 Ω 及75 Ω。有时也采取半空气半聚乙烯的绝缘介质，此种电缆的波阻抗较高，可达 150 Ω 或更高。为了减小耦合阻抗值（见 6.3.1 节）及提高抗干扰性能，可以采用双屏蔽层（层间需夹有绝缘）的同轴电缆。电缆的首尾两端应焊在同波阻抗值的专门插头上，该插头的接地外套以规范的螺栓连接方式或以导电胶的方式紧密地与分压器低压臂外金属壳或末端二次分压器相连接。两端部的连接务必规范化，切忌用长连线代替插头，否则会在波前的波形测量上带来异常振荡。

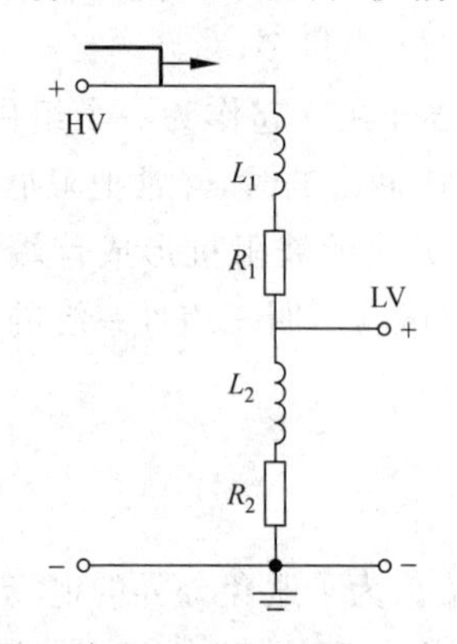


图 6-24 突出高、低压臂电感效应时的分压器等效电路

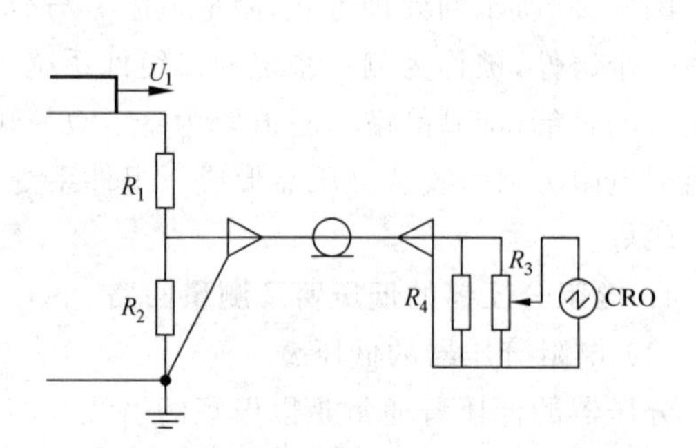


图 6-25 同轴电缆连接分压器和示波器

把同轴电缆看成一分布参数线路，它的等效电路如图 6-26 所示。图中，$R_0$ 是电缆导体包括外皮的单位长度的电阻；$L_0$ 是电缆导体单位长度电感；$C_0$ 是电缆中心导体和外屏蔽层间单位长度电容；$G_0$ 是电缆中心导体和外皮间单位长度电导。若知道电缆的结构尺寸和所使用的绝缘介质，则 $L_0$ 和 $C_0$ 可由下式求出：

$$L_0 = 0.2\mu_r \ln(r_2/r_1) \quad \mu\text{H/m}$$

$$C_0 = 55.6\varepsilon_r/[\ln(r_2/r_1)] \quad \text{pF/m}$$

式中，$r_1$ 及 $r_2$ 如图 6-27 所示；

$\mu_r$——媒质的磁导率，因结构上未采用铁磁材料，故 $\mu_r=1$；

$\varepsilon_r$——绝缘介质的相对介电常数，对聚乙烯而言，$\varepsilon_r=2.25$。

常用的同轴电缆型号及参数请见附录 A 中的表 A5。

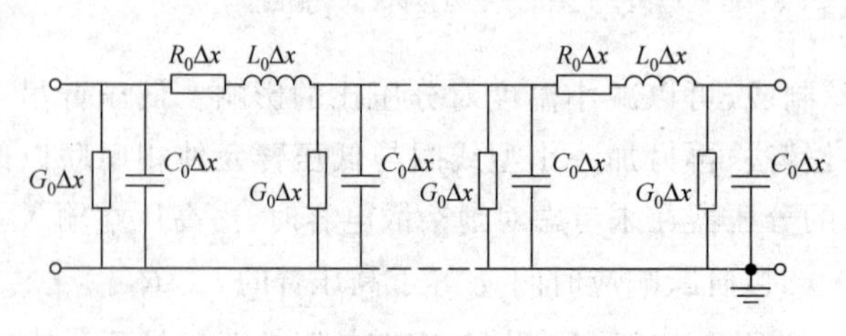


图 6-26 电缆的分布参数电路

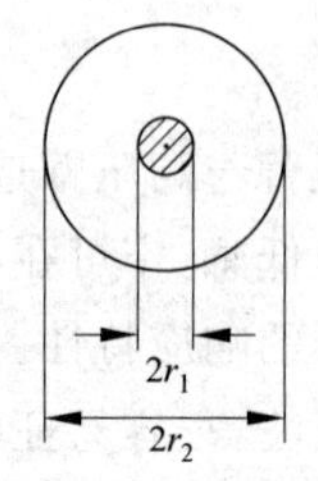


图 6-27 同轴电缆的结构

电缆的波阻抗为

$$Z = [(R_0 + j\omega L_0)/(G_0 + j\omega C_0)]^{1/2} \tag{6-38}$$

由于集肤效应的缘故,电缆的电阻与流过电流的频率相关。所以严格地来讲波阻抗与 $j\omega$ 相关,不过一般同轴电缆的$R_0 \ll \omega L_0$,$G_0 \ll \omega C_0$,$L_0 G_0 \ll R_0 C_0$,所以波阻抗为

$$Z \approx (L_0/C_0)^{1/2}$$

根据上式的关系,可以用精密电桥测定一电缆段终端短路时的电感 $L$ 和终端开路时的电容 $C$,来测得该电缆的波阻抗 $Z$,即

$$Z = \sqrt{L/C}$$

电缆波阻抗的其他实测方法,请参考文献[13]。

波在电缆中的行进速度

$$v \approx 1/(L_0 C_0)^{1/2}$$

衰减常数

$$\alpha \approx r/[2(L_0/C_0)^{1/2}] \approx r/(2Z)$$

如在电缆首端的输入电压为 $u_0(t)$,则波在电缆中流动经过 $x$ 距离后的电压为

$$u_x = [\exp(-\alpha x)]u_0(t - x/v) = [\exp(-\alpha x)]u_0(t - \sqrt{L_0 C_0}\,x) \tag{6-39}$$

由式(6-39)可见,冲击波在电缆中行进 $x$ 距离后,不仅波幅衰减 $\exp(-\alpha x)$倍,而且在时间上延后 $\sqrt{L_0 C_0}\,x$。以往在采用传统的高压示波器进行波形测量时,可借助于电缆的时延作用,使被记录的波形迟于触发脉冲到达示波器,以便能记录到完整的波形,那时候称电缆为时延电缆。现代所采用的数字存储示波器基本上采用内触发的方式,可保证记录完整的波形,电缆的时延作用已无关紧要了。实际上电缆中的损耗不仅使所传播的冲击波幅下降,而且会使陡的冲击波发生变形。在测量极陡的冲击波波前或对高准确度分压器进行阶跃响应试验时,要考虑同轴电缆,特别是较细或较长的同轴电缆的畸变波形的影响。笔者实测过一条 20.3 m SYV50-2-2 同轴电缆的阶跃响应,其响应波如图 6-28 所示。根据图形算得其响应时间为 6.4 ns。扣除阶跃波源和所采用的 TEK7834 示波器不够理想的因素影响。电缆的真实 $T$ 值可估计为 4 ns。其响应波形与参考文献[2]所描绘的是一致的。该文中说"有损电缆的单位阶跃响应,开始时很陡上升,约在数纳秒内升到终值的 90%以上,而后缓慢地达到终值。若由电缆传送的冲击电压波短于 0.5 μs～1 μs,就会引起较大的测量误差。关于这种附加的误差,建议至少要用试验来校验一下信号电缆。"为了减轻电缆所产生的衰减和波形畸变作用,有时要注意限制所使用的电缆的长度,还要选择衰减常数 $\alpha$ 小的电缆。

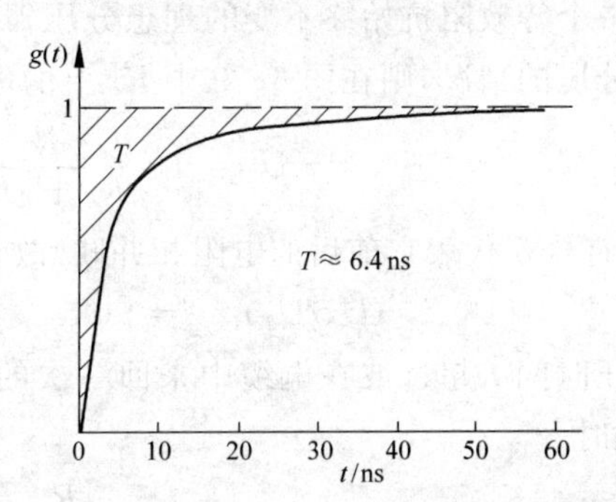


图 6-28　20.3 m SYV50-2-2 电缆的阶跃响应

(3) 同轴电缆的阻抗匹配

几十米的电缆虽不算长,但由于电缆中的波速比架空线慢得多,而所传输的冲击波,有时波前很短(陡),波过程很快,相对来看它如同是一根长线。如不采取措施,波在电缆两端会有反射,使所记录到的示波图上出现振荡。通常至少要在电缆的一端需有阻抗匹配的措施,譬如说在电缆的末端使电缆经一阻值等于电缆波阻抗的电阻接地。如在一般的测量回

路中(图 6-25)末端所接电阻应等于电缆波阻抗。在有条件的情况下,电缆首端也应有匹配措施,如图 6-29 中令

$$R_2 + R_3 = Z, \quad \text{且} \quad R_4 = Z$$

若示波器具有对称输入通道时,可采用图 6-30 的平衡接线。两根电缆的型号、长度等都应相同,接地情况也应完全相同,因而可使由于地电位升高所造成的电缆的共模干扰彼此抵消。两根电缆的首、末端匹配基本上与图 6-29 的相同。图 6-29 及图 6-30 中 $R_4$ 兼作为二次分压器,$n$ 为其分压比。二次分压器也可像图 6-25 中,由并联于匹配电阻 $R_4$ 的 $R_3$ 组成,选择 $R_3 \gg R_4$,譬如 $R_4$ 为 50 Ω,$R_3$ 为 5 kΩ。

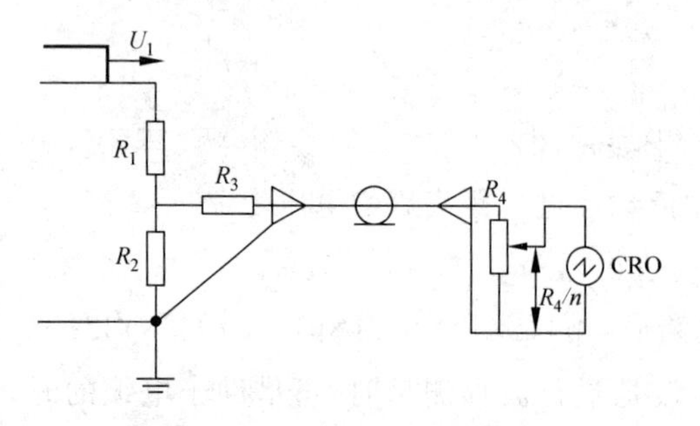


图 6-29 电缆首末端均匹配的电路

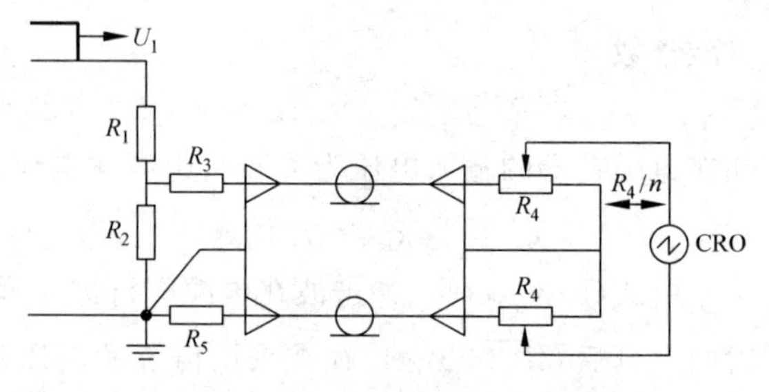


图 6-30 同轴电缆的平衡接线

同轴电缆对于波过程来讲,相当于一个波阻抗 $Z$,对于稳态而言,又相当于一个集中电容。若作用在分压器上的高电压是幅值为 $U_1$ 的阶跃电压波,为突出对电缆在加压之初及加压到一定时候之后的特性变化的研究,在此不计较分压器本身的响应特性的变化,即认为它是一个等效阻抗始终不变的理想分压器。于是在加压之初,电缆表现为波阻抗 $Z$。不管二次分压的情况,则在图 6-29 中 $R_4$ 上的电压

$$U_2 = U_1 \frac{R_2 /\!/ (R_3 + Z)}{R_1 + [R_2 /\!/ (R_3 + Z)]} \frac{Z}{R_3 + Z}$$

(注:符号//代表它前后的电阻相并联)故初始分压比为

$$(U_1/U_2)_{t=0} = [(R_1 + R_2)(R_3 + Z) + R_1 R_2]/(R_2 Z) \tag{6-40}$$

当加压时间 $t$ 超过波在电缆中来回一次的时间之后直到 $t \to \infty$ 的时刻,电缆相当于一个电容,此时

$$U_2 = U_1 \frac{R_2 /\!/ (R_3 + R_4)}{R_1 + [R_2 /\!/ (R_3 + R_4)]} \frac{R_4}{R_3 + R_4} \tag{6-41}$$

故最终分压比为

$$(U_1/U_2)_{t\to\infty} = [(R_1 + R_2)(R_3 + R_4) + R_1 R_2]/(R_2 R_4) \tag{6-42}$$

由于已选定 $R_4 = Z$,故初始分压比等于最终分压比。

考虑二次分压器的分压比为 $n$,则总的分压比为式(6-42)所示的分压比乘以 $n$。

在图 6-25 中,若 $R_2 \neq Z$ 而 $R_4 = Z$,则为电缆末端匹配的情况,与上述的分析方法相同,可以证明初始分压比与最终分压比相同,分压比为

$$\begin{aligned} K &= [R_1 + (R_2 /\!/ R_4)]/(R_2 /\!/ R_4) \\ &= [R_1(R_2 + R_4) + R_2 R_4]/(R_2 R_4) \end{aligned} \tag{6-43}$$

$K$ 未考虑 $R_4$ 的二次分压作用。

如图 6-31 所示为电缆首端匹配情况。此时 $R_2+R_3=Z$，在加压初始时刻，

$$U_2=U_1\frac{Z_1}{R_1+Z_1}\frac{Z}{R_3+Z}\times 2$$

式中，$Z_1$ 为 $R_2$ 与 $(R_3+Z)$ 之并联电阻

$$Z_1=R_2(R_3+Z)/(2Z)$$

式中乘以 2 是因为电压波到达开路的终端，电压产生了反射波。

$$U_2=\frac{R_2(R_3+Z)}{2Z}\frac{U_1}{R_1+Z_1}\frac{Z}{R_3+Z}\times 2$$

$$(U_1/U_2)_{t=0}=(R_1+Z_1)/R_2 \quad (6\text{-}44)$$

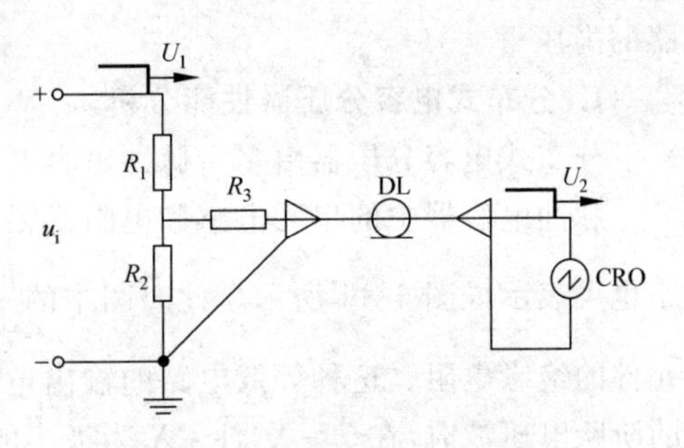


图 6-31 电缆首端匹配的电路

DL—同轴电缆；CRO—示波器

显然

$$(U_1/U_2)_{t\to\infty}=(R_1+R_2)/R_2 \quad (6\text{-}45)$$

由于 $R_1\gg R_2$ 及 $R_1\gg Z_1$，所以式(6-44)与式(6-45)之间的差别可以忽略不计。此时的分压比可按式(6-45)进行计算，此值比上述两种情况的值小。仅首端匹配的条件下，电缆本身的电阻作用可以忽略不计。即使电缆末端接有二次分压电阻，因后者阻值较大，电缆本身电阻的分压作用也是可以忽略的。与此相对比，当电缆末端接有匹配电阻而且电缆又较长时，电缆本身的电阻所起的分压作用不可忽视，它有可能造成分压比计算的误差，此误差值可达 1%。

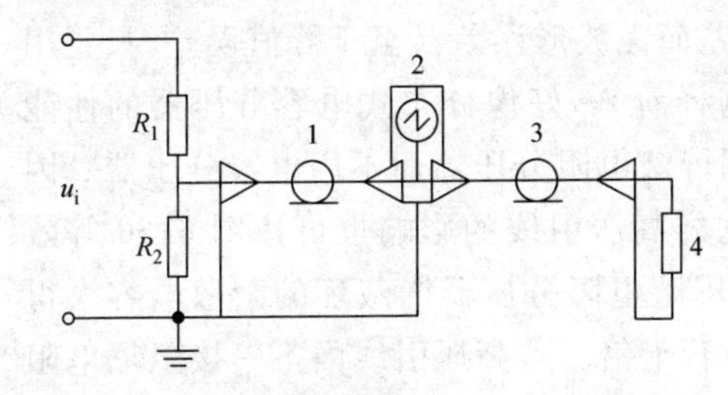


图 6-32 用后续同轴电缆作匹配的接线

1—传输电缆；2—示波器；

3—匹配用电缆；4—匹配电阻

在式(6-38)中，电缆的波阻抗实际上是与频率相关的，由于集肤效应，单位长度的电阻 $R_0$ 也与频率相关。在测量快速变化的冲击电压时，可以用后续的同型号同轴电缆作匹配之用（见图 6-32），其长度为

$$l\geqslant vT_1/2$$

式中，$v$——电缆中的波速；

$T_1$——需测的陡波前时间。

后续同轴电缆的末端接匹配电阻 $R$，$R=Z$（波阻抗）。

## 6.3.5 电容分压器

测量冲击电压用的电容分压器可分两种形式。一种分压器的高压臂是由多个高压电容器叠装组成，另一种分压器的高压臂仅有一个电容。前一种分压器多半用绝缘壳的油-绝缘薄膜绝缘的脉冲电容器来组装，要求这种电容器的电感比较小，能够经受短路放电。一个高压油-绝缘薄膜电容器是由多个元件串并联组装起来的，每个元件不仅有电容，而且有串联的固有电感和接触电阻，还有并联的绝缘电阻，当然每个元件还有对地杂散电容，这种分压器应看作分布参数，故名为分布式电容分压器。后一种分压器的高压臂仅有一个电容，常为电场接近均匀电场的一对金属电极，它的电极间以压缩气体为介质，是一个集中电容，故名为集中式电容分压器。充气的标准电容器有可能用作为集中式分压

器的高压臂。

**1. 分布式电容分压器性能分析**

分布式电容分压器由多台脉冲电容器叠装而成。

脉冲电容器中的串联电感和电阻都很小,如略去不计,那么分布式电容分压器的等效电路也可表示成图6-11所示。此时图中的$\frac{K'}{dx}$代表元件电容,$C'dx$代表对地电容,$R'dx$代表元件的绝缘电阻。这种等效电路的输出电压可表示为式(6-17)。当高压端施加幅值为$U_0$的阶跃电压波时,在$x=X$(注:$X$为极小的值)点上获得的电压,根据已得到的式(2-20)及物理概念可以直接写出为

$$u(t) \approx U_0(X/l)[1-C/(6K)] \tag{6-46}$$

式中,$K$——电容分压器全长纵向总电容;

$C$——电容分压器全长横向对地总电容。

式(6-46)也可以通过式(6-17)导出,此处略。

从式(6-46)可看出,一个没有电感的电容分压器的输出电压与频率无关,它只包含峰值误差而无波形误差。式(6-46)中$C/(6K)$项代表误差,$C$是电容分压器的对地杂散电容,也可按垂直圆柱体来估算,一般为每米长约20 pF。若要电容分压器的输出电压峰值误差不超过1%,则电容分压器的每米电容量不小于330 pF。如分压器高度按每米500 kV估计,则电容分压器每百万伏的电容量不应小于660 pF。对百万伏以上较高电压的电容分压器来讲,要满足这样的要求是有困难的,所以较高电压的电容分压器的峰值误差可能会超过1%。

从上面的分析,分布式电容分压器只有峰值误差而无波形误差。至于峰值误差,只要用一个标准的分压器校订以后是完全可以消除的。这样看来,好像分布式电容分压器的性能比电阻分压器优越。其实一般在测量陡波时宁可用屏蔽电阻分压器而不用电容分压器。因为电容分压器与试品之间也必有一段高压引线。这样高压引线的影响也可按图6-20等效回路进行分析。此时的$C$是电容分压器的电容,比屏蔽电阻分压器屏蔽环的杂散电容大得多,$R$是电容器的绝缘电阻,比电阻分压器的阻值大若干倍。若高压引线内不串接阻尼电阻$r$,则分压器顶上必然出现振荡波,振荡波的频率较低,衰减较慢,波形畸变较明显。假若在高压引线中串接阻尼电阻$r$,那么在分压器顶端的电压也将如式(6-32)。但由于$R$很大,故可得

$$u_2(t) \approx 1-\left[\frac{\exp\left(-\frac{r}{2L}t\right)}{\sqrt{\frac{1}{LC}-\frac{r^2}{4L^2}}}\right]\left(\sqrt{\frac{1}{LC}-\frac{r^2}{4L^2}}\cos\sqrt{\frac{1}{LC}-\frac{r^2}{4L^2}}t+\frac{r}{2L}\sin\sqrt{\frac{1}{LC}-\frac{r^2}{4L^2}}t\right) \tag{6-47}$$

不振荡的条件为$r \geqslant 2\sqrt{\frac{L}{C}}$。由于高压引线造成的响应时间如式(6-36)所示。这里的$C$指的是电容分压器的电容,比屏蔽电阻分压器屏蔽环的杂散电容大很多,因而响应时间也大很多。所以对测陡波来讲,电容分压器的响应特性不如屏蔽电阻分压器好。但电容分压器不消耗能量,没有发热的麻烦。对测量波前和半峰值时间较长的波,电容分压器比电阻分压器较为有利。此外,电容分压器还可兼作为负荷电容供调节波形之用。

**2. 集中式电容分压器**

集中式电容分压器的高压臂可采用充压缩气体的标准电容器。如前曾讲述过的，这种电容器的电容值很准而且很稳定，介质损耗很小。由于是被屏蔽起来的，电容值不受周围物体的影响。在工频测量中，使用得很成功。但用它来做冲击电容分压器时，出现一些问题。这种电容器的结构，电极是放在顶部的（见图2-15），要利用一段测量电缆才和外加的 $C_2$ 相连。$C_1$、$C_2$ 间串接了一段电缆，在测量过程中，这段电缆上会有波过程，$C_2$ 分出的电压上叠加高频振荡。要消除此振荡，应在电缆端和 $C_2$ 之间串接一个匹配电阻 $R'$，其阻值等于电缆的波阻抗 $Z'$。通过电容分压器的电流决定于 $C_1$ 和被测电压的变化率，由于电压变化很快，电流很大，在 $R'$ 上造成的压降很高，可达几千伏。但标准电容引出线的绝缘一般标为耐受电压500 V（有效值），有些商品还装有相应放电电压的放电保护管，难以进行改装。额定电压小于等于400 kV（有效值）的标准电容器，其内部电缆长度小于等于2 m，在测量标准雷电冲击全波电压时，可不必接入匹配电阻 $R'$。在测量操作冲击电压时，也可以应用充压缩气体的标准电容器组成分压器。要用标准电容器来测量雷电冲击电压的根本解决办法是改变电容器的结构，把高压电极引伸到靠近底座附近，如图6-33所示，这样高压臂与低压臂之间的连线可以做得很短。国外已制成此类标准电容器。商品标准电容器的额定电压是以有效值表示的，应用在冲击电压测量时，最高的施加电压值为有效值的$\sqrt{2}$倍。

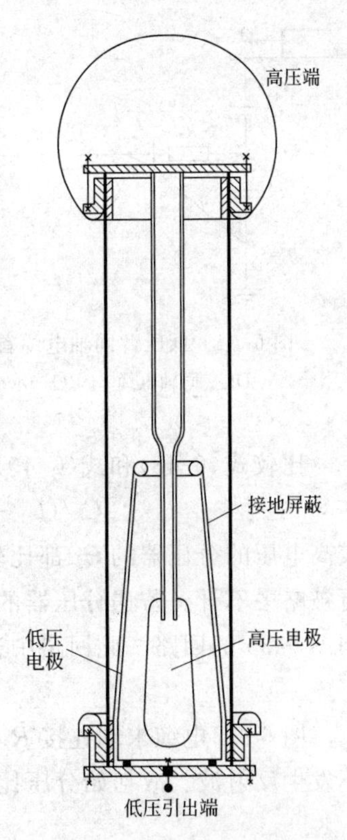

图6-33 高电压电极引到下部的充气标准电容器

**3. 电容分压器的低压臂及其测量回路**

电容分压器低压臂应采用低电感结构、低介质损耗的电容器，例如可采用独石式云母电容器。低压臂的整体结构与电阻分压器的情况相似，可参见图6-23。同轴电缆的首端接地屏蔽应与低压臂的外屏蔽紧密而且紧凑地相连接。

同轴电缆的匹配可分为两种，一种为首端匹配，另一种为首、末两端匹配。分别见图6-34及图6-35。两图中，$R_1$、$R_2$ 都等于电缆波阻抗 $Z$。进入电缆的波都为

$$U_1 \frac{C_1}{C_1 + C_2} \frac{Z}{Z + R_1} = \frac{1}{2} \frac{C_1 U_1}{C_1 + C_2}$$

在图6-34中电缆末端无匹配电阻，又因示波器现象板的电容很小，末端可看成开路，故进入的电压波到末端有一正的反射波，$U_2$ 变为 $C_1U_1/(C_1+C_2)$。等反射波回到首端时，由于 $R_1=Z$，$C_2$ 较大，在首端不再产生反射波。故在初始时刻的分压比为

$$(U_1/U_2)_{t=0} = (C_1 + C_2)/C_1 \tag{6-48}$$

当到达稳定状态后（一般在流动波行经电缆长度的两倍行程时间之后），测量电缆可看作一个集中电容 $C_c$，低压臂分出的电压为 $C_1U_1/(C_1+C_2+C_c)$，故最终分压比为

$$(U_1/U_2)_{t\to\infty} = (C_1 + C_2 + C_c)/C_1 \tag{6-49}$$

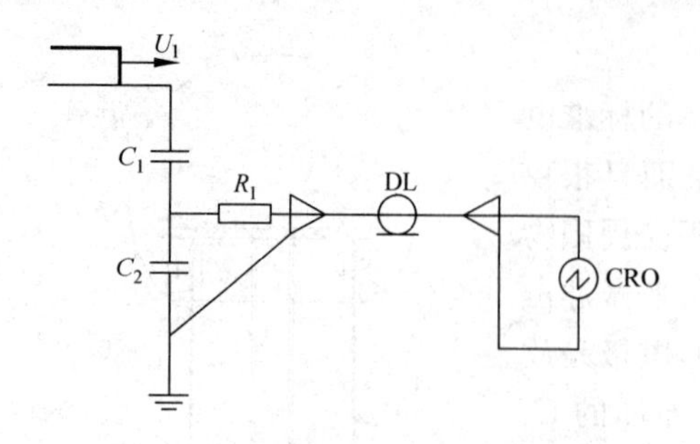


图 6-34 低压臂同轴电缆首端匹配

DL—同轴电缆；CRO—示波器

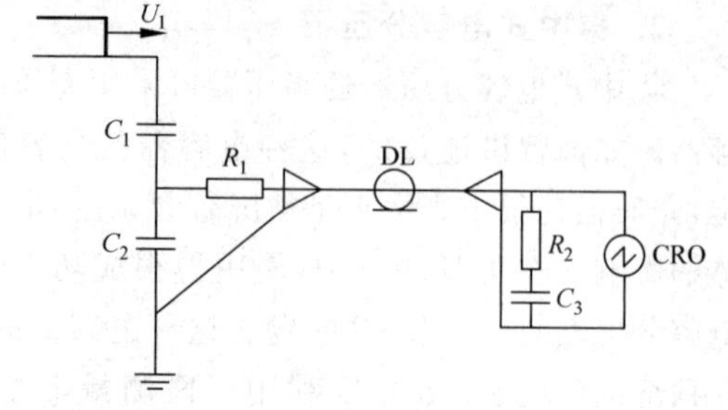


图 6-35 低压臂同轴电缆首、末两端匹配

比较式(6-48)和式(6-49)可见，最初分压比和最终分压比稍有差异。差异的百分值为

$$[C_c/(C_1+C_2+C_c)]\times 100\% \approx (C_c/C_2)\times 100\%$$

较高电压的分压器的 $C_2$ 都比较大，不太长的电缆的 $C_c$ 都比较小，在一般情况下，误差$C_c/C_2$可被略去不计。若遇分压器的电容比较小，电缆又比较长，$C_c$ 与 $C_2$ 相比不能忽略时，可采用图 6-35 的回路。此回路中选择

$$C_1+C_2=C_3+C_c \tag{6-50}$$

图 6-35 电缆末端连接 $R_2$ 和 $C_3$，$R_2$ 等于电缆波阻抗 $Z$，$C_3$ 比较大，进入波到达末端时不发生反射波。故初始分压比为

$$(U_1/U_2)_{t=0}=2(C_1+C_2)/C_1 \tag{6-51}$$

到达稳定后的最终分压比为

$$(U_1/U_2)_{t\to\infty}=(C_1+C_2+C_c+C_3)/C_1=2(C_1+C_2)/C_1 \tag{6-52}$$

在满足式(6-50)的条件下，这种回路的初始分压比和最终分压比是相同的。

## 6.3.6 阻容串联分压器

阻容串联分压器的高压臂由电阻和电容元件串联构成。

**1. 对阻容串联分压器的等效电路的分析**

一个分布式电容分压器除了元件本身电容 $C$ 外，还有串联的电感 $L$ 和电阻 $R$。此外，元件对地存在杂散电容 $C_e$，元件之间还存在纵向并联杂散电容 $K$。一个高电压分布式电容分压器的级数很多，尺寸很大，可表示为分布式参数的等效电路如图 6-36 所示。图中 $C'$、$L'$、$R'$分别为单位长度元件的电容、电感和电阻，$C'_e$和 $K'$ 为单位长度的对地杂散电容和元件间的杂散电容。

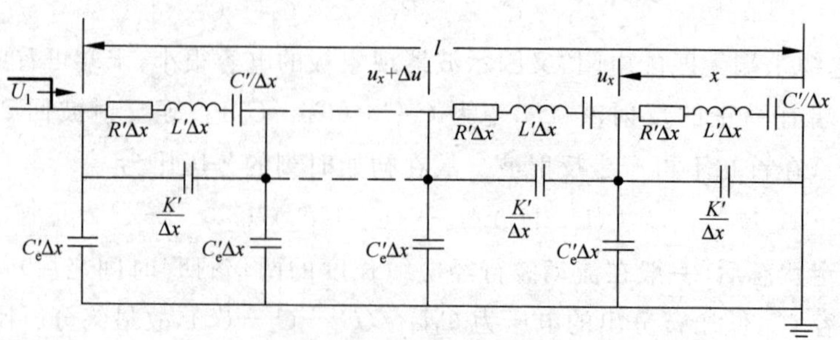


图 6-36 串联阻容分压器的等效电路

对此电路的输入端施加单位阶跃电压时，可求出 $x=X(X\ll l)$ 处的输出电压，从而求得归一化的阶跃响应[2]

$$g(t)=1-\frac{C_e}{6(C+K)}+$$

$$2\exp(-\alpha t)\sum_{k=1}^{\infty}(-1)^k\frac{\cosh(b_k t)+(\alpha/b_k)\sinh(b_k t)}{AB} \tag{6-53}$$

式中

$$\begin{aligned}\alpha &= R/(2L)\\ b_k &= [\alpha^2-k^2\pi^2A/(LC_eB)]^{1/2}\\ A &= 1+K/C+C_e/(Ck^2\pi^2)\\ B &= 1+Kk^2\pi^2/C_e\end{aligned} \tag{6-54}$$

其中，$R=R'l$，$L=L'l$，$C=C'/l$，$K=K'/l$，$C_e=C_e'l$。电容器本身的串联电阻是很小的。为了阻尼振荡，需在高压臂中串联一定的电阻，其总值仍以 $R$ 来代表。$g(t)$波形不发生振荡的临界条件，可从式(6-54)得出为

$$\alpha^2\geqslant k^2\pi^2A/(LC_eB)$$

因为 $C\gg K$，$C>C_e$，$Ck^2\pi^2\gg C_e$，此临界条件可化简为

$$R\geqslant 2k\pi(L/C_e)^{1/2}/(1+k^2\pi^2K/C_e)^{1/2} \tag{6-55}$$

如考虑只消除一次振荡波，取 $k=1$，则上式变为

$$R\geqslant 2\pi(L/C_e)^{1/2}/(1+\pi^2K/C_e)^{1/2}$$

因 $K/C_e$ 甚小，近似地认为

$$R\geqslant 2\pi(L/C_e)^{1/2} \tag{6-56}$$

现在举一个在实际参数下的计算结果的例子，以便于选择合适的阻尼电阻。设一台阻尼型电容器的 $C=150$ pF，$L=2.5$ μH，$C_e=40$ pF，$K=1$ pF，则在不同 $R$ 值下的 $g(t)$形状如图 6-37 所示[2]。其中 $R=1000\ \Omega$ 相当于

$$R=4\sqrt{L/C_e}$$

从图 6-37 中可见此时的 $g(t)$具有约 10%的过冲。

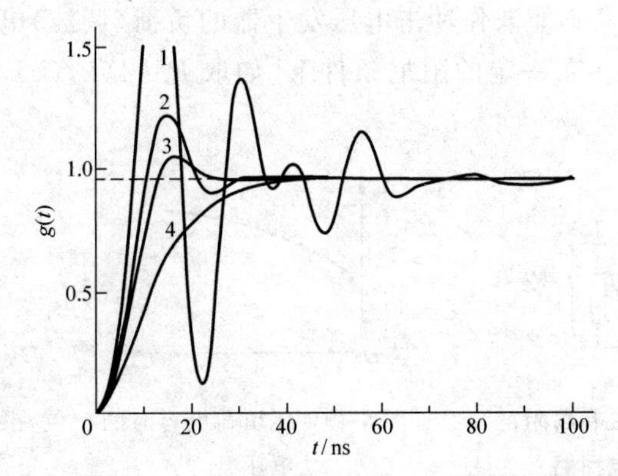


图 6-37 阻尼电容分压器在不同阻尼情况下的归一化阶跃响应

1—$R=250\ \Omega$；2—$R=750\ \Omega$；3—$R=1000\ \Omega$；4—$R=2000\ \Omega$

按所加的阻尼电阻大小的不同，可把阻容串联分压器分为高阻尼电容分压器和低阻尼电容分压器两类。

**2. 高阻尼电容分压器**

高阻尼电容分压器是指阻尼电阻选择得较大的一种阻容分压器。它是电阻值大致上按$R=(3\sim4)(L/C_e)^{1/2}$的关系来选择。百万伏以上分压器高压臂电阻$R_1$为400 Ω～1200 Ω。有的阻值还高达1500 Ω。

图6-38是用集中参数来表示的阻容串联分压器，$R_1$和$C_1$组成高压臂，$R_2$和$C_2$组成低压臂。高阻尼电容分压器在转换高频时利用电阻的转换特性，在转换低频时利用电容的转换特性，也即初始按电阻分压，最终按电容分压。为使两部分的分压比一致，要求两种转换特性互相同步。但高阻尼电容分压器也必须经高压引线接到试品。高压引线上串接的阻尼电阻$R_d$必须计算到电阻转换特性里边，要求

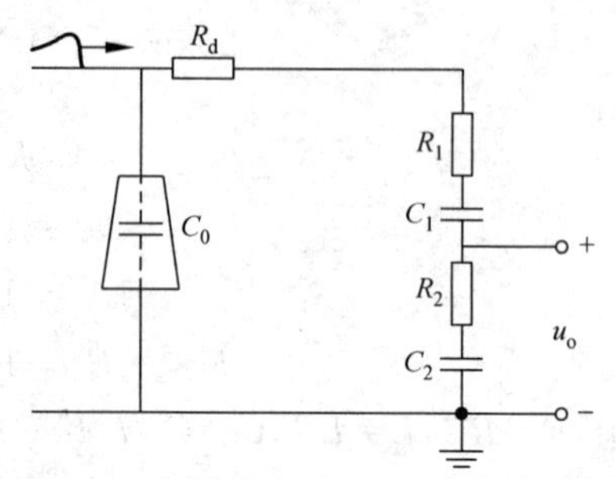


图6-38 用集中参数表示的阻容分压器

$$(R_1'+R_d)C_1=R_1C_1=R_2C_2 \tag{6-57}$$

式中，$R_1'$代表高压臂内的阻尼电阻。高阻尼电容分压器的电阻$R_1$超过高压引线的波阻抗，作为阻尼电阻的$R_d$通常是接在导线的首端(试品端)。当试品$C_0$具有一定的电容量时，它相当于是导线的匹配电阻，阻值一般为300 Ω～400 Ω。

高阻尼电容分压器的时间常数$T(T=R_1C_1)$很大，如试验回路中负荷电容很小，可能由于高阻尼电容分压器的接入而使产生标准冲击电压发生困难。图6-39表示试验等效回路，如负荷电容$C_b$很小可以略去，当冲击电压发生器动作时，$C_b$上电压先有个突跳如图6-40所示，然后再受阻尼电容分压器时间常数的控制逐渐上升到峰值。如负荷电容稍增，可消除突跳现象如图6-41所示，先按$R_fC_b$上升，然后再按$(R_f+R_1)C_1$上升，后者比前者大得多，可以看出明显的弯折。这样的波形显然是不令人满意的。一般认为如负荷电容$C_b$很小而阻尼分压器的时间常数$R_1C_1\geqslant0.5\ \mu s$时，是难以产生标准波形的。本书附录C中的计算程序可用于本议题的运算。如试品电容较小，难以产生所需波形时，可另加负荷电容来解决此问题。高阻尼电容分压器不能兼作冲击电压发生器的负荷(调波)电容使用，它只供作为测量电压的转换装置之用。在一定的阻尼条件下[如取$R=4(L/C_e)^{1/2}$]，通过它可获得最佳的响应特性。

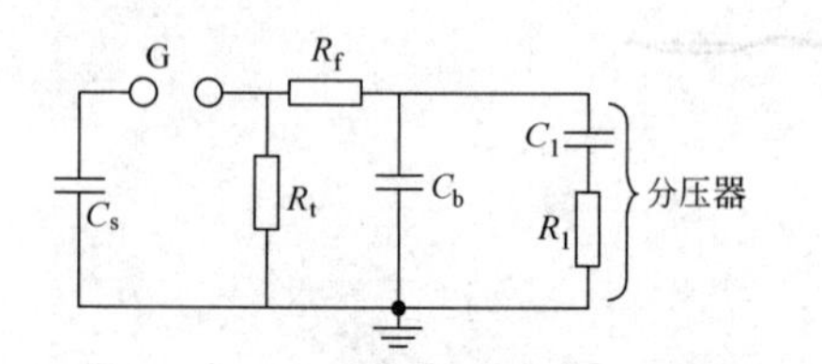


图6-39 冲击电压发生器接有高阻尼电容分压器的放电回路

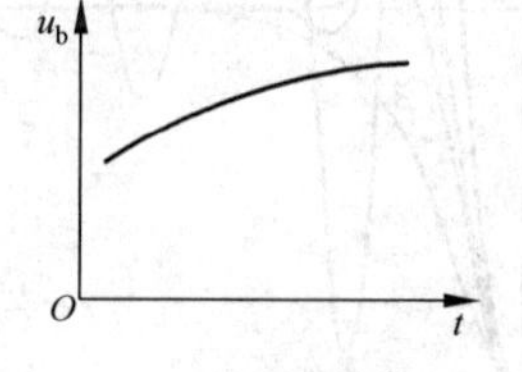


图6-40 无负荷电容时的电压升

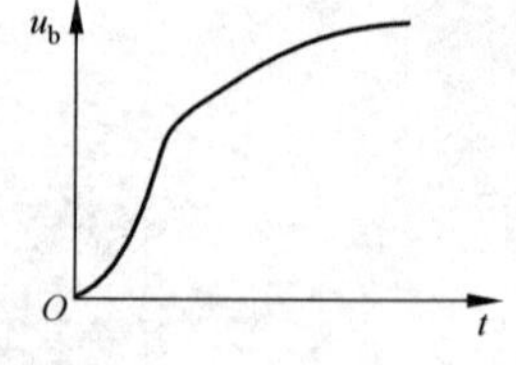


图6-41 有小负荷电容时的电压升

**3. 低阻尼电容分压器**

低阻尼电容分压器是阻尼电阻选择得较小的一种阻容分压器。它是把较低值的阻尼电阻分散布置到高压臂的内部，由它可对低频和高频振荡起到一定的阻尼作用。作为分压器

本身网络的分析,仍如前面所述。只是前述的情况是按施加阶跃电压波来分析的,阶跃电压更容易激发振荡,而实际测量的电压波形总不如阶跃波那样严酷,所以有可能采用低阻尼的电阻值。从流动波观点来看,高频振荡之一部分是由于引线上流动波来回反射所引起,另一部分由于分压器内部流动波来回反射所引起。计算结果也发现有一部分的振荡与波传播时间 $\tau=(LC_e)^{1/2}$ 有关。无串联电阻时分压器本身的波阻抗约 200 Ω。把阻尼电阻分散布置到分压器的高压臂内,即电阻与电容元件一起压制在一个瓷套之中,可以调节分压器本身的波阻抗,由此可和高压引线的波阻抗(约 300 Ω 或大一些)取得匹配,从而可消除高压引线上的反射波。分布在分压器内部的电阻对流动波具有衰减作用,使它的作用更为有效。分压器的电容 $C$ 和分压器及引线的总电感 $L$ 会产生低频振荡,振荡周期为

$$T = 2\pi(LC)^{1/2}$$

消除低频振荡的临界电阻为

$$R = 2(L/C)^{1/2}$$

在选择阻尼电阻时,若不考虑另加低压臂的补偿电阻 $R_2$,常为了减小响应时间而宁可波形稍带振荡,选

$$R_1 = (0.25 \sim 1.50)(L/C)^{1/2} \tag{6-58}$$

式中,$L$——整个测量回路的电感值;

$C$——分压器的电容值。

对百万伏以上的分压器,$R_1$ 为 50 Ω~300 Ω。如上已表述过的,选择 $R_1$ 时,应使它和分压器本身波阻抗一起形成高压引线的终端匹配电阻,$R_1$ 分布地放置在高压臂内部,在分压器外端可无阻尼电阻或只放置一个数值不高的阻尼电阻,后者与分压器是一个组件。

用集中参数表示低阻尼电容分压器如图 6-42 所示。在低压臂没有电阻只有电容 $C_2$。在这种分压器中无论高频部分、低频部分或起始部分,最终都靠电容转换特性。$C_2$ 上电压的上升受高压臂时间常数($C_1R_1$)的控制。为减小误差,要求此时间常数不大于被测电压波前时间的 1/10。如被测波形为1.2 μs/50 μs,要求 $C_1R_1 \leqslant 120$ ns。这种分压器也可在低压臂加入电阻 $R_2$,并使 $R_1C_1=R_2C_2$,以提高其响应特性。

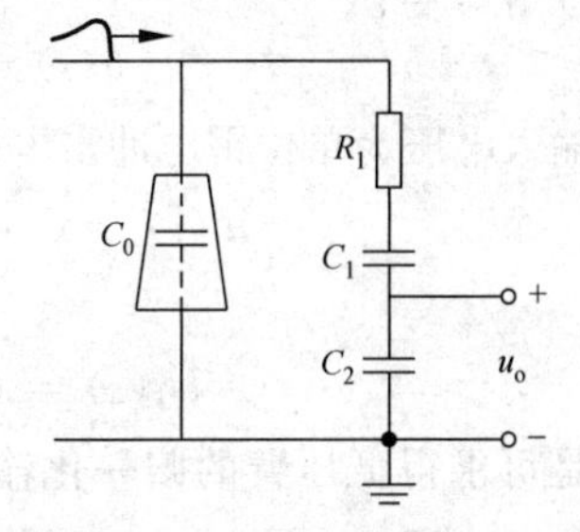

图 6-42 低阻尼串联阻容分压器

这种分压器的串联阻尼电阻很小,它的接入不会使试验回路产生标准波形发生困难,它可以兼作负荷电容使用。它是一种通用分压器,可用于测量雷电波击电压、被截断的雷电冲击电压、操作冲击电压以及交流电压。从使用方便来看,它比高阻尼电容分压器的优点多。但从响应特性来看,它不如高阻尼电容分压器,因为它还带有振荡。

**4. 带引线分压器的分析**

到现在为止,对电容分压器及阻尼式电容分压器的分析,基本上没有考虑高压引线的影响。无论是由阻尼电阻-导线-分压器构成的三组件测量系统或是由导线-分压器构成的二组件测量系统,要应用解析法来求解其响应是困难的,而利用多种计算程序可较方便地求得响应的数字解。方法之一是可应用由贝杰龙(Bergeron)、多美尔(Dommel)提出的瞬态网络程序进行数字解。在此程序中,用线路偏微分方程的精确解来模拟无损传输线。作为转换装置的分压器的模拟,可把分布参数网络分成有限个 $n$ 段。计算证明若单元数 $n$ 大于 5,其结果就接近

于无限单元的解。文献[2]中引出了一些计算结果。

此外,可用集中参数的计算法对整个阻尼电容分压器测量系统进行分析。把高压引线看成是电感。引线的电感和分压器高压臂的电感构成电感 $L$。整个测量回路可画成如图 6-43 所示的等效电路。把它改画为运算电路后,可求得此二端口网络的归一化电压转移函数 $h(s)$。

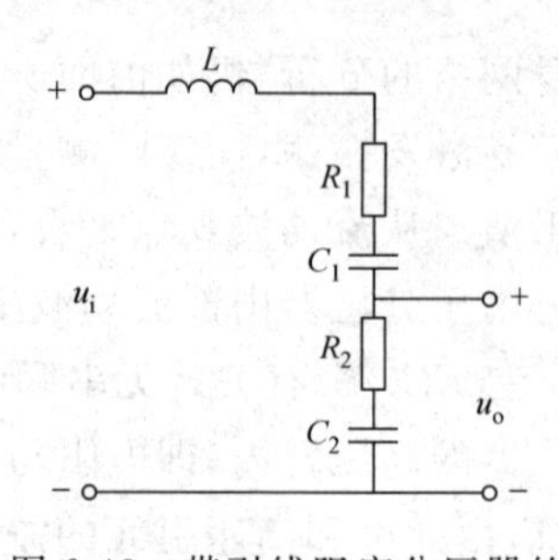

图 6-43 带引线阻容分压器的等效电路

令

$$C = C_1C_2/(C_1 + C_2)$$
$$R = R_1 + R_2$$

可求得

$$h(s) = [R_2C_2/(LC)][s + 1/(R_2C_2)]/[s^2 + (R/L)s + 1/(LC)] \tag{6-59}$$

阶跃响应时间

$$T = -h'(s)\,|_{s\to 0} = RC - R_2C_2$$

令

$$补偿度 \quad P = R_2C_2/(RC)$$
$$阻尼度 \quad D = R/R_0$$

其中,$R_0$ 为电路的临界阻尼电阻,即

$$R_0 = 2\sqrt{L/C}$$

又因为

$$\omega_0 = 1/\sqrt{LC}$$

这样可写出

$$h(s) = (2PD\omega_0 s + \omega_0^2)/(s^2 + 2D\omega_0 s + \omega_0^2) \tag{6-60}$$

设输入电压为单位雷电冲击电压,而且以 3 个指数波之和来模拟所加的单位雷电冲击电压,即

$$u_i(t) = C_1\exp(-\alpha_1 t) + C_2\exp(-\alpha_2 t) + C_3\exp(-\alpha_3 t) \tag{6-61}$$

则

$$U_i(s) = C_1/(s + \alpha_1) + C_2/(s + \alpha_2) + C_3/(s + \alpha_3) \tag{6-62}$$

于是可求得低压臂的归一化输出电压象函数 $U_o(s)$和时域函数 $u_o(t)$分别为

$$U_o(s) = U_i(s)h(s)$$
$$u_o(t) = \mathcal{L}^{-1}[U_o(s)]$$

$u_o(t)$与 $u_i(t)$相比较,可获得波形和峰值的测量误差。由于雷电冲击电压的波前陡峭,波前时间的测量误差要比半峰值时间和峰值的测量误差更容易超过标准,所以着重研究了波前时间的测量误差问题。

综合波前测量误差 $\Delta T_1$ 的计算结果,可绘制出多条关系曲线(详见参考文献[9])。图 6-44 是当补偿度 $P=0$ 及不同 $LC$ 值下,$\Delta T_1$ 与阻尼度 $D$ 之间的关系。此图示明 $LC$ 越大,$\Delta T_1$ 随 $D$ 的变化值越大,$D$ 值为 0.7~0.8,可获得测量误差为零。从图6-45的关系曲线可知,当 $D$ 低于 0.8,波前时间的测量误差为负值,随 $P$ 值的增加则负误差尤甚。此时低压边的 $R_2$ 补偿无济于事。只有当 $D$ 值大于 0.8 时才可见到补偿效果。调节合适的$P$ 值,可使波前测量误差 $\Delta T_1$ 为零值,而且 $P$ 的取值宜小于 1。

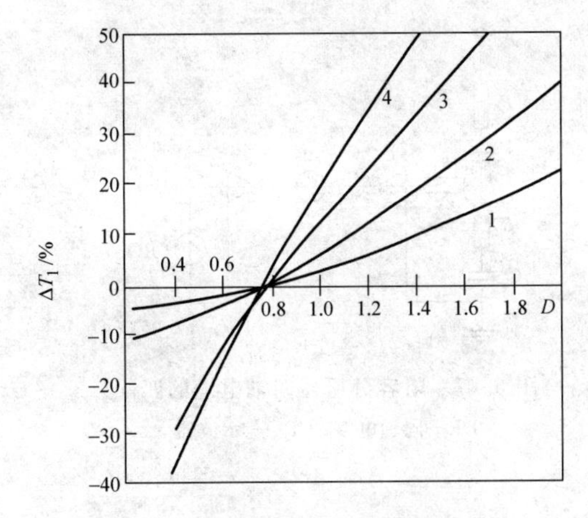


图 6-44 当 $P=0$ 及不同 $LC$ 值下 $\Delta T_1$ 与阻尼度 $D$ 之间的关系

1—$LC=5\ \mu\text{H}\cdot\text{nF}$；2—$LC=10\ \mu\text{H}\cdot\text{nF}$；3—$LC=20\ \mu\text{H}\cdot\text{nF}$；4—$LC=30\ \mu\text{H}\cdot\text{nF}$

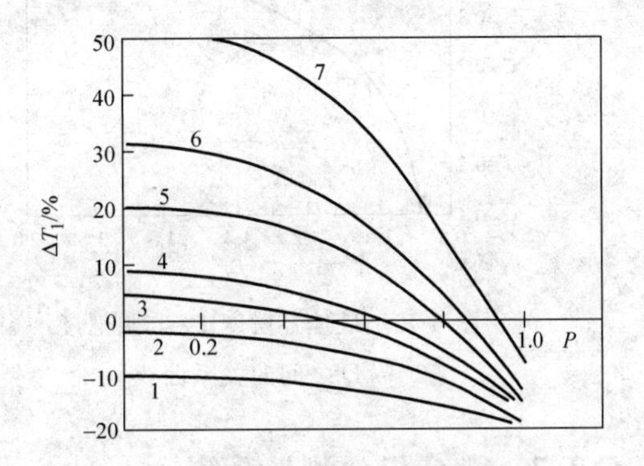


图 6-45 不同阻尼度 $D$ 下补偿度 $P$ 和 $\Delta T_1$ 之间的关系曲线

1—$D=0.5$；2—$D=0.75$；3—$D=0.9$；4—$D=1.0$；5—$D=1.25$；6—$D=1.5$；7—$D=2.0$

图 6-46 示明了最佳补偿度 $P_0$ 与阻尼度 $D$ 之间的关系曲线。总结大量的计算及实验结果(图 6-44 中的 2～4 曲线及图 6-45 中的 1、4、5、7 曲线都有实验验证)可以得到如下几点主要的结论：

(1) 为了得到雷电冲击电压的最小测量误差，补偿度 $P$ 为零时，测量系统的最佳阻尼度 $D$ 应取在 0.7～0.8。

(2) 仅当阻尼度高于临界阻尼度 0.8 时，才能获得低压臂接 $R_2$ 的补偿效果。最佳补偿度 $P_0$ 与所取的阻尼度 $D$ 值相关，一般处在 0.5～0.95。

(3) 在通常设计中所取的全补偿 $P=1$，即 $C_2R_2=C_1R_1$，并不是最佳条件。特别是在阻尼度 $D$ 低时，全补偿会导致(绝对值)较大的负误差。

(4) 在实际应用中，尽可能降低测量系统的 $LC$ 值和细致地调整阻尼度 $D$ 和补偿度 $P$ 是很重要的。实际上这些措施相当于降低阶跃响应波的部分响应时间 $T_\alpha$ 和限制过冲值 $\beta$ (见 6.3.2 节及 6.3.8 节)。

**5. 阻容分压器的低压臂及测量回路**

阻尼电容分压器低压臂的结构基本上与纯电容分压器相同。在低压臂无补偿电阻 $R_2$ 时，电缆的匹配情况也和纯电容分压器一样，可采用电缆首端或首、末端匹配。在低压臂具有补偿电阻 $R_2$ 时，电缆采用首端匹配如图 6-47。此时电缆的首端匹配电阻由 $R_2$ 与 $R_3$ 串联组成，若设 $Z$ 为电缆波阻抗，则

$$R_2+R_3=Z$$

如同在 6.3.5 节中所分析的，当电缆较长时，这种匹配会引起一些测量误差。在采用低阻尼电容分压器时，多数情况下，不加补偿电阻 $R_2$。即使加入 $R_2$，其数值小于 1 Ω，所以 $R_3\approx Z$。

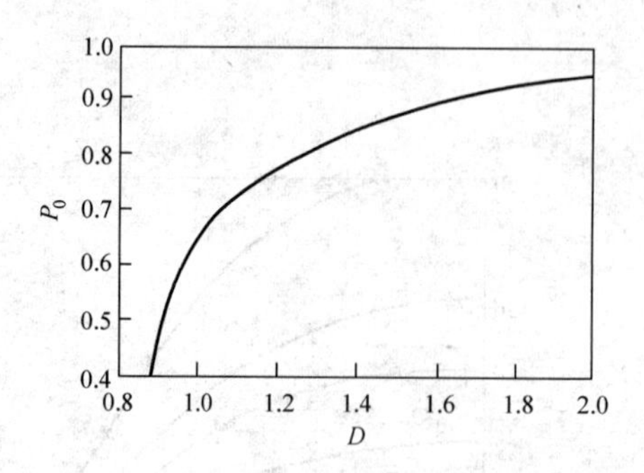


图 6-46　最佳补偿度 $P_0$ 与阻尼度 $D$ 之间的关系曲线

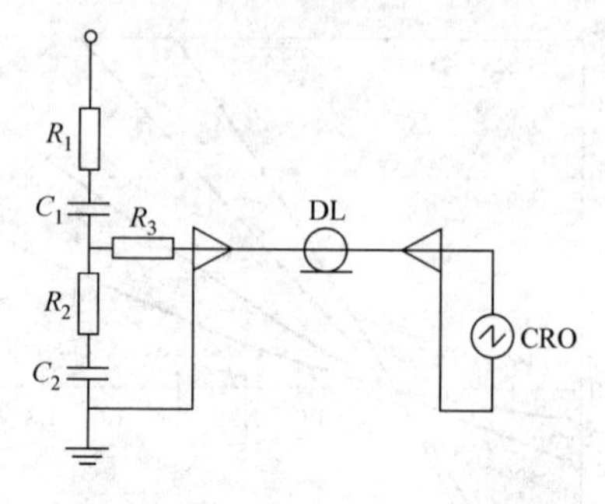


图 6-47　阻容分压器同轴电缆的匹配

DL—同轴电缆；CRO—示波器

## 6.3.7　微分积分测量系统

以微分环节和后继的积分环节作为电压转换装置所组成的高电压测量系统[10]称为微分积分测量系统，其英文名为 differentiating-integrating measuring system，故简称为 D/I 系统。这种分压系统较多应用于冲击高电压的测量中。

**1. 基本原理**

图 6-48 示明了 D/I 系统的基本电路。图中，由电容 $C_d$ 和电阻 $R_d$ 组成高压微分环节；$C_d$ 是高压充气标准电容器或其他的高压小电容量脉冲电容器；$R_d$ 又是同轴射频电缆的匹配电阻，其阻值一般为 50 Ω 或 75 Ω。$C_d$ 及 $R_d$ 都要求是无感的。积分环节可采用无源积分器或特性更好的无源-有源混合积分器。图 6-48 虚线之左表示 $C_d$ 和同轴电缆，处于高压试验场地。虚线之右表示电阻 $R_d$ 及积分器，处于屏蔽室(箱)内。$T_i$ 表示积分器的积分时间常数。若 $u_i$ 为输入的冲击电压，它经过了微分环节后的波形如图 6-49(b)所示，相继经过积分环节后，其归一化的波形又恢复为图 6-49(a)，但峰值大为减小。图中 $u_d$ 为电阻 $R_d$ 上的压降，$u_o$ 为最终的输出电压。

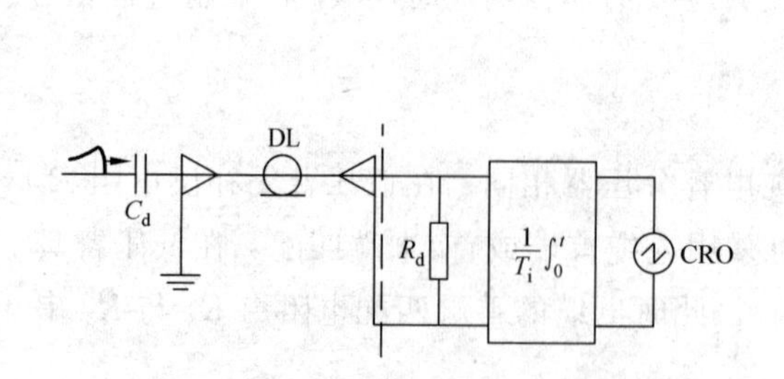


图 6-48　简化的 D/I 系统原理

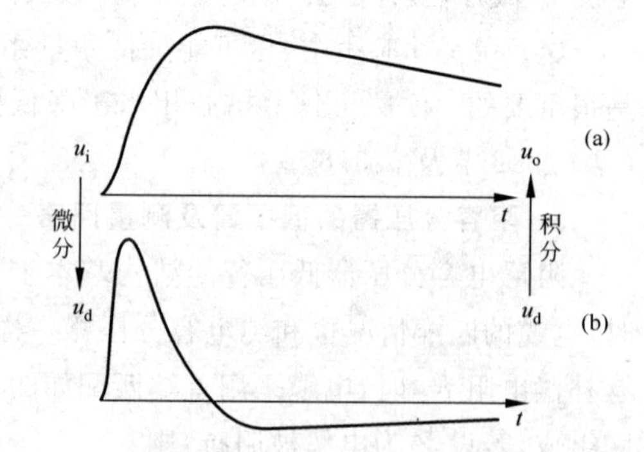


图 6-49　冲击电压波经过 D/I 后的波形变化

图 6-48 电路的电压转移函数为

$$H(s) = [R_d/(R_d + 1/(C_d s))] \times [1/(sT_i)]$$
$$= R_d C_d / [(1 + R_d C_d s) T_i] \tag{6-63}$$

根据式(6-13)的关系，稳态分压比为

$$K = \lim_{s\to 0}[1/H(s)] = T_i/(R_d C_d) = T_i/T_d \tag{6-64}$$

根据本章前面叙述过的理论，阶跃响应时间为

$$T = -K\lim_{s\to 0}[H'(s)] = R_d C_d \tag{6-65}$$

$R_d C_d$ 越小，$R_d$ 在微分环节里分到的电压越低。$T_i$ 越大，在简单积分器中，即为 $R_i C_i$（$R_i C_i = T_i$）越大，$C_i$ 元件在积分环节中分到的电压越低。由此可体会到式(6-64)的含义。

考虑了实际存在的导线及电容 $C_d$ 的电感 $L$ 效应，杂散电容 $C_e$、$C_p$ 及阻尼电阻 $R$ 后，D/I 系统的等效电路如图 6-50 所示。同样可求出该系统的电压传递函数 $H(s)$。推导 $H(s)$ 的目的之一是为了求此 D/I 系统的稳态分压比 $K$ 及原始理论的阶跃响应时间 $T$。由于 $T$ 值与有无 $L$ 并不相关，为了使表达式简化一些，求 $H(s)$ 时设电感 $L$ 为零。如此可得

$$H(s) = \frac{R_d C_d / T_i}{RR_d(C_d C_p + C_d C_e + C_p C_e)s^2 + [R(C_d + C_e) + R_d(C_d + C_p)]s + 1} \tag{6-66}$$

$$K = 1/H(0) = T_i/(R_d C_d) = T_i/T_d \tag{6-67}$$

$$T = -KH'(0) = R(C_d + C_e) + R_d(C_d + C_p) \tag{6-68}$$

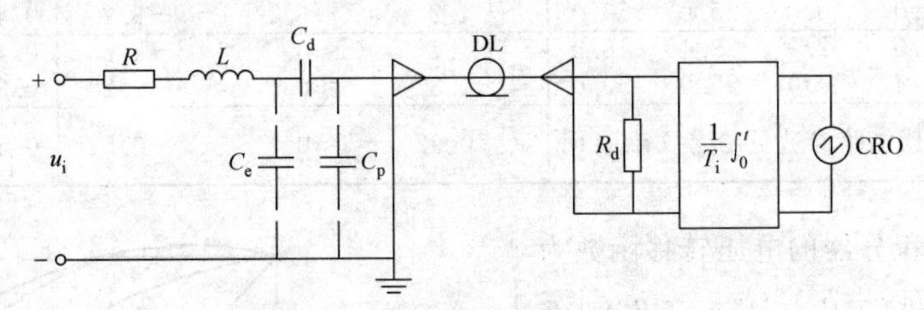


图 6-50 符合实际情况的 D/I 电路

DL—同轴电缆；CRO—示波器

从式(6-68)可见，为使测量系统具有高响应特性，阻尼振荡所必需的外加电阻 $R$，不宜选得太大。所选的 $R$ 值，能阻尼至轻度振荡即可。

积分器的质量在更大的程度上决定了冲击电压的半峰值时间的测量误差。求半峰值时间误差时，可把微分环节理想化，在此条件下求 D/I 系统的阶跃响应，$u_i$ 为一单位阶跃波，电阻 $R_d$ 上的压降 $u_d$ 为 $T_d\delta(t)$，在此 $\delta(t)$ 为单位冲击函数。假若积分器也是理想的，那么最终输出电压 $u_o$ 是峰值为 $T_d/T_i$ 的阶跃波。若积分器并不理想，则可求出输入积分器为 $T_d\delta(t)$ 波时的输出电压波 $u_o(t)$。后者即为把微分环节理想化后的 D/I 系统的阶跃响应。由此可求得任何 $u_i$ 波形下的 $u_o$，包括输入冲击电压下的 $u_o$，从而可求得波形测量误差，在此是指与积分器相关的冲击电压半峰值时间的测量误差。若是不仅要求冲击电压半峰值时间而且要求波前时间 $T_1$ 的测量误差，则应采用图 6-50 的全网络来进行计算。若积分器质量好，可把它理想化以求 $T_1$ 的测量误差。

最简单的无源 $RC$ 积分器，其性能不够理想，因而发展了 2 级或 3 级补偿型 $RC$ 积分器（见图 6-51）。以 2 级为例，它的基本原理是：当 $u_i = u_d$ 为单位冲击函数时，在加压的最初瞬间 $C_1$ 和 $C_2$ 各获得一定的电压，在 $RC$ 参数配合恰当的条件下，$C_1$ 和 $C_2$ 各通过电阻回路放电。与此同时，初始充电电压较高的 $C_2$ 通过 $R_4$ 向 $C_1$ 作补偿性充电，使 $C_1$ 上的电压下降有所减慢。原始补偿的条件是，当

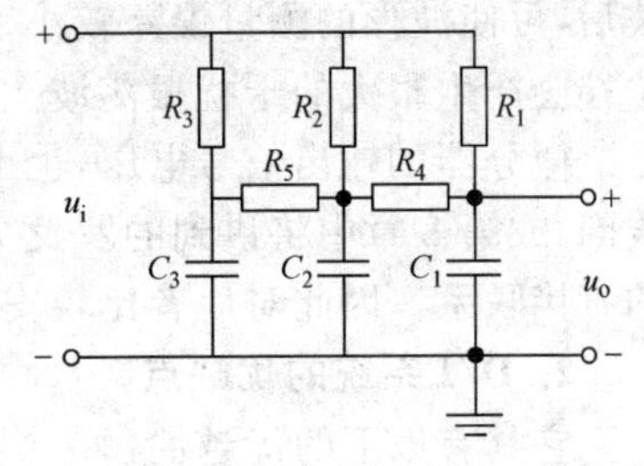


图 6-51 补偿型 $RC$ 积分器电路

$u_d$ 为 $\delta(t)$ 时，令 $du_o/dt|_{t=0}=0$。满足此条件的一种参数选择方法，对2级而言是：

$$C_1 = C_2 = C_0, \quad R_1 = R_4 = R_0, \quad R_2 = 0.5R_0$$

可以证明为求稳态分压比 $K$ 的等效积分时间常数 $T_i=R_0C_0$。计算表明在原始补偿的2级积分器条件下，当 $T_i$ 为2 ms时，测得1.2 μs/50 μs冲击时的半峰值时间测量误差 $|\xi|$ 仅为0.32%，而在 $T_i$ 为2 ms的简单 $RC$ 积分器下，相应的 $|\xi|$ 值高达4.5%。5种补偿型积分器的参数和特性如表6-2所示。为了进一步改善性能可采用合适补偿特性的 $RC$ 积分器。它的基本原理是在积分器的输入电压 $u_d$ 为 $\delta(t)$ 的条件下，调整参数令 $du_o/dt|_{t=0}$ 为微小的正值（比较表6-2中参数）。图6-52中的曲线表示了不同类型积分器施加 $\delta(t)$ 后的输出特性，其中水平虚线代表理想积分器的特性。2级合适补偿型 $RC$ 积分器的缺点是会造成0.5%左右或以下的波前时间测量误差。不过调整参数适当增加 $T_i$ 值，这项误差可以减得较小。

**表6-2 补偿型积分器的参数和半峰值时间测量误差 $\xi$**

| 序号 | $C_1$/nF | $C_2$/nF | $R_1$/kΩ | $R_2$/kΩ | $R_4$/kΩ | $\xi$/% 1.2 μs/40 μs | $\xi$/% 1.2 μs/50 μs | $\xi$/% 1.2 μs/60 μs | $T_i$/ms | 注 |
|---|---|---|---|---|---|---|---|---|---|---|
| 1 | 16.8 | 16.8 | 50.0 | 25.0 | 50.0 | −1.1 | −1.6 | −2.4 | 0.84 | 2级 |
| 2 | 8.0 | 8.0 | 50.0 | 25.0 | 50.0 | −4.2 | −6.1 | −8.2 | 0.40 | 原始补偿 |
| 3 | 8.0 | 8.0 | 52.9 | 23.1 | 46.3 | 1.4 | ≈0 | −1.6 | 0.42 | 2级 |
| 4 | 8.0 | 6.4 | 50.0 | 25.0 | 50.0 | 1.3 | ≈0 | −2.2 | 0.39 | 合适补偿 |
| 5 | 3级合适补偿电路参数见参考文献[11] | | | | | 0.32 | ≈0 | −0.52 | 0.496 | 3级合适补偿 |

2级的 $RC$ 积分器的电压转移函数为

$$H(s) = (b_1 s + b_2)/(a_1 s^2 + a_2 s + a_3) \tag{6-69}$$

式中

$a_1 = C_1C_2R_1R_2R_4$

$a_2 = C_1R_1(R_2+R_4)+C_2R_2(R_1+R_4)$

$a_3 = R_1+R_2+R_4$

$b_1 = C_2R_2R_4$

$b_2 = R_1+R_2+R_4$

3级 $RC$ 积分器的电压转移函数见参考文献[11]。

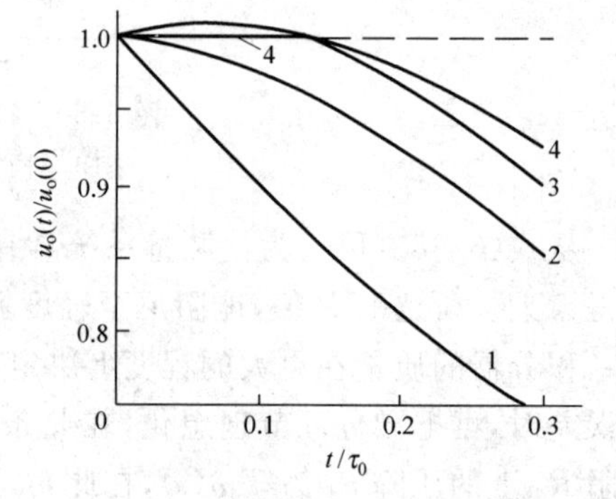


图6-52 不同类型积分器施加 $\delta(t)$ 后之输出特性

1—简单 $RC$ 积分器；2—补偿型2级积分器；3——种合适补偿2级积分器；4——种合适补偿3级积分器；$\tau_0$—积分时间常数或等效积分时间常数

用无感的优质 $RC$ 元件制成的无源积分器，性能稳定而且体积很小。无源-有源混合积分器有利于发挥两类积分器之优点，在测量冲击电压时，用无源积分器测量波前；用有源积分器测量波后，可使波形的测量误差较小。仅采用有源电子积分器，在测量雷电冲击电压时，波前起始端会产生很大的干扰振荡波。

微分器的输出信号电压，也可由套在 $C_d$（如套管）接地线的宽带电流互感器（如皮尔森线圈）或第8章中将讲到的罗戈夫斯基线圈供给[12]，此时被测回路与测量回路之间可无电的直接联系。因此对后者比较安全。这种方法曾应用于变电站现场实测操作冲击电压。

**2. D/I系统的优缺点**

它具有以下的优越性：

(1) 由于 $C_d$ 的电容量很小，对高压源的负荷效应极小。

(2) D/I 系统分压方式的采用,使普通的商品高压充气标准电容器用于冲击电压的测量成为可能(但要注意该电容器外接的同轴电缆的波阻抗应与内部的相一致)。

(3) 与数字存储示波器相连接时,常可省去二次分压环节。

(4) 具有足够高的响应特性。

它的缺点是:

(1) 当所使用的 $C_d$ 很小时,它的不确定度往往较大。如高压充气标准电容器的电容值为 10 pF～20 pF 时,电容误差达 5%。用它组成的 D/I 系统,静态分压比 $K$ 值的测量误差较大,往往要用优质电阻分压器来校订。

(2) 对 $R_d$(见图 6-48)的无感要求比一般电阻分压器的低压臂电阻要高得多,难以采用丝绕电阻。

(3) 测陡波前及波前截波时,$R_d$ 上会出现峰值极高的尖峰脉冲电压,必要时可把 $R_d$ 泡在变压器油中。

### 6.3.8 冲击测量系统的性能试验和校准

**1. 认可的冲击测量系统的性能试验**

性能试验包括以下几项:①确定测量系统的标定刻度因数;②进行动态特性试验,证明其动态特性符合规定的要求;③进行干扰试验,证明其干扰水平小于规定极限(干扰试验见 6.6.3 节)。其他还有线性度试验,稳定性试验等。

如果满足下列条件,则可以认为测量系统的动态特性是符合要求的:

① 刻度因数应是稳定的,对全波和波尾截断的冲击电压允许在±1%以内变动;对波前截断的冲击允许在±3%以内变动。

② 测量系统时间参数的测量扩展不确定度在 10%以内。

试验的方法如下。

(1) 确定测量系统的标定刻度因数

最近一次性能试验所确定的刻度因数值为系统的标定刻度因数。一个测量系统可以具有一个以上的标定刻度因数,例如测量系统可以有几个量程或几个标称时段,它们分别具有不同的标定刻度因数。可采用以下两种方法来确定。

① 标准方法(优选):与标准测量系统相比对,试验时采用标准[13]规定的接线布置。试验时要同时读取两个系统的读数。标准中的标准方法条款规定,应采用两种不同的冲击波形来测定,对于全波和波尾截断波,校准冲击的波前时间 $T_{1,cal}$ 在最短的波前时间 $T_{1,min}$ 和最长的波前时间 $T_{1,max}$ 之间。半峰值时间约为最长的半峰值时间。对于波前截断波,规定截断时间在最短截断时间 $T_{c,min}$ 和最长截断时间 $T_{c,max}$ 之间。

② 替代方法:按标准规定的条款通过与标准测量系统比对来确定标定刻度因数。规定所采用的波形为一种波形。对雷电全波和波尾截断波,波前时间 $T_{1,cal}$ 在最短波前时间 $T_{1,min}$ 和最长波前时间 $T_{1,max}$ 的范围内,半峰值时间约等于认可测量系统的最长半峰值时间。对用于测量波前截断冲击的测量系统,校准冲击的截断时间 $T_{c,cal}$ 应该在最短截断时间 $T_{c,min}$ 和最长截断时间 $T_{c,max}$ 之间。

此外,也可以采用由组件的刻度因数来确定标定刻度因数的替代法。即可以用测量系统的转换装置、传输系统和测量仪器的刻度因数乘积来确定标定刻度因数。对于转换装置、传输系统或两者组合体的标定刻度因数可用 2.1 节所述的 4 种方法方法之一来确定。

确定测量系统的标定刻度因数的另一种替代方法,是下面将要讲述的卷积积分。

(2) 动态特性试验

① 标准方法(优选):与标准测量系统相比对。可以采用上述确定测量系统标定刻度因数的标准方法中的试验记录,计算两个系统被测冲击的相关时间参数,同时应根据标准[3]的要求,评定被试系统测量的时间参数的扩展不确定度。

② 替代方法:采用阶跃响应测量。关于阶跃响应波的产生等问题,将在下面"阶跃电压波的产生和实验接线及响应指标"小节中叙述。在测量认可雷电冲击测量系统的动态特性时,所采用的一种冲击波形与前述的替代法确定刻度因数中规定的相同。标准规定在进行阶跃响应试验时,被测量系统下列时刻的响应值与参照电平出现时段内的参照电平值的差应不大于±1%。

对冲击全波和波尾截断波是指在波前时间 $T_{1,\mathrm{cal}}$ 的时刻。

对波前截断的冲击波是指在截断时间的时刻 $T_{\mathrm{c,cal}}$。

此外又规定,在参考电平时段 $0.5T_{1,\min}\sim 2T_{1,\max}$ 内(注:$T_{1,\min}$ 和 $T_{1,\max}$ 分别为最短和最长波前时间),阶跃响应与参考电平的偏离应不大于 2%。而在参考电平出现的时段($0.5T_{1,\min}\sim 2T_{2,\max}$)内(注:$T_{2,\max}$ 是系统需认可的冲击电压的最长半峰值时间),阶跃响应与参照电平的偏离应不大于 5%。笔者认为只要能满足最前一项的要求,后两项的要求是很容易满足的。

标准的另外一个条款又规定了这样的一种测量动态特性的替代方法。可以用所记录到的阶跃响应与归一化标称波形的卷积来确定特性。标准中引用的是卷积积分式(6-15)。标准建议把连续的卷积积分简化为离散卷积积分的形式来进行计算。最终可以计算出输出电压 $u_{\mathrm{o}}(t)$ 和输入电压 $u_{\mathrm{i}}(t)$ 之间的误差。

**2. 阶跃电压波的产生和实验接线及响应指标**

(1) 阶跃电压波的产生

可用汞润继电器或间隙对缓慢上升的冲击或直流电压进行截断来产生。截断的线路如图 6-53 所示。汞润继电器的结构如图 6-54 所示,图中接触杆 4 由刻有细槽的磁性材料制成,能振动,杆端焊有铂触头。如把玻璃外壳连同整个结构放在一个激磁线圈产生的几百赫频率磁场中,4 将来回振动,使触点时断时通,从而获得多次重复脉冲。水银靠毛细管作用沿 4 的细槽上升到触点表面,使触点不断被水银润湿,可使触点间的接触电阻仅为 30 mΩ。汞润继电器动作后的接通时间仅为 1 ns～2 ns,有的甚至可小于 1 ns。

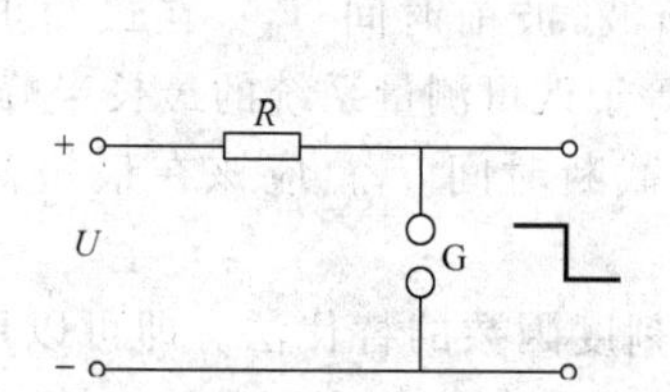


图 6-53　产生截断阶跃波的原理线路

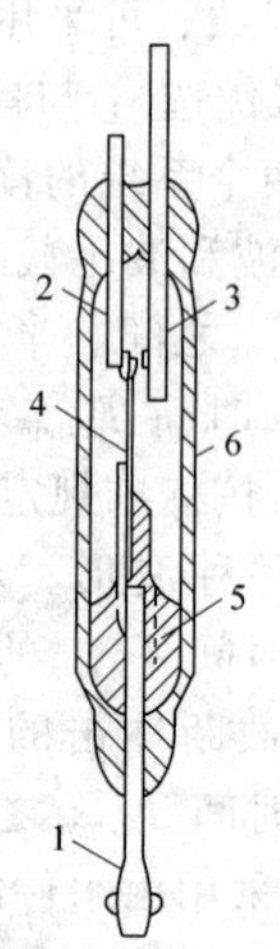


图 6-54　汞润继电器结构示意图

1、2、3—电极；2—常闭触点；3—常开触点；4—接触杆；5—水银；6—玻璃外壳

产生阶跃波电压的方法有三种：

① 由汞润继电器作为图 6-53 中的 G 间隙，它可以产生峰值为几百伏的低压阶跃波电压。

② 在正常气压下，用几毫米间距的均匀电场空气间隙来截断，它可以产生几千伏的阶跃波电压。不过此法所产生的阶跃陡度不会太大。

③ 在增加气压的条件下，用几毫米间距的均匀场间隙来截断，它可以产生几十千伏的阶跃波电压。为了简单也可用小于1 mm 的油间隙来取代加气压的间隙。

在采用重复式发生器时，应注意阶跃波持续时间及间隔时间不应引入附加误差。

阶跃波的上升时间应小于被测系统响应时间的十分之一。波的上升时间是指电压上升到稳定值的 10%和 90%两点间的时间间隔。阶跃波电源的内阻应小于被试系统输入电阻的千分之一。

(2) 测量回路

几种合适的测量回路如图 6-55 所示。其中最佳的回路为图 6-55(a)。阶跃波发生器放在金属墙上，或放在宽度大于 1 m 的垂直金属条状导体上，该导体亦用作为接地回路之用。高压引线长度应取实际使用时的长度，图 6-55(a)中的高压引线长度可与分压器的高度相等。被测分压器尽可能处于实际使用位置。高压引线及测量电缆的状况也应符合实际使用状况。对于优质分压器而言，引线方向对响应波形也会产生影响。响应试验的接地回路宜用铝板敷设。记录阶跃响应波的记录仪器常采用频带足够宽的数字记录仪或数字存储示波器。可用重复过程或一次过程进行测量。

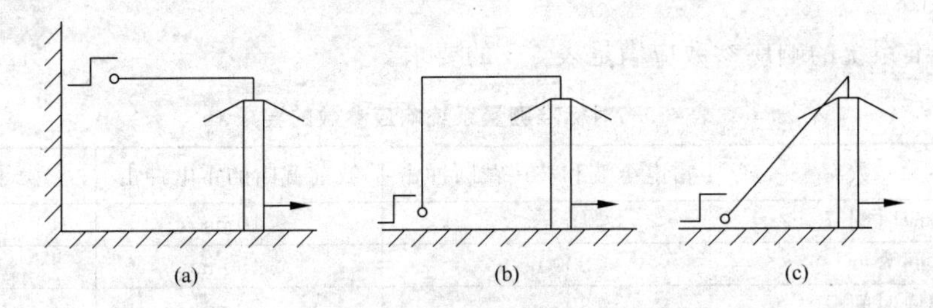


图 6-55 电压测量系统的阶跃响应实验接线布置

(3) 阶跃响应指标

响应参数除了 6.3.2 节中提到的实验响应时间 $T_N$和部分响应时间 $T_\alpha$ 之外，还有稳定时间 $t_s$。为了讲清稳定时间 $t_s$，需要先讲一下剩余响应时间 $T_R$。剩余响应时间 $T_R(t_i)$是实验响应时间 $T_N$与阶跃波响应积分从 $O_1$积到某一瞬时 $t_i$的数 $T(t_i)$之差。$t_i$不大于 $2t_{max}$(注：$t_{max}$的含义见 6.3.2 节)。此积分值相当于 $t_i$之后直至 $2t_{max}$时段内响应波形与单位幅值线之间所围面积代数和所代表的时间，即

$$T_R(t_i) = T_N - T(t_i) \tag{6-70}$$

稳定时间 $t_s$是剩余响应时间 $T_R(t_i)$的绝对值达到并继续保持不大于 $0.02t_i$的最短时间，即 $t_i$在 $t_s$之后直至 $2t_{max}$的时间段内都满足下列条件，见图 6-56。

$$|T_R(t_i)| = |T_N - T(t_i)| < 0.02t_i \tag{6-71}$$

这表明响应波形在 $t_s$之后与单位幅值线已相差无几，可以认为已保持稳定。

在图 6-57 中表明了如何用作图法来求出 $t_s$ 值。由图中两根直线中的任何一根直线与阶跃响应积分 $T(t)$ 的最后一个交点，即可求得 $t_s$ 值。

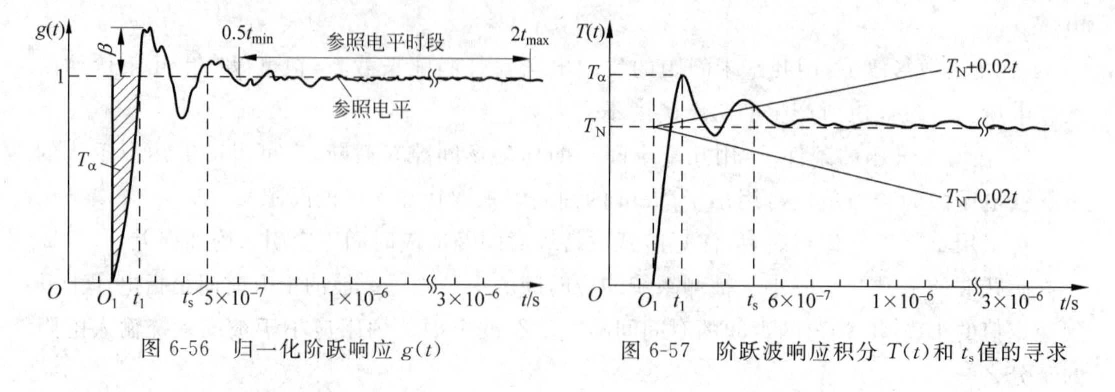


图 6-56 归一化阶跃响应 $g(t)$

图 6-57 阶跃波响应积分 $T(t)$ 和 $t_s$ 值的寻求

**3. 标准冲击测量系统的校准**

可采用如下两种方法：

(1) 标准方法：比对测量。标准测量系统的性能符合要求，应通过和较高级标准测量系统，在相关试验电压下，进行比对测量的校准来证明，此较高级标准测量系统可溯源到国家计量院的标准。

(2) 替代法：刻度因数的测量和阶跃响应参数的评定。标准测量系统的刻度因数应通过和较高级标准测量系统，在相关试验电压下，针对一种冲击电压来确定。对较高级标准测量系统的要求是：对电压的扩展不确定度 $U_{M1} \leqslant 0.5\%$，对冲击电压的时间参数的扩展不确定度 $U_{M3} \leqslant 3\%$。

规定标准系统的响应参数应满足表 6-3 的要求。

**表 6-3 对标准测量系统响应参数的要求**

| 参　数 | 雷电全波和波尾截断冲击 | 波前截断的雷电冲击 | 操作冲击 |
|---|---|---|---|
| 实验响应时间 $T_N$ | ≤15 ns | ≤10 ns | — |
| 稳定时间 $t_s$ | ≤200 ns | ≤150 ns | 10 μs |
| 部分响应时间 $T_\alpha$ | ≤30 ns | ≤20 ns | — |

此外还规定，在冲击电压参数对应时刻被校的标准测量系统的阶跃响应值与参照时段内的参照电平之间的偏差不应大于±0.5%。

根据笔者的工作经验，即使由优质的标准分压器所组成的测量系统，仍然会有一定量的过冲 $\beta$ 值。我们研制的类似图 6-19 的 1 MV 电阻分压器所组成的测量系统，尽管它的 $T_N$ 小于 10 ns，但是 $\beta$ 值大约可达 10%。中外学者曾经研究过 $\beta$ 和 $T_\alpha$ 对于测量雷电冲击电压的影响[14]。他们的研究成果，仍然具有参考价值。

## 6.4 高压示波器

高压示波器是一种专用示波器，它具有高加速电压，适用于观察和记录变化迅速的一次脉冲现象。在高电压技术领域中，高压示波器和转换装置——冲击分压器和分流器相配合，可用来测量冲击电压或冲击电流的波形和峰值。它在力学和国防技术中也得到了应用。

早在 1927 年匈牙利人 Gabor Dennis 在柏林工业大学即以“采用阴极射线示波器的行波示波测量技术”获得博士学位（注：Gabor Dennis 后来作为全息照相技术的发明人获得诺贝尔奖）。

和普通示波器一样，高压示波器也有高压示波管。示波管的平底部分为涂有荧光材料的荧光屏，由阴极发射出来的电子束轰击荧光屏引起荧光现象，借以将输入到示波器的待测信号的波形显示在荧光屏上。高压示波器是记录一次快速过程现象的，为了获得足够亮度的光点，电子束需具有较大的能量，为此示波管内的阳极和阴极之间需要有较高的加速（电子的）电场，其加速电压达 10 kV～20 kV 或甚至更高。电子轰击荧光屏不仅能使之发光还能使之发热，具有高能量的电子束如长时间射到荧光屏上将损坏屏上的荧光层，因此高压示波器中的电子射线经常是被闭锁的，只在被测信号到达的瞬间才能射到屏上，被测信号消失后又将自动闭锁，这个功能是靠光点释放装置来完成的。

要描绘一个波形，电子射线除了要按被测信号作垂直偏转外，还应按时间基轴作水平偏转。高压示波器和普通示波器一样也有扫描装置。所不同的是普通示波器中采用重复的锯齿形扫描，高压示波器中采用一次的触发扫描。

为了描绘一个完整波形，首先应有电子射线到达荧光屏，其次启动扫描装置使射线作水平偏转，然后使被测信号作用到示波管的现象板上。高电压技术中研究的冲击放电现象常常是微秒甚至是纳秒级的瞬变过程，上述三步动作必须在极短暂的时间内顺序完成，称作示波器的同步。同步是靠启动装置或脉冲变换装置及光点释放装置来完成的。

高压示波器由如下 5 个主要部分组成，它们间的关系如图 6-58 所示。

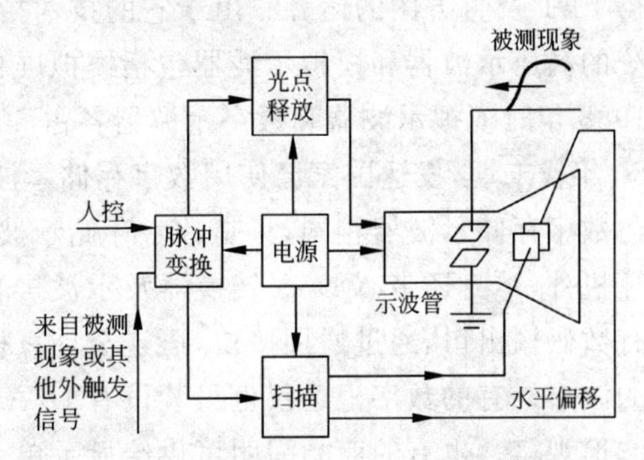

图 6-58　高压示波器主要组成部分间的关系

（1）示波管：产生电子射线，记录波形。

（2）光点释放装置：开放及闭锁电子射线。

（3）扫描装置：使射线自左至右作水平偏转。

（4）脉冲变换装置：使任何极性的触发脉冲都变换成正极性触发脉冲，使之能触发光点释放装置。

（5）电源部分：供给以上各部分以合适的电源。

高压示波器大多没有信号的放大器环节，因而要求输入信号电压的峰值较高，常装设有衰减器。

由于数字存储示波器的兴起并日益广泛地得到应用，目前高压示波器已趋于淘汰。

高压示波器比之数字存储示波器的优点是：

（1）信噪比高。由于设计的垂直灵敏度低，要求输入的电压信号峰值高，一般高达 500 V～1000 V，相对而言许多情况下的干扰信号影响较小。

（2）有些高压示波器装备有 1∶1 隔离变压器，提高了抗反击和抗干扰能力。

（3）一般情况下，高压示波器不需要安放在屏蔽室内使用。

高压示波器的缺点是：

（1）相对数字示波器体积较大。

(2) 一次过程的记录波形,一闪而过,不便于肉眼观察。只能依靠摄像记录。摄像之前还需打上零线和时基脉冲。

(3) 触发信号与被记录信号之间需有同步的关系。实际上是要调节外触发信号稍稍提前到达示波器中的脉冲变换环节。调节不当会记录不到波形或只记录到部分波形。

## 6.5 数字存储示波器

### 6.5.1 发展及应用

数字存储示波器和数字记录仪(digitizer)是20世纪60年代发展起来的新型测试仪器。主要用作测量各种瞬态过程,如爆炸、冲击、振动、武器发射(过程)及高速电磁脉冲(EMP)的测量等。它在各种工程技术、生物医学、原子物理、军事科学、力学等领域中已得到了广泛的应用。20世纪70年代开始应用于高电压测量。它在高电压领域中不仅用于稳态的交流高电压测量及谐波分析,更重要的是用于快速瞬态过程的测量,如冲击电压(电流)的测量,气体绝缘金属封闭开关设备(GIS)中的甚快速瞬态过电压(VFTO)的测量,绝缘局部放电波形测量等。它的应用不仅可使被测波形在屏幕上"锁住",以使一次过程波便于被人们观测,而且可以把波形存储起来,或是连至计算机进行分析计算、打印和存储。通过面板上的功能菜单及选择按钮,还可对所测量到的波形进行类似平均数、方均根值的计算,有的还可以进行FFT及直方图的运算。由于它的技术指标日益先进,而且价格逐步下降,它的发展使传统的高压示波器和模拟示波器包括模拟屏幕记忆示波器的地位走向衰落。从全球来讲,在1988年时模拟示波器和数字示波器各占50%,到1994年数字示波器已占有80%。20世纪80年代末期,发达国家已使用数字存储示波器取代了高压示波器。数字记录仪的基本原理与数字存储示波器相同,只是数字存储示波器除可将所测得的信号以数字码方式传输给计算机外,本身还带有D/A转换器及示波屏幕,可以直接将波形显示出来;而数字记录仪只有数码输出口,通过通用接口,可连至计算机构成自动测试系统并通过其显示器观察所记录的波形。有的数字记录仪也另装设有D/A转换器,以便将模拟信号送至通用示波器,进行波形观察。也有的商品写明可供给显示单元的选件,以用作波形观察和仪器控制,还可包括硬拷贝输出口。本书以下的叙述只用数字存储示波器的名称,有时简称它为DSO(digitizing storage oscilloscope),实际上已用它代表了数字记录仪。

### 6.5.2 基本原理

数字存储示波器的方块原理如图6-59所示。

假定该示波器具有两个通道,存储器(RAM)的容量为1 KB(1024),决定垂直分辨率的位数是8位(bit)。加至$Y_1$及$Y_2$输入端的信号,经过衰减器和放大器后送至A/D转换器(converter)。A/D转换器(ADC)在不同型号和技术参数的DSO中的工作原理很不相同,它的作用都是接受时钟及逻辑电路的控制,按面板上所设定的采样率进行模数转换,产生一串8位数据流($D_0 \sim D_7$),在逻辑电路控制下,快速地将此数码写入随机存取存储器RAM中。逻辑控制电路送出顺序递增的10位写地址信号到RAM,可确保每组数据写入到相应的存储单元中。不管数据是否处在写的过程,RAM中存储的各数据,均以固定的速率(如

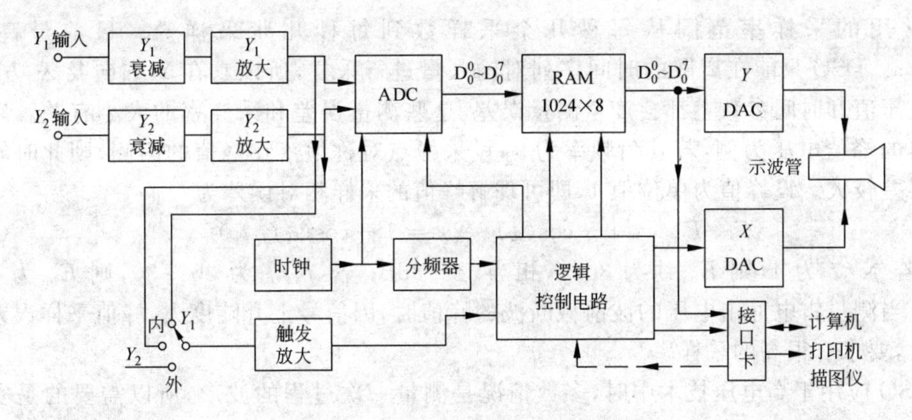


图 6-59 数字存储示波器结构方块图

1 字/μs)不断地读出,送到 8 位 D/A 转换器(DAC)电路中,用作示波管的 $Y$ 轴显示。同时,以一个读出速率递增的 10 位数字斜坡电压送给水平 D/A 转换器,用作示波管 $X$ 方向的显示。根据工作需要,存在于 RAM 中的数字信息,可直接以二进制数码输出,通过接口由计算机进行信息处理。DSO 中由于采用了 RAM,可通过控制存储器的写操作来实现正或负的触发延迟,前者也称作延迟触发;后者则称作提前或预先触发。在记录雷电冲击电压或其他快速一次过程波形时,常采用提前触发功能,以便能观察触发前的波形。此时存储器受一个环形计数器控制一直处于写状态,从 0 到 1023 单元周而复始地循环写入,当有新的数据信息写入时,就把原存有的内容擦除掉,实现以新换旧。触发起着确定由"写"转入"读"状态的位置。以图 6-60 所示例子来说明,假定内存的容量是 1024,触发起着令 B 点之后"停写"的作用,把触发前后的一段 A 与 B 之间的信息保留下来。图中所示的触发电平和预置数可由操作人员事先在示波器面板上设定。由于 DSO 具有"提前触发功能",可以把雷电冲击电压的整个波形都记录下来。

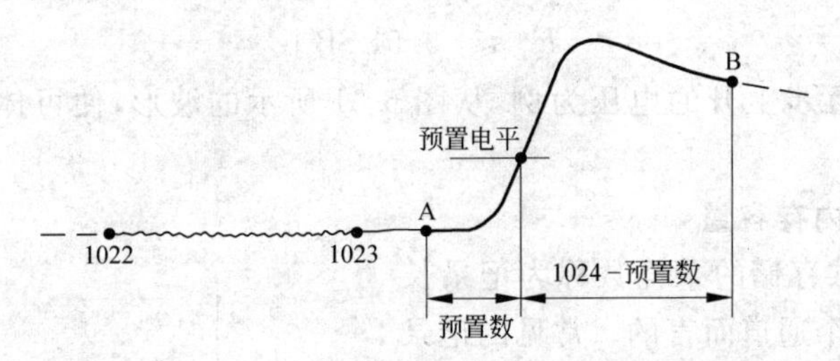


图 6-60 DSO 的预触发

## 6.5.3 主要技术指标

DSO 的主要技术指标有下列几个。

**1. 采样率 $f_s$**

它表示为每秒的采样数。正规的单位应是"采样数/秒",但商品通用的单位为"S/s",譬如采样率为"100 MS/s",即代表"100 兆采样数/秒",大写的 S 代表 samples。多种型号的 DSO 在简单的产品样本上只给出一个最高的采样率,实际上面板上还有多个挡次的采样率可供选用。采样率 $f_s$ 的倒数即为采样周期 $T_s$,$T_s$ 是相邻两个采样点之间的时间间隔。

DSO常用的采样率范围从每秒几个采样数到每秒几兆采样数。目前最高可达50 GS/s。DSO只能在离散的时间序列对输入量进行采样,所以它在 $Y$ 方向及 $X$ 方向,亦即在电压值和时间参数上都会产生测量误差,这些测量误差和采样率的大小有关。以测量正弦波的峰值电压为例,若其角频率为 $\omega$,设采样点对称地落在峰值的两侧,则此时峰值的采样误差较大。设峰值为单位值1,即可理解峰值的采样相对误差为

$$E_{sm} = 1 - \cos(\omega T_s/2) = 1 - \cos(\pi f/f_s) \tag{6-72}$$

式中,若 $f_s/f$ 为4,则 $E_{sm}$ 约为30%,相当于-3dB;若 $f_s/f$ 为20~30,则 $E_{sm}$ 为1%~0.5%。当测量雷电冲击电压的波前截断波的峰值时,因信号上升陡度大,峰值采样误差的矛盾更大,要求有很高的采样率。

DSO应用于高电压技术中时,多数情况是测量一次过程的波形,所以需要的是实时采样,对 $f_s$ 的要求是实时采样率,而不是只适用于重复过程测量的等时采样率。后者是针对重复而来的波形陆续采样而言的。

**2. 位数 $N$ 及额定分辨率 $r$**

模数转换器(ADC)的位数为 $N$ 时,可供给 $2^N-1$ 个等级的数值。对数字示波器来说,把"可使输出数码变为 $2^N-1$ 的最小输入电压"称为满量程(满刻度)偏转(full scale deflection)。于是示波器的垂直额定分辨率为

$$r = [1/(2^N - 1)] \times 100\% \tag{6-73}$$

它的含义是能测出的额定最小输入增量所占满量程的份额。$N$ 为8 bit或10 bit时,相应的 $r$ 分别为0.4%或0.1%。现已有 $N$ 为14 bit的高速、宽频带DSO商品供应。

由于DSO的垂直偏转不连续,因此会造成量化误差 $E_q$。DSO所储存和输出的量是某个基本量的若干整数倍,这个基本量称为最小有效位,简称它为LSB(least significant bit)。DSO的满刻度偏转简称为fsd,它的含义是可使输出数码变为 $2^N-1$ 的最小输入电压,则有

$$\mathrm{LSB} = \mathrm{fsd}/(2^N - 1) \tag{6-74}$$

在理想的条件下,

$$E_q \leqslant |0.5\mathrm{LSB}|$$

以被测的模拟量为逐步上升的电压为例,从图6-61所示的波形,便可体会到量化误差最大不超过0.5 LSB。

**3. 记录长度及内存容量**

一次记录中总共存储的采样数称为记录长度,它通常是对每一个通道而言的。常见的记录长度为几千字到几十兆字。内存容量是数字仪内可存储的总字数,一般为最大记录长度的一至数倍。有的商品还有扩大记录长度的选件。

**4. 频带宽度**

像模拟示波器一样,带宽是一个重要的性能指标。它由示波器内的衰减器和放大器的性能所决定。中低挡的DSO的频带宽度为DC至60 MHz~200 MHz,较高挡的高频端可达500 MHz~70 GHz。

除了上述4项技术指标外,与通常的模拟

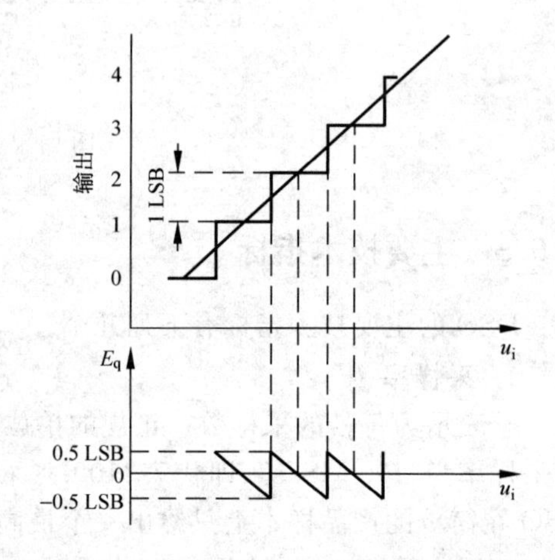


图6-61 数字记录仪的量化特性和量化误差

示波器一样，DSO 还有通道数、量程、输入阻抗等技术指标。有的还示明垂直测量准确度是多少，如写为 1%、1.5%等。还有其他多种性能技术指标请参阅文献[13]。

若选用者同时要求几种技术指标达到很高，价格就较昂贵。可根据具体测量的需要，放低一两个指标的要求，以求选购一适用的 DSO。

### 6.5.4 DSO 应用于高电压测试中的基本技术指标和注意事项

DSO 是一种通用仪器，在应用于高电压测试的条件下，需注意下列几点。

**1. 基本技术指标的选择**

国家标准规定[15]，应用于测量冲击电压(电流)的 DSO 的测量不确定度应达到：

(1) 冲击电压(电流)峰值测量不大于±2.0%；

(2) 冲击时间参数(波前时间、截断时间等)的测量不大于±4.0%。

标准另规定了采样时间间隔 $T_s$ 的不确定度应小于 $T_s$ 的 1/6，即 $\Delta T_s \leqslant T_s/6$。设被测时间间隔为 $T_x$，而且考虑测量时，$T_s$ 产生了最大允许的不确定度，则根据上面第(2)条的规定，便有下面的关系式：

$$0.04 \geqslant [T_s + (T_s/6)]/T_x$$

即

$$0.04 \geqslant 1.167T_s/T_x$$

上式以 $f_s$ 来表达则为

$$f_s \geqslant (1.167/0.04)/T_x$$

为此标准规定了

$$f_s \geqslant 30/T_x \tag{6-75}$$

在测量雷电冲击全波的波前时间 $T_1$ 时，认为 $T_x$ 取决于达到冲击峰值的 30%和 90%的时间 $T_{30}$ 和 $T_{90}$，即 $T_x$ 为 $T_{30}$ 和 $T_{90}$ 之间的时间间隔。而 $T_x$ 与 $T_1$ 之间的关系为

$$T_x = 0.6T_1$$

考虑到 $T_1$ 允许有±30%的变化范围，最短的 $T_1$ 为 0.84 μs，所以

$$T_x = 0.6 \times 0.84\ \mu\text{s} = 0.504\ \mu\text{s}$$

根据式(6-75)，有

$$f_s \geqslant 30/T_x = (30/0.504)\quad \text{MS/s}$$

于是标准规定

$$f_s \geqslant 60\text{MS/s}$$

测量雷电冲击电压波前截断波时，采样率一般不应小于 100 MS/s；对于截断时间 $T_c$ 小于 200 ns 的波前截断波，采样率一般不应小于 400 MS/s。为了能测量出冲击波形上叠加的振荡，采样率应不小于 $8f_{max}$，$f_{max}$为试验回路中可能出现的最高振荡频率(见式(5-4))。

标准规定测量冲击波形参数时，应采用 8 位或 8 位以上的 DSO。若进行对比试验(如应用于电力变压器的雷电冲击耐压试验)时，则应采用 9 位或 9 位以上的 DSO。也就是说，测量冲击波形参数时，额定分辨率 $r$ 应小于或等于满量程偏转的0.4%(约为 $2^{-8}$)；需要对记录进行对比的试验中，$r$ 推荐值为小于或等于满量程偏转的 0.2%(约为 $2^{-9}$)。

应选用单次信号测量带宽足够高的示波器来测量雷电冲击电压，一般应为 10 MHz 以上，在测量波前截断时间 $T_c$ 为 100 ns～200 ns 时，带宽应不小于 100 MHz。

**2. 其他技术指标及性能试验**

DSO除了前述的量化误差的技术问题之外，还存在量化特性方面的其他问题，如输出数码对输入电压的整体非线性和局部非线性问题[16]。整体非线性是指DSO的实测量化特性与理想量化特性在整体上的差异，见图6-62。图中 $s(k)$ 表示与输出数码 $k$ 对应的，在两个量化特性上的输入电压值差值。国家标准中把全部数码的整体非线性的最大绝对值称为整体非线性 $S_m$。局部非线性 $d(k)$ 是指DSO的实测码宽与理想码宽的差异，见图6-63。图中数码 $k-1$ 与 $k+1$ 的局部非线性较大，$w(0)$ 代表平均的数码宽度。DSO的局部非线性 $D_m$ 是指全部数码的局部非线性的最大绝对值。

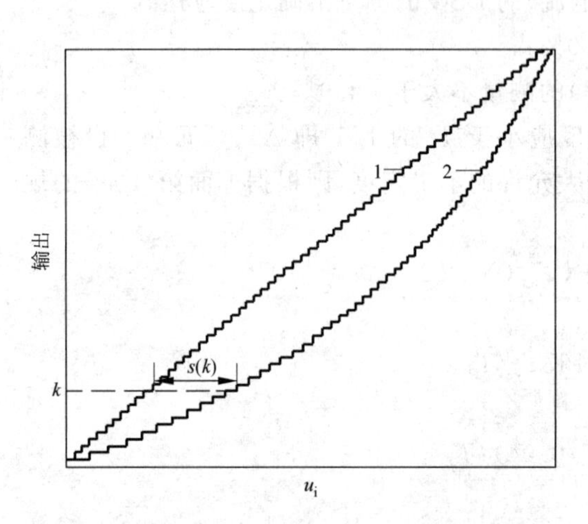


图6-62 由曲线2表示的整体非线性的量化特性
1—理想的6位数字记录仪；
2—非线性的6位数字记录仪

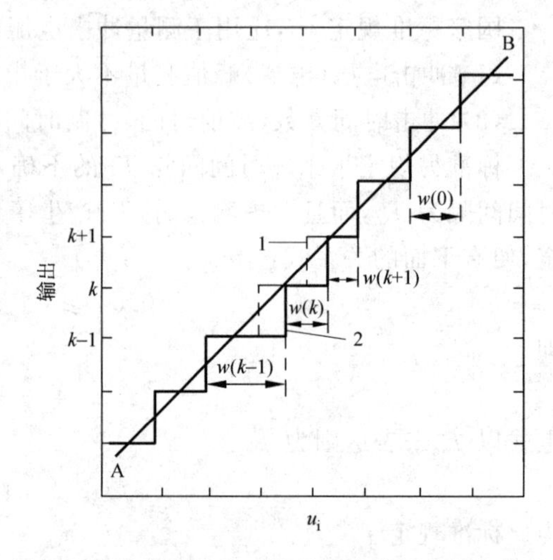


图6-63 由曲线2表示的局部非线性的量化特性
1—理想的数字记录仪；
2—实际的数字记录仪

标准对峰值非线性有如下的规定：静态整体非线性 $S_m$ 应在满量程偏转的±0.5%以内。静态和动态试验所确定的局部非线性 $D_m$ 均应在±0.8以内。静态试验是指用直流电压校准DSO的静态特性试验，其中包括静态刻度因数和DSO的整体和局部非线性。上述刻度因数是指与输出数码相乘可确定输入电压测量值的因数。动态条件下的局部非线性试验是向DSO施加一对称三角波下所进行的局部非线性试验。此三角波的峰值应为满量程偏转的(95±5)%；三角波的斜率应大于或等于满量程偏转与 $0.4T_x$ 之比（$T_x$ 为被测时间间隔）。

根据标准的规定[13,15,16]，数字示波器在使用前，要进行多项试验，主要包括以下几项：

(1) 采用冲击波校准或阶跃波校准测定冲击刻度因数。

(2) 测量在直流电压下的静态特性试验。

(3) 测量在对称三角波电压下的动态局部非线性试验。

(4) 时基校准和非线性试验。

(5) 在阶跃波电压下，测试仪器的上升时间。

(6) 内部噪声电平的测试。

(7) 单项干扰试验。检验仪器对各种类型干扰的抗扰性或灵敏度，包括快速瞬变脉冲群试验，电场和磁场试验及共模干扰试验。本项试验是型式试验。如对仪器已做好抗干扰综合措施(见 6.6.2 节)后,可免于进行本项试验。

各项试验的进行方法和达标要求,请见有关标准的详细规定。

**3. 需有防止电磁干扰的措施**

数字存储示波器及数字记录仪是通用仪器。应用它们于高电压测试环境中,常会遭受较强的电磁干扰。若不做好防止电磁干扰的措施,轻则使测量结果不准确,测到的波形有畸变;重则可把仪器中的元件损坏,使仪器不能正常运行。防止电磁干扰的具体措施于 6.6 节中讲述。

IEC 文件[15,16]对应用于高电压领域中的数字仪、示波器和峰值电压表的技术要求,冲击波形参数测定软件的评估作出了规定。高电压冲击试验对 DSO 的技术要求参见文献[13,17]。

## 6.6 高电压测试的抗干扰措施

高电压试验时,一方面可能发生放电现象,会由此而产生电磁干扰;另一方面高压测试时,常要应用一些弱电设备,如局部放电试验时所用的探测仪器及冲击试验时所用的数字存储示波器(或数字记录仪)等。它们的工作电平很低,很容易受到电磁干扰的影响。为此,测量仪器本身需具备一定的抗干扰能力,此外还需要做好外部的抗干扰措施。

### 6.6.1 电磁干扰的主要来源和防止措施

高电压试验中的电磁干扰主要来源于以下几方面:

(1) 因诸多原因产生的外部空间电磁干扰及由于间隙放电所产生的电磁干扰;

(2) 测量仪器电源线引入的电源中点电位及电磁干扰;

(3) 测量电缆外屏蔽层中流过的暂态电流所引起的干扰。

对于冲击电压(电流)测量而言,第(3)种来源所引起的干扰影响常表现得最为严重。

测试设备特别是数字化的测量和控制设备,虽在设计时已考虑了电磁干扰并已采取了一些抗干扰措施,但这些措施对高电压或大电流的测试环境而言是很不够的。必须针对前述的三种干扰源情况,采取下面的抗干扰措施[13]。

**1. 防止空间电磁波辐射引起的干扰**

(1) 把测试仪器装置放在全金属屏蔽室(柜)内。此室(柜)最好用铜或铁板制成,也可用单层或双层的金属网制成。室(柜)的门边缘应有密闭措施。应尽可能使电磁波无缝钻入。仪器在调试时,可开门通风散热,在测压的一瞬间把门关上。

(2) 分压器的低压臂应装入接地的金属屏蔽盒(套)中。

(3) 信号电缆采用双屏蔽电缆。电缆的两端均要用同轴插头与分压器和测量仪器相接。进入全金属屏蔽柜时,也要用同轴插头,甚至可用金属密封胶封住。

**2. 减小由电源线引入的电磁干扰**

(1) 测量仪器通过 1∶1 隔离变压器供电。隔离变压器可以避免把电源中点电位引入;另一方面可隔离一部分电磁干扰自电源引入,主要可隔离较低频的电磁干扰的引入。尽管隔离变压器二次侧绕组外绕有屏蔽层,并且与屏蔽室(柜)相连接,但屏蔽不可能是完全的,一、二次侧绕组间有电容耦合,高频电磁干扰波可通过隔离变压器进入测量仪器。

(2) DSO等测量仪器需经射频滤波器接入电源，滤波器的滤波频率应从几十千赫到几十兆赫。

(3) 测量仪器采用不间断电源(UPS)供电。在测试的瞬间断开交流电源。

**3. 减小由信号电缆引入的电磁干扰**

为抑制流经射频同轴电缆屏蔽层上的电流，要求：

(1) 分压器有良好的接地。分压器尽可能靠近接地极，并以短的金属宽带接地。

(2) 采用双层屏蔽的同轴射频电缆，电缆首端的内、外层屏蔽及电缆末端外层屏蔽接地。

(3) 把上述同轴电缆套在金属管道内，管道两端都接地。

(4) 由分压器到测量仪器敷设宽度较大的金属板或金属带作为接地连线。测量电缆应沿此接地连线(金属板或带)紧靠地面敷设，使电缆外皮与接地连线构成的回路面积尽量减小。若有可能，测量电缆宜直接敷设在接地的金属板或带之下。

(5) 如有可能，电缆外层屏蔽(或金属管)应多点接地。相距一定距离(如1 m)的多点接地，有利于把外层屏蔽上的电流散入大地。

(6) 在电缆上加设共模抑制器，办法是将电缆多匝地绕在铁氧体磁心环上。若电缆稍粗，可将多个铁氧体小磁环套在电缆上。

(7) 提高同轴电缆中传递的被测信号的峰值，使共模干扰所占比重减小，从而提高传输系统的信噪比。此时被测信号常会高于测量仪器的最大量程，测量仪器可加设外接衰减器，后者即为二次分压器。

(8) 采用光纤传递信号。利用光纤取代测量电缆传递被测电压可彻底消除共模干扰。

## 6.6.2 抗干扰综合措施实例

在图6-64中表示了采用电阻分压器测量冲击电压的抗干扰综合措施。图中分压器的低压臂的屏蔽外壳未能画全，其他措施大致上按6.6.1节所述的主要内容画出。

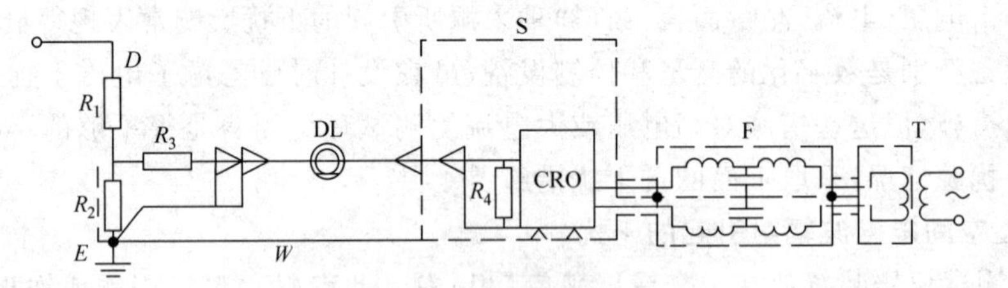


图6-64 高压测量中的抗干扰综合措施

DL—同轴电缆；S—屏蔽室；F—滤波器；T—隔离变压器；CRO—示波器

## 6.6.3 冲击测量系统的干扰试验

冲击测量系统需进行干扰水平的试验。试验时测量系统的全部状况应保持与实际测量工作时一样，只是将测量电缆或其他传输系统从电压转换装置(如分压器、分流器等)上解开，令其输入端短接，电缆或其他传输系统的接地线不变。在测量系统的输入端施加具有典型的电压峰值和波形，启动冲击电压发生器，使测量系统的输入端发生破坏性放电，与此同时用示波器或数字记录仪测量同轴电缆或其他传输系统的输出电压，此即为电磁干扰电压，其峰值被称为干扰水平。试验最终应在最高工作电压或电流下进行。

干扰水平应小于测量这一电压或电流时输出的1%。当证实干扰波形对测量无影响时，干扰水平大于1%也是允许的。

## 6.7 光电测量系统

光电测量系统是一种利用各种电光效应或光通信方式进行测量的系统。在高电压技术领域内，可用它进行高电压、大电流、电场强度以及其他参量的测量。在此系统中，利用光纤传输线路良好的绝缘性能，可把高电压试验装置、试品与高灵敏度的测量仪器(如数字存储示波器)及计算机隔离开来。除了可以提高测量仪器及工作人员的安全性外，还可减弱射频干扰和杂散寄生信号对测量回路的影响。但与传统的高压分压器或分流器为主的测量系统相比，光电测量系统的稳定性较差。

光电测量系统常有下列几种调制方式：

(1) 幅度-光强度调制(AM-IM)；

(2) 频率-光强度调制(FM-IM)；

(3) 数字脉冲调制；

(4) 利用电光效应的外调制。

**1. 应用AM-IM方式的实例**

20世纪70年代初，在日本已研制成一种光电式分压器。它的电光变换器采用发光二极管LED直接把电信号转换为光信号。在图6-65中示明了它的工作原理。在额定电压为800 kV、阻值为8.11 kΩ以及额定电压为2 MV、阻值为15.5 kΩ的冲击电阻分压器的高压顶端，分别装设了屏蔽球。球内有一发光二极管LED与分压电阻相串联。由发光二极管发出的光强度与流过它的电流大小成正比。光信号通过数米长的光纤引到大地侧，然后通过光电倍增管将光信号还原成电信号输入示波器。图中的$R_2$(30 Ω)及$C_2$(1.6 nF)是用来调节阶跃响应特性用的。电信号取自分压器高压端，可获得较好的响应特性。发光二极管在额定电流以下的线性度很好，在瞬态特性方面能满足要求，上升时间为几个纳秒级。发光二极管存在温度稳定性的问题，可以设法在试验前后进行校正。

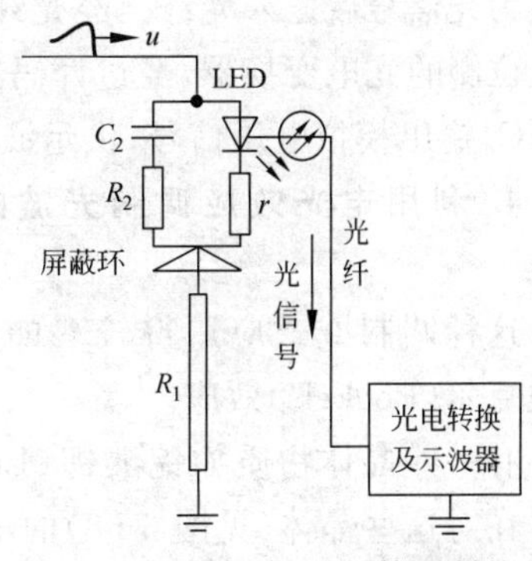


图6-65 日本Harada等研制的由LED把冲击电压信号转换成光信号的测量装置

**2. FM-IM方式的应用**

这种调制方式是利用压控振荡器的输出频率随调制信号的大小发生线性变化的原理来传递信息的。它的测量系统如图6-66所示。图6-67为冲击电压发生器G顶部所安装的光发送部分的示意图。图中，S为冲击电压发生器顶部的球形屏蔽电极。$C_s$和$C_m$构成了电容分压器的高低压臂。$C_m$上获得的信号电压$u_m$经FM-IM方式调制后形成光信号，通过光缆传输到近地面处，再经过解调后输出电信号。频率调制比幅度调制具有更高的抗干扰能力，它可以克服光源非线性和温度变化所造成的不利影响。

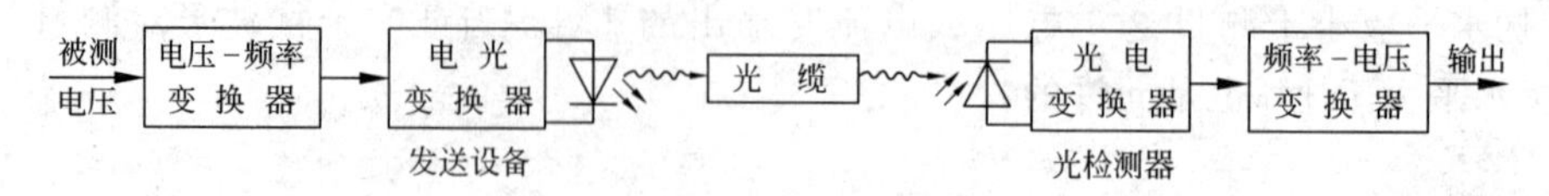


图 6-66 FM-IM 方式组成的测量系统

**3. 采用数字脉冲调制的测压系统**

数字脉冲调制是采用脉冲电码的一种调制方式。通过电码传送模拟信号各个采样的量化值。例如,可以把图 6-67 中 $C_m$ 上的电压 $u_m$ 送到高采样率和高分辨率的模数转换器(ADC)中去,由它完成采样和量化过程。输出的数字信号再经过编码器,变换成二进制脉冲电码,经接口输入到光纤数字通信系统中。经过另一个编码器等环节,把电设备中的脉冲电码码型变换成适合于光纤数字通信的码型。把重新编码的数字信号经驱动电路放大后,驱动光源。光源将电信号变换为光信号后送入光纤。经光纤把光信号送到地电位侧的光电变换器,经过译码器、数模转换器(DAC)输出模拟电压信号,供示波器进行测量。

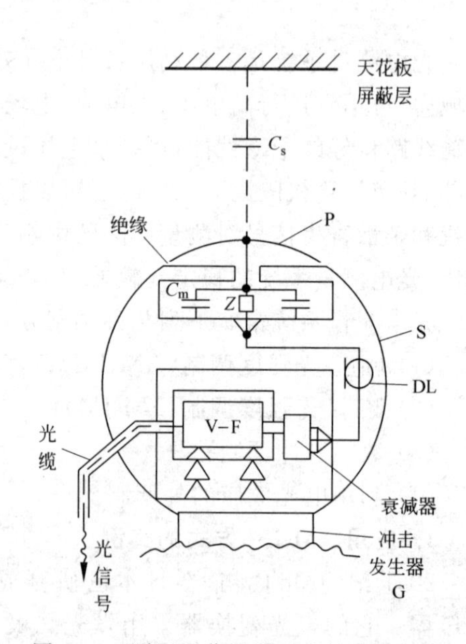


图 6-67 测压用分压器及光的发送部分

P—工作电极;$C_s$—P 与天花板间的耦合电容;Z—同轴电缆匹配电阻;DL—同轴电缆;V-F—电压-频率变换器及光发送器

**4. 利用电光效应调制光波的方式测量高电压**

这种调制方式应用得较多的一种电光效应是泡克尔(Pockels)效应。

有一些晶体物质如铌酸锂($LiNbO_3$)、硅酸铋 BSO($Bi_{12}SiO_{20}$)及水晶等具有泡克尔效应。在对这些晶体(见图 6-68)的 $y$ 方向施加电场的条件下,当它的 $z$ 方向的另一个端面射进圆偏振光时,在元件内互相垂直的偏振光方向上发生了折射率差,其结果使偏振光之间的相位差发生变化,由于干涉,输出的光强与施加的电压呈一定函数关系。根据电光效应的原理,可制成电光调制器,用它来测量电场强度或电压。

一种快速脉冲电压测量装置的结构框图如图 6-69 所示[18]。它包括激光光源、电光调制器、光纤、光电接收器 PIN 以及放大器、示波器等。其中电光调制器相当于传感头,它又包括起偏器、用铌酸锂做成的电光晶体、1/4 波片、检偏器、自聚焦透镜等。1/4 波片(0.85 $\mu$m 波长)的作用是调整工作点的位置,使之移到线性区域。图中 $P_1$、$P_2$ 代表相应的偏振轴方向。此装置的实验阶跃响应特性很好,上升时间为几个纳秒。

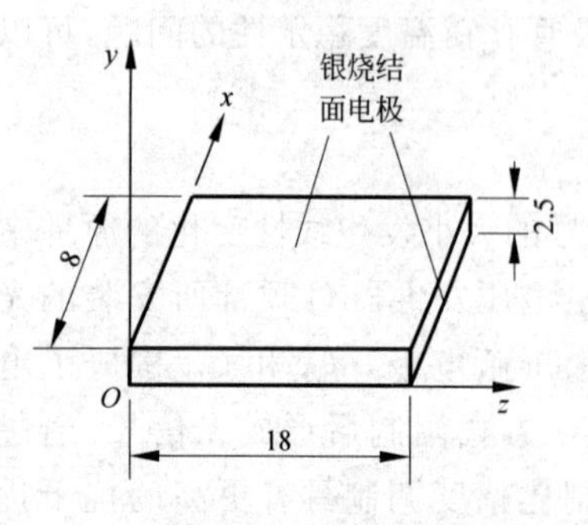


图 6-68 铌酸锂晶体的结构和尺寸

文献[19]讲述了光纤技术在电工领域中的应用,包括在高电压测量中的应用。文献[20]介绍了高电压测量所用的光电系统设计。

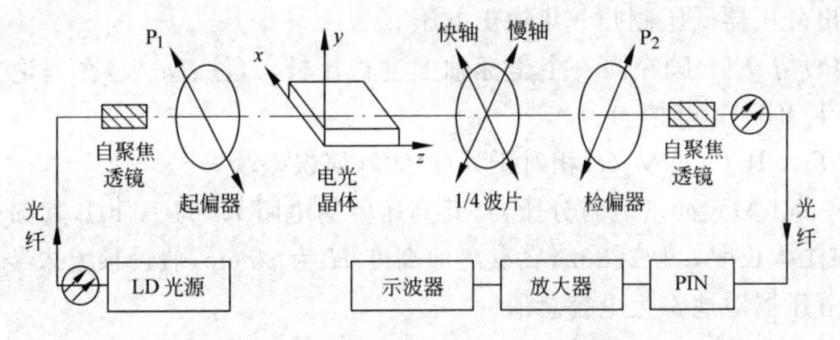


图 6-69　用电光调制器组成的测压装置

# 思　考　题

6-1　为什么测量很高的雷电冲击电压时，要采用阻容串联分压器？

6-2　采用微分积分系统测量雷电冲击电压具有什么特点？

# 习　题

6-1　有一台高压电阻分压器，它的阶跃响应波上的过冲 $\beta$ 基本上为零，理论的阶跃响应（以实际零点为原点）时间 $T=0.2\ \mu s$。若用它来测量 1 μs/5 μs 的冲击短波电压，亦即被测电压波形 $u_1(t)=A[\exp(-\alpha t)-\exp(-\beta t)]$，其中 $\alpha=0.235\ \mu s^{-1}$，$\beta=1.85\ \mu s^{-1}$。

(1) 所测到的电压波形 $u_2(t)$。

(2) $u_2(t)$达到峰值的时间 $t_m$ 比 $u_1(t)$的峰值时间 $t_{1m}$ 延迟了多少微秒？

(3) 冲击电压峰值的相对测量误差为多大？

6-2　已知一台电阻分压器的理论上的归一化阶跃响应为 $g(t)=1-\exp(-t/T_0)$，如在分压器的高压端施加电压 $u_i(t)=\exp(-\alpha t)$，式中 $\alpha$ 为具有$[\mu s^{-1}]$量纲的常数且$\alpha>0$。不考虑引线的影响。

(1) 转换出该分压器测量系统的归一化电压转移函数 $h(s)$。

(2) 以数学表达式证明该分压器测量系统的理论上的阶跃响应时间是 $T_0$。

(3) 求出归一化的低压臂输出电压波形 $u_o(t)$。

(4) 写出 $u_o(t)$达最大值的相应时刻 $t_m$ 的表达式。

(5) 若 $T_0=0.2\ \mu s$，$\alpha=0.25\ \mu s^{-1}$，计算分压器传递上述波形时的峰值相对测量误差。

6-3　题 6-2 中所述的电阻分压器，如在其高压端加上的电压为单个倒锯齿波形，即

$$0\leqslant t(\text{时间})\leqslant T_d \text{ 时，}\quad \text{电压 } u_i(t)=1-t/T_d$$

式中，$T_d$ 为具有时间量纲的正值；在 $t>T_d$ 时，$u_i(t)=0$。不考虑引线的影响，请求出归一化的分压器低压臂的电压输出波形 $u_o(t)$。

提示：可以直接应用拉普拉斯变换方法进行计算，$u_o(t)=\mathcal{L}^{-1}[U_i(s)h(s)]$；也可以应用卷积定理（见式(6-15)）进行计算。

6-4　题 6-2 中所述的电阻分压器，如在其高压端加上一个线性上升而在 $T_d$ 时间截断的截波电压 $u_i(t)=t/T_d$（$t>T_d$ 时，$u_i(t)=0$）。

(1) 推导出分压器低压侧归一化输出电压 $u_o(t)$。

(2) 把 $u_i(t)$ 与 $u_o(t)$ 画在同一个坐标轴上进行比较。(注：$u_o(t)$ 在理论上求不出最大值,可认为 $t=T_d$ 时到达峰值。)

(3) 假定 $T_d=10T_0$,求 $u_o(t)$ 相对于 $u_i(t)$ 的峰值误差。

6-5 有一台 1 MV 冲击电阻分压器,其高压臂的电阻 $R_1$ 为 10 kΩ,其圆柱体平均直径 $D$ 为 10 cm,圆柱体长度 $l$ 为 2.8 m,底盘离地高度 $H$ 为 35 cm,假设顶上未装设屏蔽环。

(1) 估算分压器对地寄生电容总值。

(2) 估算分压器的理论阶跃响应时间值。

(3) 判断能否用它来测量 1.2 μs/50 μs 和 0.8 μs 的波前截断波。

(4) 判断能否用它来测量 250 μs/2500 μs 的操作冲击电压波。为什么?

(5) 若用它测量的雷电冲击电压的峰值为 300 kV,所用同轴电缆的波阻抗 $Z_0$ 为50 Ω,记录用数字示波器前的二次分压器的输入电压为 600 V。按图 6-29 的接线图配置阻值合适的 $R_2$、$R_3$、$R_4$。

6-6 一台兼作负荷电容的电容分压器,其高压臂电容 $C_1$ 为 1 nF,用它测量 300 kV 峰值的雷电冲击电压。已知所接的同轴电缆的波阻抗 $Z_0$ 为 50 Ω,电缆电容 $C_0$ 为 1 nF,记录用数字示波器前接有二次分压器,后者的输入电压为600 V,请按图 6-35 的接线选择 $C_2$、$C_3$ 及 $R_1$、$R_2$ 的数值。

## 参考文献


[1] 江缉光,刘秀成. 电路原理[M]. 北京：清华大学出版社,2007.

[2] KUFFEL E,ZAENGL W S. 高电压工程基础[M]. 邱毓昌,戚庆成,译. 北京：机械工业出版社,1993：136-145,176.(注：该书的英文新版本见第 4 章的参考文献[7])

[3] 国际电工委员会. High-voltage test techniques-Part 2：Measuring systems：IEC 60060-2：2010[S]. 3rd ed. 2010.

[4] 中国国家标准化管理委员会. 高电压试验技术 第 2 部分：测量系统：GB/T 16927.2—2013[S]. 北京：中国标准出版社,2013.

[5] 杨学昌,陈昌渔. 多环节冲击测量系统方波响应时间的计算[J]. 清华大学学报(自然科学版),1992,32(4)：67-71.

[6] HOWARD P R. The Proceedings of IEE(Part Ⅱ). 1952,99：371-383.

[7] 杨学昌,陈昌渔. 具有最佳方波响应的电阻分压器[J]. 高电压技术,1984,34(4)：17-22.

[8] HARADA T,KAWAMURA T,AKATSU Y,et al. Development of a high quality resistance divider for impulse voltage measurements[J]. IEEE Trans. PAS. 1971,90：2247-2250.

[9] QI Q C,WANG C C,Li F Q,et al. Proc. of the 5th ISH[C]. 1987,73.16：1-4.

[10] CHEN C Y,JIN X H,WANG C C,CHENG T C. Proc. of the 10th ISH[C]. 1997：3387.

[11] 陈昌渔. 无源三级 RC 积分器特性的计算[J]. 电工电能新技术,2014,33(12)：1-3.

[12] 任稳柱,ZAENGL W S. 测量冲击电压的电容电流法[J]. 高电压技术,1991,(4)：12-15.

[13] 中华人民共和国国家发展和改革委员会. 冲击电压测量实施细则：DL/T 992—2006[S]. 北京：中国电力出版社,2006.

[14] QI Q C,ZAENGL W S. Investigation of errors related to the measured virtual front time $T_1$ of lightning impulses[J]. IEEE Trans. PAS. 1983,102(8)：2379-2390.

[15] 中国国家标准化管理委员会.高电压冲击测量仪器和软件 第1部分：对仪器的要求：GB/T 16896.1—2005(mod IEC 61083:2001)[S].北京：中国标准出版社,2005.

[16] 中国国家标准化管理委员会.高电压冲击测量仪器和软件 第2部分：软件的要求：GB/T 16896.2—2010(mod IEC 61083-2:1996)[S].北京：中国标准出版社,2010.

[17] 容健纲.高压冲击试验对数字记录仪的要求[J].高电压技术.1992,(3)：2-8.

[18] 罗承沐,苏进喜.无源光纤电压传感器测量高速暂态电压[J].高电压技术,1996,22(4)：14-15.

[19] 管喜康.光纤技术在电工领域中的应用[M].北京：水利电力出版社,1992.

[20] 赵中原,方志,邱毓昌.高电压测量用光系统的设计[J].高电压技术,2001,27(2)：50-51,54.

# 第 7 章

# 冲击电流发生器

## 7.1 概　　述

在大气过电压及操作过电压下绝缘设备遭受破坏，不仅由于电场强度高使绝缘材料发生击穿，还由于此时流过的大电流所伴随而来的热和力的破坏作用而造成损坏。所以还需要能产生模仿这些大电流的设备——冲击电流发生器。模仿雷电流的有产生双指数的冲击电流发生器，模仿操作冲击电流的有产生单极性矩形波电流的方波发生器。经常进行大电流耐受试验的试品有金属氧化物避雷器、通信网络中的电涌保护器等。有时电磁兼容试验也需要冲击大电流。目前冲击电流发生器的应用已超出电力运行部门和电工制造部门，在核物理、加速器、激光、脉冲功率等技术物理部门已得到了广泛的应用。而且在这些部门中，对冲击电流峰值的要求大大超过了电工部门，一般都在几百千安以上，有的发生器储能 150 kJ，可在毫秒之内产生 $10^7$ kW 的瞬间功率，电流峰值达兆安。

根据 IEC 标准[1]及中国国家标准[2]的规定，标准冲击电流按波形分为两类，第一类为指数形波，第二类为矩形波。标准中在每一类中显示出两种波形，本书只显示最主要的两个波形如图 7-1 及图 7-2 所示。指数形冲击电流的波形如图 7-1 所示，以 $T_1/T_2$ 表示，有 1 μs/≤20 μs，4 μs/10 μs，8 μs/20 μs，30 μs/80 μs，(30～100)μs/(60～200)μs，5 μs/300 μs，10 μs/250 μs，10 μs/350 μs 等多种。矩形冲击电流的波形见图 7-2，其峰值持续时间 $T_d$ 为 500 μs，1000 μs，

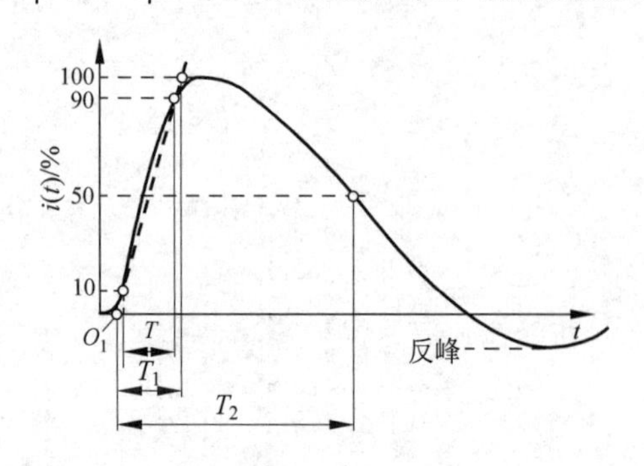


图 7-1　指数形冲击电流波形

$T_1$—波前时间；$T_2$—半峰值时间

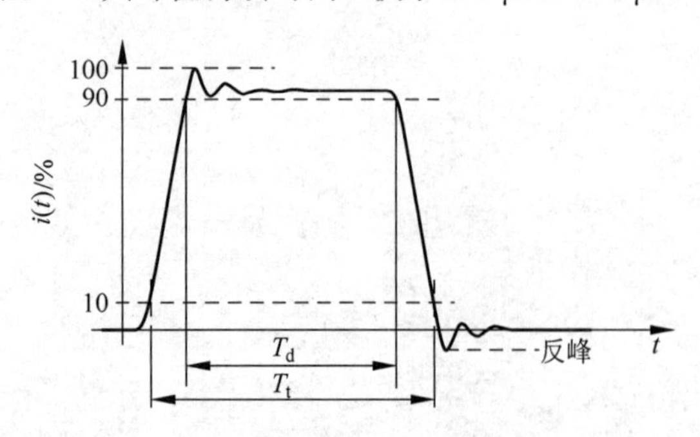


图 7-2　矩形冲击电流的波形

$T_d$—峰值持续时间；$T_t$—总持续时间

2000 μs 及 2000 μs～3200 μs 4 种。对于指数形冲击电流波的试验电流(峰)值、容差,规定为±10%。波前时间 $T_1$、半峰值时间 $T_2$ 的容许偏差均原则规定为±20%。但是主要取决于与试品相关技术委员会的规定。例如在用 8 μs/20 μs 电流波试验避雷器时,波前时间 $T_1$、半峰值时间 $T_2$ 的容许偏差均规定为±10%(详见标准[1,2]附录 H)。对某些类型的指数形冲击电流,过零的反峰值原则上规定应小于等于 30%峰值。对于矩形冲击电流的峰值及 $T_d$ 的容许偏差均原则规定为 0～+20%。矩形波总持续时间 $T_t$ 应小于 $1.5T_d$,过零的反峰值应小于等于 10%峰值。

# 7.2 冲击电流发生器的基本原理

冲击电流发生器的基本原理是:数台或数组大容量的电容器经由高压直流装置,以整流电压或恒流方式进行并联充电,然后通过间隙放电使试品上流过冲击大电流。图 7-3 表示以高压整流电压作为充电电源的冲击电流发生器的基本回路。

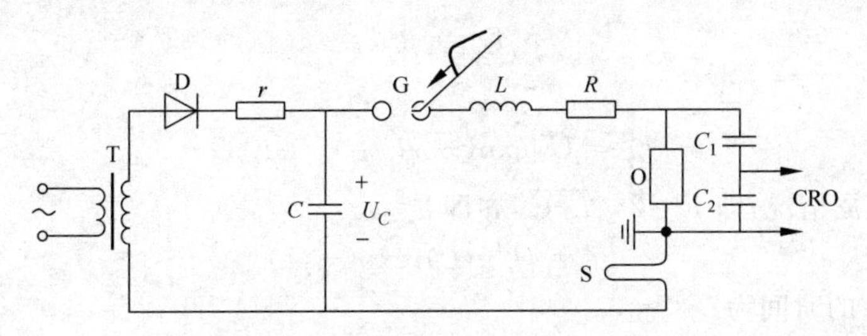


图 7-3 冲击电流发生器回路

S—分流器;CRO—示波器

图 7-3 中 $C$ 为许多并联电容器的电容总值。$L$ 及 $R$ 为包括电容器、回路连线、分流器、球隙以及试品上火花在内的电感及电阻值,有时也包括为了调波而外加的电感和电阻值。G 为点火球间隙,D 为硅堆,$r$ 为保护电阻,T 为充电变压器,O 为试品,S 为分流器,$C_1$、$C_2$ 为分压器,CRO 为示波器。分压器是用来测量试品上电压的,分流器其实是个无感小电阻,是用来测量流经试品的电流的。工作时先由整流装置向电容器组充电到所需电压,送一触发脉冲到三球间隙 G,使 G 击穿,于是电容器组 $C$ 经 $L$、$R$ 及试品放电。根据充电电压的高低和回路参数的大小,可产生不同大小的冲击电流。

从图 7-3 可看出,冲击电流发生器实际上是个 $RLC$ 放电回路。以下用 $R$ 代表图 7-3 中 $R$ 与分流器 S 及试品 O 电阻的总和。由电路原理可知,按回路阻尼条件的不同,放电可以分为下列三种情况。

(1) 过阻尼情况,即 $R>2\sqrt{L/C}$,亦即 $\alpha>\omega_0$

令 $\alpha=R/(2L)$,$\omega_0=1/\sqrt{LC}$,$\alpha_d=\sqrt{\alpha^2-\omega_0^2}$,在这种情况下,二阶电路的特征根为

$$p_1=-\alpha+\alpha_d,\quad p_2=-\alpha-\alpha_d$$

电流为

$$\begin{aligned} i&=CU_Cp_1p_2[\exp(p_1t)-\exp(p_2t)]/(p_1-p_2)\\ &=U_C[\exp(p_1t)-\exp(p_2t)]/[L(p_1-p_2)] \end{aligned} \tag{7-1}$$

在电流到达最大值之前,电流不断增加,设到最大值的时刻为 $T_m$,则

$$T_m = \ln(p_2/p_1)/(p_1 - p_2) \tag{7-2}$$

在式(7-1)中的 $t$ 值代之以 $T_m$，就可求出电流的最大值 $I_m$。

在 $T_m$ 之后，电流不断减小，到 $t>2T_m$ 的时候电流衰减为零。电流波形大致上与图7-1所示的相似(没有反向部分)。

(2) 欠阻尼情况，即 $R<2\sqrt{L/C}$，亦即 $\alpha<\omega_0$

此时二阶电路具有一对共轭复数根

$$p_1 = -\alpha + j\omega_d, \quad p_2 = -\alpha - j\omega_d$$

式中

$$\omega_d = \sqrt{\omega_0^2 - \alpha^2} \tag{7-3}$$

电流为

$$i = U_C \exp(-\alpha t)\sin(\omega_d t)/(\omega_d L) \tag{7-4}$$

电流为衰减振荡波形。令 $\beta=\arcsin(\omega_d/\omega_0)$。当 $\omega_d t=\beta$ 以及 $\omega_d t=\pi+\beta$ 时，电流到达第一个最大值 $I_m$ 和第一个最小值。当 $\omega_d t=\pi$ 时，电流第一次振荡过零。电流第一次到达最大值的时间为

$$T_m = \beta/\omega_d \tag{7-5}$$

电流最大值为

$$I_m = U_C \exp(-\alpha\beta/\omega_d)/\sqrt{L/C} \tag{7-6}$$

(3) 临界阻尼情况，即 $R=2\sqrt{L/C}$，亦即 $\alpha=\omega_0$

$$i = (U_C/L)t\exp(-\alpha t) \tag{7-7}$$

电流到达最大值的时间为

$$T_m = \sqrt{LC}$$

电流的最大值为

$$I_m = U_C\sqrt{C/L}\exp(-1) \approx 0.736U_C/R \tag{7-8}$$

## 7.3 冲击电流发生器的结构

冲击电流发生器是靠许多电容器并联放电来产生大电流的。为了在一定的电压和电容下获得尽可能大的电流，应选用电感小的脉冲电容器来组成。所产生的冲击电流应从地上回路流归电容器，如有部分电流经接地系统流归电容器，将使地电位升高，引起安全事故或测量上的困难。为此要求放电回路仅一点接地。通常为了测量和试验的方便，要求试品一端接地(如图7-3所示)，所以电容器组应该是对地绝缘的。此外，如试验中要求有较高的电压，而单台电容器的额定电压不能满足要求时，可考虑把电容器分成几个组，每组由多台电容器并联组成，但可根据试验要求，使几个组串联放电，如图7-4(a)中三组电容器是并联放电的，但在图7-4(b)中三组电容器是串联放电，输出电压提高了3倍。这时各组电容器的电位不同，必须使电容器有对地绝缘和组间绝缘。所以在设计冲击电流发生器时，把电容器分组，并使组间对地绝缘，这种做法可增加设备的灵活性。不过这样做难免会增大回路电感，从而限制了电流峰值的增长，这是其缺点。

为了使产生的冲击电流有尽可能大的峰值和陡度，在设计冲击电流发生器时，中心任务是减小回路电感。回路总电感是由几部分电感所组成的，其中包括电容器中的残余电感、连线电感、球隙电感和试品中的电感。减小电容器的电感，除选用电感较小的脉冲电容器外，

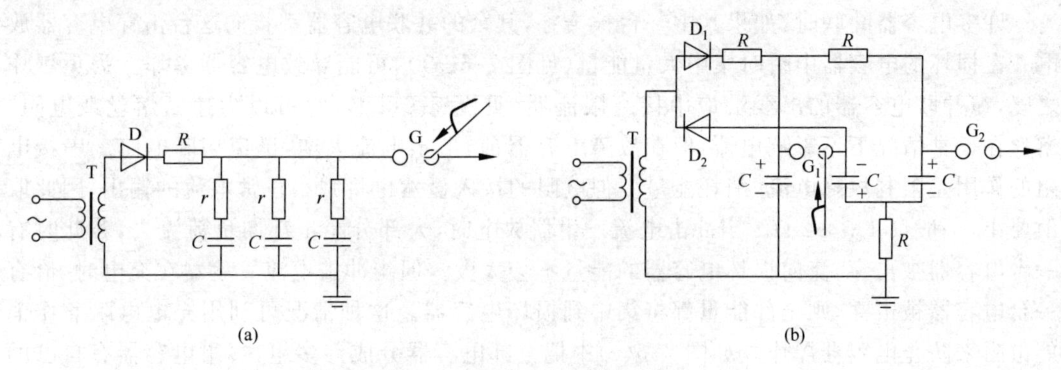


图 7-4 冲击电流发生器回路

(a) 并联放电；(b) 串联放电

还靠增加电容器的并联台数来达到减小连线电感，除和电容器一起采取多路并联外，还应使连线尽可能短，电流同向的连线应尽可能远离，使互感尽可能小，电流异向的连线应尽可能靠近，使互感尽可能大。为此，常用同轴电缆来做连线，电容器电流从电缆芯流出，从电缆外皮流归。也有用大的铝板来做连线的，许多并联电容器的一极接到一块铝板，另一极接到另一块铝板，两块铝板几乎是紧贴着的，中间用固体介质绝缘开。减小球隙的电感，应缩小球隙的尺寸和火花的长度，那就必须提高火花隙中介质的电气强度，例如把球隙放在压缩空气中。为了极大地减小火花隙的电感，可把火花隙做成相距很近的两块极板，中间用一层固体介质隔开，做成薄膜间隙，这层介质足以耐受冲击电流发生器的电压，当需要放电时可利用机械的或电的方法使这层介质穿破，这种做法可使火花隙电感做得很小。假如用激光引燃，也就相当于用激光把这层薄膜烧穿。薄膜间隙的最大缺点是，每放一次电，必须换一次介质，试验时很麻烦。必要时可以采用一种场畸变型充气间隙来控制主电容的放电[3]。这种间隙可不用调节间隙距离，工作在 20 kA～110 kA 内。它的导通时间为几十个纳秒，放电稳定，噪声较小。

冲击电流发生器在布置电容器时大致可分环形排列与母线式排列两种形式(见图 7-5)。环形排列是把许多电容器均匀地排列成一个不闭口的圆环或方框。这种排列使从电容器出线至装置中心的距离都相等或接近相等，试品放在中心位置，连线呈放射状。这样做可使从电容器组送到中央试品去的电流能同一瞬间到达，即许多并联回路电流在试品处同时到达最大值，叠加起来可产生最大的电流峰值。但这种布置的中央面积有限，对试验大设备很不方便。母线式排列是把电容器按组作行列排列，这种排列的连线长度差别很大，电流不可能同时到达，但试区面积不受限制。

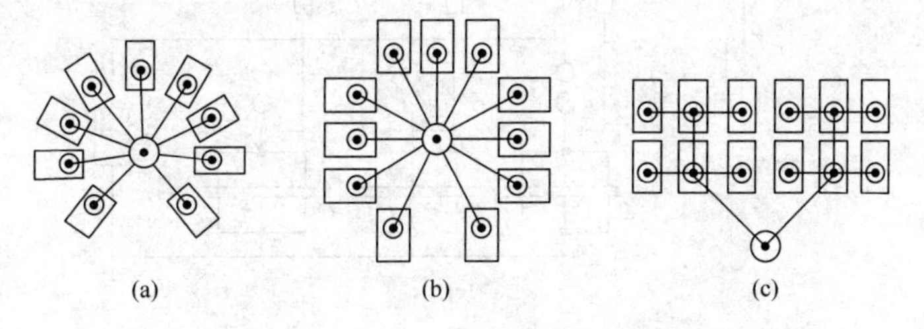


图 7-5 冲击电流发生器的电容器排列方式

(a) 圆环式；(b) 方框式；(c) 母线式

许多电容器并联时，如果其中一台被击穿，其余的并联电容器都将向这台击穿电容器放电。在损坏的电容器中瞬时集中大量能量(见图7-6(a))，可能导致电容器爆炸。为免爆炸之虞，在并联电容器的出线端应串接一限流器(见图7-6(b))，它可以为速断熔丝或电阻。熔丝在正常情况下不影响电流，但在故障电容器前，由于电流大增，迅速切断电路。串接电阻的作用是限制故障电流，消耗能量。但电阻的接入显然也将减小正常电流的输出，因此取值要小，一般仅1 Ω～2 Ω。当冲击电流发生器放电时，大部分能量都向负荷流去，若此时有一台电容器被击穿，流向损坏电容器的能量不会太大。但当冲击电流发生器在充电时，恰有一台电容器被击穿，则全部能量都将集中到损坏电容器。这种情况可利用充电电阻兼作消能电阻来防止电容器爆炸。如图7-6(c)中把全部电容器分成许多组，每组电容器有自己的隔离球隙 $G_1$、$G_2$、…和充电电阻 $R_1$、$R_2$、…。在充电过程中隔离球隙不导通，如有一台电容器被击穿，其他组电容器要经过两个充电电阻 $2R$ 才能把能量送到损坏电容器。充电电阻值一般比损坏电容器内电弧通道电阻大许多，因此大部分能量将被充电电阻或消能电阻所吸收。但这种回路的隔离球隙太多，造成引燃和同步的困难。为了减少隔离球隙，故把电容器分组。但这种方法不能防止组内电容器能量向损坏电容器集中，所以一组内的电容器台数不能过多，一般认为每台电容器可承受20 kJ的故障能量，因而一组内电容器的总储存能

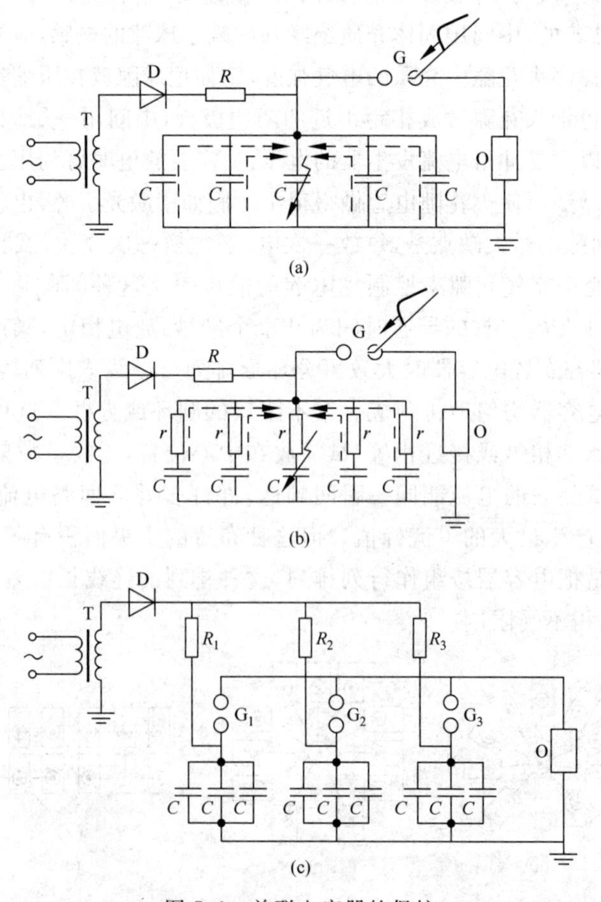


图7-6 并联电容器的保护

(a) 一台电容器击穿；(b) 电容器串接限流器；(c) 电容器分组

$R_1$、$R_2$、$R_3$—充电电阻兼消能电阻；$r$—限流器；O—试品

量应小于此值。

## 7.4 冲击电流峰值和波形的调节

### 7.4.1 线性阻抗元件的电路

冲击电流发生器靠改变回路参数来调节波形，靠升降电容器上的充电电压来调节电流峰值。在7.2节中，式(7-1)～式(7-8)表示了电流峰值及波形与充电电压及回路参数的关系。冲击电流波前时间 $T_1$ 和半峰值时间 $T_2$ 的定义比较复杂，在理论上难以直接确定它们与回路参数之间的关系。但是通过计算机的数值计算，相关手册[4]和参考书已提供了实用曲线，可以应用它们来计算 $T_1$ 和 $T_2$ 与回路参数之间的关系。本书附录E中，提供了计算程序，利用它可以准确地算得回路参数与电流峰值以及 $T_1$、$T_2$ 的关系。

在求解冲击电压波形时已经知道，它的双指数波形取决于回路的特征根 $s_1$ 和 $s_2$。从特征根值可以计算出相应的回路参数。与此相似，在求解雷电冲击电流波形时，它的波形取决于回路的特征根 $p_1$ 和 $p_2$。对于 4 μs/10 μs，8 μs/20 μs，30 μs/80 μs 的波形，是由非阻尼的 $RLC$ 回路所产生：

$$p_{1,2} = -\alpha \pm \mathrm{j}\omega_{\mathrm{d}}$$

通过附录E所示程序的精确计算，表7-1列出上述三种标准雷电冲击电流波形下的 $\alpha$、$\omega_{\mathrm{d}}$ 及 $R\sqrt{C/L}$ 值。

**表7-1 三种标准雷电冲击电流波下的 $\alpha$、$\omega_{\mathrm{d}}$、$R\sqrt{C/L}$ 值**

| $T_1, T_2/\mu\mathrm{s}$ | $\alpha/\mu\mathrm{s}^{-1}$ | $\omega_{\mathrm{d}}/(\mathrm{rad}/\mu\mathrm{s})$ | $R\sqrt{C/L}$ |
|---|---|---|---|
| 4,10 | 0.0832 | 0.240 | 0.655 |
| 8,20 | 0.0416 | 0.120 | 0.655 |
| 30,80 | 0.0138 | 0.0285 | 0.872 |

还有一种标准冲击电流波形，它的 $T_1/T_2$ 规定为 1 μs/20 μs，是由过阻尼 $RLC$ 回路所产生的。因为 $T_2 \gg T_1$，亦即 $|p_2| \gg |p_1|$，它的回路特征根可以通过类似5.3.2节所述的近似法求得其极粗略的数值，然后再通过编程计算，最终得到 $p_1 \approx -0.03915\ \mu\mathrm{s}^{-1}$，$p_2 \approx -2.30\ \mu\mathrm{s}^{-1}$，相应的 $R\sqrt{C/L} \approx 7.80$。

若已知某一种标准波形的特征根数值，则在已确定了 $RLC$ 三参数中的一个参数后，就可以求出其他两个参数。

**例7-1** 已确定一冲击电流发生器的主电容 $C$ 为 10 μF，为产生 8 μs/20 μs 的波形，求电感 $L$ 和电阻 $R$ 应为多大?

**解** 由式(7-3)可得

$$\omega_0^2 = \alpha^2 + \omega_{\mathrm{d}}^2$$

所以

$$\omega_0^2 = 0.0416^2 + 0.12^2 = 0.01613\ \mathrm{rad}/\mu\mathrm{s}$$

再根据前面说明过的计算式可算得

$$L = 1/(\omega_0^2 C) = 6.20\ \mu\mathrm{H}, \quad R = 2\alpha L = 0.516\ \Omega$$

### 7.4.2 含有非线性电阻元件的电路

冲击电流发生器供作试验避雷器阀片用时，放电回路中具有非线性电阻，此时可以用数值计算法计算放电电流 $i(t)$。电容 $C$ 上的电压 $u$ 初始值为 $U$。回路放电后，放电电流 $i$ 流经电感 $L$、电阻 $R$ 和非线性电阻 $r$（见图 7-7）。目前广泛使用氧化锌避雷器，根据文献[5]，氧化锌阀片的非线性电阻可表达为 $r=Ci^{(\beta-1)}(\Omega)$，其中 $C$ 和 $\beta$ 与具体阀片有关。例如，对某种规格的氧化锌阀片（尺寸 $\phi$63 mm×22 mm，$U_{1mA}=4.92$ kV），$C=11184$，$\beta=-0.22722+0.0492\lg(i)$。氧化锌避雷器阀片可采用 8 μs /20 μs 的波形进行试验[6]。

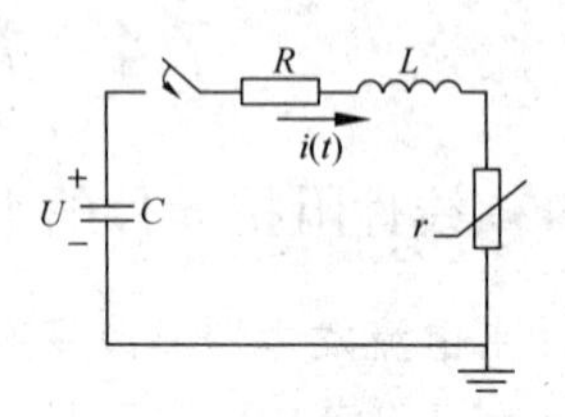

图 7-7 发生器在试验避雷器时的放电等效回路

电路方程

$$\mathrm{d}i/\mathrm{d}t = \{u-[R+r(i)]i\}/L$$

$$\mathrm{d}u/\mathrm{d}t = -i/C$$

根据前向欧拉(Euler)法，可写出离散化变量的 $i(n+1)$、$u(n+1)$ 方程如下：

$$i(n+1) = i(n) + \{u(n) - [R + r(i(n))]i(n)\}\Delta T/L \tag{7-9}$$

$$u(n+1) = u(n) - i(n)\Delta T/C \tag{7-10}$$

式中，$\Delta T$ 为步长。由 $i(0)=0$ 和 $u(0)=U$，逐步计算，即可得 $i(n)$ 和 $u(n)$，$n=1,2,3,\cdots$。放电之初，因电感 $L$ 中的电流不能突变，近似地认为电压 $U$ 全部施加在 $L$ 上，从而可算得初始时的电流增量 $\Delta i$。在附录 F 中列出通过 FORTRAN 语言编写的冲击电流发生器放电计算程序。上述的一些计算符号在附录 F 的程序中，都另有所规定并已作了说明。

## 7.5 冲击电流方波发生器

冲击电流方波发生器可由低损耗电缆或人工传输线构成。人工传输线是用许多集中电感和电容来模仿均匀线。图 7-8 所示的方波发生器是由 $n$ 个 $L$-$C$ 元件所组成。这样可由集中参数来代表均匀分布参数。计算表明当有 6 个以上的元件时，就可接近于理想电缆。

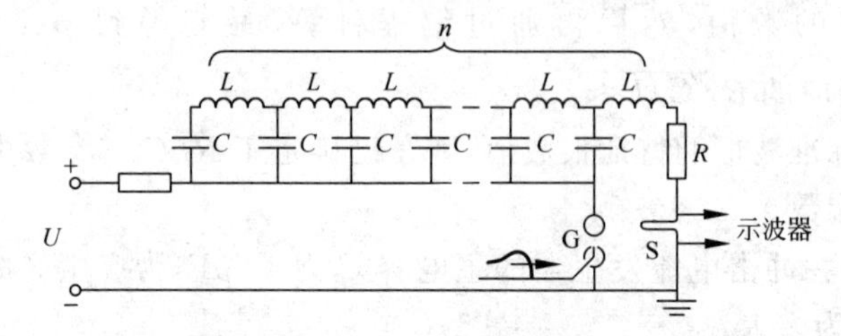

图 7-8 冲击电流方波发生器

$L$—电感元件；$C$—电容元件；G—触发间隙；S—分流器；$R$—匹配电阻

若这根人工传输线代表长为 $l$ 的电缆，则每单位长度的电感为

$$L' = nL/l$$

每单位长度的电容为

$$C' = nC/l$$

波阻抗为

$$Z=\sqrt{L'/C'}=\sqrt{L/C}$$

波速为

$$v=1/\sqrt{L'C'}=l/(n\sqrt{LC})$$

波在长度 $l$ 上来回一次所需时间

$$T=2l/v=2n\sqrt{LC}$$

式中,$n$ 为元件数。

如图 7-8 所示,先使电容器 $C$ 充电到电压 $U$,利用触发脉冲使点火球隙放电,在负荷电阻 $R$ 上流过的电流为 $I$,则

$$I=U/(Z+R)=U/(\sqrt{L/C}+R) \tag{7-11}$$

若 $R$ 等于波阻抗 $Z$,则在终端不发生反射波,送来的能量全部消耗于电阻 $R$。储藏在人工传输线中的能量为

$$W_1=nCU^2/2$$

单位时间内消耗在电阻 $R$ 上的能量

$$W_2=I^2R=U^2/(4\sqrt{L/C})$$

经过时间 $T=2n\sqrt{LC}$,$W_1$ 将全部消耗掉,$I$ 将降为零。流过 $R$ 的电流 $i$ 为矩形冲击电流波。电流 $i$ 降为零的时刻为始端反射回来的波抵达 $R$ 的时刻,所以电流波持续时间为上述 $T$ 值。如 $R$ 与波阻抗 $Z$ 不相等,则在 $R$ 端会发生多次折反射过程,电流波为正负振荡的矩形波。

**例 7-2**　为了产生持续时间 $T=2000\ \mu s$,电流幅值为 500 A 的矩形冲击电流波,现要调节回路参数和充电电压,选择图 7-8 所示接线图,其中 $C$ 已确定为 1 $\mu$F,$n$ 为 10,$R$ 为 10 Ω,试求 $L$ 及 $U$ 值。

**解**　因为

$$T=2n\sqrt{LC}=2000\ \mu s$$

故

$$L=T^2/(4n^2C)=10\,000\ \mu H$$

$$U=(\sqrt{L/C}+R)I=55\times10^3\ V$$

# 7.6　冲击电流发生器的恒流充电

## 7.6.1　采用恒流源充电的必要性

冲击电流发生器为了产生大电流,所用的主电容器的总电容值比较大。用整流恒压充电方式,虽也可以完成充电的目的,但有时会感到充电时间太长。为此,有的冲击电流发生器以及有些标称能量大的冲击电压发生器改用恒流充电的方式来为主电容充电。随着高功率脉冲技术的发展,常需要重复频率的冲击电流发生器,由于它的充、放电次数频率高,达到每秒多次,此时就必须要采用恒流充电方式为主电容充电。恒流充电时,充电电流的大小始终如一,可免除恒压充电情况下,初始充电电流很大的缺点,故而电容器上的充电电压的上

升速度是均匀的，充电较快。图 7-9 表示在理想恒流源充电下的充电电流 $i$ 及电容器的充电电压 $u_C$ 的状态。在直流电压下对电容恒压充电，充电电流先大后小，按指数规律衰减，充电电压的上升先快后慢，充电的持续时间很长。在用整流器整流充电时，如图 5-24 所示，充电的持续时间更长。改用恒流充电方式后，充电时间就大为缩短。

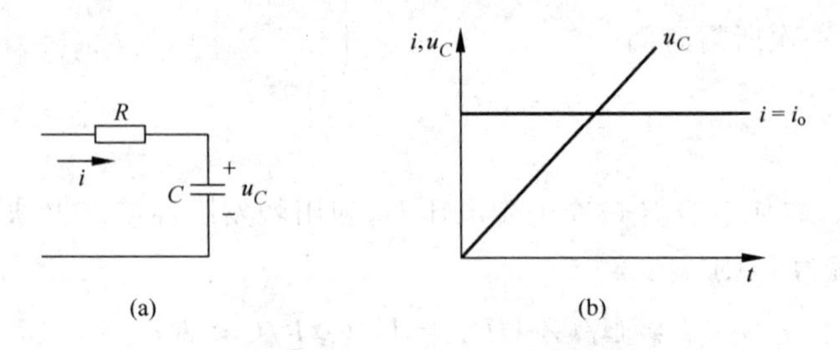


图 7-9 理想恒流源充电下的充电电流及充电电压

(a) 恒流源充电；(b) 充电电流及充电电压

## 7.6.2 L-C 恒流源的基本原理

恒流充电电源是在高压整流装置前装上一个恒流变换器来实现的。此变换器一般是由电感 $L$ 和电容 $C$ 以适当的参数，并以适当的方式连接而成。$L$-$C$ 变换器作为一个二端口网络(图 7-10)可以找出它的两个端口处的电压、电流，亦即输入和输出之间的相互关系，这种相互关系可以通过一些参数来表示[7]。这些参数只决定于构成二端口网络本身的元件及它们的连接方式。所用的参数之一为 $T$ 参数(又称为 $A$ 参数)。根据图 7-10 的电路，输入与输出之间的关系式可写为

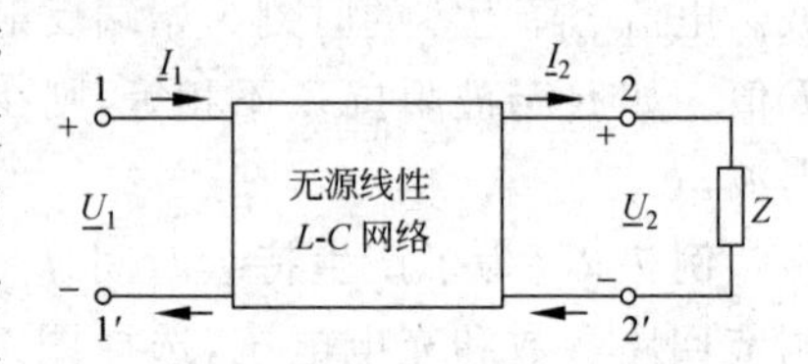


图 7-10 无源线性二端口网络

$$\begin{cases}\underline{U}_1 = A\,\underline{U}_2 + B\,\underline{I}_2 \\ \underline{I}_1 = C\underline{U}_2 + D\,\underline{I}_2\end{cases} \tag{7-12}$$

这里采用工程人员的习惯处理法，$\underline{I}_2$ 的电流正方向是取为向负载($\underline{Z}$ 为负载阻抗)流动的方向，这与经典电路理论[7]中的取向恰恰相反。只要式(7-12)的写法与之相对应，并不影响理论分析的结果。

式(7-12)写成矩阵形式时为

$$\begin{bmatrix}\underline{U}_1 \\ \underline{I}_1\end{bmatrix} = \begin{bmatrix}A & B \\ C & D\end{bmatrix}\begin{bmatrix}\underline{U}_2 \\ \underline{I}_2\end{bmatrix} = \boldsymbol{T}\begin{bmatrix}\underline{U}_2 \\ \underline{I}_2\end{bmatrix} \tag{7-13}$$

将$\underline{U}_2 = \underline{Z}\underline{I}_2$ 代入式(7-12)中的上一式，可得

$$\underline{I}_2 = \underline{U}_1/(A\underline{Z} + B)$$

若令 $A=0$，则有

$$\underline{I}_2 = \underline{U}_1/B$$

式中，$B$ 为短路转移阻抗，它取决于电路的结构和参数。所以在一定的$\underline{U}_1$ 下，$\underline{I}_2$ 值将与负载阻抗$\underline{Z}$ 不相关。若所组成的 $L$-$C$ 变换器正好能满足这个要求，则可以通过它来实现恒流源

的目标。

$L$-$C$ 变换器的电路有多种，如 T 形（图 7-11）、Π 形（中间为电容 $C$，两侧为电感 $L$）、桥形（图 7-12）等，它们各有其特点。

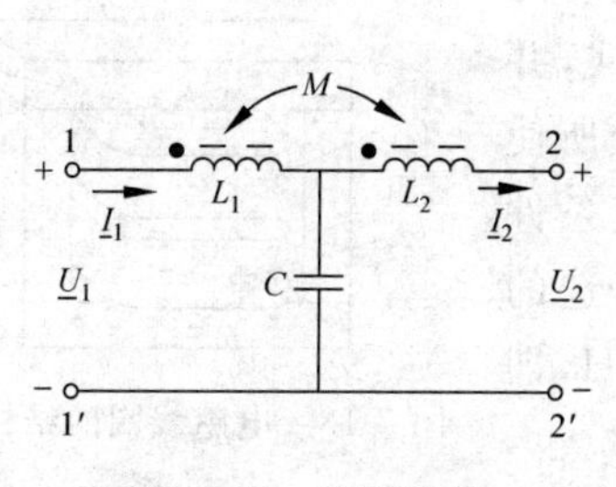

图 7-11 T 形网络

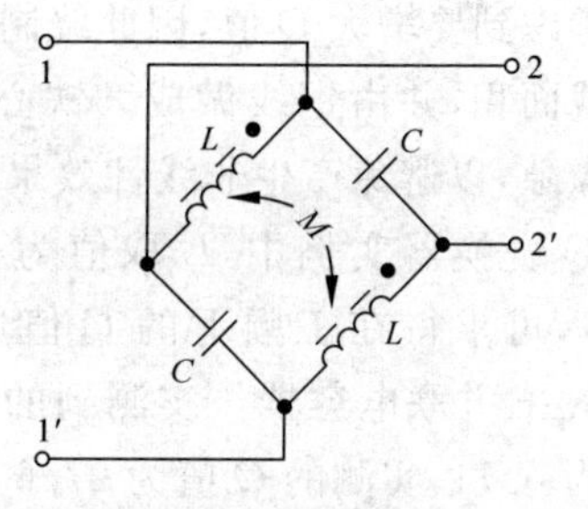

图 7-12 桥形网络

下面以 T 形网络为例来进行工作特性的分析。图 7-11 中一般两侧的电感 $L_1$ 及 $L_2$ 选为等值以 $L$ 代表。两电感间存在互感效应，它以 $M$ 来表示。电感、互感及电容的阻抗在角频率 $\omega$ 下依次为

$$\underline{Z}_L = R + \mathrm{j}\omega L, \quad \underline{Z}_M = \mathrm{j}\omega M, \quad \underline{Z}_C = 1/(\mathrm{j}\omega C)$$

在 $\underline{Z}_L$ 的表达式中，$R$ 是指电感线圈中实际存在的电阻值。由于这是个对称电路，所以 $A=D$。依据电路理论进行推导，可以得到此 T 形网络的

$$A = 1 + [(\underline{Z}_L + \underline{Z}_M)/(\underline{Z}_C - \underline{Z}_M)] \tag{7-14}$$

恒流条件是 $A=0$，于是由式(7-14)可得到满足 $A=0$ 的条件为 $\underline{Z}_L = -\underline{Z}_C$。在电感中存在 $R$ 的情况下，此条件无法完全得到满足。唯有当 $R\to 0$ 时，恒流条件才可满足，此时

$$\mathrm{j}\omega L = -1/(\mathrm{j}\omega C)$$

即

$$\omega^2 LC = 1$$

此即为 $LC$ 谐振的条件。

在 $L$ 中实际存在电阻 $R$ 的情况下，可以用品质因数 $Q$ 来代表其特性，即

$$Q = \omega L/R$$

在两个电感之间有磁耦合的情况下，$M$ 值可表达为

$$M = K\sqrt{L_1 L_2} = KL, \quad K = M/L$$

式中，$K$ 值处于 0 和 1 的区间中。

依据电路理论，对于 T 形网络可以推导出

$$\underline{I}_2 = \underline{U}_1 \Big/ \left\{ \mathrm{j}\left[ \frac{\underline{Z}}{Q(1+K)} + \frac{R}{Q(1+K)} + \omega L(1+K) \right] \right\} \tag{7-15}$$

式中，$\underline{Z}$ 代表接在 T 形网络出口处的负载阻抗。根据实际情况，式(7-15)括号内的三项中，最右一项（第三项）数值较大，第二项数值很小，第一项一般比第三项（最右项）数值小，该项也代表负载对 $\underline{I}_2$ 的影响。可由此看出，当 $Q$ 及 $K$ 值较大时 $\underline{Z}$ 对 $\underline{I}_2$ 的影响会减小。在工程实际中，只能实现在较大的 $Q$ 及 $K$ 值下的近似“恒流”的工作状态。$Q$ 值一般可达 20～40。$K$ 值反映 $M$ 对 $Q$ 值或说是对 $L$ 值起着加强的作用，$K$ 值大（即 $M$ 值大）可以对“恒流”起着有利的作用。

### 7.6.3 恒流充电装置的实例

为了容易实现较大的电感值，所用的电感线圈是带铁心的，其结构形状如图7-13所示。设计时考虑到要增大$Q$值，因此绕制电感线圈的导线应有足够大的截面积，并由铜线做成。铁心由优质硅钢片叠成，并开有绝缘隙，以避免产生非线性效果。在小型发生器上所使用的$L$-$C$变换器实例中，$L$取值为0.043 H。由恒流条件$\omega^2LC=1$，可求得在工频下的$C$值应约为236 μF。实选的$C$为248 μF并联电容器。实测到的互感$M$为30.5 mH，即$K$值约为0.71，实测的$Q$值为27.6。

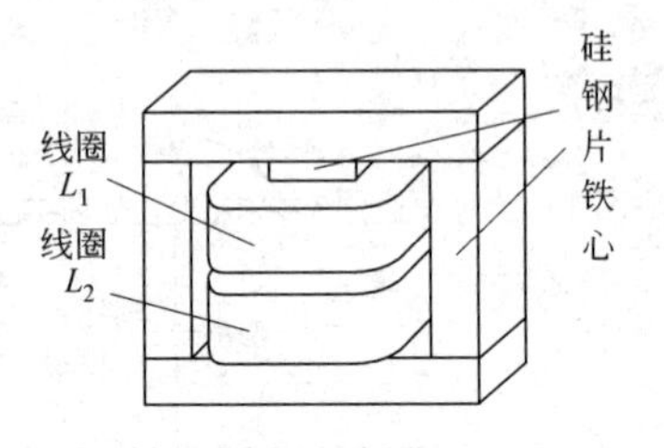

图7-13 电感线圈的结构形状

发生器在恒流电源下工作要注意两点：

(1) 恒流源输出端不能开路，否则会造成$LC$串联谐振从而使$\underline{I}_1$激增。

(2) 充电过程中，被充电的电容器上的电压线性上升，当到达所需的充电电压时，要有可靠的自动控制手段把充电电源去除。此外，还应有球隙保护措施，以免电容器过压损坏。

图7-14表示通过晶闸管控制升压变压器一次侧电源的原理接线图。此原理图是比较容易看懂的。图中的发生器是按两个半波整流方式向主电容$C_0$充电。若要$C_0$上的充电电压达到$U_1=U_2$的某一定值后停止充电，则可事先把图中左下侧所示的低压分压器上的电位器调到一个相应的基准电压值。主电容充电后，由直流分压器的$a$点及$b$点各取得一信号电压，输入该电压到电压比较器，让它与基准电压进行比较。一旦信号电压升高到基准电压值，电压比较器便会输出一个电压，该电压可让单结晶体管的触发电路触发工作，由它送出一触发脉冲去触发晶闸管使之导通。图7-14所示的电路中可使电源在负半波下形成短路。由直流分压器$a$端输出的信号电压，造成另一晶闸管导通的情况，与上述情况基本上相同，只是当基准电压为正时，图中的反相器需改为射极输出器。

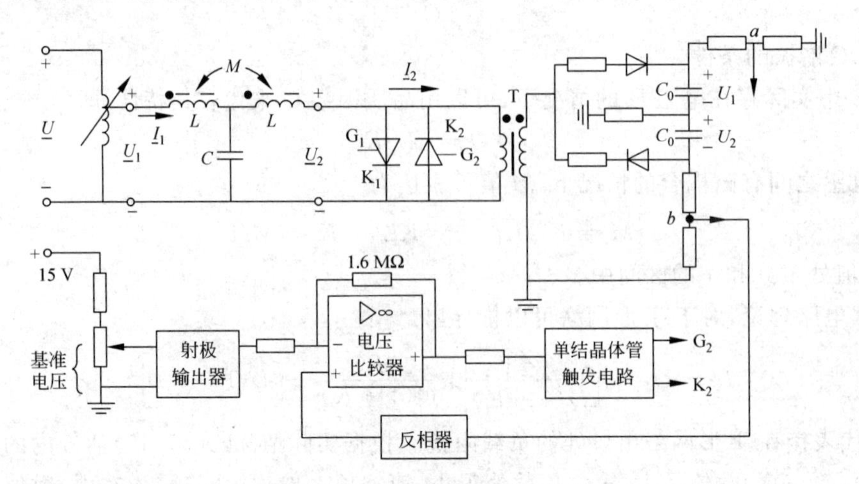

图7-14 恒流充电装置及其控制

以上所述的是一种较简单的反馈控制系统，有的充电装置则采用恒定时间的控制方式。处在强电磁环境之下进行工作，控制系统必须要有强的抗干扰能力。

文献[8]介绍了10次/秒重复率冲击电流发生器所用的恒流充电装置及控制和触发系

统。文献[9]讲述了重复频率高压脉冲放电装置所采用的恒流充电方式,并指出了恒流电路用于高压充电时需注意的几个问题。

## 思 考 题

为什么要尽可能地减小冲击电流发生器放电回路的电感值?

## 习 题

7-1 为产生 4 μs/10 μs、50 kA 的冲击电流,如已知分流器及回路的总电阻为 0.8 Ω,求回路参数 $L$、$C$ 及充电电压 $U$ 值。

7-2 为了产生持续时间 $T$ 为 1000 μs,电流幅值 $I_m$ 为 600 A 的方波冲击电流,已知图 7-8 回路中的 $C$ 值为 2 μF,级数 $n$ 为 12 级,电阻 $R$ 为 5 Ω,试求每级的 $L$ 值及应加的充电电压 $U$ 值。

## 参 考 文 献

[1] 国际电工委员会. High-current test techniques—definitions and requirements for test currents and measuring system: IEC 62475: 2010[S]. 2010.

[2] 中国国家标准化管理委员会. 高电压和大电流试验技术 第 4 部分: 试验电流和测量系统的定义和要求: GB/T 16927.4—2014[S]. 北京: 中国标准出版社, 2014.

[3] 韩旻, 郭志刚, 刘坤, 等. 场畸变火花开关控制 100 kA 冲击电流发生器[J]. 高电压技术, 2000, 26(3): 42-43.

[4] (日)电气学会, 绝缘试验方法手册修订委员会. 绝缘试验方法手册[M]. 陈琴生, 译. 2 版. 北京: 水利电力出版社, 1987: 181-187.

[5] 程龙, 张南法. 氧化锌电阻脉冲 V-I 特性方程在避雷器中的应用[J]. 电瓷避雷器, 2013, (4): 89-93/98.

[6] 中国国家标准化管理委员会. 交流无间隙金属氧化物避雷器: GB 11032—2010[S]. 北京: 中国标准出版社, 2010.

[7] 江缉光, 刘秀成. 电路原理[M]. 北京: 清华大学出版社, 2007.

[8] 韩旻, 王黎明, 熊金虎. 高压测试技术及设备学术年会论文集[C]. 武汉: 中国电机工程学会高电压专业委员会, 1992: 80-86.

[9] 王新新, 王志文. 关于 L-C 谐振恒流电路用于高压充电时的几个问题[J]. 高电压技术, 1997, 23(4): 53-55.

# 第8章 冲击电流的测量

## 8.1 概　　述

冲击电流的测量包括峰值和波形的确定。按现行试验标准,对于认可的测量系统的要求是:测量峰值的扩展不确定度(覆盖率为95%)不大于3%;测量时间参数的扩展不确定度不大于10%;具有足够低的输出偏置值。标准测量系统是通过校准可溯源到相关国家和/或国际基(标)准,且具有足够准确度和稳定性的测量系统。在进行特定波形和特定电流范围内的同时比对测量中,该系统用于认可其他的测量系统。标准测量系统能满足对认可测量系统进行校准不确定度的要求。

目前常用的测量冲击电流的方法是应用由分流器和数字示波器(或数字记录仪,下同)所组成的测量系统。也常用罗戈夫斯基线圈(Rogowski coil)作为转换装置。此外,也可用光电测量系统。冲击电流的峰值一般高达几十千安到几百千安。指数形波的波前时间为几微秒,而最短的矩形波的波前可达纳秒级。要准确测量高峰值和陡波前的冲击电流,还是有不少困难的。

测量系统是指进行测量的整套装置,用于获取或计算测量结果的软件也是测量系统的一部分。大电流测量装置通常包括分流器或罗戈夫斯基线圈等的转换装置,连接转换装置的输出端到测量仪器(或附有衰减、终端匹配阻抗及其他网络)的传输系统及测量仪器。

## 8.2 分　流　器

### 8.2.1 对分流器的性能要求

图8-1表示用分流器和示波器测量冲击电流的回路。分流器是个低阻值和极低电感值的电阻器。它的阻值一般在0.1 mΩ~10 mΩ。能测量的冲击电流范围为几千安至几十千安。它的接入不应使放电回路内的冲击电流发生明显变化。示波器测得的是冲击电流流过分流器时产生的压降$u(t)$,即

$$u(t) = R_S i(t) \tag{8-1}$$

如果$R_S$是纯电阻,则$u(t)$的波形代表$i(t)$的波形。如果$R_S$是稳定的已知值,则$u(t)$

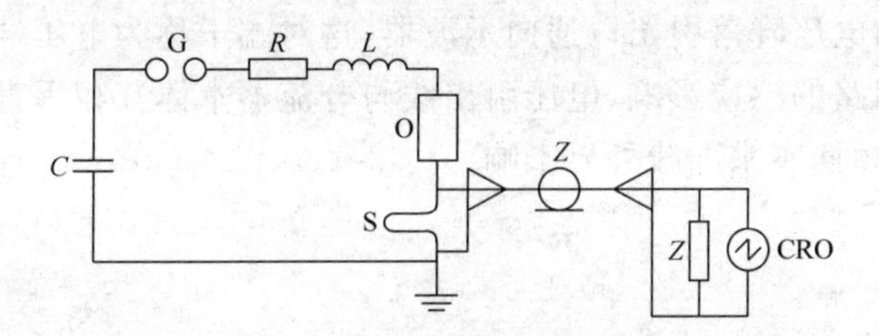


图 8-1 冲击电流的测量回路

O—试品；S—分流器；CRO—示波器；$Z$—电缆及其匹配电阻

的峰值除以 $R_S$ 即可得 $i(t)$的峰值。

每个电阻通过电流时，必在周围出现磁场和电场。由于电磁场的存在，这个电阻不能认为是纯电阻，应该等效地认为有个电感和它串联，有个电容和它们并联。这个电容是不大的，由它产生的容抗比起分流器的电阻来大得多。一般认为在 100 MHz 以下，电容可以略去不计。但电感的影响不能忽视。正因为电阻分流器的电阻非常小，电感的影响特别明显，分流器的简单等效回路应表示为电阻与电感串联如图 8-2(a)所示。那么分流器上的压降应为电阻压降 $u_R(t)=R_S i(t)$与电感压降 $u_L(t)=L_S \mathrm{d}i(t)/\mathrm{d}t$ 之和，如图 8-2(b)中第 4 图。电流变化越快则电感压降越大，它可能比电阻压降大很多倍。一个有电感的分流器的阶跃响应在开始处会出现明显的上冲。这种分流器既不能用来确定峰值也不能用来确定波形。所以设计和制作分流器时，首要的任务是尽可能减小残余电感。

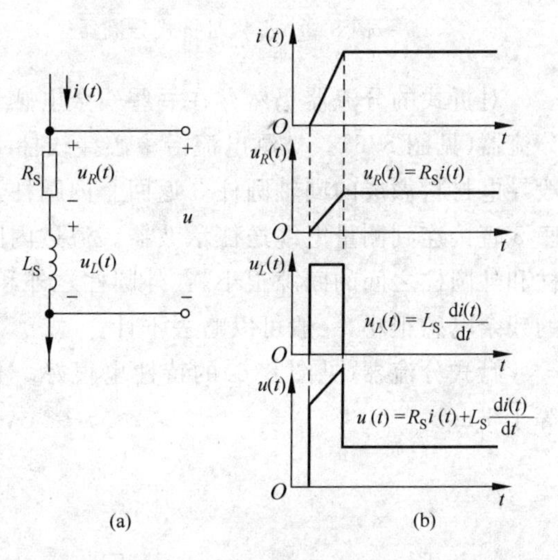


图 8-2 分流器的等效回路和输出电压[3]

为了尽可能减小峰值误差和波形畸变，不仅希望分流器接近于是一个纯电阻，还希望它的阻值是一常数。但快速变化的电流经过分流器时，由于集肤效应会使阻值发生变化，同时大电流流过分流器时，由于热效应也会使阻值发生变化。在选择分流器的材料和设计其结构时，应考虑减小集肤效应和热效应。

快速变化的巨大电流流过时，会在周围出现快速变化的强大电磁场，测量回路哪怕受到少许干扰，都足以造成严重误差。为此，除了用同轴屏蔽电缆来连接分流器和示波器外，在设计分流器结构，尤其是电压引线和电缆的连接时，要防止周围的干扰。

大电流不仅有热效应，还有力效应。所以不仅从发热考虑，同时还从破坏力考虑，分流器都应有最大容许电流峰值。

## 8.2.2 分流器的几种结构形式

分流器大致分为三种形式：双股对折式、同轴管式和盘式。双股对折式又可分为带状对折(见图 8-3)和辫状对折(见图 8-4)两种。分流器设有两对端子，其中一对是为了将分流器和被测电流回路相串联，并引入和引出电流，故称为电流端子($c_1$、$c_2$)；另一对端子是用来将分流器两端产生的电压降落引出以通向示波器，这对端子称为电压端子($p_1$、$p_2$)。为了防止被测电流对测量回路的感应影响，电压引出线与分流器本体互相垂直，电压引线与同轴电缆的连接，可利用高频插座来屏蔽外界影响。

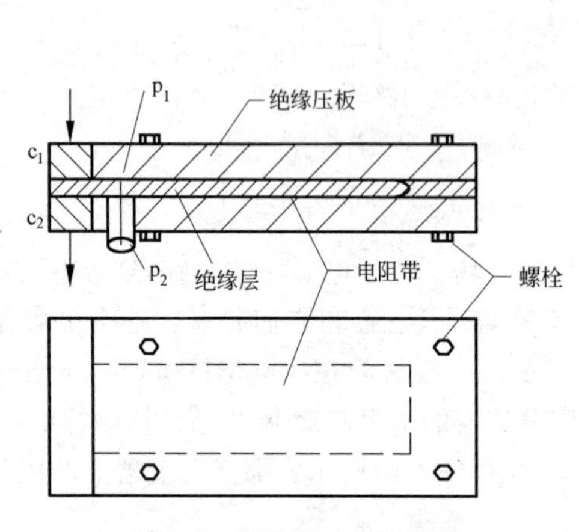


图 8-3　带状对折式分流器

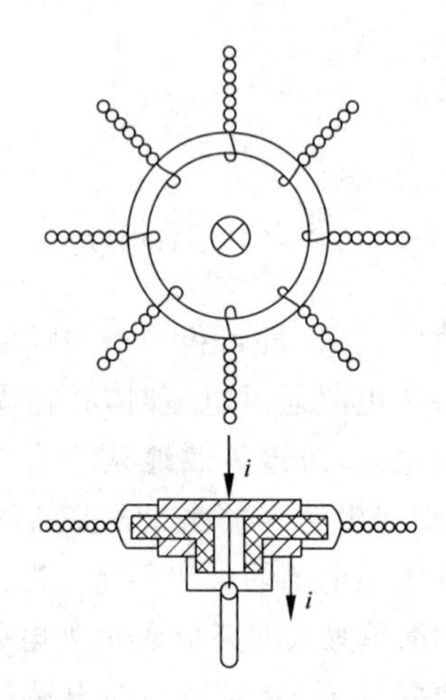


图 8-4　辫状对折式分流器

对折式的分流器仍然存在一些残余电感量。为了进一步减小电感，可以采用同轴管式分流器(见图 8-5)。被测电流沿中心接线柱 1 经过用薄电阻材料做成的内圆柱 2 又从用一般导电材料做成的同轴圆柱 3 返回。内圆柱上的电压降通过中央电位引线 4 和同轴高频插座 5 直接连到测量电缆送往示波器。流过内圆柱和外圆柱的电流大小相等、方向相反，内圆柱和外圆柱之间的间隙很小，在外圆柱之外和内圆柱之内不存在磁场，这种同轴管式分流器的残余电感很小，一般可以略去不计。

盘式分流器(见图 8-6)的特性也很好。其残余电感量极小，阶跃响应时间可做到小于等于 1 ns。

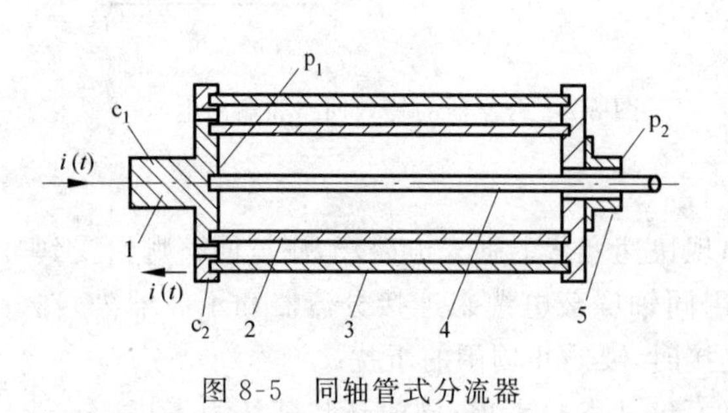


图 8-5　同轴管式分流器

$c_1$、$c_2$—电流端；$p_1$、$p_2$—电压端

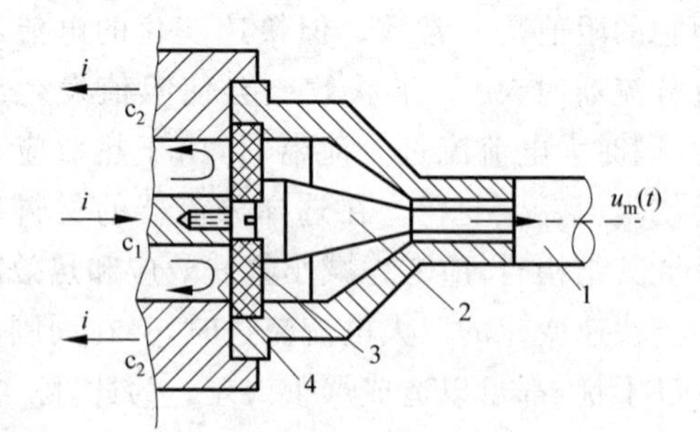


图 8-6　盘式分流器

1—电缆；2—同轴锥形套；3—绝缘压块；4—薄电阻盘

在设计分流器时，要考虑三个主要因素：

(1) 如在 8.2.1 节中所述的，分流器接近为一纯电阻，残余电感应尽可能小，在尽可能宽的频带内，分流器的有效阻抗必须为一常数；

(2) 分流器的屏蔽好，不受外界干扰，尤其除分流器本体外，电流回路各部分对分流器电压引线的感应作用应尽可能小；

(3) 要使测量电缆外皮在分流器附近接地而不致在分流器的电压回路内感应出电压，必须尽可能减小流经电缆外皮的电流。

从这三方面考虑，同轴管式分流器性能较优越。对上列第(3)点可用图 8-7 所示的冲击电流发生器回路加以说明。冲击电流发生器连线是有电感的，放电时连线上是有压降的，有时此压降可能还不小。如连线电感按每米 1 μH 计，放电电流变化率如为 $5\times10^{10}$ A/s，则在 1 m 连线上的电压降可达 50 kV。图中 $d$ 点与 $g$ 点间距离应极短，$g$ 点接地，若 $d$ 点距 $g$ 点10 cm，就可能有 5 kV 电位，因此可能有地电流从 $d$ 经电压引线、电缆外皮到电缆末端，从末端接地点入地，经接地系统回到 $g$ 点。从图 8-7 还可看出，放电时杂散电容 $C_e$ 将突然充电，$L_e$、$C_e$ 将构成高频振荡回路，所以地电流是高频振荡性质的，此高频振荡地电流经过分流器的一根电压引线时，将在电压回路内感应出一个高频振荡电压，使所测电流波形上有叠加高频分量。如使 $d$ 点接地而电缆末端不再接地，显然可减小地电流的感应作用，因此高频分量的大小与接地点的位置有关，双股对折式分流器的接地点位置受一定限制。同轴管式分流器虽然同样会有地电流经过电缆外皮，但由于它的对称结构，地电流围绕同轴电压回路的轴对称分布不会在电压回路内感应出电压，在选择接地位置时不受此点限制。

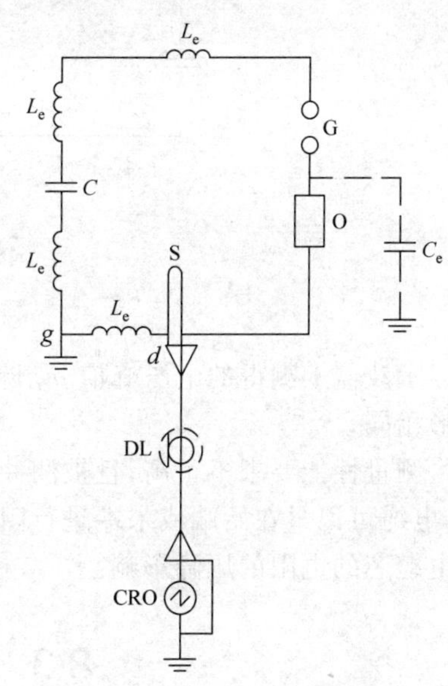


图 8-7 冲击电流发生器回路

$L_e$、$C_e$—导线固有电感和对地寄生电容；S—双股对折式分流器；O—试品；G—球隙；CRO—示波器；DL—同轴电缆

在决定分流器的尺寸(如长度 $l$，截面积 $A$)时，不仅要考虑阻值，还要考虑温升。冲击放电很快，可被作为绝热过程来考虑，全部能量转化为温升。一般对于绝缘材料来说，设计分流器时允许最高温升为 150℃。分流器的阻值 $R$ 是根据拟测最大电流值和示波器现象板允许作用电压值确定的。如分流器电阻材料的电阻率为 $\rho$，比热容为 $c$，密度为 $d$，则分流器阻值为

$$R = \rho l/A \tag{8-2}$$

分流器允许消耗的电能为

$$W = clAd \times 150 \tag{8-3}$$

式(8-2)和式(8-3)中，$\rho$、$c$、$d$ 是电阻材料的物理性能常数。比热容 $c$ 常采用 J/(℃·g)作为计算单位。$R$ 及 $W$ 为已知值，因此解式(8-2)和式(8-3)可求得分流器所需电阻的长度和截面积。分流器在测量冲击大电流时，将承受很大的作用力。带状分流器须用绝缘板夹紧。同轴管状分流器外管应有足够的厚度，内管太薄应用绝缘管作支撑。

分流器与示波器等所构成的测量回路如图 8-8 所示。测量性能要求高时，电缆的两端均要求有电阻相匹配，故

$$R_2 + R_3 = Z \quad 或 \quad R_3 \approx Z \quad 以及 \quad R_4 = Z$$

当放电回路内的电流为 $i$ 时，$i$ 几乎全流经分流器 $R_2$，不必考虑 $R_3$ 及电缆的分流。出现在示波器上的电压 $u_2$ 为

$$u_2 = iR_2[R_4/(R_3 + R_4)](1/n) \approx R_2 i/(2n) \tag{8-4}$$

记 $S=u_2/i$，从上式得 $S\approx R_2/(2n)$。

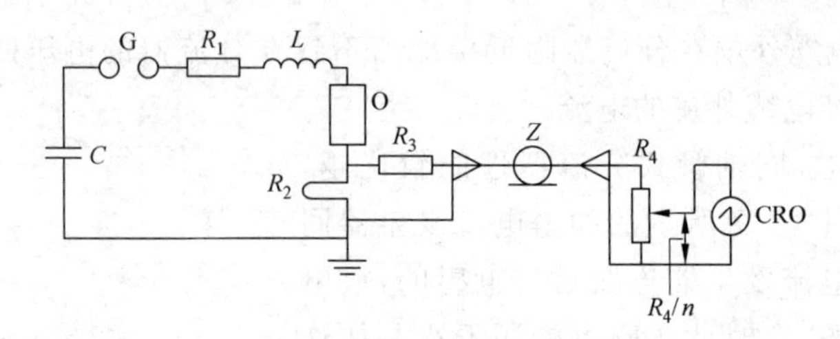


图 8-8 分流器测量回路

O—试品；$R_2$—分流器；$Z$—同轴电缆；$R_3$、$R_4$—匹配电阻；CRO—示波器

示波器上测得的电压峰值 $u_{2m}$除以 $S$，即可求得冲击电流峰值 $I_m$。$u_2$ 的波形应与 $i$ 的波形相同。

测量性能要求不很高，且被测冲击电流的波前不很陡峭时，与 6.3.4 节中所述的情况相似，电缆可以只在始端或末端进行阻抗匹配。在末端进行阻抗匹配且测量电缆较长时，应计及电缆芯的电阻的压降影响。

# 8.3 罗戈夫斯基线圈

## 8.3.1 罗戈夫斯基线圈测量电流的原理和特点

用分流器测量冲击电流时，被测电流将在分流器内产生热效应和力效应。如被测电流达几百千安，分流器的制造会有一定困难。在这种场合常用罗戈夫斯基线圈来测量电流。它利用被测电流产生的磁场在线圈内感应的电压来测量电流，实际上是一种电流互感器测量系统。其一次侧为单根载流导线，二次侧为罗戈夫斯基线圈(见图 8-9)。考虑到所测电流的等效频率很高，所以大多是采用空心的互感器，这样可以避免使用铁心时所带来的损耗及非线性影响。不过现在也已发展采用带铁氧体磁心的罗戈夫斯基线圈[4]，国外的商品之一为皮尔森线圈。

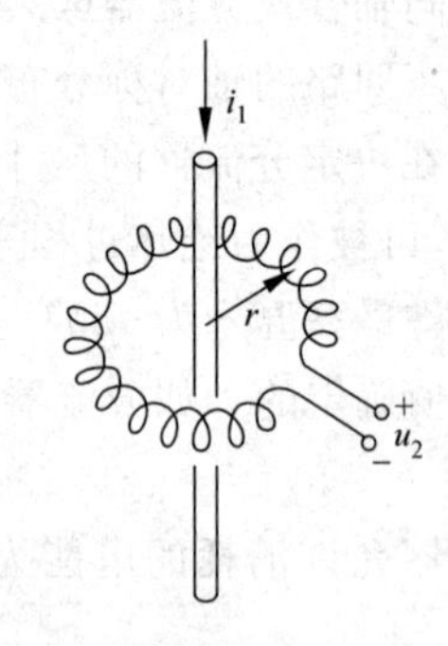


图 8-9 罗戈夫斯基线圈测电流的原理

除了在电工、电力行业用它来测量冲击大电流外，在原子物理、加速器、激光等大功率脉冲技术中，也用它来测量微秒及纳秒级的脉冲等离子体电流、电子束电流等。

罗戈夫斯基线圈同分流器测量法相比的一个显著优点是：它与被测电路没有直接的电的联系，可避免或减小电流源接地点的地电位瞬间升高所引起的干扰影响。

如图 8-9 的电流互感器状态，可得罗戈夫斯基线圈输出端的感应电压为

$$u_2 = M\mathrm{d}i_1/\mathrm{d}t \tag{8-5}$$

式中，$M$ 为测量线圈和置于其中央的载流导体之间的互感。若线圈的截面积为 $A$，匝数为 $n$，线圈中心的圆周线长为 $l_m$，介质的磁导率为 $\mu$，则由全电流定理可以推导出[5]

$$M \approx \mu An/l_m \tag{8-6}$$

式中，$l_m = 2\pi r$；空气的磁导率 $\mu = 4\pi \times 10^{-3}\ \mu\mathrm{H/cm}$。

式(8-5)表示罗戈夫斯基线圈出口端子上所得的电压信号 $u_2$ 与电流 $i_1$ 对时间 $t$ 的导数

成正比关系。为了直接得到与电流 $i_1$ 成比例的信号,在测量系统中需加入积分环节。罗戈夫斯基线圈的积分法又可分为 $LR$ 积分式和 $RC$ 积分式两种。对于后者需外接一个优质的积分器。如前面 6.3.7 节中所述,可以采用无源积分器或有源的电子积分器来实现积分。

## 8.3.2 两种积分方式的罗戈夫斯基线圈

**1. 采用 *LR* 积分器的罗戈夫斯基线圈**

利用线圈本身的电感 $L$ 与线圈端口所接的电阻 $R$ 构成积分器的一种罗戈夫斯基线圈,又称为自积分的罗戈夫斯基线圈。因端口接有一个小电阻,在线圈感应电势的作用下会产生二次侧线圈的感应电流 $i_2$。图 8-10 表示采用 $LR$ 积分的罗戈夫斯基线圈的全线路图。图中,$L$ 为线圈自感,$R_s$ 是线圈的内电阻。端口电阻 $R$ 选择得远小于电缆的波阻抗 $Z$。忽略 $Z$ 的影响,认为线圈的端口电阻为 $R$。$i_2$ 流过 $R$ 所产生的压降,供给信号电压 $u_m$。

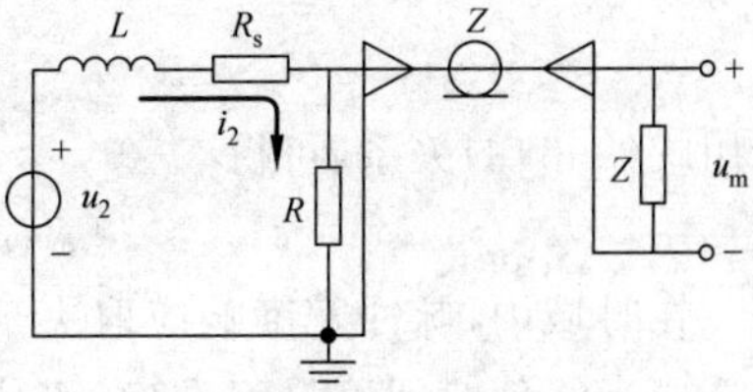

图 8-10 采用 $LR$(自)积分器的罗戈夫斯基线圈

由电路图可列出:

$$u_2 = M\mathrm{d}i_1/\mathrm{d}t = L\mathrm{d}i_2/\mathrm{d}t + i_2(R_s + R) \quad (8\text{-}7)$$

因 $R_s + R$ 很小,所以

$$L\mathrm{d}i_2/\mathrm{d}t \gg i_2(R_s + R) \quad (8\text{-}8)$$

这样式(8-7)可写为

$$u_2 = M\mathrm{d}i_1/\mathrm{d}t \approx L\mathrm{d}i_2/\mathrm{d}t$$

故测得的信号电压为

$$u_m(t) = Ri_2(t) = \frac{R}{L}\int_0^t L\,\frac{\mathrm{d}i_2}{\mathrm{d}t}\mathrm{d}t \approx \frac{R}{L}\int_0^t u_2\,\mathrm{d}t \quad (8\text{-}9)$$

式(8-9)证明了信号电压 $u_m$ 是通过 $u_2$ 对 $t$ 的积分获得的。$L/R$ 为积分时间常数,故

$$u_m(t) = (R/L)\int_0^{i_1} M\mathrm{d}i_1 = MRi_1(t)/L \quad (8\text{-}10)$$

$$i_1(t) = u_m L/(RM) \quad (8\text{-}11)$$

线圈的电感值 $L$ 可以通过试验测定,互感 $M$ 也可通过电桥及标准互感的测定法测得,由式(8-11)即可求得被测的 $i_1(t)$。

$L$ 值也可以通过计算获得,即

$$L = \mu A n^2/l_m \quad (8\text{-}12)$$

考虑到式(8-6)和式(8-11)的关系,最终可以求得

$$i_1 \approx u_m n/R = n i_2 \quad (8\text{-}13)$$

若要考虑电缆波阻抗 $Z$ 的影响,式(8-11)和式(8-13)中的 $R$ 值应被 $R$ 与 $Z$ 的并联值所取代。若电缆较长,还应计及电缆导芯的电阻压降的影响。

由式(8-8)可知,若被测信号的等效角频率为 $\omega$,则采用 $LR$ 积分测法时,应该满足:

$$\omega L \gg R + R_s \quad (8\text{-}14)$$

由此就限制 $\omega$ 有一个下限值。此外,从获得较大信号的观点,积分时间常数 $L/R$ 应小一些,但是它同样也受到了式(8-14)的制约。

**2. 采用 *RC* 积分器的罗戈夫斯基线圈**

在罗戈夫斯基线圈的输出端接一个 $RC$ 积分器,这样的积分方式称为外积分。实际使

用的电路如图 8-11 所示。

作为积分器必须满足 $R \gg 1/(\omega C)$ 的条件，所以被测电流的下限频率由此条件决定，而上限频率则取决于 $\omega L \ll Z$ 的条件，其中 $Z$ 为信号电缆的波阻抗或其末端的匹配电阻。亦即要求 $L/Z$ 甚小于被测冲击电流的上升时间[6]。$L$ 为线圈自感。

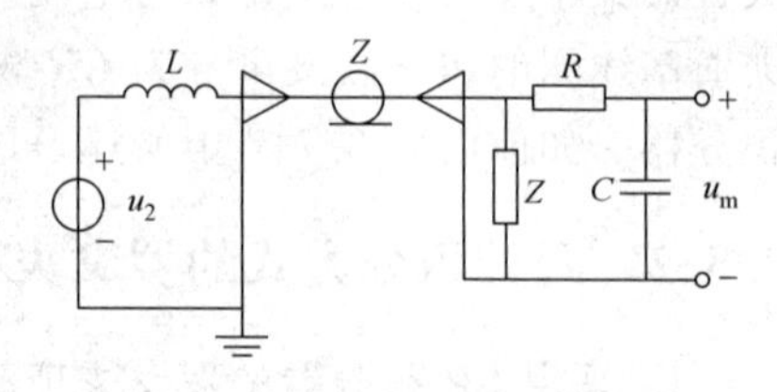


图 8-11 采用 $RC$ 外积分器的罗戈夫斯基线圈

罗戈夫斯基线圈的内电阻 $R_s$ 同 $Z$ 相比可以忽略。这样，积分器输出端的测量电压为

$$u_m(t) = \frac{1}{RC}\int_0^t u_2 \mathrm{d}t = \frac{1}{RC}\int_0^{i_1} M \mathrm{d}i_1 = \frac{Mi_1(t)}{RC} \tag{8-15}$$

或写为

$$i_1(t) = u_m(t)RC/M \tag{8-16}$$

利用式(8-6)的关系，可得

$$i_1(t) \approx u_m(t)RCl_m/(nA\mu) \tag{8-17}$$

在时域内，脉冲宽度响应取决于积分器的时间常数。为了防止此积分时间常数太小，以致造成半峰值时间测量不准确，积分时间常数至少应为脉冲宽度或脉冲周期值的十倍。但是，积分时间常数的增加，会使输出信号电平降低，后者又会受到示波器灵敏度或干扰水平的限制。必要时可采用 2～3 级的合适补偿 $RC$ 无源积分器(见 6.3.7 节)或有源积分器。

## 8.3.3 罗戈夫斯基线圈的结构

如图 8-12 所示，常将线圈的一端引线穿过线圈的内部，从另一端引出，以使两端引线不致分叉太大，否则可造成外磁场的干扰。线圈的匝数增大虽有利于信号电平的增强，但绕制过密，一方面在外积分测量条件下，会受上限频率的制约；另一方面匝间电容的增强，也会使波形失真。为了避免集肤效应和线圈分布电容的影响，高频率响应的罗戈夫斯基线圈，可用铜带代替圆铜线绕制，只绕较少的匝数。此时互感 $M$ 的计算式(见式(8-6))会产生较大的误差，但可采用实测 $M$ 的方法取代之。

罗戈夫斯基线圈是靠磁感应法来测量电流的。它处在一个快速变化的电磁场中，必须防止这个快速变化的电磁场以及其他杂散电磁场对测量回路的干扰。因此罗戈夫斯基线圈必须采用屏蔽措施。如图 8-13 中把线圈屏蔽起来并把它的屏蔽层和同轴电缆的外屏蔽层焊接起来。测量线圈的屏蔽沿电缆全长都与被测回路相绝缘，只在靠近示波器的电缆末端和电缆外皮一起接地。线圈用铁盒屏蔽起来(见图 8-14)，要注意两点：

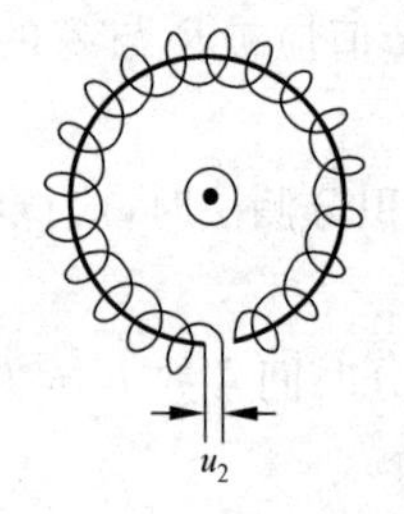


图 8-12 罗戈夫斯基线圈的引线

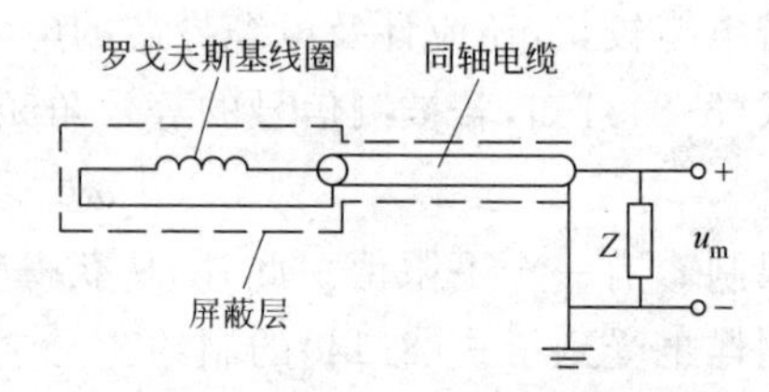


图 8-13 罗戈夫斯基线圈及所连同轴电缆的屏蔽

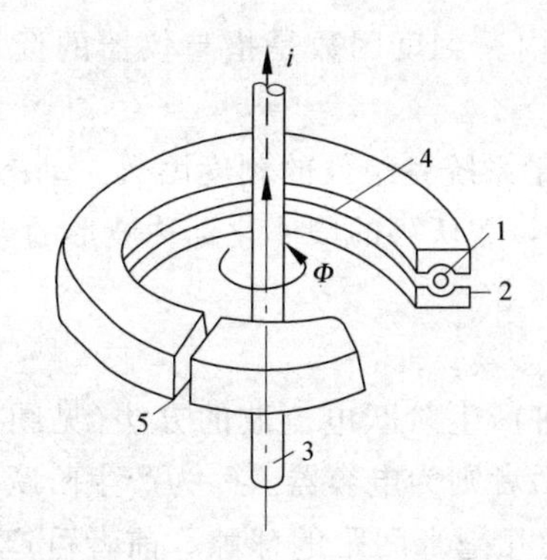


图 8-14 加屏蔽盒的罗戈夫斯基线圈

1—罗戈夫斯基线圈；2—铁屏蔽盒；3—导流体；4—开槽以切断环流；5—开槽以切断磁旁路

(1) 要防止主磁通在铁盒内产生环流。如主磁通在铁盒纵向截面上引起环流，后者将阻止主磁通进入测量线圈，所以要开槽(图 8-14 中 4)切断环流路径。

(2) 要防止铁盒形成磁旁路。铁的磁导率比空气大很多，如主磁通都循铁盒走，测量线圈内同样也无主磁通，所以要开槽(图 8-14 中 5)切断磁旁路。

## 8.4 冲击电流测量系统的性能试验

### 8.4.1 IEC 标准和中国国家标准规定测量系统要进行的试验

根据规定，要进行的主要有如下几项试验：刻度因数校准，动态特性，线性度，稳定性，环境温度影响，干扰试验，电流耐受试验等。

如果满足下列条件，则测量系统的动态特性对于测量性能记录中所规定的波形范围是满足的：

(1) 在每个波形范围内，刻度因数稳定在 1%以内。

(2) 被测量的时间参数的扩展不确定度加上其误差不超过 10%。

对于指数形冲击电流而言采用下列两种不同的冲击波形评价其动态特性：

(1) 波前时间用被认可的最小值 $t_{min}$，即波前标称时段内的最短时间参数。

(2) 波前时间用被认可的最大值 $t_{max}$，即波前标称时段内的最长时间参数。

所用的半峰值时间应近似等于测量系统要求被认可的最长时间。

对于矩形冲击电流在这方面的规定本书略述，参见相关的 IEC 标准。

上述的波前标称时段是指测量系统被认可的相关冲击时间参数的最小值($t_{min}$)与最大值($t_{max}$)之间的间隔。对指数形冲击电流而言是波前时间 $T_1$ 的参数。

对测量系统动态特性进行测量的方法有：

(1) 与标准测量系统比对的优选方法：应在比对测量后，计算被校系统测量时间参数的误差，同时应评定被校系统时间参数测量误差的不确定度。

(2) 基于卷积法的替代方法：需要先进行测量系统阶跃响应的测量。动态特性由所记录的阶跃响应与需认可的归一化标称波形的卷积确定。通过卷积，可以估算测量系统对不同波形产生的误差，通过这些误差可以评估其测量不确定度。在标称时段时间范围内，刻度因数的变化应在±1%以内。刻度因数是指与仪器的读数相乘便得到其输入量值的因数。

(3) 基于组件的校准:测量系统各组件的刻度因数。动态特性由测量系统各组件的阶跃响应以及所记录的阶跃响应与需认可的归一化标称波形的卷积来完成校准。

### 8.4.2 阶跃响应及其试验

在进行响应试验时,有两种产生阶跃电流波的方法(见图 8-15 及图 8-16)。前者所采用的储能器件为长同轴电缆,后者则为电容器。G 为产生阶跃波的间隙,可以采用汞润继电器(见图 6-54)或用加高气压的几毫米间距的球隙。前者可产生 10 A 左右的阶跃波,后者可提供几千安的阶跃波。

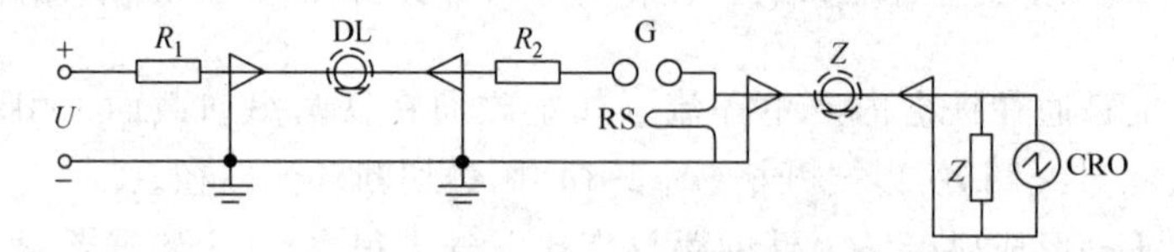


图 8-15 用同轴电缆产生阶跃电流

DL—同轴电缆(放置地上);G—快速动作间隙;

RS—被测电流转换装置;Z—测量用电缆及其匹配电阻;CRO—示波器

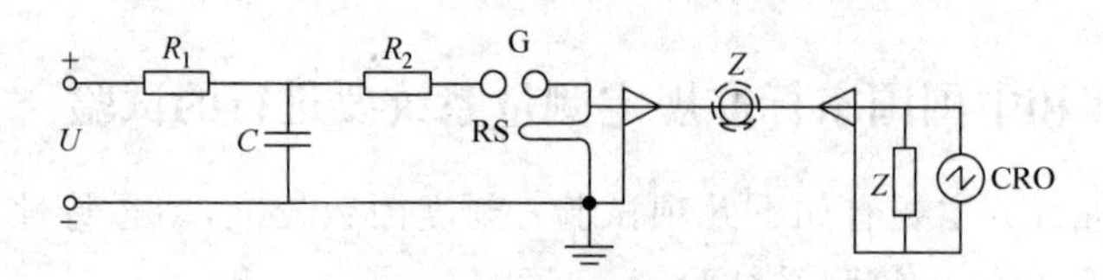


图 8-16 用电容器产生阶跃电流

单位阶跃响应波的波形及响应参数的定义与第 6 章中图 6-10 相同,其说明也见第 6 章中的相关内容。响应时间 $T$ 的表达式如下:

$$T(t)=\int_{o_1}^{t}(1-g(\tau))\mathrm{d}\tau \tag{8-18}$$

当积分上限 $t$ 取为 $2t_{\max}$ 时刻的响应时间,就是试验响应时间 $T_{\mathrm{N}}$,即 $T_{\mathrm{N}}=T(2\ t_{\max})$。

在 8.4.1 节中已经讲了 $t_{\max}$ 的取值问题。

图 8-17 表示对折式分流器的阶跃响应波形。图中,阴影部分为单位阶跃波和响应波之间所夹的面积,它就是原始阶跃响应时间 $T$,则有

$$|T|=L/R\quad \mu\mathrm{s} \tag{8-19}$$

式中,$R$——分流器的电阻,Ω;

$L$——电感,μH。

辫状对折式分流器的电感 $L$ 值,可按两根平行线公式作近似估算。从早期的文献[7]即可查到带状对折式分流器的电感 $L$ 计算式。由于计算式繁复,本书不再引述。

同轴管式分流器的响应波形,是一种指数波形(见图 8-18),其原始阶跃响应时间,可用下式进行计算[5,8]:

$$T=\mu_0 d^2/(6\rho) \tag{8-20}$$

式中，$\mu_0$——真空中磁导率，$\mu_0=4\pi\times10^{-3}$ $\mu$H/cm；

$\rho$——分流器管状材料的电阻率；

$d$——分流器管状材料的厚度。

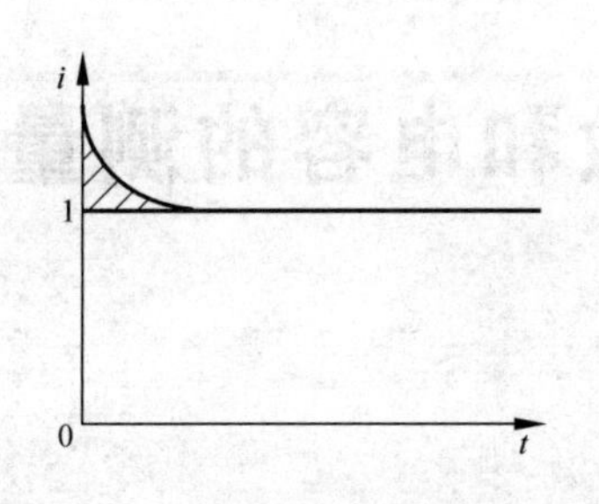


图 8-17　对折式分流器的阶跃响应

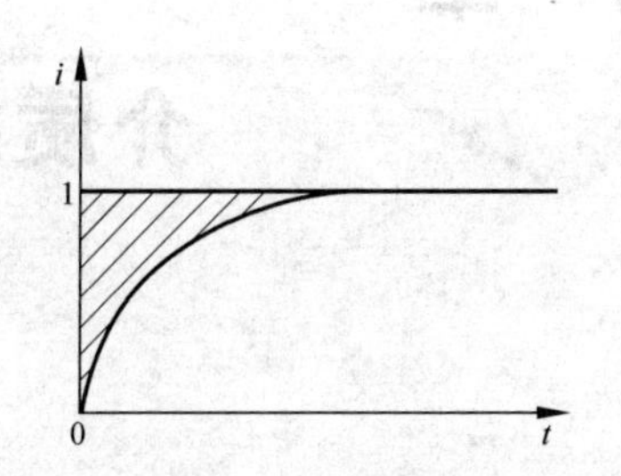


图 8-18　同轴式分流器的阶跃响应

# 思　考　题

采用罗戈夫斯基线圈测量冲击大电流比之分流器有什么优点？

# 习　题

8-1　若被测的冲击电流峰值为 50 kA，所用分流器的阻值为 0.05 Ω，射频同轴电缆的波阻抗为 50 Ω，其电晕电压高达 3 kV，接到数字存储示波器的电压降为十几伏，电缆采用两端匹配，请你画出从分流器经同轴电缆达到示波器的整个接线图，其中包括并联到末端匹配电阻上的二次分压器，对后者要标明阻值及各点电压值。

8-2　有一个同轴式分流器，所用电阻薄层的厚度 $d$ 为 0.25 mm，电阻层材料的电阻率 $\rho$ 为 $48\times10^{-8}\Omega\cdot$m。请用式(8-19)及式(8-20)分别计算该分流器的理论阶跃响应时间及试验阶跃响应时间值。

# 参考文献

[1]　国际电工委员会. High-current test techniques—definitions and requirements for test currents and measuring system：IEC 62475：2010[S]. 2010.

[2]　中国国家标准化管理委员会. 高电压和大电流试验技术　第 4 部分：试验电流和测量系统的定义和要求：GB/T 16927.4—2014[S]. 北京：中国标准出版社，2014.

[3]　SCHWAB A. 高电压测量技术[M]. 屈东海，郑健超，等译. 北京：电力工业出版社，1982.

[4]　张滨渭，王庆华，高晓波. 高压测试技术及设备学术年会论文集[C]. 武汉：中国电机工程学会高电压专业委员会，1992：19-23.

[5]　张仁豫，陈昌渔，王昌长，等. 高电压试验技术[M]. 北京：清华大学出版社，1982.

[6]　张适昌. 外积分式罗柯夫斯基线圈[J]. 高电压技术，1986，40(2)：37-41.

[7]　CRAGGS J D，MEEK J M. High-voltage laboratory technique[M]. London：Butterworth Scientific Pub，1954.

[8]　华中工学院，上海交通大学. 高电压试验技术[M]. 北京：水利电力出版社，1983.

# 第 9 章

# 介质损耗因数和电容的测量

## 9.1 概　　述

电气设备的绝缘结构均由各种绝缘介质所构成，由于介质的电导、极性介质中偶极子转动时的摩擦以及介质中的气隙放电，使处在高电压下的介质（或整个绝缘结构）产生能量损耗，这种损耗称为介质损耗 $P$，它是电气设备绝缘性能的重要指标。具有损耗的绝缘材料或结构，通常可用串联或并联的电阻、电容组成的等效电路来表示，相应的相量图如图 9-1 所示。

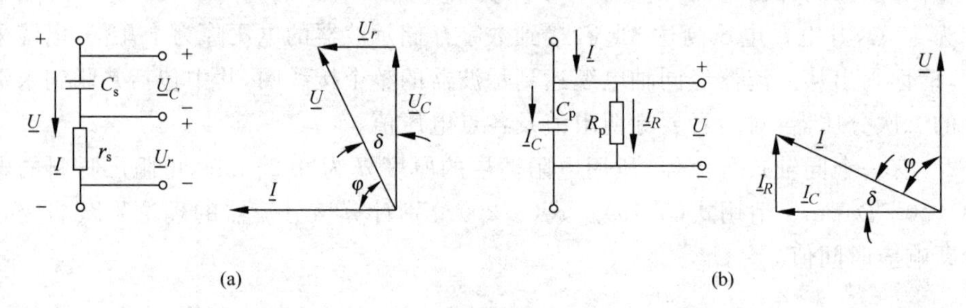


图 9-1　有损耗介质的等效电路及相量图

(a) 串联等效电路；(b) 并联等效电路

由图 9-1(a)串联等效电路可得

$$\tan\delta = U_r/U_C = \omega r_s C_s \tag{9-1}$$

则能量损耗

$$\begin{aligned} P &= UI\cos\varphi \\ &= \omega C_s U^2 \sin\delta/[1+(\omega r_s C_s)^2]^{1/2} \\ &= (\omega C_s U^2 \sin\delta/\cos\delta)/[(1+\tan^2\delta)^{1/2}/\cos\delta] \\ &= (\omega C_s U^2 \tan\delta)/(1+\tan^2\delta) \end{aligned} \tag{9-2}$$

由图 9-1(b)并联等效电路可得

$$\tan\delta = I_R/I_C = 1/(\omega R_p C_p) \tag{9-3}$$

则

$$P = UI\cos\varphi = UI_C\tan\delta = \omega C_p U^2 \tan\delta \tag{9-4}$$

从图 9-1 及式(9-2)和式(9-4)可知 $\delta$ 反映了介质损耗的大小，故称介质损耗角，它的正切值 $\tan\delta$ 则是衡量介质损耗的重要参数，称为介质损耗因数或介质损耗角正切。一种介质或一个设备，无论用串联或并联电路来代表，在同一电压作用下，流过的电流应相同，即用串联电路所代表的总阻抗和用并联电路所代表的总阻抗应相等。同时损耗和 $\tan\delta$ 也应相等，由此可得

$$C_p = C_s/(1+\tan^2\delta) \tag{9-5}$$

$$R_p = r_s(1+1/\tan^2\delta) \tag{9-6}$$

两种等效电路的电阻值和电容值是不同的，对一种性能良好的介质来说，$R_p$ 应很大，$r_s$ 应很小，$\tan\delta$ 也应很小，所以 $C_p$ 和 $C_s$ 的差别是不大的。通常 $\delta$ 都在 $1°$ 以内，故即使处在高电压下，介质的有功分量也是很小的。

# 9.2 西林电桥

## 9.2.1 基本原理和接线

西林电桥是一种交流电桥，可以在高电压下测量材料和设备的电容值和介质损耗因数。西林电桥的基本回路如图 9-2(a)所示。它由四个桥臂组成，两个是高压臂：一个是试品 $\underline{Z}_1$，一个是无损耗标准电容 $C_0$，故只要选择相应额定电压的 $C_0$，即可使电桥在试品的额定电压下进行测量。$C_0$ 值一般为 100 pF 或 50 pF。两个低压臂处在桥本体内，一个是可调无感电阻 $R_3$，另一个是无感电阻 $R_4$ 和可调电容 $C_4$ 的并联电路。

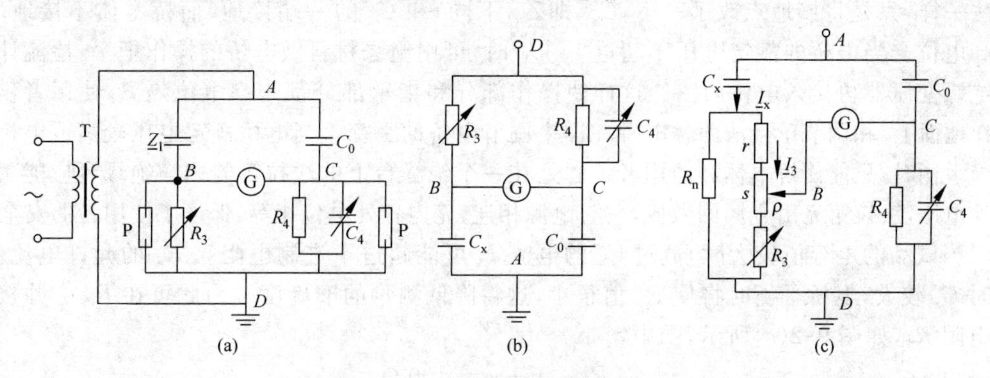


图 9-2 西林电桥原理接线图

(a) 正接法；(b) 反接法；(c) 有分流电阻的西林电桥

选择低压臂参数时已经考虑到使在正常情况下出现在 $R_3$、$R_4$ 和 $C_4$ 上的压降不超过几伏，但当试品或标准电容发生闪络或击穿时，在 $B$、$C$ 点上可能出现高电位。为此在 $B$、$C$ 点和地之间各并接上一个放电管 P 作为保护。P 的放电电压约 100 V，$B$、$C$ 上电压超过其放电电压时，P 即放电，使 $B$、$C$ 和接地点 $D$ 相连，以保护电桥操作者免受电击。

电桥的平衡靠调节 $R_3$ 和 $C_4$ 来获得。电桥平衡时，$B$、$C$ 两点电位相等，作为指零仪的检流计 G 指零。由此可得出电桥平衡条件：

$$\underline{Z}_1\underline{Z}_4 = \underline{Z}_2\underline{Z}_3$$

在西林电桥中：

$$\underline{Z}_2 = 1/(\mathrm{j}\omega C_0), \quad \underline{Z}_3 = R_3, \quad \underline{Z}_4 = R_4[1/(\mathrm{j}\omega C_4)]/[R_4 + 1/(\mathrm{j}\omega C_4)]$$

$\underline{Z}_1$ 的形式决定于用什么等效电路代表试品。若用串联等效电路，则

$$\underline{Z}_1 = r_s + 1/(j\omega C_s)$$

式中，$C_s$ 和 $r_s$ 分别为使用串联等效电路时的试品电容和电阻。将这些数值代入平衡条件并展开，再将实部和虚部分开，可求得

$$C_s = R_4 C_0 / R_3, \quad r_s = R_3 C_4 / C_0 \tag{9-7}$$

用串联电路时 $\tan\delta = \omega r_s C_s$，故

$$\tan\delta = \omega C_4 R_4 \tag{9-8}$$

同法可求得以并联等效电路代表试品时相应的值为

$$\tan\delta = \omega C_4 R_4 \tag{9-9}$$

$$C_p = R_4 C_0 / [R_3(1 + \tan^2\delta)] \approx R_4 C_0 / R_3, \quad R_p \approx R_3 / (\omega^2 R_4^2 C_4 C_0) \tag{9-10}$$

式中，$C_p$ 和 $R_p$ 分别为使用并联等效电路时的试品电容和电阻。

由此可见无论用哪种等效电路，用电桥测得的 $\tan\delta$ 是相同的，电容值也基本相等。在以后的分析中，对试品串联等效电路中的电容、电阻分别以 $C_x$、$r_x$ 表示；对试品并联等效电路中的电容、电阻则分别以 $C_x$、$R_x$ 表示。

当电源频率为 50 Hz 时，为计算方便常选 $R_4$ 值为 $10000/\pi\ \Omega$ 或 $1000/\pi\ \Omega$，将其代入式(9-8)，则得

$$\tan\delta = C_4 \times 10^6 \quad 或 \quad \tan\delta = C_4 \times 10^5$$

图 9-2(a)称为西林电桥的正接法，它要求测试时试品对地绝缘。

许多试品是外壳接地的或无法对地绝缘，此时需采用反接法如图 9-2(b)。其原理与正接法一样，只是将接地点改了一下，$C_x$(即 $\underline{Z}_1$，下同)和 $C_0$ 的一端接地，而桥本体不接地，处在高电位。当电桥的额定电压不超过 10 kV 时，可用绝缘材料做电桥的操作把手，检流计通过绝缘变压器再接入电桥回路。这样使操作部分和指示部分都与高电位隔离，使用者仍可处在地面上，和调节正接法西林电桥一样来调节电桥的平衡。当电桥额定电压较高或电桥无绝缘手柄时，只能使桥本体和使用者一起处在一个绝缘台上的法拉第笼内。绝缘台应能耐受试验电压，法拉第笼由金属网做成，它与电源相连，笼内各处电位相等，保证了使用者的安全。

当试品的电容值较大时，流过 $C_x$ 的电流 $I_x$ 可能超过十进制电阻箱 $R_3$ 的允许电流值。同时 $C_x$ 较大，电桥平衡时将使 $R_3$ 值很小，这将降低测量的准确度。为此可在 $R_3$ 旁并接分流电阻 $R_n$，如图 9-2(c)所示，图中，

$$R_n + r + s = 100\ \Omega$$

式中，$R_n$——分流电阻，其在 100 Ω 中所占比例可根据 $I_x$ 大小而变动，$I_x$ 越大，$R_n$ 越小，相应地 $r$ 就要增大；

$s$——阻值仅为零点几欧的可调滑线电阻。

当电桥平衡时，有

$$\underline{U}_{BD} = \underline{U}_{CD}$$

因

$$\begin{aligned}
\underline{U}_{CD} &= \underline{U}\underline{Z}_4/(\underline{Z}_2 + \underline{Z}_4) \\
\underline{U}_{BD} &= \underline{I}_3(R_3 + \rho) \\
&= \underline{I}_x R_n(R_3 + \rho)/(100 + R_3) \\
&= \underline{U} R_n(R_3 + \rho)/[\underline{Z}_1(100 + R_3) + R_n(100 - R_n + R_3)]
\end{aligned}$$

所以

$$\underline{Z}_4/(\underline{Z}_2+\underline{Z}_4)=R_n(R_3+\rho)/[\underline{Z}_1(100+R_3)+R_n(100-R_n+R_3)]$$

将$\underline{Z}_1=r_x+1/(j\omega C_x)$，$\underline{Z}_2=1/(j\omega C_0)$，$\underline{Z}_4=R_4/(1+j\omega C_4R_4)$代入上式，展开，并将实部和虚部分开，可得

$$C_x=R_4C_0(100+R_3)/[R_n(R_3+\rho)] \tag{9-11}$$

$$r_x=R_n[C_4(R_3+\rho)/C_0-100+R_n+\rho]/(100+R_3) \tag{9-12}$$

$$\tan\delta=\omega r_xC_x=\omega C_4R_4-\omega C_0R_4(100-R_n-\rho)/(R_3+\rho) \tag{9-13}$$

有代表性的国产西林电桥为QS-1型高压电桥(见图9-6)，用于反接法测量时额定电压为10 kV。所附的$C_0$为10 kV 50 pF。$R_3$为十进制可调电阻箱，即为0.1 Ω×10～1000 Ω×10。$C_4$为十进制可调电容箱，即为0.001 μF×10～0.1 μF×10。分流电阻$R_n$选为60 Ω、25 Ω、10 Ω和4 Ω，共4挡，可使流经桥臂BD的电流从0.01 A分别增为0.025 A、0.06 A、0.15 A、1.25 A。测量$C_x$和$\tan\delta$的测量误差分别为±5%和±10%。

## 9.2.2 杂散电容和电桥屏蔽

电桥的高、低压臂之间，低压臂和地之间存在杂散电容，如图9-3(a)所示。这些杂散电容将参与电桥的平衡，为使测量结果更准确，应消除这些杂散电容的影响。通常用屏蔽来消除其影响，即将电桥本体放在一金属屏蔽箱内，连线采用屏蔽线，屏蔽层相互连在一起。正接法时电桥中屏蔽层接地，如图9-3(b)所示，反接法时则屏蔽层接高压。QS-1型高压电桥即采用了上述屏蔽措施。这样，高、低压间杂散电容的影响消除了，低压臂对地的杂散电容$C_1'$、$C_2'$的影响仍存在，但一般情况下，$C_1'$、$C_2'$的容抗相对$R_3$、$C_4$而言是相当高的，故对测量准确度的影响不大。此外$C_1'$、$C_2'$也可预先测定，并按下式来计算$\tan\delta$及因$C_1'$、$C_2'$引起的误差：

$$\tan\delta\approx\omega R_4(C_4+C_2')-\omega R_3C_1' \tag{9-14}$$

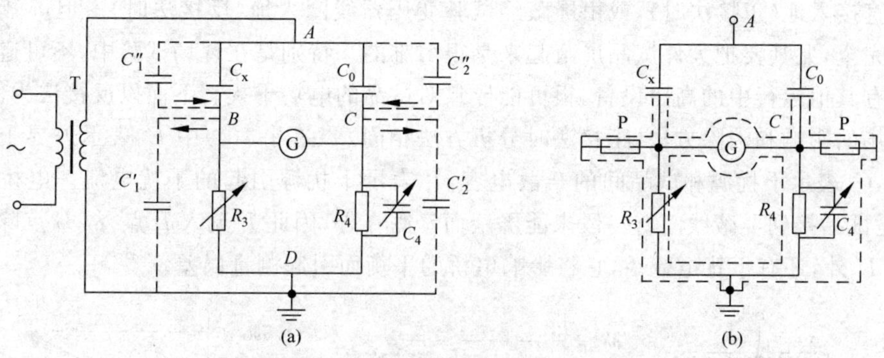


图9-3 电桥的杂散电容及屏蔽接法

(a) 电桥的杂散电容；(b) 屏蔽接法

当测试绝缘性能好即介质损耗特别小的试品，例如某些绝缘材料的$\tan\delta$时，要求更高的测量准确度，这就要求消除$C_1'$、$C_2'$的影响，此时可使屏蔽层与电桥平衡时的$B$、$C$两点具有相同的电位。有两种方法来达到此目的。一种是屏蔽层直接接地，电桥的$D$点不接地，在$D$点和屏蔽接地点之间串接入一个峰值和相位均可调的保护电压装置S，如图9-4(a)[1]所示。保护电压装置S由自耦调压器T、变压器$T_1$、变压器$T_2$和电容器$C$以及可调电阻$R$构成，见图9-4(b)；相量图如图9-4(c)所示。加在电桥$D$点和屏蔽间的电压是$\underline{U}_{OF}$。调节T可改变$\underline{U}_{OF}$的峰值，调节$R$可改变$\underline{U}_R$，也即改变$\underline{U}_{OF}$的相位。故通过T、$R$的调节可使$B$、$C$两点

电位都等于地电位。国产 QS-3 型精密西林电桥即采取此种方法，使用时需反复多次调节平衡。另一种方法是采用双层屏蔽，电桥的 $D$ 点直接接地，内屏蔽层不接地而和地之间接入保护电压装置，调节它使内屏蔽层电位等于电桥平衡时 $B$、$C$ 两点的电位。但内屏蔽层不接地容易受到外界的干扰，因此采用直接接地的外屏蔽层加以保护。

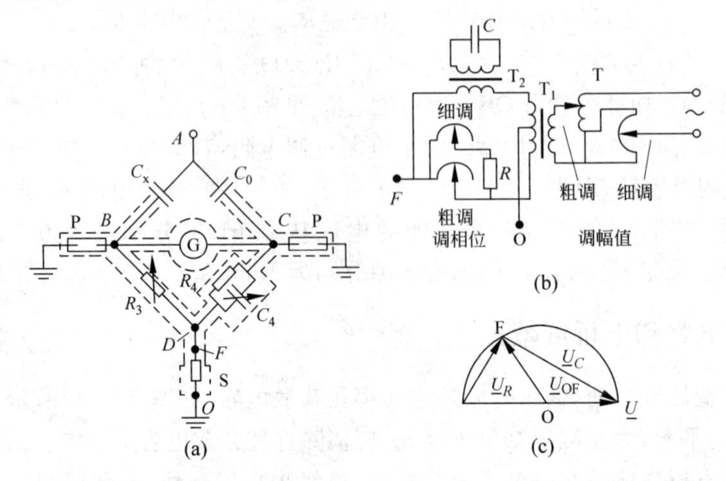


图 9-4 接有保护电压装置 S 的电桥

(a) 电桥电路；(b) 保护电压装置 S 的电路图；(c) 保护电压相量图

## 9.2.3 外界电磁场的干扰和消除

屏蔽既能消除杂散电容的影响，也可屏蔽外界电场的干扰，使外界电场引起的感应电荷由屏蔽直接入地(正接法时)，或由屏蔽经试验变压器线圈入地(反接法时)。但屏蔽不可能做得很完全，尤其要把大件试品屏蔽起来是很困难的。特别是在现场试验中，不可避免地在附近还有其他运行中的高压设备，很可能导致对试品的电场干扰。下面以反接法为例，说明外界电场的影响和消除方法(正接法时分析方法相同)。图 9-5(a)中 $\underline{E}_i$ 表示外界干扰电场的电源，$C_i$ 表示干扰源和试品间的杂散电容，$\underline{I}_i$ 表示干扰源引起的干扰电流。电桥是屏蔽的，只是试品接到屏蔽线间有一段未能屏蔽而暴露在外，因此 $\underline{I}_i$ 流入 $B$ 点，故 $B$ 点除电桥本身电流 $\underline{I}_x$ 外，还有干扰电流 $\underline{I}_i$，它将影响电桥的平衡而引起测量误差。

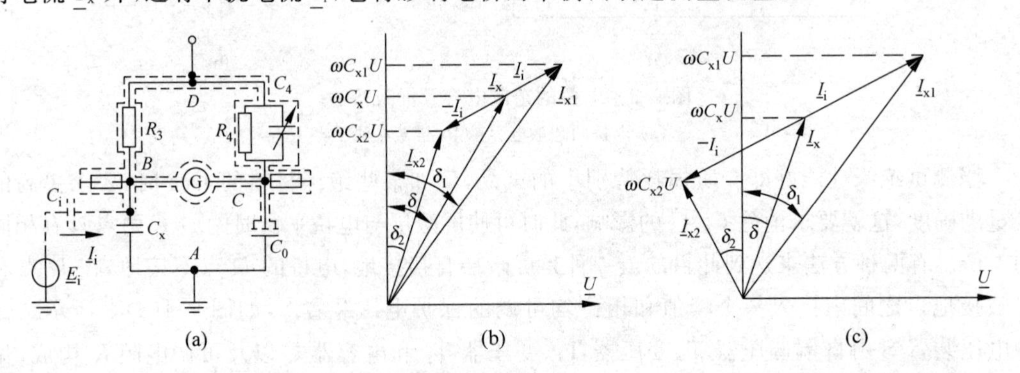


图 9-5 电场对电桥干扰的分析和消除

(a) 电场干扰示意图；(b) 有电场干扰时电桥中电流相量图；(c) 电场干扰出现 $-\delta$ 时电流相量图

为消除外界电场的干扰，可采取两次测量。先在外界电场干扰存在的情况下调电桥平衡，测得 $C_{x1}$ 和 $\tan\delta_1$。$\underline{I}_x$ 和电源电压 $\underline{U}$ 的相量图如图 9-5(b)所示，$\underline{I}_x$ 领先于 $\underline{U}$ 不到 90°，介质损耗角为 $\delta$，$\underline{I}_x$ 在领先 $U$90°的方向上的分量为 $\omega C_x U$（将试品看成并联等效电路）。但由于 $\underline{I}_i$ 的存在，实际参与电桥平衡的电流为 $\underline{I}_i$ 和 $\underline{I}_x$ 的相量和 $\underline{I}_{x1}$。然后将试验变压器的原边倒一下相位，即把试验电压 $\underline{U}$ 转 180°，测得 $C_{x2}$ 和 $\tan\delta_2$。此时 $\underline{E}_i$ 未变，$\underline{U}$ 和 $\underline{I}_x$ 间的相角关系也未变，而是 $\underline{I}_i$ 的相角转了 180°，故第二次的合成电流为 $\underline{I}_{x2}$，从相量图上可得出各量值的关系为

$$\begin{aligned}\tan\delta &= [(\omega C_{x1}U\tan\delta_1 + \omega C_{x2}U\tan\delta_2)/2]/[(\omega C_{x1}U + \omega C_{x2}U)/2] \\ &= (C_{x1}\tan\delta_1 + C_{x2}\tan\delta_2)/(C_{x1} + C_{x2})\end{aligned} \tag{9-15}$$

又

$$\omega C_x U = (\omega C_{x1}U + \omega C_{x2}U)/2$$

故

$$C_x = (C_{x1} + C_{x2})/2 \tag{9-16}$$

当外界电场很强烈时，$I_i$ 很大，有可能在一种极性时合成电流在第一象限（如 $\underline{I}_{x1}$，$\delta_1$），在另一种极性时合成电流在第二象限（如 $\underline{I}_{x2}$，$\delta_2$），于是出现 $-\delta$，如图 9-5(c)所示。此时要使电桥平衡，必须使 $C_4$ 与 $R_4$ 脱开而与 $R_3$ 并联，即将 $C_4$ 从 $C$ 点连到 $B$ 点。在国产 QS-1 型电桥中只要将倒向开关 $K_3$ 从正常位置 $+\tan\delta$ 倒向 $-\tan\delta$ 的位置（见图 9-6），此时求得的 $\tan\delta_2$ 应为

$$\tan\delta_2 = -\omega C_4 R_3 \tag{9-17}$$

但 $\tan\delta_1$ 则仍为 $\tan\delta_1 = \omega C_4 R_4$。在两次测量中，求 $C_{x1}$ 和 $C_{x2}$ 的公式不受倒向开关位置的影响，$\tan\delta$ 和 $C_x$ 仍可由式(9-15)和式(9-16)求取。

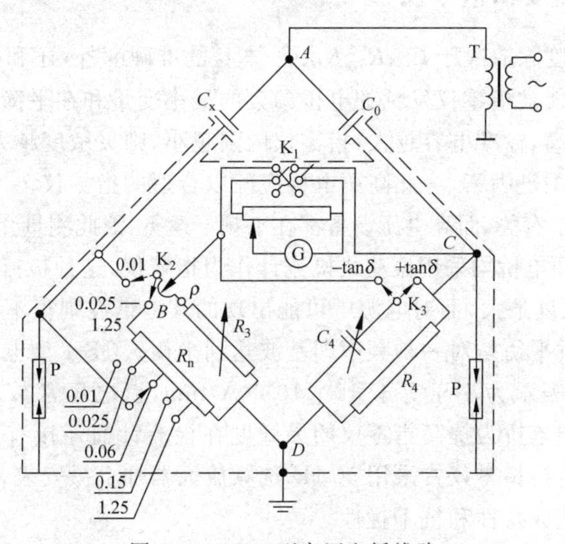


图 9-6 QS-1 型高压电桥线路

在现场电桥还将受到一些漏磁通较大的设备如电抗器、通信用的阻波器等的磁场的干扰，有可能在电桥的闭合环路内引起感应电动势和环流，它将影响电桥平衡而造成测量误差。由电桥的 $C_x$、$C_0$ 和 G 构成的回路连线长、窗口大，易为外界磁通所穿过，但由于 $C_x$、$C_0$ 在工频下阻抗都很大，感应电动势不致在此环路内造成明显的环流，故影响不大。电桥测量臂和 G 所构成的环路内阻较小，干扰磁场在此环路内引起的感应环流将引起测量误差。为

此设计电桥时应尽量布置紧凑,缩小环路,将测量部分屏蔽起来。低频磁屏蔽要用好的导磁材料,但要把整个测量臂部分都用笨重的铁磁体屏蔽起来,在实际上是不可能的。在现场遇到磁干扰时,只能使电桥远离磁场,或转动电桥方向,以求得干扰最小的方位。

使用检流计作为指零仪,这是对外界磁场干扰最灵敏的元件,虽然一般都用导磁性能良好的合金将其屏蔽起来,但也不一定能消除全部磁干扰。在一个相对稳定的磁场中,通常采用两次测量的方法来消除可能由此引起的误差。先设想当无磁干扰时,调电桥到平衡可得 $R_3$、$C_4$ 且 G 两端无电位差。如存在磁干扰时,又调电桥到平衡,得 $R_3+\Delta R_3$ 和 $C_4+\Delta C_4$,此时电桥两臂间实际上是有电位差的,由于叠加了磁干扰电动势,才使检流计指零。若将 G 和电桥两臂相接的两端倒换一下(即在图 9-6 中将开关 $K_1$ 倒一下方向),由于其他条件不变,又调电桥到平衡,此时两个测量臂的数值应分别为 $R_3-\Delta R_3$ 和 $C_4-\Delta C_4$。

当检流计正接时测得

$$\tan\delta_1 = \omega(C_4+\Delta C_4)R_4,\quad C_{x1} = C_0R_4/(R_3+\Delta R_3)$$

当检流计反接时测得

$$\tan\delta_2 = \omega(C_4-\Delta C_4)R_4,\quad C_{x2} = C_0R_4/(R_3-\Delta R_3)$$

无磁场干扰时

$$\tan\delta = \omega C_4R_4,\quad C_x = C_0R_4/R_3$$

故

$$\tan\delta = (\tan\delta_1+\tan\delta_2)/2 \tag{9-18}$$

$$C_x = 2C_{x1}C_{x2}/(C_{x1}+C_{x2}) \tag{9-19}$$

### 9.2.4 电桥的准确度和指零仪

电桥的测量准确度除取决于 $C_0$、$R_3$、$R_4$、$C_4$ 本身的准确度外,还和电桥的测量灵敏度有关。电桥灵敏度是指能被指零仪发觉的电桥参数的最小变量和在平衡状态下这些参数值之比。显然试验电压越高,标准电容越大,指零仪内阻越小,则灵敏度越大。这些参数固定后,指零仪的灵敏度成了关键因素,为此高压电桥应配以合适的指零仪。

因介质损耗和频率有关,而高电压设备都在工频下运行,因此测量介质损耗时也都在工频基波下测量。以往高压电桥均采用振动式检流计作为指零仪,这种检流计在工频基波下可调到谐振状态,此时灵敏度最大,而对电源中可能出现的其他谐波则很不灵敏。因电桥平衡条件和频率有关,故电桥平衡是对一种频率即基波达到平衡。QS-1 型电桥采用的振动检流计的灵敏度以电流常数表示为小于等于 $12\times10^{-8}$ A/mm,以电压常数表示为小于等于 $2\times10^{-5}$ V/mm。QS-3 型电桥为提高指零仪的灵敏度在检流计前还接有放大器。现在由于电子技术的发展,高压电桥指零仪常采用 50 Hz 选频放大器加上微安表,不仅具有更高的灵敏度,而且具有良好的选频特性和抗干扰性。

## 9.3 电流比较仪式电桥

电流比较仪式电桥的原理接线如图 9-7(a)[3] 所示,在一个环形铁心上绕两个匝数分别为 $W_s$ 和 $W_x$ 的绕组,再绕一个指示绕组 $W_d$,$W_d$ 并接一指零仪 D,这就构成了一个电流比较器,它工作在铁心磁化特性的线性范围内。$C_x$ 是试品,$C_s$ 为无损标准电容,$R$ 为标准可调电阻，$C$ 为 $R$ 和 $C_s$ 的中点接地电容。$\underline{I}_x$ 为流经 $C_x$ 和 $W_x$ 的电流，$W_x$ 又称测量臂绕组。$\underline{I}_s$、$\underline{I}_2$ 分别为流经 $C_s$ 和 $R$、$W_s$ 的电流，$W_s$ 称为标准臂绕组。适当调节 $W_x$、$W_s$ 的匝数及 $R$ 的阻值，可使 $W_x$ 和 $W_s$ 上的安匝数相等，此时由于 $W_x$ 和 $W_s$ 的绕向相反，则在铁心中产生的磁通量 $\Phi_x$ 和 $\Phi_s$ 的大小相等而方向相反，$W_d$ 上的感应电动势为零，指零仪指零，电流比较器即处于平衡状态，这就是电流比较仪式电桥的基本工作原理。

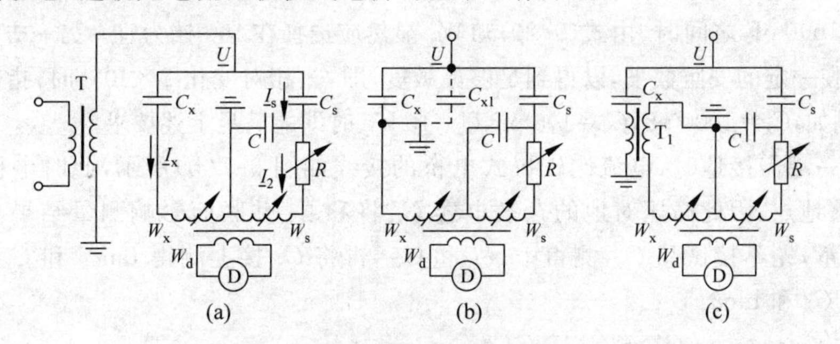


图 9-7 电流比较仪式电桥原理接线

(a) 试品不接地；(b) 试品一端接地；(c) 外接互感器

将 $C_x$ 仍看作串联等效电路，$W_x$、$W_s$ 的内阻和 $C_x$、$C_s$ 的阻抗相比可忽略不计，则

$$\underline{I}_x = j\omega C_x \underline{U}/(1 + j\omega r_x C_x)$$

$$\underline{I}_s = j\omega C_s(1 + j\omega RC)\underline{U}/[1 + j\omega R(C + C_s)]$$

$$\underline{I}_2 = \underline{I}_s/(1 + j\omega RC) = j\omega C_s \underline{U}/[1 + j\omega R(C + C_s)]$$

将 $\underline{I}_x$、$\underline{I}_2$ 代入安匝平衡条件 $W_x\underline{I}_x = W_s\underline{I}_2$ 并展开，将实部和虚部分开可得

$$C_x = C_s W_s / W_x, \quad r_x = R(C + C_s)W_x/(C_s W_s) \tag{9-20}$$

$$\tan\delta = \omega r_x C_x = \omega R(C + C_s) \tag{9-21}$$

类似地，可求得以并联等效电路代表试品时相应的值为

$$\tan\delta = 1/(\omega R_x C_x) = \omega R(C + C_s) \tag{9-22}$$

$$C_x = C_s W_s/[(1 + \tan^2\delta)W_x] \approx C_s W_s / W_x \tag{9-23}$$

一般 $C \gg C_s$，故 $\tan\delta \approx \omega RC$，为方便计算 $C$ 常取为 $(0.1/\pi)\mu F$ 即 $0.03183\ \mu F$，则

$$\tan\delta \approx \omega RC = R \times 10^{-5}$$

例如 $R$ 调节在 0～11 kΩ 时，$\tan\delta = 0 \sim 0.11$。

电桥准确度也取决于标准元件 $R$、$C$、$C_s$ 及 $W_s$、$W_x$ 的准确度，$W_s$、$W_x$ 是电流比较器的标准臂和测量臂绕组的匝数，它可以做得很精确，故电桥的测量准确度是可以保证的。和西林电桥相比，低压臂对屏蔽的杂散电容的影响要小得多。在平衡条件下 $W_x$、$W_s$ 的内阻均很小，每 100 匝仅约 0.6 Ω，故其附近的杂散电容分流的影响可忽略。标准臂上还接有中性点接地电容 $C$，其电容值比杂散电容大得多，故其附近的杂散电容的影响也可忽略。因此电流比较仪式电桥的测量准确度高于西林电桥，而又不必像精密西林电桥那样需多次反复平衡，只需一次平衡即可读数，故操作方便。此外电流比较器是由绕组组成，其匝数比（参见式(9-20)）远比电阻、电容（例如西林电桥中的 $R_4$、$R_3$）元件的值要稳定得多，故测量电容时（例如电容分压器的高、低压臂的电容值）其稳定性高。典型的电流比较仪式电桥为国产 QS-19 型高压电桥，其测量 $C_x$ 的准确度优于 ±0.1%，测量 $\tan\delta$ 的准确度在 ±1% 之内。

和西林电桥一样，比较仪式电桥的测量准确度还和电桥的灵敏度与指零仪的灵敏度有关。QS-19 采用 50 Hz 选频放大器加上微安表作为指零仪，有良好的选频特性和抗干扰性，输入阻抗为 100 kΩ，电压灵敏度为 $2\times10^{-6}$ V/mm。为保证电桥的测量灵敏度，一方面要根据 $C_x$、$C_s$ 的值适当选择 $W_x$ 值，以尽量使用 $W_s$ 的调节范围。例如，QS-19 的 $W_x$ 分为 100、10、1 三挡，相应的最大电流允许值分别为 0.3 A、1.0 A、3.0 A。$W_s$ 由（$100\times10+10\times10+10\times1+1$）匝组成，$R$ 由（$10\times1$ kΩ$+10\times100$ Ω$+10\times10$ Ω$+10\times1$ Ω）组成，当 $C_s$ 为100 pF，$C_x$ 在 100 pF～1000 pF 之间时，由式(9-20)知 $W_x$ 显然应选择在 100 挡为宜。另一方面要让电流比较器工作在一定的安匝数下，以得到足够灵敏度，即 $C_x$ 相对变化 $2\times10^{-5}$ 时，指零仪具有足够的偏转，例如，$C_x=1000$ pF，$C_s=100$ pF，$U=10$ kV 时即能满足上述要求。

当试品一端需接地时，电流比较仪式电桥的接线如图 9-7(b)所示，此时电桥的接地点即为 $C_x$ 的接地点，因此高压对地的杂散电容 $C_{x1}$ 将和 $C_x$ 并联而影响测量结果。为此可分两步进行测量，先不接试品 $C_x$，测得 $\tan\delta_1$ 和 $C_{x1}$，再将 $C_x$ 接上测得 $\tan\delta_2$ 和 $C_{x2}$，即可由以下二式求得 $C_x$ 和 $\tan\delta$：

$$C_x = C_{x2} - C_{x1} \tag{9-24}$$

$$\tan\delta = (C_{x2}\tan\delta_2 - C_{x1}\tan\delta_1)/(C_{x2} - C_{x1}) \tag{9-25}$$

当 $C_x$ 的电容值较大时，$I_x$ 可能超过 $W_x$ 的允许值，为此可在 $W_x$ 上外接电流互感器以扩大量程，如图 9-7(c)所示。设电流互感器的变比为 $K$，则试品的电容值为

$$C_x = W_s C_s K / W_x \tag{9-26}$$

由于外接电流互感器，将引进附加相角和峰值误差，其大小取决于互感器的准确等级，必要时需对测量结果进行修正。

## 9.4 变频介质损耗因数测量仪

在电气设备预防性试验中，特别是在 110 kV 及以上电压等级的变电站做预防性试验时，不大可能做到全站停电。被测设备周围可能存在工频干扰源，使电桥的平衡条件发生变化，从而导致测量值出现偏差。偏差的大小将随干扰源电压的峰值、相位和杂散电容的变化而变化，特殊情况还可能出现 $\tan\delta$ 为负值的严重误差。虽然现场可以采用“尽量远离干扰源”、“采用移相电源”和“采用倒相法”等抗干扰措施消除影响，但是由于干扰源的无处不在，以及被试品的不可移动性等原因，不可能真正做到远离干扰源；而在较强干扰源的作用下，单纯采用移相电源或倒相法对消除、减小干扰引起的测量误差效果不明显，而且往往受天气、运行工况等因素的影响。因此，采用传统的方法在现场测量时有时会遇到一些困难，为此可采用变频法[4,5]进行测量，以消除工频干扰的影响。

随着变频控制及测量技术的日益成熟，接近工频的变频测量得到了广泛的应用，变频介质损耗因数测量仪也应运而生。采用的试验频率一般在 45 Hz～65 Hz 之间，通常采用自动双变频的测量方式，例如 45 Hz/55 Hz、47.5 Hz/52.5 Hz(针对 50 Hz 频率)、55 Hz/65 Hz(针对 60 Hz 频率)。近年来又实现了 49 Hz/51 Hz 双变频，提升了测量的等效性。

变频介质损耗因数测量仪的原理如图 9-8 所示(正接法)，虚线框内为测量仪本体，高压发生器和标准电容均安装在测量仪内部，测量时只需外部连接试品 $C_x$ 即可。启动测量后，仪器的控制部分会将高压设定值发送至变频电源。变频电源采用 PID(proportion integral derivative,比例积分微分)算法将输出缓速调整到设定值,微调低压,实现准确的高压输出。最高输出电压幅值为 10 kV,频率为 45 Hz～55 Hz。

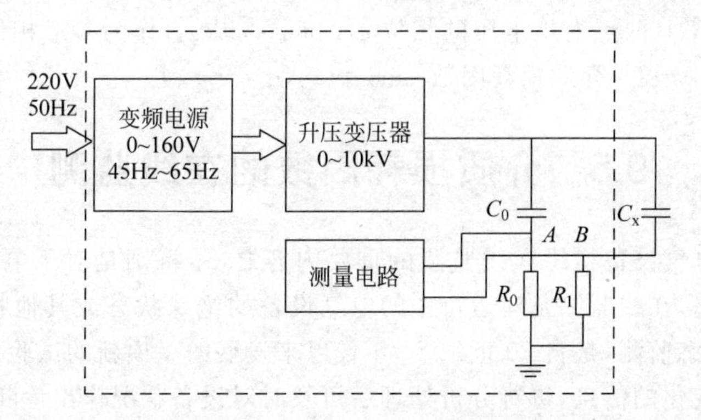


图 9-8 变频介质损耗因数测量仪的原理框图

升压变压器输出的试验电压同时施加于标准电容 $C_0$ 和试品电容 $C_x$ 上,在 $C_0$ 和 $C_x$ 支路中各串联一个标准无感电阻 $R_0$ 和 $R_1$,通过测量 $A$、$B$ 两点的电压 $\underline{U}_A$ 和 $\underline{U}_B$ 来采样流过 $C_0$ 和 $C_x$ 的电流 $\underline{I}_0$ 和 $\underline{I}_x$。对两路电流信号进行同时采样,分别计算两路电流 $\underline{I}_0$ 和 $\underline{I}_x$ 的峰值和相位,以标准电容支路中的电流 $\underline{I}_0$ 的相位作为参考相位,可计算出试品的介质损耗角;根据施加于试品上的电压峰值和流经试品支路的电流峰值可以计算出试品电容量。

通常采用全数字的方法来计算电流 $\underline{I}_0$ 和 $\underline{I}_x$。使用两路同时采样的 AD 转换器,根据设定的电源频率,以整周期同步采样的方式采集 $\underline{I}_0$ 和 $\underline{I}_x$,两路信号转化为数字信号之后,一般采用基波相位分离法分别计算这两路信号的相位。计算过程简述如下:在电路原理中,当一个周期性函数 $f(t)$ 在满足狄利赫里条件时,均可分解为从直流分量到各次谐波组成的傅里叶级数,即

$$f(t) = a_0 + \sum_{n=1}^{\infty}[a_n\cos(n\omega t) + b_n\sin(n\omega t)] \tag{9-27}$$

等式两边各乘以 $\cos(k\omega t)$ 并取定积分,则根据三角函数的正交性质[6]可得各谐波的系数 $a_k$ 为

$$a_k = \frac{1}{\pi}\int_0^{2\pi} f(t)\cos(k\omega t)\mathrm{d}(\omega t) \tag{9-28}$$

同理用 $\sin(k\omega t)$ 去乘式(9-27)两边则可得系数 $b_k$ 为

$$b_k = \frac{1}{\pi}\int_0^{2\pi} f(t)\sin(k\omega t)\mathrm{d}(\omega t) \tag{9-29}$$

我们感兴趣的是基波,基波的系数为

$$a_1 = \frac{1}{\pi}\int_0^{2\pi} f(t)\cos(\omega t)\mathrm{d}(\omega t) = \frac{2}{T}\int_0^{T} f(t)\cos(\omega t)\mathrm{d}t \tag{9-30}$$

$$b_1 = \frac{1}{\pi}\int_0^{2\pi} f(t)\sin(\omega t)\mathrm{d}(\omega t) = \frac{2}{T}\int_0^{T} f(t)\sin(\omega t)\mathrm{d}t \tag{9-31}$$

利用三角函数的两角和公式,式(9-27)中基波分量可改写为

$$A_1 = a_1\cos(\omega t) + b_1\sin(\omega t) = A_{1\mathrm{M}}\sin(\omega t + \varphi_1) \tag{9-32}$$

式中

$$A_{1M}=(a_1+b_1)^{1/2},\quad a_1=A_{1M}\sin\varphi_1,\quad b_1=A_{1M}\cos\varphi_1,\quad \tan\varphi_1=a_1/b_1 \tag{9-33}$$

故 $A_{1M}$、$\varphi_1$ 均可由 $a_1$、$b_1$ 算得，而 $a_1$、$b_1$ 则可通过数值积分分别由式(9-30)和式(9-31)求得。使用该方法求得A、B两点对地电压的相位 $\varphi_{1A}$ 和 $\varphi_{1B}$，以 $\varphi_{1A}$ 作为参考相位，可得试品 $C_x$ 的介质损耗角 $\delta=\varphi_{1B}-\varphi_{1A}$，介质损耗因数 $\tan\delta=\tan(\varphi_{1B}-\varphi_{1A})$。

## 9.5 介质损耗因数的在线监测

介质损耗是电气设备绝缘在线监测的重要内容之一，特别是对于电容性设备，例如套管、耦合电容器等。在线监测是对运行中的电气设备的绝缘状态或其他状态进行自动的连续监测，故也称状态监测，是自20世纪70年代以来发展的一项新的试验技术。它能随时测得反映绝缘状况变化的信息，进行分析处理后可及时对设备状况作出诊断，根据诊断结果作出继续运行或检修的决定。这样既降低了停电和维修费用，又能及时发现故障而降低事故引起的损失。

在线监测介质损耗的主要方法有电桥法、相位差法和全数字测量法[3]。目前广泛采用的是包括基波相位分离法在内的各种全数字测量法。其原理是同时采集施加于试品两端的电压信号和流过试品的电流信号，通过计算电压信号和电流信号的相位差来求得介质损耗角。

与前述离线测量方式不同，在线监测不能改变原来设备的接线方式。电流信号 $i_x$ 通过套在电容性设备末屏接地线上的电流传感器CT测得，而电压信号 $u_x$ 一般通过与试品同相的电压互感器测得，如图9-9所示。利用前面介绍的基波相位分离法可分别算得电流、电压信号的基波系数 $a_{1i}$、$b_{1i}$、$a_{1u}$、$b_{1u}$，从而算得电流、电压的基波幅值 $I_{1M}$、$U_{1M}$ 和基波相位 $\varphi_{1i}$、$\varphi_{1u}$，则由相量图9-1可知

$$\tan\delta\approx\delta=\pi/2-(\varphi_{1i}-\varphi_{1u}) \tag{9-34}$$

$$C_x\approx I_{1M}\cos\delta/(\omega U_{1M}) \tag{9-35}$$

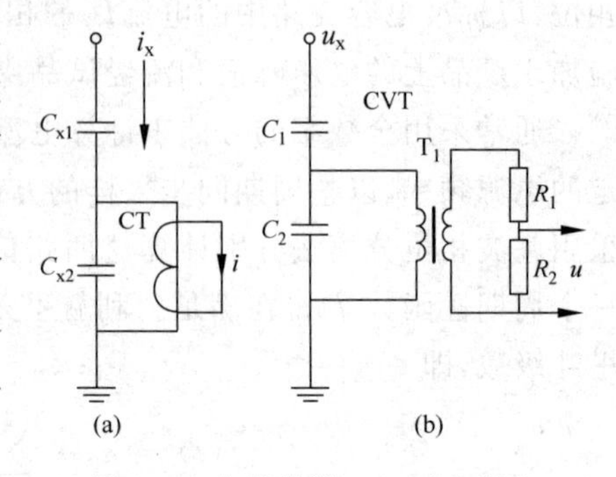


图9-9 在线监测 $\tan\delta$ 时电流和电压信号的拾取

(a) 电流信号拾取；(b) 电压信号拾取

实际上电网的频率是波动的，为了避免由于频谱泄漏带来的误差，需要做到每周期采样的点数是工频频率的整数倍，即实现“同步采样”。在应用中，可以通过锁相环技术、软件补偿修正等软硬件方法来实现。

最后要指出的是，电气设备的介质损耗因数会随温度、湿度等环境因素及电磁干扰的影响而变化，这必将影响其测量值的不确定度和重复性；而在线监测时，又引入了电流传感器和电压互感器，它们的相位差又受负荷和环境因素的影响。因此在线监测包括全数字测量法的不确定度和重复性将比离线的电桥测量要差，必要时需进行处理或修正。

## 思 考 题

9-1 联系习题9-1及习题9-2，试分析一下为何当试品电容 $C_x$ 较大、十进制可调电阻箱 $R_3$ 较小时会影响测量准确度(从电桥灵敏度分析)。

9-2　图 9-3(a)上未画出高压对地的杂散电容,这个杂散电容是否会影响测量准确度?

9-3　试分析一下高压臂对低压臂的杂散电容 $C''_1$、$C''_2$ 和低压臂对地的杂散电容 $C'_1$、$C'_2$,哪个对测量准确度的影响更大。

9-4　试画出为消除低压臂杂散电容的影响而采用双屏蔽的完整的电桥电路图,试与 QS-3 型电桥的屏蔽进行比较,你认为哪种方式较好?

9-5　若电场干扰太大而测得 $-\delta$ 时,为何仍能用式(9-15)和式(9-16)计算 $\tan\delta$ 和 $C_x$?

9-6　当将全数字测量法用于试验室测量 $\tan\delta$ 时,试和高压电桥法作一比较,并考虑如何获取电压、电流信号。

# 习　题

9-1　设 QS-1 电桥的 $C_0=100$ pF,$R_4=(10000/\pi)\,\Omega$,试验电压 $U=10$ kV。试分别计算当试品电容 $C_x=100$ pF 和 0.1 μF 时流过 $R_3$ 的电流 $I_x$ 的值及电桥平衡后 $R_3$ 的值。

9-2　由题 9-1,当 $C_x=0.1$ μF 时,$I_x$ 已超过 $R_3$ 的额定电流 0.01 A,故需并入电阻 $R_n$、$r$、$s$ 等,当 $I_x$ 超过 0.15 A 时,$R_n=4\,\Omega$,试计算相应的 $R_3$。

# 参 考 文 献

[1]　张仁豫,陈昌渔,王昌长,等.高电压试验技术[M].2 版.北京:清华大学出版社,2003.

[2]　王昌长,李福祺,高胜友.电力设备的在线监测与故障诊断[M].北京:清华大学出版社,2006.

[3]　KUFFEL E, ZAENGL W S, KUFFEL J. High voltage engineering fundamentals[M]. 2nd ed. Butterworth-Heinemann, 2000.

[4]　梁江东,黄伟斌.现场介损异频测量方法[J].高电压技术,1996,22(4):25-29.

[5]　吕正劝.异频抗干扰法测量电容式套管介损的实践[J].陕西电力,2008,36(8):56-59.

[6]　江缉光,刘秀成.电路原理[M].北京:清华大学出版社,2007.

# 第 10 章

# 局部放电测量

## 10.1 概　　述

电气设备绝缘内部常存在一些弱点,例如在一些浇注、挤制或层绕绝缘内部容易出现气隙或气泡。空气的击穿场强和介电常数都比固体介质的小,因此在外施电压作用下这些气隙或气泡会首先发生放电,这就是电气设备的局部放电。放电的能量很微弱,故不影响设备的短时电气强度,但日积月累将引起绝缘老化,最后可能导致整个绝缘在工作电压下发生击穿。近数十年来,国内外已越来越重视对设备进行局部放电测量。我国于 2003 年发布了"局部放电测量"的新国家标准 GB/T 7354—2003[1],依据国际电工委员会 IEC 60270：2000 文件在技术内容上进行了较大的增补和调整。同年发布了电力变压器第 3 部分的新标准 GB 1094.3—2003[2],它规定设备最高电压为 72.5 kV 及以上的电力变压器,在进行出厂的感应耐压试验的同时,要进行局部放电测量,并规定 110 kV 变压器局部放电的视在电荷量的限值 300 pC、220 kV 及以上的变压器则为 500 pC。

局部放电的机理常用三电容模型来解释,如图 10-1 所示。图中,$C_g$ 代表气隙的电容;$C_b$(是 $C_{b1}$ 和 $C_{b2}$ 的串联)代表与 $C_g$ 串联部分的介质的电容;$C_a$ 代表其余部分绝缘的电容。若在电极间加上交流电压 $u_t$,则出现在 $C_g$ 上的电压为 $u_g$,即

$$u_g = [C_b/(C_g + C_b)]u_t = [C_b/(C_g + C_b)]U_{max}\sin\omega t \tag{10-1}$$

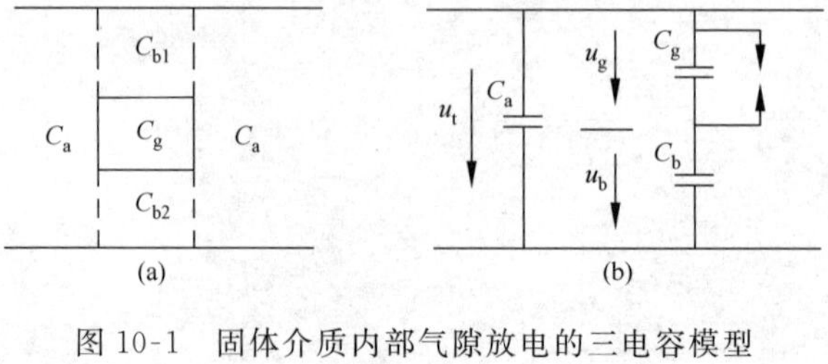

图 10-1　固体介质内部气隙放电的三电容模型

(a) 通过气孔的介质剖面;(b) 等效回路

因气隙很小,$C_g$ 比 $C_b$ 大很多,故 $u_g$ 比 $u_t$ 小很多。局部放电时气隙中的电压和电流变化如图 10-2。$u_g$ 随 $u_t$ 升高,当 $u_t$ 上升到 $U_s$(起始放电电压)、$u_g$ 达到 $C_g$ 的放电电压 $U_g$ 时,$C_g$ 气隙放电,于是 $C_g$ 上的电压很快从 $U_g$ 降到 $U_r$,放电熄灭,则

$$U_r = [C_b/(C_g + C_b)]U_c$$

式中，$U_r$——$C_g$ 上的残余电压（$0 \leqslant U_r < U_g$）；

$U_c$——相应的外施电压值。

放电后在 $C_g$ 上重建的电压将不同于 $u_g$，只是随着外施电压的上升类似于 $u_g$ 的上升趋势，从 $U_r$ 上升，当升到 $U_g$ 也即外施电压又上升了（$U_s - U_c$）时，$C_g$ 再次放电，放电再次熄灭，电压再次降到 $U_r$。$C_g$ 上的电压变动在 $U_g$ 至 $U_r$ 间的时间，也即产生局部放电脉冲的时间，此时通过 $C_g$ 在外回路有一脉冲电流 $i$ 如图 10-2(b)所示，它是检测局部放电的主要依据。

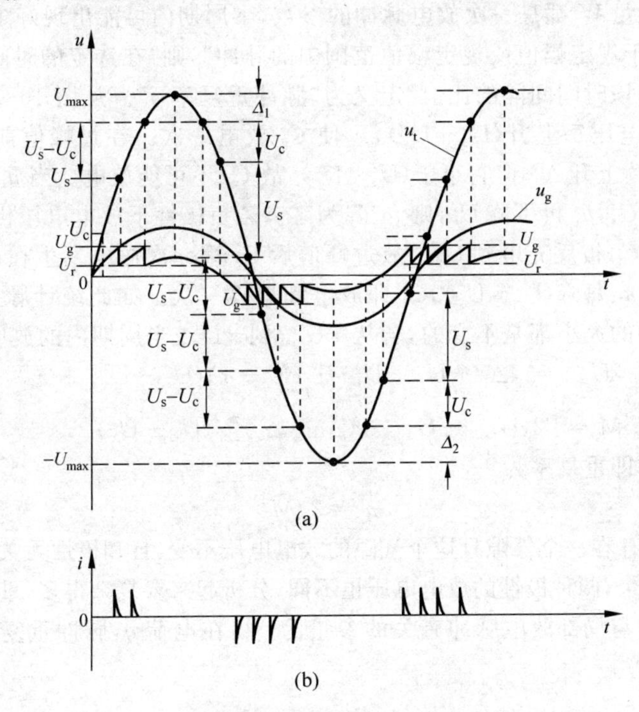


图 10-2 局部放电时气隙中的电压和电流的变化

(a) 电压变化；(b) 电流变化

从图 10-1(b)可知，当 $C_g$ 放电引起电压变化为（$U_g - U_r$）时，回路放出的电荷 $q_r$ 应为

$$q_r = [C_g + C_a C_b/(C_a + C_b)](U_g - U_r) \tag{10-2}$$

当 $C_a \gg C_b$，$C_g \gg C_b$，$U_r = 0$ 时，

$$q_r \approx C_g U_g$$

$C_a$ 上的电压也即外施电压的变化 $\Delta U$ 应为

$$\Delta U = [C_b/(C_a + C_b)](U_g - U_r) \tag{10-3}$$

由式(10-2)和式(10-3)得

$$\Delta U = q_r C_b/(C_g C_a + C_g C_b + C_a C_b) \tag{10-4}$$

设外施电压变化 $\Delta U$ 时，相应的电荷变化量为 $q$，且等效回路的总电容为 $C_x$，则

$$\Delta U = q/C_x = q/\{C_a + [C_g C_b/(C_g + C_b)]\} \approx q/C_a \tag{10-5}$$

由式(10-4)和式(10-5)得

$$q = [C_b/(C_g + C_b)]q_r \tag{10-6}$$

$q_r$ 是实际放电电荷量，但无法测得。式(10-5)中的 $\Delta U$ 和 $C_x$ 均可检测得到，故 $q$ 是可以得

到的，一般用pC(皮库)表示，称为视在电荷。从式(10-6)可知，它比实际放电电荷小很多，可用它来表示电气设备的局部放电量。一次脉冲放出的能量$W$应为$W=q_r(U_g-U_r)/2$，将式(10-6)和$U_g$及$U_s$的关系式$U_g=U_sC_b/(C_g+C_b)$代入得

$$W = q(U_g - U_r)U_s/(2U_g) \tag{10-7}$$

若$U_r\approx 0$，则

$$W\approx qU_s/2 \tag{10-8}$$

式中，$U_s$、$q$均可求得，故一次脉冲放出的能量也是可以求得的。

电荷量$q$和能量$W$都是一次放电脉冲的参数，半周期内可能出现好多个脉冲。根据国家标准"只考虑高于规定幅值或规定幅值范围中的脉冲"，则"在选定的时间间隔内记录到的局放脉冲的总数与该时间间隔的比值"定义为"脉冲重复率$n$"。从图10-2(b)知$C_g$第1次放电熄灭后，外施电压每上升$(U_s-U_c)$，可使$C_g$放电一次。在过峰值前的最后一次放电后，虽外施电压继续上升$\Delta_1$，但它小于$(U_s-U_c)$，故$C_g$不可能放电。当$u_t$过峰值并下降$\Delta_1$时，$u_g$将随之降到$U_r$，$u_t$再下降$U_c$，则$u_g$降为零。若负极性下放电电压仍为$U_g$，则$u_t$必须再下降$U_s$才可使$C_g$被反充电到$U_g$。故过峰值后$C_g$第一次放电发生在从$U_{max}$下降$(\Delta_1+U_s+U_c)$时。此后$u_t$每降$(U_s-U_c)$，$C_g$即放电和熄灭一次。如此统计脉冲数，即是认为放电电压和放电脉冲的大小都是不变的，若从$+U_{max}$到$-U_{max}$半周期内的放电次数为$M$，则

$$2U_{max} = (\Delta_1 + U_s + U_c) + (M-1)(U_s - U_c) + \Delta_2$$

即

$$M = [2(U_{max} - U_c) - (\Delta_1 + \Delta_2)]/(U_s - U_c) \tag{10-9}$$

则每秒内放电次数即重复率为

$$n = 2fM \tag{10-10}$$

以上只分析了试样存在一个气隙且这个气隙的放电电压不变，且和极性无关的情况，实际试验中气隙往往多于一个，两种极性的放电电压也不同，分析起来要复杂得多，重复率也会高得多。

国家标准规定与局部放电脉冲有关的参量为：视在电荷$q$，脉冲重复率$n$，平均放电电流$I$，放电功率$P$等。

# 10.2 局部放电的检测

当绝缘介质内部发生局部放电时，随之将发生许多电的(如电脉冲、介质损耗的增大和电磁波发射)和非电的(如光、热、噪声、化学变化和气体压力的变化)现象。因此检测方法也可分为电的和非电的两类。非电的方法一般灵敏度较低，能定性而不能定量分析，因此长期以来采用的方法是测量其电脉冲，即所谓脉冲电流法。

## 10.2.1 脉冲电流法

脉冲电流法的基本测试回路如图10-3所示。图中，S是电源即试验变压器，除长电缆和带绕组的试品外，一般情况下试品均可看作集中参数电容$C_x$。$C_k$为耦合电容，它为$C_x$和$Z_m$之间提供一个低阻抗通道，$C_k$越大则测试灵敏度越高。当$C_x$两端因局部放电而引起电压变化$\Delta U$时，经$C_k$耦合到检测阻抗$Z_m$上，回路上即产生脉冲电流并在$Z_m$上转化为脉冲电压，通过测量这个脉冲电压来检测局部放电。滤波器$Z$的作用是阻塞放电电流，使之不致被变压器入口电容所旁路，同时可降低来自电源的噪声干扰，故它是个高压低通滤波器，$Z$应比$Z_m$大，通常$Z$是个电感线圈。在测试局部放电的试验电压下，除$C_x$外，$C_k$、S、$Z$

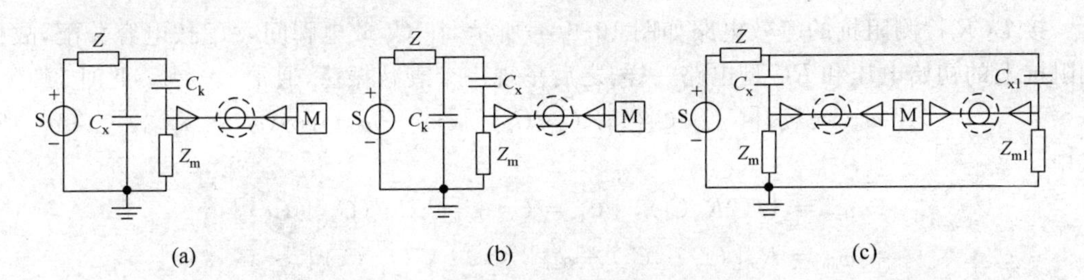


图 10-3　脉冲电流法的局部放电检测回路

(a) 并联法；(b) 串联法；(c) 平衡法

和整个回路接线均不应发生局部放电。M 是测量装置，用以测量及显示 $Z_m$ 上的脉冲电压。

检测回路的接法分两大类：一类是直接法，另一类是平衡法。直接法又包括并联法和串联法。如图 10-3(a)是将 $Z_m$ 和 $C_k$ 串联，也称并联法，适用于试品一端接地的情况。图 10-3(b)则是将 $Z_m$ 和 $C_x$ 串联，也称串联法，试品需对地绝缘。平衡法如图 10-3(c)所示，它需要两个相似或相同的试品，其中 $C_{x1}$ 替代 $C_k$，这种回路能有效抑制电源或试品高压侧的干扰。

检测阻抗 $Z_m$ 的作用是检取局部放电所产生的高频脉冲信号，并使其持续时间足够短以保证所需的脉冲分辨率。$Z_m$ 对试验电压的低频信号则应予以消除或减弱。$Z_m$ 是连接试品与仪器的一个关键部件，和仪器的频率特性及灵敏度有直接关系。

## 10.2.2　检测阻抗

检测阻抗 $Z_m$ 可分为 $RC$ 型及 $LCR$ 型两大类，如图 10-4 所示。图中，$C_m$ 主要由与测量装置相连的电缆的电容、放大器的输入电容等组成。

测试回路接 $RC$ 型检测阻抗时的等效电路如图 10-5(a)所示，当 $C_x$ 发生局部放电，引起电压变化 $\Delta U$，视在电荷量为 $q$ 时，通过计算可得检测阻抗上的输出电压 $u_m$ 为

$$u_m = \{q/[C_m + C_x(1 + C_m/C_k)]\}\exp(-\alpha_m t) \tag{10-11}$$

式中

$$\alpha_m = 1/\tau_m, \quad \tau_m = R_m[C_m + C_xC_k/(C_x + C_k)] = R_mC_t$$

其中，$\alpha_m$、$\tau_m$——检测回路的衰减常数和时间常数；

$C_t$——检测阻抗两端的总电容，又称调谐电容。

输出电压 $u_m$ 是非周期性的单向脉冲(图 10-5(b))，每个脉冲与绝缘内部局部放电脉冲一一对应。$\alpha_m$ 越大，脉冲持续时间越短，分辨率越高。但 $\alpha_m$ 太大对准确度不利，$R_m$ 小还可能降低检测灵敏度，$C_m$ 小则可提高灵敏度。

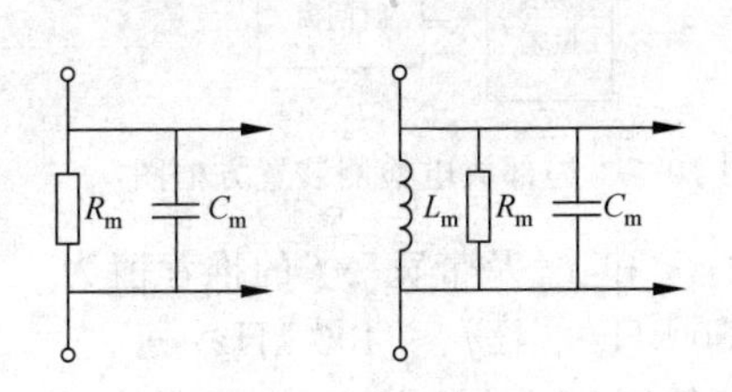


图 10-4　两类检测阻抗

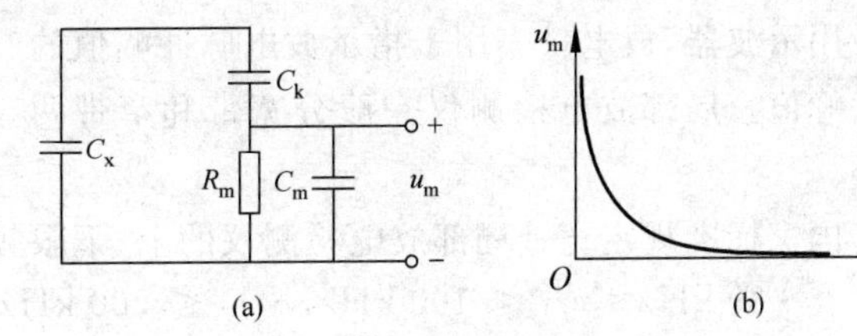


图 10-5　接 $RC$ 检测阻抗的等效电路及其输出的脉冲电压波形

(a) 等效电路；(b) 脉冲电压波形

接 $LCR$ 检测阻抗的等效电路如图 10-6(a)所示，在 $C_x$ 放电瞬间，$\Delta U$ 按电容分配，故检测阻抗上的初始电压和 $RC$ 型电路一样，之后呈现一个衰减振荡，通常 $\alpha_m \ll \omega_m$，此时

$$u_m = \{q/[C_m + C_x(1 + C_m/C_k)]\}\exp(-\alpha_m t)\cos(\omega_m t) \tag{10-12}$$

式中

$$\alpha_m = 1/(2R_m C_t), \quad C_t = C_m + [C_x C_k/(C_x + C_k)]$$

$$\omega_m = R_m[(1/L_m C_t) - \alpha_m^2]^{1/2} \approx [1/(L_m C_t)]^{1/2}$$

$\omega_m$ 是检测回路的振荡频率。

以上分析均假定放电脉冲的前沿为阶跃波，若脉冲前沿为指数波，则 $u_m$ 起始值为零，当接 $LCR$ 检测阻抗时，$u_m$ 的波形将如图 10-6(b)所示。

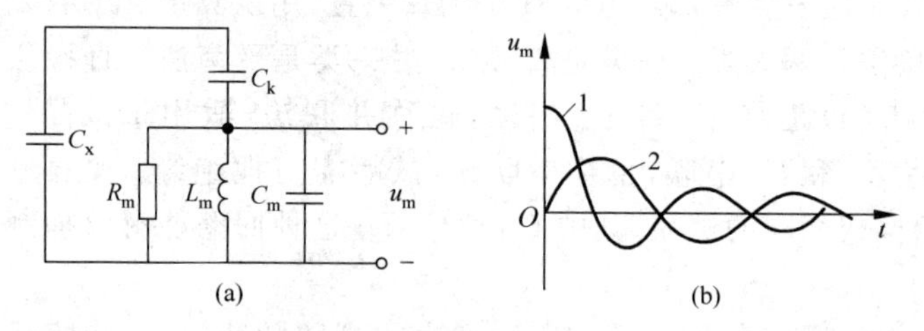


图 10-6 接 $LCR$ 检测阻抗的等效电路及其输出的脉冲电压波形

(a) 等效电路；(b) 脉冲电压波形

1—放电脉冲为阶跃波；2—放电脉冲为陡前沿脉冲

### 10.2.3 局部放电检测装置

图 10-7 是局部放电检测装置的方框图，除检测阻抗外，还应包括放大单元、显示单元、椭圆时基发生器、时间窗、放电量表等。因 $q$、$\Delta U$、$u_m$ 都是十分微弱的信号，必须将其放大方可进行测量或显示。为了消除和减弱从检测阻抗进入检测装置的干扰信号，放大单元还具有滤波和选频功能，可给出不同的检测频带。椭圆时基发生器对检测到的局部放电信号给予椭圆扫描(参见图 10-9)，使之在一个工频周期内较清晰地显示出局部放电信号，椭圆扫描频率取决于试验电源的频率。时间窗是抑制干扰的简便措施之一，它可产生一个可选通的时基区域，被认为是出现干扰的一部分时基关闭，使放电量表和显示单元仅对开通部分中的信号作出响应。显示单元相当于一台专用示波器，放电量表用于指示放电脉冲幅值的最大峰值。局部放电检测仪一般分宽带和窄带两大类。

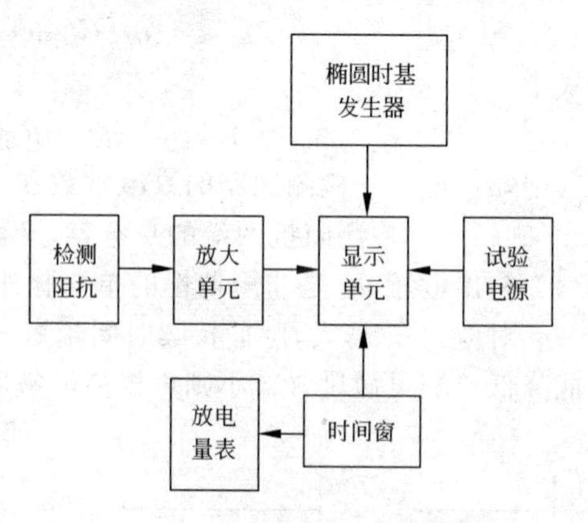


图 10-7 局部放电检测装置方框图

国家标准规定宽带局部放电检测仪的上、下限频率值 $f_2$ 和 $f_1$ 及带宽 $\Delta f$ 的推荐值为

$$30\text{ kHz} \leqslant f_1 \leqslant 100\text{ kHz}, \quad f_2 \leqslant 500\text{ kHz}, \quad 100\text{ kHz} \leqslant \Delta f \leqslant 400\text{ kHz}$$

脉冲分辨时间 $T_r$ 的典型值为 5 μs～10 μs。窄带局部放电检测仪的中心频率 $f_m$ 和带宽 $\Delta f$ 的推荐值为

$$9\text{ kHz} \leqslant \Delta f \leqslant 30\text{ kHz}, \quad 50\text{ kHz} \leqslant f_m \leqslant 1\text{ MHz}$$

脉冲分辨时间 $T_r$ 的典型情况为 80 $\mu$s 以上。

国内外均已有局部放电检测仪的正式产品,例如英国 Robinson 公司的 Model 系列、上海电动工具研究所的 JF-8000 系列等属于宽带产品;美国 Biddle 公司的 17000 系列、武汉无线电仪器厂的 JFD-3 属于窄带产品;瑞士 Tettex9120 系列、法国 MWB 公司的 DTM 型则兼有两种频带。这些仪器在电路设计、抗干扰性能、检测参量、仪器结构等方面各有特点,但基本原理和性能是相似的。将微机引入检测系统发展出了数字化的多功能局部放电检测系统,除具有一般测试功能如对放电量、放电次数、放电能量的测试外,还可绘出放电量和相位、放电量和放电次数等各种谱图、报告打印、放电源定位、系统自检等诸多功能,例如保定天威新域公司的 TWPD-2 系列和 Haefely Hipotronics 公司的 DDX 系列等。

### 10.2.4 局部放电仪的校准

在指示仪表上测得的局部放电脉冲值与试品的视在电荷量 $q$ 是成比例的,但其具体关系与回路及仪器性能有关,为此必须进行校准,以确定整个试验回路及仪器的刻度因数 $k$,方可算得视在电荷量 $q$。校准在接好试品时的实际试验条件下进行,校准线路如图 10-8 所示,用一幅值为 $U_0$ 的方波电压发生器 G 串联一个小数值的已知电容 $C_0$ 构成与 $C_x$ 并联的有源支路来模拟 $C_x$ 上发生局部放电。分析可知当 $C_0 \ll C_x + (C_k C_m)/(C_k + C_m)$ 时,注入 $C_x$ 的电荷量为

$$q_0 = C_0 U_0$$

此时在局部放电检测仪的显示器上可测得该校准脉冲的高度 $H_0$(mm),在放电量表上可读得读数 $L_0$(格数),则放电量的刻度因数 $k$ 为

$$k = q_0 / H_0 \quad (\text{pC/mm}) \quad 或 \quad k = q_0 / L_0 \quad (\text{pC/格})$$

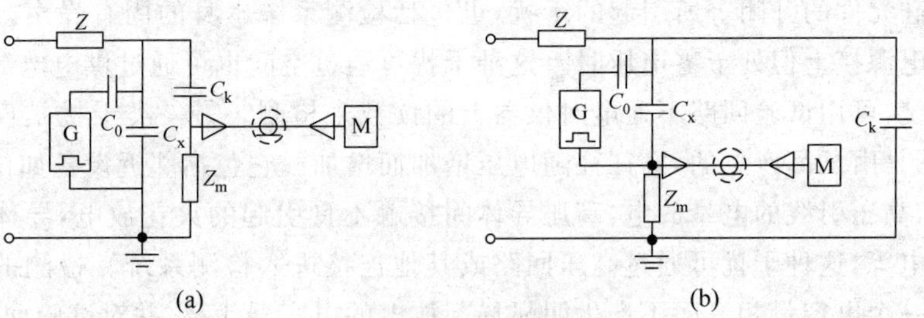

(a)　(b)

图 10-8　局部放电的校准回路

(a) 并联法;(b) 串联法

国家标准还规定校准应选在规定局放值的 50%～100%间进行,而 $k$ 一般在此范围内的某一值下确定。经校准后,应保持检测回路的接线和参数不变及检测仪的带宽、放大系数和灵敏度不变,方能保持刻度因数 $k$ 不变。去掉校准用的模拟支路后,对试品按规程进行试验时,在显示器上测得局部放电脉冲幅值为 $H$(mm),或在放电量表上读数为 $L$(格),于是,测得试品的视在电荷量为

$$q = kH \quad (\text{pC}) \quad 或 \quad q = kL \quad (\text{pC})$$

当然,$H$ 和 $L$ 的取值范围要在检测仪的线性范围内。

校准电容 $C_0$ 的最小值受方波发生器连线的杂散电容的影响,其最小值应不小于 10 pF。其最大值受发生器内阻和校准准确性的限制,国家标准规定应不大于 $0.1C_x$。校准方波的

上升时间 $t_r$（峰值的10%～90%之间）应接近局放脉冲的真实波前时间，国家标准规定应小于60 ns。衰减时间 $t_d$（峰值的90%～10%之间）通常在100 μs～1000 μs内选取。

### 10.2.5 局部放电起始电压和熄灭电压

进行电气设备局部放电试验时除了测定在局部放电试验电压下的视在电荷量 $q$ 并与相应的标准进行比较外，有时还应测定局部放电起始电压 $U_i$ 和局部放电熄灭电压 $U_e$。国家标准对 $U_i$ 的定义为，“当施加于试品的电压从某一观察不到局放的较低值开始，逐渐增加到初次观察到试品中产生重复性局放时的电压”。实际上，它是局放脉冲“幅值等于或超过某一规定的低值时的最低施加电压”。$U_e$ 则是“当施加于试品的试验电压从某一观察到局放脉冲的较高值，逐渐减小直到试品中停止出现重复性局放时的电压”。实际上，它是局放脉冲“幅值等于或小于某一规定的低值时的最低施加电压”。[1]

## 10.3 局部放电检测时的干扰和抗干扰措施

局部放电试验实质上是一种微量检测，故各种干扰信号对检测影响很大，最小的可测视在电荷量取决于试验场所的干扰水平。在无屏蔽的工业试区，干扰水平可达几百皮库。在有屏蔽的试验室内，在某些情况下，最低可测放电量约为1 pC。而现场的干扰水平则要比试验室内大很多倍。为此国家标准规定在进行局部放电测量时，背景噪声通常应小于规定的局部放电量允许值的50%。按干扰信号的波形来区分，一类是周期性干扰，如载波通信，另一类为脉冲干扰，如引线的电晕放电。若按干扰来源区分，一类是在试品回路未通电时就有，例如无线电波、电力系统的载波通信、电焊、附近的高压试验、电机的电刷、供电网中整流设备的可控硅元件的开闭等所引起的干扰，也包括检测系统本身的固有噪声。这类干扰也可能发生在电源接上但处于零电压时。这种干扰可通过空间也可通过供电电源或地回路耦合到检测系统，可用试验回路不通电时仪器上的读数来检测。另一类干扰是仅在回路通电时产生，但不是由试品产生的，它往往随电压增加而增加。它包括邻近设备如试验变压器中的局部放电，高压引线的电晕放电，高压导体间接触不良引起的火花放电，导体上有悬浮电位引起的放电等，这种干扰可通过高压回路或其他连接进入检测系统。检测的方法是将试品移开或用一个电容量相等而不产生明显局部放电的电容器代替，并对试验回路重新校准，而后通电直至达到规定的试验电压。还可用检测系统的显示单元对测得的放电波形进行观察，以识别是局部放电还是外界干扰，有时还可用它来识别放电的类型。

图10-9有五种典型干扰的示波图[3]。为便于比较，图10-9(a)列出了局部放电的典型波形，从中可见放电未出现在试验电压的过峰值的一段相位上，这与10.1节中放电过程的解释是相符的。但每次放电的大小即脉冲的高度并不相等，且放电都出现在试验电压绝对值上升部分的相位上。图10-9(b)是高压尖端对接地板的电晕放电，先在负半周峰值处出现放电脉冲，随电压升高脉冲数增多，但幅值不变，当电压升得很高时，正半周才会出现少量幅值很高的放电脉冲，正、负半周很不对称。若是尖端接地则正、负半周出现脉冲的情况与上述情况相反。图10-9(c)是高压尖端和接地板间有绝缘屏障时的放电，起始的情况和图10-9(b)相同，但脉冲幅值较小，电压稍升高后，在正半周会出现幅值较高、数量不多的脉冲。图10-9(d)是悬浮电位放电引起的干扰信号，它是一列幅值相同、间隔相等的脉

冲,幅值不随电压升高。图 10-9(e)是接触不良的干扰信号,是一系列不规则脉冲,对称分布于电压零值两侧,在峰值处为零,电压升高时干扰信号所占范围增加。图 10-9(f)是晶闸管开闭引起的干扰信号,是一种幅值、位置均固定的强干扰脉冲,间隔取决于使用可控硅的整流设备的相数。

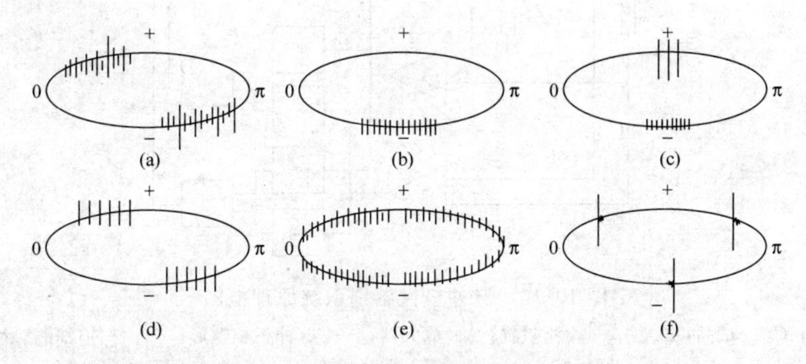


图 10-9 局部放电和干扰的波形

(a) 绝缘介质内部气泡放电;(b) 尖对板电晕放电;(c) 尖对板间有绝缘屏障的放电;(d) 悬浮电位引起的放电;(e) 接触不良引起的干扰;(f) 可控硅引起的干扰

试验室中最常用的降低干扰的措施是屏蔽、滤波和接地,即将试区附近所有不参与试验的金属结构妥善地接地和必要地屏蔽(避免出现尖端),试验回路和检测回路均通过滤波器供电。在屏蔽室内进行局部放电试验是降低干扰的最有效方法,屏蔽室(参见 11.3 节)的六面由钢板(或铁丝网)或铜箔全部封闭起来,更理想的是用一层钢板和一层铜箔做成双层屏蔽,可有效阻隔外界电磁场的干扰。要注意,门的屏蔽必须在其四周与其余屏蔽可靠地接触,屏蔽室的通风管也应做成波导管。要通过隔离变压器和低通滤波器给屏蔽室供电,进入屏蔽室的所有电气连接都要经过滤波器。局部放电试验中带高电位的端子、连线都要采用适当的屏蔽和均压措施,避免产生电晕放电。

选用平衡法检测回路(见图 10-3(c))也能有效地平衡掉试验回路中除试品 $C_x$、$C_{x1}$ 外的其他部位所产生的放电或干扰,实际这相当于一个差动平衡系统,它能抑制掉各种共模干扰。在某些情况下平衡电路的使用会受到限制,例如找不到或没有相似的产品。也可在检测系统中针对干扰信号的某些特征,采取相应的措施对信号进行处理以抑制外来的干扰,这些措施概述如下[1,4]。

(1) 频域开窗法。选择合适的检测频带以抑制干扰,有些干扰信号如无线电波和电力系统载波通信干扰都限制在一定的频带内,若检测频带选在干扰频带之外即可大大抑制这些干扰信号。具体的措施在硬件方面可在检测系统中引入带通或带阻滤波器,抑制干扰频带而将局部放电信号放大。同样也可在软件上设计数字滤波器来抑制干扰信号。

(2) 时域开窗法。对在时间上或相位上固定的或可识别的干扰信号,可用电子技术或软件方法对这些信号不予采集或不予显示或将其置零。而真实放电信号一般重复发生在试验电压的固定相位上,只要基本上不与干扰信号在时域上相重叠,仍可进行采集或显示。

(3) 平均技术。用来抑制随机性干扰,因为随机性干扰一般遵从正态分布,而局部放电信号则发生在固定相位,若将采集到的数据样本取其代数和的平均值,即可减弱随机干扰影响而提高信噪比,若样本数为 $N$,则信噪比可提高 $N^{1/2}$ 倍。

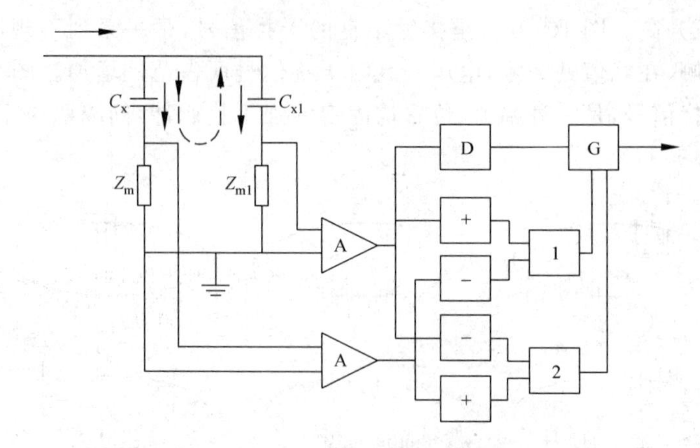


图 10-10　脉冲极性鉴别系统原理框图

$C_x$、$C_{x1}$—试品；$Z_m$、$Z_{m1}$—检测阻抗；A—放大器；+—脉冲正相整形；−—脉冲反相整形；D—时延单元；G—电子门；1、2—与门；实线箭头为干扰信号；虚线为放电故障信号

(4) 脉冲极性鉴别法。图 10-3(c)的回路中也可用比较 $Z_m$ 和 $Z_{m1}$ 上脉冲信号极性的方法来鉴别是试品的局部放电信号，还是来自试品之外的干扰信号，鉴别系统的原理如图 10-10 所示。若是试品 $C_x$ 内部放电，则 $Z_m$、$Z_{m1}$ 将输出两个极性相反的脉冲，经放大并分别经整形和反相整形后加于与门 1 和与门 2 上，于是与门 2 开放，使电子门 G 打开，放电信号将通过时延单元 D 和电子门 G 送至检测单元。由于鉴别总需要一定的时间，故待检测的信号需经 D 延迟一定时间后由 G 送出。若是试品外的干扰信号，则将在 $Z_m$、$Z_{m1}$ 上输出同极性的脉冲，于是与门关闭，干扰信号将被阻塞而不会输入后续的检测单元。从以上工作原理分析可知，极性鉴别和平衡法检测回路实际上均属时域开窗法。为取得更好的抑制效果，要求两路信号间波形基本相同且无时延，即两路信号能同时到达检测系统。运用极性鉴别系统在试验室内进行试验时干扰抑制比可达 20 dB 以上。

(5) 利用波形特征的脉冲分离法：该方法基于高速数据采集技术的宽带脉冲电流检测系统，其模拟带宽一般为 50 MHz，采样率可达 100 MS/s 甚至更高，因此可以获取检测阻抗或高频电流传感器所检测到的局部放电脉冲电流信号波形。尽管受传播路径的影响，波形特征不能直接用于放电类型的判断，但是可以利用放电信号与干扰信号之间，以及不同类型的放电信号之间波形特征的差异将它们进行分离。再通过相位、幅值分布特征对分离后的脉冲簇进行判断，从而达到鉴别干扰的目的。

目前一般采用等效时频分析方法来提取放电脉冲的波形特征[5]。基于等效带宽-等效时长的簇分类如图 10-11 所示，图中每个点对应着一个脉冲(放电信号或干扰脉冲)。可以看出脉冲可以明显地聚成三簇，可以使用模糊聚类等方法对这些脉冲进行分离，从而达到区分干扰以及不同类型放电的目的。

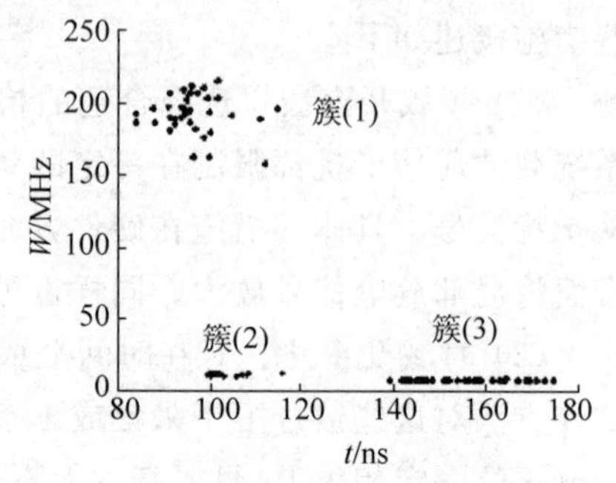


图 10-11　基于等效时长 $t$-等效带宽 $W$ 的脉冲簇分离示意图

以上这些抗干扰措施可视具体情况针对性地选用，也可同时选用多种措施。

## 10.4 局部放电的定位及其他检测方法

除脉冲电流法作为电测法已普遍用于局部放电的检测外,一些非电测量法也常用于检测局部放电。非电测量法的最大优点是在检测过程中不受前述各种干扰信号的影响,可帮助判断电脉冲信号是否为局部放电信号的真伪性,其不足之处是灵敏度较低且不能作定量分析。目前非电测量法应用最多的是声测法。声测法是通过测量放电所产生的声波来检测局部放电的方法。由于声发射传感器效率的提高和电子放大技术的发展,其检测灵敏度有很大提高,特别是对于大电容的试品,例如微法以上的电力电容器,其灵敏度不比电测法低,因为电测法的检测灵敏度是随试品电容 $C_x$ 的增大而下降的(见式(10-5))。声发射传感器用压电晶片作为换能元件并利用压电晶片自身的谐振特性来工作,根据油纸绝缘中局部放电的声频谱,检测频带多取在 70 kHz~180 kHz[4]。声发射传感器多安装于设备的金属外壳上,其原理结构如图 10-12。实际使用时是将其装于一圆柱形金属外壳内,外壳顶部装一环形磁铁,环的中央安放声发射传感器,这样可将传感器紧紧地贴附在设备外壳上,传感器和外壳之间还抹上凡士林,以便更好地接收声波。外壳内部则装有放大器和滤波器,对声信号进行选频和放大。目前声测法在电力电容器、电力变压器等设备的局部放电检测中已得到实际应用。

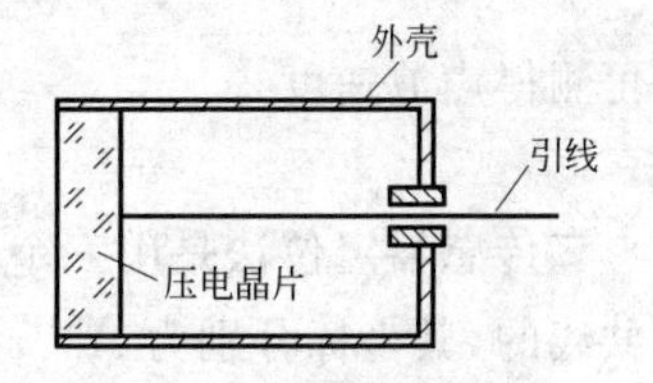


图 10-12 声发射传感器结构原理

除了检测局部放电的放电量外,对大型设备如大型电力变压器、大型发电机常需要确定其放电源的位置以节省检修的时间和费用。声测法常用来进行变压器、电抗器局部放电的定位。其基本原理是根据放电点至传感器之间声波传播的时间 $t$ 和速度 $v$,即可计算出放电点至传感器间的距离。方法上可用声-电信号联合定位,局部放电的电脉冲信号几乎不存在传播时间,故可作为参考基准,这样同时采集电和声信号,则两个信号间的时间差或声波的时延就是声波的传播时间 $t$,如图 10-13 所示。有多种方法可用来确定放电位置。一种简易定位法是以电信号作为参考基准,不断移动声发射传感器的位置,使获得的声信号幅度最强、时延最短,此时放电源离声发射传感器最近,再结合变压器的具体结构和维修经验,即可大致判断放电源的位置。

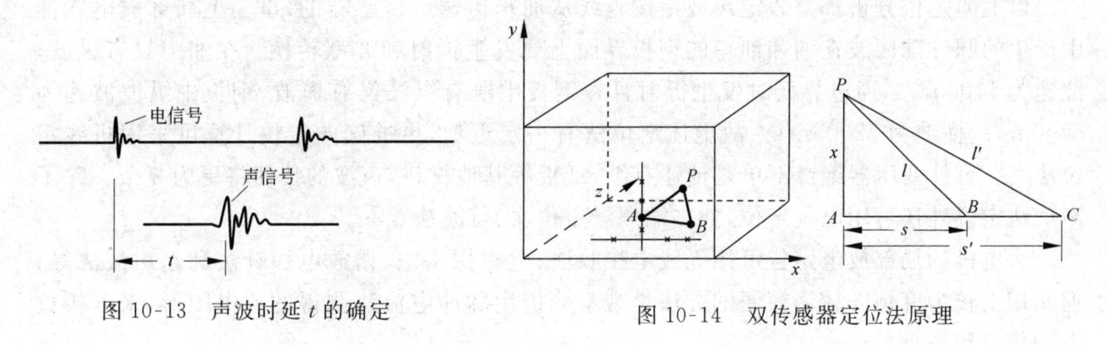


图 10-13 声波时延 $t$ 的确定

图 10-14 双传感器定位法原理

双传感器定位法[3]是在变压器油箱的某一水平线上(见图 10-14),布置两个声传感器测其声波时延,同时沿水平线调整时延较长的传感器的位置,使两传感器测得的时延相等。

再在箱壁上作这两个传感器连线的垂直平分线,将两传感器布置在此垂直平分线上,用同样方法得到这两个传感器时延相等时在垂直平分线上的位置,这两个传感器的中点 $A$ 即为放电点 $P$ 对箱壁的垂直投影,$A$ 点也称为最近点传感器的位置。再将一传感器放于 $A$ 点,另一传感器置于离 $A$ 点距离为 $s$ 的 $B$ 点如图10-14所示,$PAB$ 是直角三角形。再测出两传感器的时延差 $\Delta t$,设 $t_A$、$t_B$ 分别为声波由 $P$ 点传至 $A$、$B$ 点的时间,$v$ 为波速,则有

$$x = vt_A, \quad l = vt_B, \quad \Delta t = t_B - t_A$$

所以

$$x = l - v\Delta t = (x^2 + s^2)^{1/2} - v\Delta t$$

则

$$x = (s^2 - v^2\Delta t^2)/(2v\Delta t) \tag{10-13}$$

若将 $B$ 点传感器顺延至 $C$ 点并测得 $C$ 和 $A$ 两传感器的时延差 $\Delta t'$,由式(10-13)可得

$$(s^2 - v^2\Delta t^2)/(2v\Delta t) = (s'^2 - v^2\Delta t'^2)/(2v\Delta t')$$

则可测得声波速度

$$v = \{(s'^2\Delta t - s^2\Delta t')/[\Delta t\Delta t'(\Delta t' - \Delta t)]\}^{1/2} \tag{10-14}$$

三传感器定位法是用三个声发射传感器[4]放在油箱的三个不同位置上,而这个位置是不共线的,其坐标分别为 $A_1(x_1,y_1,z_1)$、$A_2(x_2,y_2,z_2)$、$A_3(x_3,y_3,z_3)$。若设 $t_1$、$t_2$、$t_3$ 为三个传感器测得的声波的时延,放电点 $P$ 的坐标为 $(x,y,z)$,$v$ 仍为声波传播的速度,则仍按声波直线传播的原则,可列出三个距离方程组:

$$\begin{cases} PA_1 = vt_1 \\ PA_2 = vt_2 \\ PA_3 = vt_3 \end{cases}$$

即

$$\begin{cases} (x-x_1)^2 + (y-y_1)^2 + (z-z_1)^2 = vt_1^2 \\ (x-x_2)^2 + (y-y_2)^2 + (z-z_2)^2 = vt_2^2 \\ (x-x_3)^2 + (y-y_3)^2 + (z-z_3)^2 = vt_3^2 \end{cases} \tag{10-15}$$

则方程组的解即为放电点位置。如果干扰太强或其他原因无法检取电信号,则可用四个声传感器的双曲面定位法[3]。

以上的定位分析都是假定声波是按直线从油箱传送到传感器的,事实上局部放电在油中产生的脉冲球面波在油和油箱的钢板界面上要发生折射和波型转换。在油中只有纵波,波速为1400 m/s,通过界面时发生折射且在钢板中既有纵波又有横波,钢板中纵波波速为5800 m/s,横波为3200 m/s。故上述定位法有一定近似,更准确的定位计算可采用折线定位法[3]。另外变压器绝缘不单是油还有纸、纸板等其他材料,声波的传播将更为复杂。除了声射法定位外还可用电气定位,如多端测量定位法、行波法等[3]。

大电机的局部放电定位可用无线电接收法、电磁探头法、槽放电探针法和超声波法等,但实用上较为麻烦。较为简便的方法是观察分析用脉冲电流法测得的放电图形,来分析放电的部位和类型。

除了声测法之外常用的非电测法就是油中溶解气体的色谱分析[4]。当充油设备的绝缘中发生局部放电时,油中将分解出的主要气体为 $H_2$、$CH_4$、$C_2H_2$、$CO$ 等,这些气体会溶解于

油中，也会释放到油面上，并在一定的温度和压力下达到动平衡。为此可对从设备中取得的油样进行油中溶解气体的分析，以此判断设备是否发生了局部放电。运用气相色谱分析可测定油中溶解气体的组成及相应的含量，国家标准 GB 7252—2001 规定了油中溶解气体含量的注意值，作为划分设备有无故障的一种标准，但非唯一标准。例如，$H_2$ 含量的注意值以体积分数表示为 $150\times10^{-6}$，$C_2H_2$ 则为 $5\times10^{-6}$，当达到注意值时应对设备进行追踪分析，查明原因并作出诊断。油中气体分析无各种干扰的影响，数据可靠，从定性到定量分析都积累了相当的经验。油中气体的溶解、积累和平衡均需一定的时间，故它较适合于发现潜在的故障，对突发性放电故障则不够灵敏，宜用电测法检测。

## 10.5 局部放电的现场测试和在线监测

电气设备的预防性试验和验收交接试验常将局部放电作为一个试验项目，此项局部放电试验需在现场进行。和试验室的条件相比，现场试验有其特殊问题，一是干扰抑制问题比试验室内测试要严重得多，检测灵敏度比试验室内要低 2 个数量级，需加强抗干扰措施（参看 10.3 节）；二是如何解决试验电源的问题，需要在现场进行局部放电试验的设备有两类，它们对电源的要求是不同的。

第一类是电容型设备，例如耦合电容器、电流互感器、套管、GIS（气体绝缘金属封闭开关设备）等，它们需要外施高压电源。此时除了选用常规的高压试验变压器外，特别是当试品电容较大时，为减轻高压电源重量和方便运输可选用串联谐振的试验电源，其工作原理参见第 1 章。顺便指出，对于高压电力电缆，由于电容较大，在做室内耐压试验和局部放电测量时，常用谐振电源；而在现场测试时，除了谐振电源之外，常采用衰减振荡波电源，大大减小了设备的体积。另一类是变压器型设备，如电力变压器和电压互感器，其高压线圈是分级绝缘的，中性点或接地端的绝缘水平比高压端低很多。故只能在其低压侧加交流电压，高压侧感应出相应的试验电压进行局部放电试验，为避免在试验电压下磁通密度饱和而引起励磁电流过大，采用 100 Hz～300 Hz 的电源，最理想的试验电源是同步发电机组。

局部放电也是电气设备绝缘在线监测的重要内容，在线监测系统的原理如图 10-15[4]所示。在线监测不同于在试验室内或现场试验时的局部放电检测，后者是在设备从系统解列和停运情况下进行的，在设备端头上可任意接入连线或其他元件、设备。显然在线监测系统的接入一般不应改变原有接线及运行方式，因此不能再用检测阻抗来直接获得局部放电信号，而是用安装在设备上的传感器通过耦合方式间接地获取放电脉冲信号。这样监测到的放电信号比之检测阻抗上的信号又要减弱很多，信噪比更低，为防止信号传输过程中进一步降低信噪比，一般对监测到的信号要进行“就地处理”，即监测系统的主机部分宜安装在现场的设备附近，以便立即对信号作预处理，包括滤波、放大及其他抗干扰措施。而后进行数据采集，同时将模拟信号转换为数字信号并存于单片机中。采集到的数据通过信号传输系统送至安装在主控室的数据处理和诊断系统进行处理和作出诊断，例如读取特征值（视在电荷量、重复率等），作时域分析、频域分析，绘出各种谱图，对放电源进行定位，通过信号处理抑制干扰，监测到危险放电量后自动报警等功能。

局部放电监测用的传感器主要有两种类型。一是电容型传感器，它可能就是一台树脂浇注的云母电容器，也可能是一段特制的电缆型电容器或平板型电容器。可将电容器的一

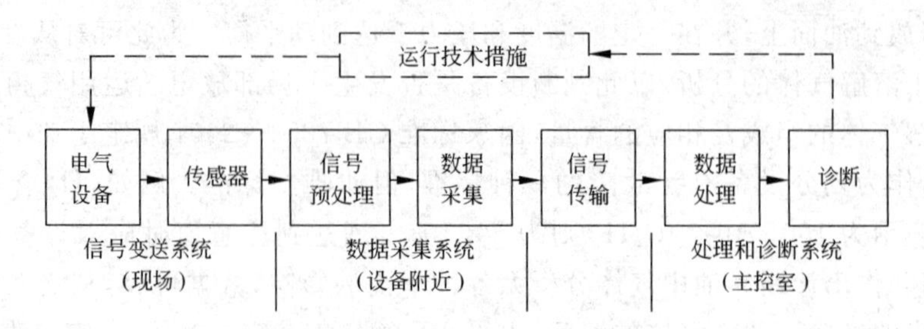


图 10-15 在线监测系统组成框图

端直接接到设备的带电端子上(例如电机的定子出线端),这就相当于试验室局部放电试验时用的耦合电容 $C_k$。另一种方式是通过绝缘介质将信号耦合出来,即将设备的带电部分作为电容的一个极板,电容型传感器为另一极板,这种传感器又称为耦合器。电容型传感器常用于电机、GIS、电缆等的局部放电的在线监测。图 10-16 是安装在水轮发电机绕组每相出线端两个并联支路换位处的"过桥线"上即环形母线上的电容式耦合器[4]。

另一种传感器为电感型传感器[4],实则是个电流互感器,它的一次侧一般仅为一匝,如图 10-17 所示,使用时将铁心套在被监测的回路中,通常套在接地侧或设备的接地线上。这种电流互感器型的电流传感器若在输出端并接一积分电阻 $R$,可构成宽带型电流传感器。若再并接一积分电容 $C$,即可构成窄带或谐振型传感器。当用于监测局部放电的高频或脉冲电流信号时,磁性材料可选用铁淦氧;当监测低频信号例如监测介质损耗时,则选用坡莫合金或微晶磁心。这种传感器使用范围较广,常用于电力变压器、互感器、电力电容器的局部放电的在线监测。

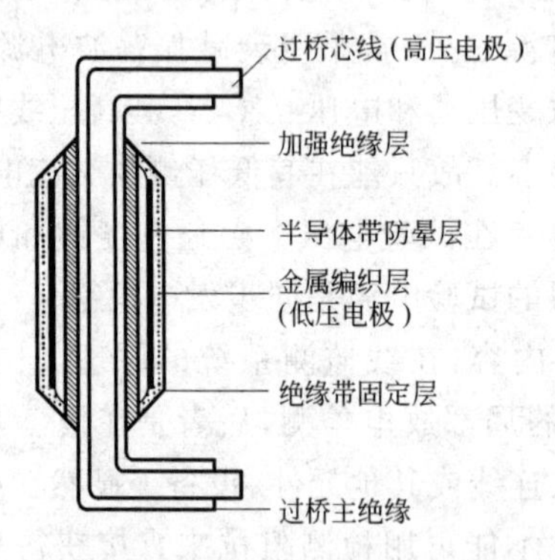


图 10-16 电容式耦合器的结构

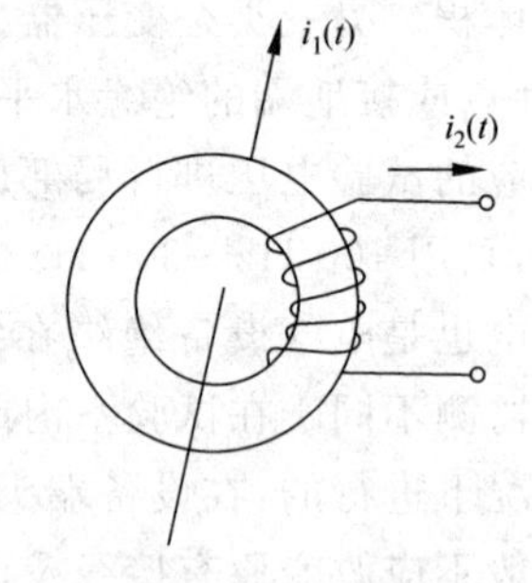


图 10-17 电流传感器原理

局部放电的在线监测是在运行状态下进行的,其电压不能升高,但干扰比试验室内及现场测试都要严重得多,在监测系统中必须设置各种有效的抗干扰措施,对监测到的信号进行处理和鉴别。即便如此也难以达到一般标准中所规定的局部放电测试水平,例如变电站的干扰水平经抑制后仍可能达到 $10^3$ pC～$10^4$ pC。

另一方面在线监测的目的和在试验室中进行的产品试验是不同的,后者要保证产品的质量指标,对局部放电水平的要求是相当严格的,例如电力变压器在 1.5 倍最大工作相电压下的允许放电水平规定在 100 pC～500 pC 之间。而在线监测的目的在于判断设备是否允许继续运行或需要安排检修,放电水平就应控制在是否会危及设备继续运行的"最小危险放电量"上,它可根据维修经验和试验室中的试验研究的结果来确定,故比前述放电水平要高得多。例如电力变压器的危险放电量约在 $10^3$ pC～$10^4$ pC,以此作为监测水平,能可靠地发现有危险破坏作用的局部放电。即使这样的监测水平在现场也不是很容易达到的。对电机的在线监测灵敏度则可放宽到 $10^5$ pC～$10^6$ pC 的数量级,甚至有人建议可达 $10^6$ pC～$10^7$ pC,因为电机一旦发生局部放电(主要是槽放电),其放电量远比电力变压器为大。[4]

从以上分析可知,局部放电的在线监测系统,除了使用传感器来替代检测阻抗外,就组成框图和基本功能而言,它和一台多功能局部放电检测系统是类似的。但由于监测灵敏度低于一般的检测灵敏度,因此要特别加强抗干扰措施。目前国际国内较广泛使用并有定型产品的为电机的局部放电监测系统,而由各部门自行研制的电力变压器在线监测系统也普遍在试运行中。

# 思 考 题

10-1 进行局部放电试验时,若在低于往年的局部放电起始电压时检测不到试品有局部放电,是否表示此时试品确实未发生局部放电?

10-2 同上题,若怀疑检测系统有问题,有何简易的方法加以检测?

10-3 试定性分析一下用脉冲电流法测试局部放电时,$C_k$ 大小如何影响检测灵敏度。

10-4 局部放电会造成损耗,可否用测定介质损耗的方法来测量局部放电,试评述之。

# 习 题

10-1 对一台互感器进行局部放电试验前进行放电量校准试验,设 $U_0=10$ V,$C_0=20$ pF,显示器上读数 $H_0=10$ mm,问此时检测系统的刻度因数 $k$ 为多少?

10-2 同上题,设该试品 $C_x=3000$ pF,再加上其起始放电电压 $U_i=50$ kV 时,显示器上读数 $H$ 为 5 mm,问此时放电量 $q$ 为多少?

10-3 同上题,若试品改为 $C_x=0.3\ \mu$F 的一台电容器,仍用同一检测系统和 $C_k$、$C_0$、$U_0$,问此时的刻度因数为多少?若 $C_x$ 的放电量为 1000 pC 时,显示器上读数 $H$ 为多少?

10-4 同上题,若将 $C_k$ 的电容值从 3000 pF 改为 6000 pF 时,$k$ 和 $H$ 又为多少?

10-5 测量局部放电的等效电路如文中图 10-5 所示。若加高电压至某一数值时,100 pF 的耦合电容 $C_k$ 上首先产生了 5 pC 的局部放电,请问此时会误解为 1000 pF 的试品电容 $C_x$ 中发生了多大 pC 的局部放电量?

# 参 考 文 献

[1] 中华人民共和国国家质量监督检验检疫总局. 局部放电测量:GB/T 7354—2003[S]. 北京:中国标准出版社,2003.

[2] 中华人民共和国国家质量监督检验检疫总局. 电力变压器 第3部分:绝缘水平、绝缘试验和外绝缘空气间隙:GB 1094.3—2003[S]. 北京:中国标准出版社,2003.

[3] 邱昌容,王乃庆. 电工设备局部放电及其测试技术[M]. 北京:机械工业出版社,1994.

[4] 王昌长,李福祺,高胜友. 电力设备的在线监测和故障诊断[M]. 北京:清华大学出版社,2006.

[5] MONTANARI G C,CAVALLINI A,PULETTIF F. A new approach to partial discharge testing of HV cable systems[J]. IEEE Electrical Insulation Magazine,2006,22(1):14-23.

# 第 11 章 高电压实验室

## 11.1 高电压实验室的主要装置及其参数

高电压实验室的试验装置种类和参数高低，决定于它将从事的任务。不同部门和不同工厂的高电压实验室根据各自的任务可以对不同的方面有所侧重。但从主要装置来看，差别不会很大，因为高电压实验室无非是提供几种试验电源：交流高电压，直流高电压，雷电冲击高电压，操作冲击高电压（对试品低于 330 kV 级的试验室可不考虑操作冲击电源）。对一般高电压实验室，这些电源都是需要的，只是具体参数上会有所不同。

高电压实验室的水平常常是以它能满足多高电压等级设备试验的需要来代表，例如是 220 kV 级还是 500 kV 级、750 kV 级或是 1000 kV 级。

在确定装置参数之前，应先知道所要研究的电力设备的电压等级，然后从试验标准中找出相应于这个等级的电力设备的最大试验电压值（我国现行标准见书后的附录 A 表 A9～A13）。但实验室装置的额定电压（或标称电压）应高于所需最大试验值，应考虑到在研究工作中可能要做设备的放电试验，能够输出的电压应高于一般试验电压；时间长了，试验装置会老化，应使绝缘有一定裕度；每种试验装置在有负荷时的实际输出电压也低于空载时的额定电压。由于这些原因，试验装置的额定电压要高于所需的试验电压。被试设备所需耐受电压应乘以一系数才能得出试验装置的额定电压，这个系数的大小因装置而不同，有的为一倍多，有的为二倍多。这个系数由三部分组成：考虑安全运行，一般都取系数为 1.1；考虑负载影响，各装置所取系数很不相同，像冲击电压发生器，尤其是操作冲击电压发生器，由于利用率低，要取较大的系数 1.3～1.7，工频变压器输出电压受负载影响较小可取系数为 1；考虑研究工作需要的系数，也因装置而异，放电分散性大的取系数大一些，分散性小的取系数小一些，一般为 1.1～1.3。

试验装置除了要确定额定电压，还要确定额定容量。这与试品的性质有很大关系，如电容电流的大小，泄漏电流的大小，都与试验装置所需容量有很大关系。电缆厂和电容器厂所需冲击电压发生器和变压器的容量，试验污秽绝缘子所需变压器的短路电流值，都是这方面的特例。在决定参数时，必先搞清试品的性质。

我国已经建立了交流 1000 kV 和直流±800 kV 输电系统，为此新建了特高参数的高电压试验场地。参考了文献[1]中附表 B-2 的内容，表 11-1 列出了国内外一些高电压实验室的主要装置特性参数。

**表 11-1 国内外一些高电压实验室的主要特性参数**

| 试验室名称 | | 国别 | 试验厅 | 工频试验变压器 | | 冲击电压发生器 | | 直流高压发生器 | |
|---|---|---|---|---|---|---|---|---|---|
| | | | 长×宽×高 | 电压/MV | 电流/A | 电压/MV | 能量/kJ | 电压/MV | 电流/mA |
| 西安高压电器研究院 | | 中 | 72 m×36 m×30 m | 2.25 | 1 | 4.8 | 194 | 1.5 | 100 |
| 沈阳变压器研究所 | | 中 | 100 m×34 m×32 m | 2.25 | 2 | 3.6 | 162 | | |
| 上海电缆研究所 | | 中 | 60 m×36 m×24 m | 1.5（谐振装置） | 4 | 4.2 | 220.5 | | |
| 国家电网公司特高压直流试验基地 | 环境气候试罐 | 中 | 直径 20 m×25 m | 0.8 | 6 | | | ±1.0 | 2000 |
| | 昌平试验场地 | | 露天 180 m×90 m | | | 7.2 | 480 | ±1.6 | 500 |
| | 昌平试验厅 | | 86 m×60 m×50 m | 2×0.75 | 2 | 6.0 | 450 | 1.8 | 200 |
| 东北电力试验研究院 | | 中 | 露天 | 1.5 | 2 | 4.5 | 439 | | |
| 特高压昆明国家工程实验室 | 昆明试验厅 | 中 | | 0.8 | 6 | | | ±1.2 | 50 |
| | 昆明试验场地 | | 露天 | 2.25 | 2 | 7.2 | 720 | ±1.6 | 50 |
| 国家高电压计量站 | | 中 | 50 m×40 m×30 m | 1.35 | 2 | 4.0 | 300 | 2 | 25 |
| 国家电网公司特高压交流试验基地 | 武汉试验场 | 中 | | | | 7.5 | | | |
| | 武汉环境气候试验罐 | | 直径 20 m×25 m | | | 7.2 | 480 | ±1.2<br>1.6<br>1.0 | 500<br>500<br>2000 |
| 华东电力试验研究院 | | 中 | 48 m×32 m×24 m | 2×0.6 | 4 | 3.6 | 360 | | |
| 国家电网公司高海拔试验基地 | 羊八井试验场 | 中 | 180 m×100 m | 3×0.33 | 1 | 4.2 | 200 | | |
| | 西藏羊八井试验厅 | | 9 m×9 m×11 m | 0.2 | 5 | | | ±0.25 | 2000 |
| 天威集团保定变压器厂 | | 中 | 60 m×40 m×40 m | 1.1 | 563.7 | 4.8 | 480 | ±1.6 | 30 |
| 天威保变秦皇岛试验厅 | | 中 | 39 m×33 m×33 m | 1.2 | 6 | 4 | 600 | ±2.0 | 30 |
| 上海交通大学高压实验室 | | 中 | 36 m×24 m×19.5 m | 1.0 | 1 | 3.0 | 63 | | |
| Eindhoven 大学 | | 荷兰 | 24 m×18 m×14 m | 0.9（谐振装置） | 2 | 2.4 | 30 | | |
| 全俄电工研究所 | | 俄 | | 2.25 | 1 | 7.2 | 420 | | |
| 中央电力研究所 | | 英 | 41 m×28 m×22 m | 1.2 | 1 | 4.0 | 100 | 1.0 | 30 |
| 魁北克水电局 | | 加 | 82 m×68 m×50 m | 2.1 | 1.2 | 6.4 | 400 | 2.2 | 30 |
| 慕尼黑工业大学 | | 德 | 34 m×23 m×19 m | 1.2 | 0.5 | 3.0 | 50 | 1.6 | 60 |
| ASEA 公司 | | 瑞典 | 55 m×32 m×35 m | 1.5 | 1 | 3.2 | 140 | | |
| 通用电气公司 | | 美 | 54 m×29 m×23 m | 1.75 | | 2×5.1 | 2×84 | 1.0 | 15 |
| 东芝公司 | | 日 | 54 m×61 m×43 m | 2.35 | 25MVA | 6.0 | 640 | | |
| 电力公司雷纳第试验站 | | 法 | 65 m×65 m×45 m | 2.2 | 0.5 | 6.0 | 450 | | |
| Delft 大学 | | 荷兰 | 50 m×40 m×22 m | 1.5 | 1 | 4.0 | 200 | | |

## 11.2 高电压实验室的净空距离

高电压实验室的净空距离是指：①室内高电压试验装置、高电压测量装置和被试物对墙、天花板和地之间应有的间隔距离；②高电压试验装置、高电压测量装置和被试物互相之间应有的间隔距离；③高电压试验装置、高电压测量装置和被试物对室内其他的带电的或不带电的设备和物体之间应有的间隔距离。净空距离决定于三方面的要求：①安全距离，即无论装置或试品等都不应该在试验时对周围物体放电，要求它们与周围物体之间的间隔大于放电距离并有一定裕度；②测量准确度，即要求周围物体与测量装置间的距离大到足以略去它们对测量的有害影响；③试验环境，即要求被试物在接近实际运行状态下(一般是在标准规定的模拟状态下)进行试验，不要因周围物体的存在改变了被试物周围的电磁场分布，从而影响试验结果。

空气间隙的放电电压与电压性质、电极形状和大气条件等都有关系。不同电压的装置应有不同的距离要求，如工频、直流、雷电冲击和操作冲击作用下空气间隙的放电电压是大不相同的。在同种电压下，放电距离还受极性和波形的影响，通常从较危险的一种情况出发来考虑所需距离，故按正极性的直流、雷电冲击和操作冲击电压来考虑，并对操作冲击电压按波前为 100 μs～250 μs 的波形来考虑。放电电极虽有各种形式，但在估计放电距离时，也按最危险的一种形式——棒-板电极，即正棒对负板来考虑。平原地区高电压实验室在估计放电距离时可按标准大气状态考虑，净空距离对放电距离的裕度系数可以掩盖大气状态变化对放电电压的影响。这个裕度系数一般取为 1.5 倍。在建超高压和特高压实验室时，选择裕度系数的大小，对建筑尺寸从而对建筑造价的影响很大，可按具体情况酌定。在不同电压下，不同电极空气间隙的放电电压和放电距离的关系曲线，请参见文献[2,3]。

为了保证测量准确度，各种高电压测量装置都有一定的净空距离要求。如测量球隙对周围物体间的最小允许距离如表 2-1 所示，要求分压器对周围的净空距离不小于本身高度的 1.5 倍，显然测量装置的净空距离最少不小于放电距离而应为后者的若干倍。例如，我们知道分压器的最低高度决定于它的对地放电距离，所以分压器的净空距离至少应大于放电距离的 1.5 倍。

外绝缘的闪络电压受周围物体的影响，尤其在操作冲击电压下影响更为显著，所以要求试验时被试物尽可能接近实际运行状态。外绝缘的试验标准对试验时的模拟条件，包括对周围物体的最小距离都有具体规定，一般来说也要求对周围物体距离大于放电距离的 1.5 倍。在超高压和特高压试验室中，不仅试验电压高而且被试物尺寸大，要满足这个要求有时会有困难，要完全排除墙和天花板等的影响不大可能。目前趋向于建立室外试验场来进行超高压和特高压的外绝缘试验。室外试验场的优点是：①能使被试物处在比较接近实际运行状态；②能节省大量建筑投资。它的缺点是试验工作受天气影响，有些试验，如怕电磁场干扰的试验，在室外不好进行。

图 11-1 表示按净空距离来决定试验室尺寸的例子。试验室的主要装置的布置除了要满足净空距离外，还要考虑某些试验时辅助装置的位置(如湿闪试验时的淋雨装置)，走线是否合理，操作和运输是否方便等技术上的问题。在满足技术要求的前提下，还应作经济上的核算，使试验室的高度不要过高，跨度不要过大，面积不要过大，从而尽可能节约投资。

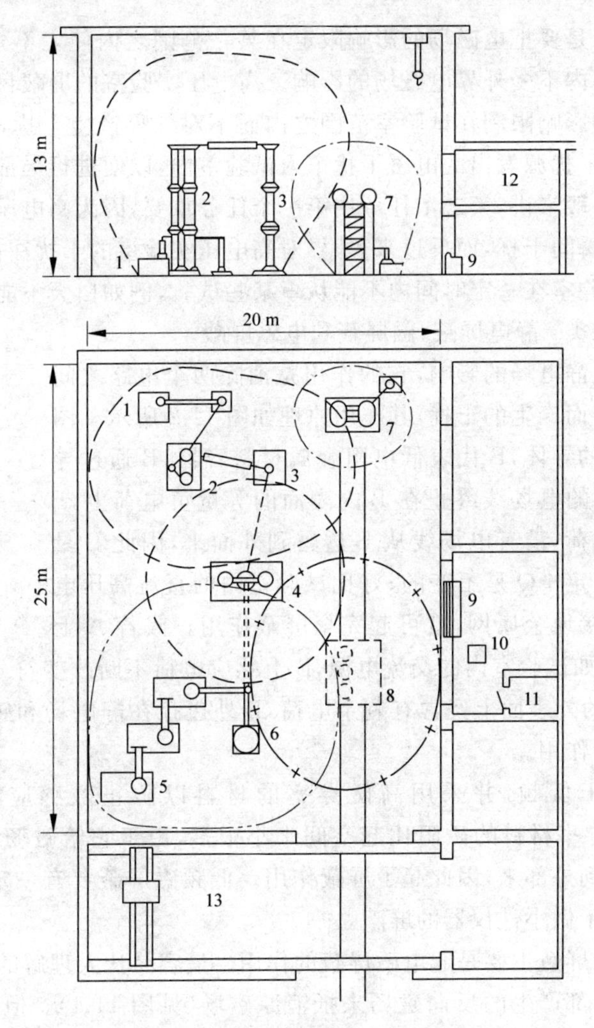


图 11-1 高电压实验室布置示意图

1—整流装置；2—2250 kV 冲击电压发生器；3—冲击电压分压器；4—球隙；5—1000 kV 串级试验变压器；6—电容分压器；7—700 kV 串级直流装置；8—试品；9—控制桌；10—示波器；11—暗室；12—观察室；13—装配厅

－－－冲击电压发生器安全界线；－·－串级直流装置安全界线；－··－串级试验变压器安全界线；-----球隙要求净空范围；—+—+—试区范围

# 11.3 高电压实验室的屏蔽

## 11.3.1 屏蔽的作用和原理

屏蔽是解决电磁兼容(electromagnetic compatibility)问题的重大措施之一。电磁兼容是指设备或系统在其电磁环境中能正常工作且不对该环境中任何事物构成不能承受的电磁干扰的能力。高电压实验室内既存在着较多的强干扰源(如诸多的高压或强流的试验装置),同时又存在一些敏感设备(如测量局部放电的仪器,数字存储示波器等),所以它是存在电磁兼容技术问题的较突出的场所。

屏蔽的目的或者是要把电磁场的影响限定在某一范围之内使之不外溢，或者是反过来要保护某个给定空间内不受外界电磁场的影响。高电压实验室的屏蔽目的是既要把高压放电时产生的电磁波的影响限制在试验室范围之内而不对外界产生干扰，同时又要防止附近电台、高压变电所等干扰源发出的电磁干扰窜入试验室内，以便进行局部放电测量时有较低的背景噪声水平。一般来讲，第二个任务比第一个任务重要，因为高电压实验室内放电是短暂的，只对外界产生瞬间干扰，而反过来，外界对高电压实验室的干扰往往是长时间的，产生持续的干扰，迫使实验室在一定时间内不能从事某些试验，例如白天不能做，只可晚间做等。

屏蔽一般可分三类：静电屏蔽，磁屏蔽和电磁屏蔽。

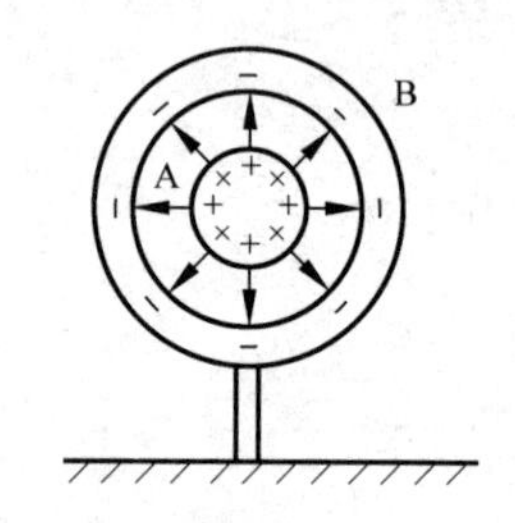

图 11-2　静电屏蔽原理

静电屏蔽是防止静电场的影响，它的作用是消除两个电路之间由于分布电容的耦合而产生的干扰，其作用原理如图 11-2 所示。图中，A 代表带正电荷的导体，B 代表低电阻金属材料容器，B 通过导线接地。由 $+Q$ 发出的电场线终止在 B 内表面的等量负电荷上，B 的外表面上不再有电荷，没有电场线从 B 透露到外面来，因此 B 具有屏蔽作用。这里假定 $+Q$ 是不变的，好比试验室内的直流高压电源，只要四周有一层接地金属网，就可起完全屏蔽作用。假若 A 上电荷 $Q$ 是交变的，犹如试验室内的交流电源，B 上感应电荷不断改变符号，接地线上有持续不断的电荷流过，B 的外表面上经常有剩余电荷，B 外边存在静电场和感应电磁场，这种方法不可能起完全屏蔽作用。

磁屏蔽主要用于低频，并采用高磁导率的材料以防止磁感应，它的作用原理如图 11-3 所示。高磁导率材料的磁阻比起空间来小很多，由于它给磁场线提供了通过的捷径，磁场线不再扩散到外部来，因此起了屏蔽作用。低频磁屏蔽要有一定厚度，要采用坡莫合金等材料，只适用于做小件仪器的屏蔽。

高电压实验室的屏蔽主要是起电磁屏蔽的作用。最容易让人理解的电磁屏蔽作用是电磁场在屏蔽体金属内部产生的反向磁场来抵消原磁场（见图 11-4）。但实际上上述解释还不够全面，屏蔽电磁场的作用主要是由屏蔽体对电磁波传播所产生的反射损耗 $R$ 及吸收损耗 $A$ 所造成。

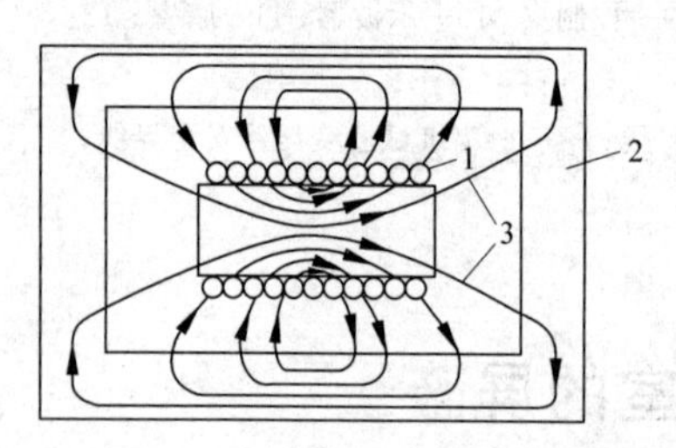

图 11-3　磁屏蔽原理

1—线圈；2—高磁导材料；3—磁场线

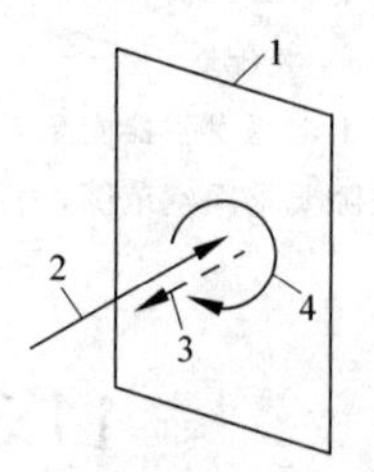

图 11-4　电磁屏蔽原理性说明之一

1—屏蔽板；2—外来磁场；3—反磁场；4—涡流

无论是空气或金属媒质，对电磁波的传播都呈现一定的阻抗特性，波阻抗是媒质内电场与磁场强度的比值。空气波阻抗的数值因场源性质及距离而有异。在远场区，电磁波的传播特点是电场与磁场同时存在，众所周知，在远区电磁场下，空气的波阻抗为

$$Z_0 = 120\pi \approx 377\ \Omega$$

在近场区$\left[\right.$即源与敏感设备之间的距离远小于骚扰信号波长$\left(\lambda=3\times10^{8}\ \dfrac{1}{f}\ \mathrm{m}\right)$的 1/6 的情况$\left.\right]$又可分为高阻抗场(电场)及低阻抗场(磁场),前者条件下空气的波阻抗大于 $Z_0$ 值,一般小于 3 kΩ,取决于至源的距离;后者条件下波阻抗小于 $Z_0$,一般大于 40 Ω,也取决于至源的距离。金属的波阻抗甚小,以铜为例,在频率 $f$ 为 100 MHz 时,它的波阻抗为 368 mΩ;在 $f$ 为 1 MHz 时,其波阻抗仅为 36.8 mΩ。根据电磁波传播理论,当电磁波投射到金属表面时,在屏蔽体外侧界面上及里侧界面上,由于空气波阻抗与金属波阻抗的差异必将引起反射损耗 $R$,有

$$R=(Z_0+Z_s)^2/(4Z_0Z_s) \tag{11-1}$$

式中,$Z_0$——空气的波阻抗;

$Z_s$——金属的波阻抗。

对于不同的场源性质及距离,各有相应的空气波阻抗和反射损耗。反射损耗可用分贝(dB)来表示。对远区平面波场

$$R=168-10\lg(f\mu_r/\sigma_r)\quad \mathrm{dB} \tag{11-2}$$

式中,$\mu_r$——金属的相对磁导率;

$\sigma_r$——金属的相对电导率(注:以铜的 $\sigma_r$ 为 1)。

进入金属表面的电磁波,从屏蔽体的外侧界面传到里侧界面的过程中,将会产生吸收损耗 $A$,即

$$A=0.131t\sqrt{f\mu_r\sigma_r}\quad \mathrm{dB} \tag{11-3}$$

式中,$t$——金属板厚度,mm;其他符号同上。

在图 11-5 和图 11-6 中分别给出了厚度 $t$ 为 0.025 mm 的铜和铁的反射损耗和吸收损耗曲线。(注:上述两图及相应的计算式引自参考文献[4])

图 11-6 中吸收损耗是随着频率的升高而升高,但铁板的频率 $f$ 高于 $10^3$ MHz 后,由于其 $\mu_r$ 值随 $f$ 升高而下降,因此其吸收损耗曲线存在峰值现象。还需说明的是图 11-5 及图 11-6 是在理想条件下计算出来的,它与工程中所能获得的实际屏蔽效能有着甚大的差别。后者只能达到理想屏蔽效能的 5%~15%[4]。

屏蔽体的屏蔽性能以屏蔽效能 $S$ 来考量。$S$ 的定义为,没有屏蔽体时空间某点的电场强度 $E_0$(或磁场强度 $H_0$)与有屏蔽体时被屏蔽空间在该点的电场强度 $E_1$(或磁场强度 $H_1$)之比值。但为了便于表达和运算,常采用对数单位分贝(dB)进行度量,即

$$S_E=20\lg(E_0/E_1) \tag{11-4}$$

$$S_H=20\lg(H_0/H_1) \tag{11-5}$$

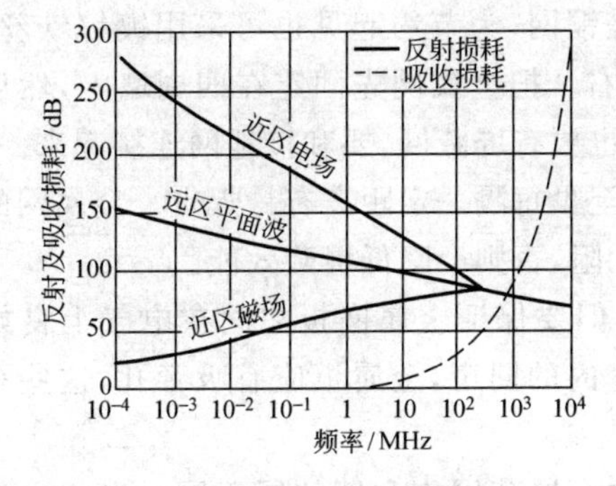


图 11-5 铜屏蔽层的反射与吸收损耗

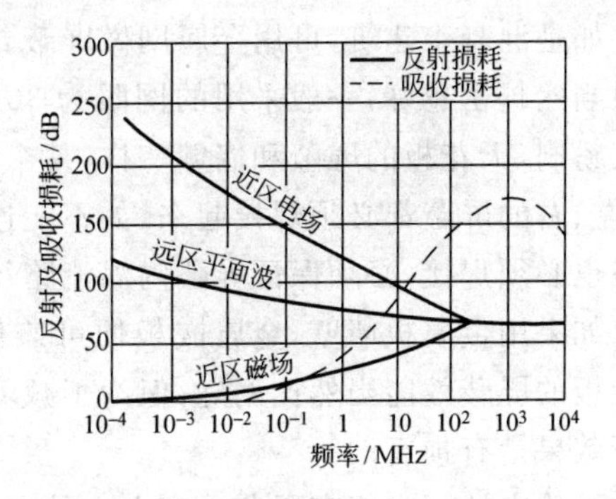


图 11-6 铁屏蔽层的反射与吸收损耗

在远区电磁场下可认为

$$S = S_E = S_H$$

屏蔽效能 $S$ 的理论值，在当上述吸收损耗 $A$ 大于 10 dB 时，可认为

$$S \approx R + A$$

根据《实验室认可准则》对电磁兼容检测领域认可的补充要求（CNACL 201—7—99），屏蔽室的屏蔽效能应达到如下要求：$f$=0.014 MHz～1 MHz 时，屏蔽效能 $S$>60 dB；$f$=1 MHz～1000 MHz 时，$S$>90 dB。

不过对于容积很大的高电压实验室来说，要求 $S$>90 dB 是很难做到的。考虑到节约建筑投资，一般要求高电压实验室的屏蔽效能 $S \geqslant 60$ dB，即采取屏蔽后使干扰电磁场强度应减弱 1000 倍或更大些。附近电台等引起的干扰水平可高达 1000 pC，被测的局部放电水平考虑为几个皮库，要求屏蔽后的干扰水平降到 1 pC 以下，所以要求 $S \geqslant 60$ dB。

国家标准 GB/T 12190—2006 规定了高性能屏蔽室屏蔽效能的测试和计算方法。标准规定在频率 $f$ 为 100 Hz～20 MHz 时，用大、小环天线测量磁场屏蔽效能。

还要注意屏蔽室还会有空腔谐振现象[6]，任何的封闭式金属空腔都可产生谐振现象。屏蔽室可视为一个大型的矩形波导谐振腔，根据波导谐振腔理论，其固有谐振频率按下式计算：

$$f_0 = 150\sqrt{(m/l)^2 + (n/w)^2 + (k/h)^2} \tag{11-6}$$

式中，$f_0$——屏蔽室的固有谐振频率，MHz；

$l$、$w$、$h$——屏蔽室的长、宽、高，m；

$m$、$n$、$k$——0、1、2、3、…的正整数，但不能同时取两个或三个零值。

在一定频率下发生谐振时，会使屏蔽效能大为降低。高电压实验室的主要屏蔽对象是中波波段的电磁波，多数情况下，此问题不大。但室内的干扰源，如冲击电压发生器在动作时，也可能在室内激起空腔谐振。实验室越大，谐振频率越低，可以低到几兆赫，此时谐振信号可能叠加在测量到的波形上，造成了干扰。加拿大魁北克水电局的高电压实验室尺寸很大（见表 11-1），曾关注空腔谐振的问题。上面曾提到过的 CNACL 201—7—99 文件要求对屏蔽室的主要谐振频率记录备查。

### 11.3.2 高电压实验室的屏蔽结构

高电压实验室中试验室的尺寸都很大。要求对它的六个面都屏蔽起来，形成一个大法拉第笼[6]。目前采用的屏蔽方法有两种：用金属网或金属嵌板。

如是混凝土建筑，可用金属网做屏蔽。最好是铜网，为节约起见也可采用镀锌铁丝网，网眼当然越密越好，一般采用的网眼为 30 mm 左右。把金属网先固定在四周墙上，然后再抹灰粉刷，天花板的屏蔽和墙壁一样，整个地面下也要有屏蔽网，要和接地网连接起来。上、下、左、右的屏蔽都必须焊接起来，如不能连续焊，至少每隔一定距离有一焊点。金属网的连接点也必须焊接，必须保证屏蔽内涡流路径畅通无阻，否则会降低屏蔽效能。

如果用金属板墙壁，金属嵌板便可兼作屏蔽，但要保证金属嵌板之间在电气上良好导通。板的屏蔽效能当然比网好，但为了减弱试验室内的回声，金属板应有吸音孔，这些孔对屏蔽效果是有损害的。

试验室的门窗应有屏蔽。窗上应挂屏蔽网，这个屏蔽网应和墙的屏蔽网在电气上连成

一体。门应是金属的，但门要开闭，应使门关上时，门上金属板和墙的屏蔽能很好接触，一般采用磷青铜来达到此目的，并应采用一定的结构方式[7]，以保证门、窗的活动部分与墙的屏蔽层的良好连接。

高电压实验室的屏蔽效能与屏蔽所用材料和结构形式有关，还与施工工艺有关。例如铜胜于铁，板胜于网。但从网本身来讲，网孔的大小、线径的粗细、网眼连接点的焊接等都会影响屏蔽效能。从板本身来讲，板与板间焊点直径的大小、焊点间距离的长短、板上吸音孔的大小和密度等也都会影响屏蔽效能。可见用计算方法来确定屏蔽效能是比较困难和繁杂的，目前也缺少现成方法。比较简单可行的办法是，按实际拟做的屏蔽缩小做成模型室，通过实测结果来决定屏蔽效能。表 11-2 列出用模型室测得的各种屏蔽方式的比较结果，从表列数据可看出：

**表 11-2　通过模型室比较各种屏蔽方式的试验结果**

| 屏蔽室种类 | 号 | 屏蔽方式 | 屏蔽室尺寸 | 效能/dB |
|---|---|---|---|---|
| 实验用模型室 | Ⅰ |  | 2 m³ | 21.0 |
|  | Ⅱ |  | 2 m³ | 40.0 |
|  | Ⅲ |  | 2 m³ | 60.0 |
|  | Ⅳ | 间隔：10 cm | 2 m³ | 58.5 |
|  | Ⅴ | 顶棚一部分短路 | 2 m³ | 55.5 |
| 实际钢架钢筋混凝土建筑 | Ⅵ |  | 10.6 m×11.6 m<br>高 4 m | 28.0 |
|  | Ⅶ |  | 10 m×15 m<br>高 13 m | 42.0 |

注：--- 铁丝网；— 镀锌铁板；━ 钢架钢筋混凝土。

(1) 大地的屏蔽效能不佳，屏蔽必须做成有六面的大法拉第笼。

(2) 板的屏蔽效能比网好，钢筋混凝土也有一定屏蔽效能，六面的钢筋混凝土的屏蔽效能与五面的(缺地面屏蔽)屏蔽网效能相当。

(3) 双层屏蔽可以提高效能，双层网为一层网屏蔽效能的 1.5 倍。双层屏蔽除接地部分外，层面要隔开一定距离，层间不能有短路，否则会降低屏蔽效能。但钢筋混凝土建筑与单层屏蔽网配合，并不能使屏蔽网效能有明显提高。

在表 11-3 中列出了几个高电压实验室的实际屏蔽状况，表中序号 1～8 的资料引自文献[8]，序号 9～11 由笔者调查所得。

**表 11-3 各国高电压实验室屏蔽状况**

| 序号 | 高电压实验室 | 尺 寸 | 屏蔽效能/dB | 措 施 |
|---|---|---|---|---|
| 1 | 加拿大魁北克水电局 | 86 m×67 m×51 m | 72 | 三层钢板,内层 3.3 m×0.8 m×1 mm(厚)打孔 11%面积,焊点间距 0.8 m |
| 2 | 法国电力公司雷纳弟实验室 | 65 m×65 m×45 m | 80 | 双层镀锌钢板,内层 40 cm×470 cm×0.3 mm(厚),焊点间距 1 m |
| 3 | 瑞典 ASEA 公司 | 55 m×32 m×35 m | 60 以上 | $\phi$1 mm 电镀铜线编成 25.4 mm 网格嵌入墙内 |
| 4 | 英国 Reyrou 公司 | 48.5 m×33.4 m×32 m | | 两层钢板结构,内层用铜导线连接成完整屏蔽体 |
| 5 | 德国西门子公司柏林开关厂 | 42 m×33 m×25 m | 72 | 铜板屏蔽 |
| 6 | 日本日新公司 | 43 m×34.5 m×26.6 m | 75 | 内层 0.35 mm(厚)波纹钢板,焊点间距 10 cm,外层为 100 mm 网孔,6 mm 直径的焊接铁网两层,钢板与铁网相距 840 mm |
| 7 | 日本小牧公司 | 40 m×40 m×26.5 m | 75 | 0.5 mm 厚钢板网两层,相距约 600 mm,相互绝缘 |
| 8 | 中国国家高电压计量站 | 50 m×40 m×30 m | 1 MHz 下 78 | 一层厚 0.75 mm 钢板,地面两层钢板网 |
| 9 | 荷兰 Delft 大学 | 50 m×40 m×22 m | (降至 0.1 pC) | 外墙为双层钢板,内墙为铝板 |
| 10 | 荷兰 Eindhoven 大学 | 24 m×18 m×14 m | 80 | 两层镀锌钢板,一层铁网 |
| 11 | 原中国电力科学研究院 | 48 m×33 m×24 m | 估算为 50 | 25 mm×9 mm×2 mm 钢板拉网,外墙装饰压型钢板,屋顶压型钢板 |

为了能获得低噪声水平,除了把试验室屏蔽起来,还要防止外部干扰可能通过管道、线路等窜入室内。凡是金属管道和栏杆等穿过试验室时都必须与屏蔽连接好,否则它们会像天线一样把干扰引入。凡是进入试验室的配电线要先通过隔离变压器和滤波器。在附录 A 的表 A8 中,列出了几种国产电源滤波器的主要性能。电源滤波性能的好坏,关系到屏蔽室的屏蔽效能。除了滤波器本身的质量与性能外,滤波器的安装方法和安装质量对滤波性能影响也很大。它的安装必须要做到:进入屏蔽室的每根电源线,无论是火线还是地线都要装设电源滤波器;滤波器应安装在电源线穿越屏蔽壁的入口处。屏蔽可分为主动屏蔽(又称有源屏蔽)及被动屏蔽(无源屏蔽),前者是为了使处于屏蔽之内的干扰源不向外泄漏电磁波;后者则是为了防止外界的电磁波,使之不入侵到屏蔽的内部。对于有源屏蔽室,电源滤波器应安装在屏蔽壁的内侧;对于无源屏蔽室,则应安装在屏蔽壁的外侧。如在 11.3.1 节中已表述过的对于高电压试验工作人员来说,更看重外界电磁波的入侵,所以滤波器应安装在屏蔽壁的外侧。所有的电源滤波器最好都集中在一起,并在靠近屏蔽室的接地点处安装。这样可使滤波器的屏蔽外壳接地方便,又缩短了接地线。为了尽可能地排除内部的干扰源或减弱它的作用,试验电源的局部放电起始电压应高于试验电压,所有高压电极和高压引线都应有合适的曲率半径和光滑洁净的表面状态并应接触良好,所有不带电的金属部件都应良好接地。试验室内的照明器具常常成为噪声的来源,各种照明器具的噪声特性不同,应采用噪声水平低的照明设备,必要时还得把灯光关掉。

# 11.4 高电压实验室的接地

## 11.4.1 接地的作用

高电压实验室中的高压大试验厅以及它的辅助装置的房间都应有良好的接地装置，以保证工作接地和保护接地的需要。工作接地是指为了保证试验装置及试验系统（如测量系统）的正常工作和为了保持系统电位的稳定性而设置的接地，如屏蔽室的接地、分压器的接地等。保护接地是指装置金属外壳的接地，悬浮金属物体的接地，闲置的暂时不用的电容器两极的短路接地等。它的作用是装置由于绝缘不良而使其金属外壳意外带电时，可将其对地电压限制在规定的安全范围以内，消除或减小电击的危险性；另一个作用是消除感应电产生的触电危险性。接地是指通过可靠的金属引线，接到接地装置上去，该接地装置应有足够小的接地电阻值。对于高电压实验室来说，把工作接地装置和保护接地装置分开是很困难的，而且也是没有必要的。除非实验室的某个计算机房或精密仪器辅助房间设置在离试验厅足够远的距离以外，此时才可以考虑设立它们的专用接地装置。

高电压试验厅大多在建筑时已装有屏蔽层，有些老的高压试验厅和为了节省投资的某些小的试验厅没有装设屏蔽层。对于前者屏蔽层需良好接地，但此时的接地仅是为了起固定电位的作用，其接地装置的接地电阻值，没有必要追求太小；对于后者由于杂散回路的电流会流经接地装置而造成接地点的瞬间电位浮动，所以其接地电阻值必须要做得很小，最好是小于0.5 Ω。上述情况可以用图11-7和图11-8来说明。此两图中，$C$为冲击电压发生器的主电容，$C_s$为主电容极板、连线、球隙等对地面、墙壁、天花板的杂散电容，它是分布型的。在$C$充电时，若上极板充正的高电位，则$C_s$上也相应地充了正的电荷。当隔离球隙G放电时，在图11-7中，接地装置流过了杂散电流$i_s$，它会造成接地端$E$点的瞬间电位升高。此电位的峰值及波形，由充电电压$U$的高低及接地电阻、杂散电容以及杂散电感的大小所决定。接地点电位的升高会引起测量干扰和反击。反击是指仪器设备的接地部分因瞬间电位突然升高所造成的绝缘击穿。在图11-8中，虽开始充电时的情况与图11-7有些相似，但当球隙G放电时，杂散电流$i_s$通过屏蔽体形成回路。在理想的、安全屏蔽的条件下，接地装置上不流过杂散电流。即使屏蔽钢板上为了通气等原因钻有小孔，或者是采用钢板拉网做屏蔽体，只要它的屏蔽效能足够高，上述情况下，流过接地装置的杂散电流也是不大的。

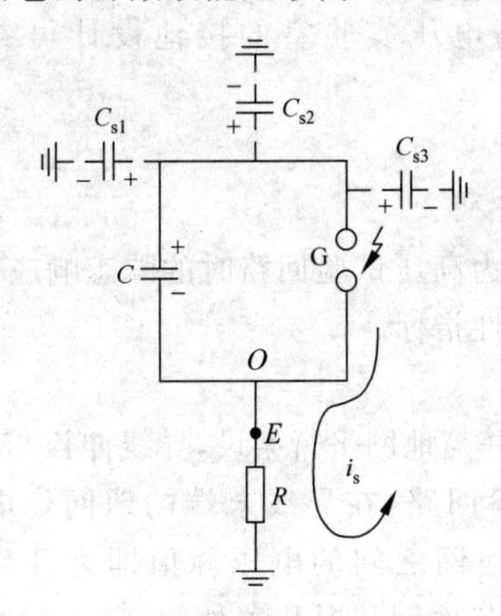


图11-7 在冲击电压发生器放电时杂散电流流过接地装置的接地电阻$R$

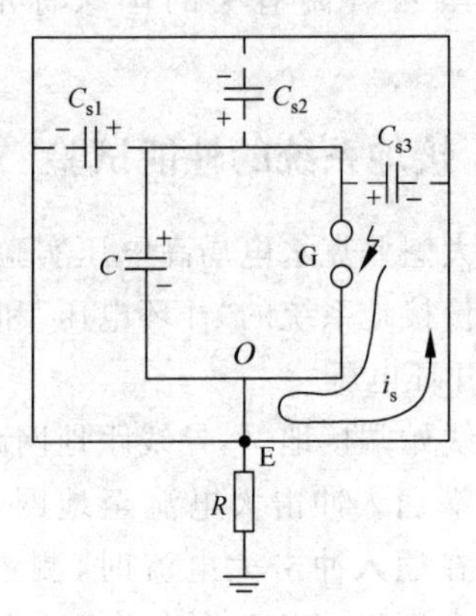


图11-8 在冲击电压发生器放电时杂散电流不流过接地装置的接地电阻$R$

在无屏蔽的高压试验室,可在试验区内的地面上铺设大块金属板(铜板最好,铝次之),或由较大块金属板拼连成一大整块,金属板在一点接地,此接地点最好邻近分压器的位置。高电压设备放在此金属板上,设备的接地点用宽铜带与板相连。所有测量电缆、控制电缆应从板下的电缆管道中通过。在有屏蔽的高压试验室,当四壁及天花板上是采用钢板拉网作屏蔽体时,地面最好是用金属板,六面体都要焊接得很好,最后在下端良好接地。有时考虑金属板铺设在地面上会影响混凝土层的施工,则可用两层铜丝网或双层钢板网取代之。它们与埋在下面的接地装置应良好焊接,并应有若干接线端引出地面。根据标准[9]规定,若试区地面下有大面积的金属板或细孔金属网,则可以利用它作为试验之接地回路。所以它作为屏蔽六面体的一个面,在大型高电压实验室的条件下,允许同时作为接地回路之用。不过它虽也可看作是接地装置的一部分,但一般它处在混凝土层之间,所以散流作用并不好。无论是地面附近的屏蔽层或是接地网的扁钢导体,降低它们沿地平面方向的阻抗,有利于降低各点间的电压差。

### 11.4.2　接地装置的实施

有屏蔽措施的试验室,屏蔽的接地电阻值不必做得太小。CNACL 201—7—99 文件要求屏蔽室的接地电阻不高于 4 Ω。采用一层钢板拉网做成的屏蔽体,其接地装置在条件允许的前提下,接地电阻最好是不高于 1 Ω。上述条件一是指经济条件,二是指土壤条件。土壤若是黏土或是其他低电阻率的土壤(电阻率在一年四季都低于 $10^4$ Ω · cm),则较易做成低电阻值的接地装置。

接地装置由多根垂直接地体(大多用钢管或角钢)与水平的扁钢焊成。它是一个接地网。钢管、角钢、扁钢要有一定的厚度,以免年久腐蚀及在施工中损坏。有关的尺寸可查阅有关电工手册及电机工程手册[10]。垂直接地体的长度宜取为 2 m～2.5 m。其长度不要取得太长,国外有一实验室,在高压设备下加埋了深达 10 m 的垂直接地体,这种做法并不可取。因为这会造成施工困难,而且从冲击散流的观点来说,接地体的深部处,由于电感效应散流量很少,金属的利用率很低。垂直接地体之间的距离可取其长度的 2 倍左右,相距太近时会相互影响散流的作用,从而使接地体利用效果降低。接地体上端离地面的距离不应小于 0.6 m,并应处在冰冻层以下。典型接地极的接地电阻的计算方法和接地装置的实施细则等可查阅有关的国家标准[11]及手册[10]。高电压实验室的接地设计可参阅文献[12]。

### 11.4.3　接地系统的性能试验

加拿大魁北克水电局高电压实验室研究了用地网作为高压试验回路时的瞬态响应[13],提出了评价接地系统的“开环电压”和“闭环电流”两个特性指标。

(1) 开环电压

单导线始端接地网,导线距地网高 $h$(如 $h=40$ mm)并与地网平行架设,导线伸长 25 m。在导线始端通入冲击大电流至地网,利用地网作为试验回路,在导线末端的地网处电流被引出。在通入冲击大电流时,测量导线末端与该处地网之间的电压峰值即为开环电压。开环电压以 V/kA 作为单位。显然,开环电压值除与地网状况相关外,与通入的冲击电流波前的上升时间 $T$ 也相关,$T$ 越短则开环电压越高。上述的开环电压测量与行业标准[8]中所要求进行的干扰试验方法有某些相似，只是后者采用的是同轴电缆，且要求在试验现场的实际条件下进行。电缆始端处于电压转换装置的下端，末端连接示波器。

(2) 闭环电流

单导线架设情况与上述情况大致相同，但导线的始、末端都在当地接在地网上。在导线始端处通入地网冲击大电流时，可测得导线上所流过的闭环电流。闭环电流以 A/kA 作为单位。在用测量电缆进行该项试验时，相当于电缆两端均短路接地，在电缆外皮中可测得闭环电流。

按上述方法进行开环电压及闭环电流的试验比较复杂，且地网的工作条件也与一般的工作情况不相符合。可实地测量一下同轴电缆在最高冲击电压下球隙放电时的开环电压，验证它的干扰水平处于标准规定值以下即可。

## 11.5 高电压实验室的建筑

高电压实验室的尺寸决定于试验装置和被试设备的尺寸及净空距离的要求。只有在已知装置参数、尺寸大小、净空距离要求，并作出合理布置后，才能确定实验室的长、宽、高。实验室的长、宽、高与实验室的电压等级有直接联系，它反映实验室的水平，所以通常在介绍实验室时也列举它的尺寸(见表 11-1)。

高电压实验室的位置必须坐落在运输方便的地方，在工厂内的高电压实验室位置必须符合工艺流程，不要造成往返运输。笨重而庞大的试验装置和被试设备应能方便地运进室内。实验室内应有起重设备便于装卸，这点对开展工作有重要影响，一些高电压实验室屋顶要悬挂许多绝缘子串，不便行车开动，所以常常采用单轨吊车和 S 形轨道，使吊车能到达实验室的大部分地点。

高电压实验室内应有由标准喷嘴组装的淋雨排，以供做湿闪试验。试区地面应有坡度 0.5%～1%和地漏以供排水，应有供水管和储水箱。

需要有大件试品做油中击穿试验的高电压实验室(如变压器厂高电压实验室)，地面应有大油槽，这种油槽的大部分埋入地下，但应有一部分露出地面。决定油槽的直径和深度时，除试品尺寸外，油间隙距离按工频 400 kV/m(有效值)，冲击电压按 850 kV/m 考虑。

高电压实验室地面下应有良好的接地系统，在沿墙踢脚板处应有接地母线，在主要装置及试品处应有接地端子引出地面。

高电压实验室的六面应有金属网或金属板的屏蔽，尤其要注意门、窗活动部分的屏蔽连接。为了提高屏蔽效能，可以考虑不装设窗户。在没有窗户的条件下，还有利于在黑暗的状态下观察局部放电及击穿现象。有些大实验室是不设窗户的，完全靠人工照明。装设窗户者，窗户也宜尺寸小一点，装设得低一点并应有很好的窗帘以便必要时可以方便地遮光。

因试验时产生电离气体和电晕，有害健康，所以实验室要有通风设备，换气量每小时 0.5 次～2 次。

实验室比较高大，要注意保温，工作时室内温度不应低于 16 ℃，不工作时室内最低温度不应低于 0 ℃。

实验室四周应设观察走廊。控制室的位置应使操作者便于观察全室，尤其是试品区。

## 11.6 高电压实验室的基本安全规则

高电压试验对人身及设备都有巨大危险，稍一疏忽，即足以酿成无法挽回的惨痛损失，因此每个高电压实验室必须有完善的保安措施和周密的保安规则，一定要防患于未然。但更重要的是，每个高压工作者除了具有必需的保安技术知识外，还必须深刻认识到保安制度在高电压试验中的重要性，对己对人都应严格要求，按规章办事。高电压实验室的安全措施及保安规则，虽在细节上可因实验室具体情况不同而各异，但一些最基本的保安规则大体上还是一致的，概括要点如下：

(1) 任何人在进入高电压试区以前，必须确知高压电源已拉闸，高压试验装置已接地。如高压电源虽已拉闸但高压试验装置尚未接地，进入者必须先用放电杆使装置充分放电，然后才能接近装置及可能带电的导线。

(2) 高电压试验装置、可能带电的导线以及试区周围必须围以高约 2 m 的铁丝网遮栏，全部遮栏必须可靠接地，遮栏有门以供出入，门上必须有连锁装置，当门开启时，高压电源自动切除。遮栏与带高电压的装置及导线间应根据装置电压保持一定安全距离。在临时试区周围应围上活动遮栏，否则至少用绳子围出试区范围，并且白昼应用红色警告牌，黑夜用红灯标明安全界限，同时应设专人监视，严防无知者闯入试区。

(3) 高电压实验室应有良好的接地系统，凡是实验室内不许带电的金属部分都应可靠接地。高电压试验装置都有一点接地，低压装置及控制桌等也应有一点接地，这些固定接地应用粗金属线与接地系统牢固连接。试验完毕应用接地的放电杆使已切除电源的高压装置、母线、试品及一切被绝缘的金属部分逐一放电，放电杆用足够长度的轻便绝缘材料做成。接地线应采用多股金属裸线。

凡闲置试区内的电容器必须两极短接接地，做完试验的电容器必须充分放电，只有当目睹电容器处在被短路接地的情况下，才能接触电容器改变接线。

高电压实验室的接地系统只起固定电位作用，切忌作为大电流的放电回路。

(4) 应有明显无误的标志表明高压电源开关的断连位置，在每次试验开始前应先检查装置接地是否良好，连线是否正确，装置是否正常，在合闸前应检查接地杆是否撤除，遮栏门是否已关闭，工作人员是否已全部退至遮栏外，并应用警铃、警灯或高呼"高压合闸"，务必使在场人员皆知马上升压。在升压过程中操作者不得擅离职守或与人谈笑，凡遇异常现象或有问题必须讨论时，应先切除电源。

(5) 高电压实验室应有完备的消防设备，在进行油纸等易燃物试验时，应在手边有沙箱及灭火器以防万一。如实验室内有大容量的储油容器应考虑必要的安全措施。

高电压实验室中严禁烟火。

(6) 高电压试验工作者应具有足够的业务知识和保安技术知识，应熟悉所用装置性能。做高电压试验时，为便于互相检查，不得少于两人。凡精神失常或神志不清者不得参加高压试验。

(7) 如发生触电事故，首先切断电源。事故者如已失去知觉，应立即对其施行人工呼吸，并即刻召医抢救。

# 思　考　题

11-1　高电压实验室的六面体全屏蔽措施可以解决哪些EMC问题？

# 习　　题

11-1　一个装有六面体屏蔽的高电压试验室，实测到它的屏蔽效能 $S$ 达到70 dB，如有一远区干扰电磁波入侵该试验室时，屏蔽体可降低其磁场强度达多少倍？

# 参考文献

[1]　梁曦东，周远翔，曾嵘. 高电压工程[M]. 2版. 北京：清华大学出版社，2015.

[2]　张仁豫，陈昌渔，王昌长. 高电压试验技术[M]. 2版. 北京：清华大学出版社，2003.

[3]　严璋，朱德恒主编. 高电压绝缘技术[M]. 3版. 北京：中国电力出版社，2015.

[4]　蒋全兴，龚增，胡景森. 电磁干扰(EMI)控制技术[M]//全国无线电干扰标准化技术委员会，全国电磁兼容标准化联合工作组，中国实验室国家认可委员会. 电磁兼容标准实施指南. 北京：中国标准出版社，1999：195-222.

[5]　日本电气学会绝缘试验方法手册修订委员会. 绝缘试验方法手册[M]. 修订版. 陈琴生，译. 北京：水利电力出版社，1987.

[6]　吕仁清，蒋全兴. 电磁兼容性结构设计[M]. 南京：东南大学出版社，1990，

[7]　杨盛祥. 电磁兼容试验场地[M]//全国无线电干扰标准化技术委员会，全国电磁兼容标准化联合工作组，中国实验室国家认可委员会. 电磁兼容标准实施指南. 北京：中国标准出版社，1999：162-194.

[8]　黄盛洁. 国家高电压计量站高压大厅电磁屏蔽特性的研究[J]. 高电压技术，1987，46(4)：60-64.

[9]　中华人民共和国国家发展和改革委员会. 冲击电压测量实施细则：DL/T 992—2006[S]. 北京：中国电力出版社，2006.

[10]　电机工程手册编辑委员会. 电机工程手册基础卷(一)[M]. 2版. 北京：机械工业出版社，1996：10-30.

[11]　中华人民共和国能源部. 电气装置安装工程　接地装置施工及验收规范：GB 50169—1992[S]. 北京：中国计划出版社，1993.

[12]　黄盛洁，杜世光. 国家高电压计量站高压计量大厅投入运行[J]. 高电压技术，1988，50(4)：30-35.

[13]　DENOMME F，TRINH N G，MUKHEDHAR D. Transient response of a floor net used as ground return in high voltage test areas[J]. IEEE Transaction on Power Apparatus and System，1973，92(6)：2007-2014.

[14]　KUFFEL E，ZAENGL W S. 高电压工程基础[M]. 邱毓昌，戚庆成，译. 北京：机械工业出版社，1993.(注：该书的英文新版本见第4章之参考文献[7])

# 习 题 答 案

1-1　$C \approx 6.4$ nF。

1-2　(1) 均为 1 A；(2) 第 1 级为 150 A；第 2 级为 100 A；第 3 级为 50 A；(3) 第 1 级为 100 A；第 2 级为 50 A；(4) $U_{A1}$ 为 500 kV；$U_{A2}$ 为 1000 kV；$U_{A3}$ 为 1500 kV；(5) $U_{x1}$ 为 0 kV；$U_{x2}$ 为 500 kV；$U_{x3}$ 为 1000 kV；(6) 第 1 级为 250 kV；第 2 级为 750 kV；第 3 级为 1250 kV；(7) 250 kV。

2-1　气体相对密度 $\delta = 1.0388$，修正系数 $k = 1.0388$。$U_m = 378$ kV，其有效值 $U_{eff} = 267.3$ kV。实际放电电压 $U_{eff} = k \times 267.3 \approx 277.7$ kV。

2-2　相位领先了 $\arctan[1/(R_2C_2\omega)]$，峰值误差约为$[50/(R_2C_2\omega)^2]\%$。

3-1　由式(3-4)及式(3-8)算得的结果，从附表选得主要设备：MY 150-0.32 型高压电容器，$U_C = 150$ kV，$C = 0.32\ \mu$F；2DL300/0.02 型高压硅堆，$U_r = 300$ kV，$I_f = 20$ mA；高压变压器，$U_T = 100$ kV，$S_T = 10$ kV·A。当 $I_{SM}$ 选为 20 倍的 $I_f$ 时，由式(3-5)得 $R = 354$ kΩ，由试品电阻 $R_x = 1.414U_T/I_f = 7.07$ MΩ，从图 3-2 可得本装置直流输出电压 $U_d = 1.075U_T = 107.5$ kV，则由式(3-7)得 $\Delta U_a = 33.9$ kV。其他的相应参数为：$I_d = I_f = 20$ mA；$\delta U = 0.625$ kV；$S = 0.58\%$；$\Delta U \approx 33.3$ kV。均符合设计要求。

3-2　$R_b = 10$MΩ。

3-3　按下式计算 $C$ 上的反向充电电压 $u_C = 1.414U_T\{1 - \exp[-t/(R_B + R)C]\}$，式中 $t = 0.01$ s；$R_B + R = 100.354$ MΩ；$C = 0.32\ \mu$F；$U_d = 100$ kV 时，$U_T = 94$ kV。可近似看作直流充电，则得 $u_C/U_d = 0.04\%$，其影响可忽略不计。

3-4　选 $n = 4$，由式(3-21)得 $C = 0.044\ \mu$F；由式(3-18)得 $\Delta U_a = 236$ kV；则每级电容器的工作电压 $U_C = (U_d + \Delta U_a)/n = 246$ kV；选高压电容器 $U_C = 220$ kV，$C = 0.1\ \mu$F，则 $\Delta U_a = 104$ kV，$U_C = 214$ kV，所选合适。空载电压为 $U_0 = 880$ kV，负载下相应参数如下：$\delta U = 10$ kV；$U_a = 776$ kV；$S = 1.3\%$；$\Delta U = 94$ kV。选 YDJ-25/100 型高压变压器和 2 DL 250/0.05 高压硅堆。

若 $f$ 选 20 kHz，则 $C$ 将减小到 1/400。可选 220 kV，250 pF 的电容器，则该装置的相应参数不变，仅高压交流电源和硅堆要选 20 kHz 的。

3-5　5-0 间电压最大值为 $U_m = \sqrt{2}U$。(1)$C_1'$ 为 $2U_m$，$C_2'$ 为 $U_m$。(2)各为 $2U_m$。

(3) 电压方均根值(有效值)，对稳定的直流电压即为其最大值。$U_{1\text{-}0} = 4U_m$，$U_{2\text{-}0} = 2U_m$；(4) $U_{3\text{-}0} = 4U_m$，$U_{4\text{-}0} = 2U_m$；(5) 所测得的是电压方均根值：$U_{3\text{-}0} = \sqrt{19}U$，$U_{4\text{-}0} = \sqrt{3}U$；(6)$\delta U \approx 0.03I_d/C$，$\Delta U = 0.13I_d/C$。

4-1　(1) $R_1 = 200$ MΩ；(2) $R = 20$ MΩ，$U_R = 10$ kV；(3) $R_2 = 200$ kΩ，$U_{R2} = 100$ V，低压表量程：0～100 V。

4-2　(1) $C = 1000$ pF，$U_C = 10$ kV；(2) $C_2 = 0.1\ \mu$F，$U_{C2} = 100$ V；(3) $U_R = 10\sqrt{2}$ kV；$U_{R2} = 100\sqrt{2}$ V；(4) 图略。

4-3 (1) $R_1=600\ \mathrm{M\Omega}$, $R_2=600\ \mathrm{k\Omega}$, $U_2=300\ \mathrm{V}$；(2) 各参数的相对误差为：$\delta U$, $\delta U_2$, $\delta R_1$, $\delta R_2$, $\delta K$，由 $U=KU_2=(1+R_1/R_2)U_2$，根据误差传递规律：$\delta U=\delta K+\delta U_2$ 或 $(\delta R_1-\delta R_2)+\delta U_2$，已知 $\delta U=3\%$, $\delta K=1\%$，故低压表计不确定度为 2%。考虑最严重情况 $R_1$ 与 $R_2$ 的温度系数相等而符号相反，则温度变化 35℃引起的阻值变化应低于 0.5%，则温度系数为 $0.5\%/35=143\times10^{-6}$。

4-4 (1) $R=2\ \mathrm{M\Omega}$, $C=0.01\ \mu\mathrm{F}$, $R_2=200\ \mathrm{k\Omega}$, $C_2=0.1\ \mu\mathrm{F}$；(2) $R_1'=800\ \mathrm{M\Omega}$, $R'=8\ \mathrm{M\Omega}$, $R_2'=800\ \mathrm{k\Omega}$；(3) 图略。

5-1 $R_f=34\ 985\ \Omega$, $R_t=140\ 388\ \Omega$。

5-2 $R_f=103.7\ \Omega$, $R_t\approx3180\ \Omega$, $\eta=0.88$。

当 $L=18.86\ \mu\mathrm{H}$ 时，$C=C_1C_2/(C_1+C_2)=0.001\ 818\ \mu\mathrm{F}$，可得 $R=203.7\ \Omega$，$R$ 为 $R_d$ 与 $R_f$ 之和，正好满足临界阻尼的条件。$T_1=0.863\ \mu\mathrm{s}$。$T_2$ 点也受电感的影响，但影响不大，可认为 $T_2\approx50\ \mu\mathrm{s}$。电感量更大则会引起波形振荡。

5-3 (1) 若考虑 $T_1=1.2\ \mu\mathrm{s}$，可得 $C_{2m}\approx1.33\mathrm{nF}$；(2) 若考虑 $T_1=1.56\ \mu\mathrm{s}$, $C_{2m}\approx2.24\mathrm{nF}$。

5-4 $C_1$ 放电所产生的电能 $W_1$ 为 19.6 kJ。消耗在 $R_1$ 上的能量 $W$ 为 $W_1R_1/(R_1+R_f)$。电阻丝比热容 $C_m$ 约为 0.42J/(g·℃)，电阻丝总重量 $G$ 为 240 g，电阻丝的温升 $\theta$ 约为 149 ℃。

5-5 可利用 5.3.4 节三阶回路 $U_2(s)$ 表达式。基本上可以参照附录 C 中所列的计算程序进行计算。计算结果为 $R_f$ 为 478 Ω，$R_t$ 为 2575 Ω，因为有过冲，效率值 $\eta$ 为 91.25%。

$u_2(t)=0.942\ 49\exp(-0.014\ 521\ 22t)-2.890\ 22\exp(-3.176\ 268t)\times\cos(1.090\ 656t\times180°/\pi-70.968°)$

$f=0.1735\ \mathrm{MHz}$, $k(f)=0.938$，试验电压峰值比 0.9125 稍小，试验电压波形与 $u_2(t)$ 相比，差别很小。

6-1 (1) $u_2(t)$ 为 $A[1.05\exp(-0.235t)-1.59\exp(-1.85t)+0.54\exp(-5t)]$；(2) 延后了约 0.26 μs；(3) 峰值相对误差约为 −1.7%。

6-2 (1) $h(s)=1/(1+T_0s)$；(2) $T=\int_0^\infty[1-g(t)]\mathrm{d}t=\int_0^\infty \mathrm{e}^{-t/T_0}\mathrm{d}t=T_0$；(3) $u_o(t)=[\exp(-\alpha t)-\exp(-t/T_0)]/(1-\alpha T_0)$；(4) $t_m=\ln(\alpha/T_0)/[(-1/T_0)+\alpha]$；(5) 峰值误差为 14.6%。

6-3 用转移函数计算法或卷积法均可得：

对 $0\leqslant t\leqslant t_d$ 区界时，$u_o(t)=(1+T_0/t_d)[1-\exp(-t/T_0)]-t/t_d$；

对于 $t\geqslant t_d$ 时，$u_o(t)=(T_0/t_d)\exp(-t/T_0)[\exp(t_d/T_0)-(t_d/T_0)-1]$；

当 $t=t_d$ 时，$u_o=(T_0/t_d)-(1+T_0/t_d)\exp(-t_d/T_0)$。

6-4 计算结果在例 6-3 中已表明。在 $T_d=10T_0$ 条件下，可算得 $F\approx10\%$。

6-5 (1) $\varepsilon\approx0.0884\ \mathrm{pF/cm}$, $C=43.18\ \mathrm{pF}$；(2) 约 72 ns；(3) 可以测量全波，不能测量波前截断波；(4) 不能测量 250 μs/2500 μs 的操作冲击电压。因为分压器阻值只有 10 kΩ，发生器接上它后不能形成 250 μs/2500 μs 波形，而且分压器会过热而烧毁；(5) 选 $R_4$ 为 50 Ω 时，$R_2\approx40.1\ \Omega$, $R_3\approx9.9\ \Omega$。

6-6 选 $R_1$ 及 $R_2$ 分别为 50 Ω，$C_2=0.249\ \mu\mathrm{F}$, $C_3=0.249\ \mu\mathrm{F}$。

7-1 $L$ 为 4.808 μH，$C$ 为 3.224 μF，$U$ 为 93.77 kV。

7-2 $T=2n\sqrt{LC}=1000$ μs，$L\approx 868$ μH，$U\approx 15.5$ kV。

8-1

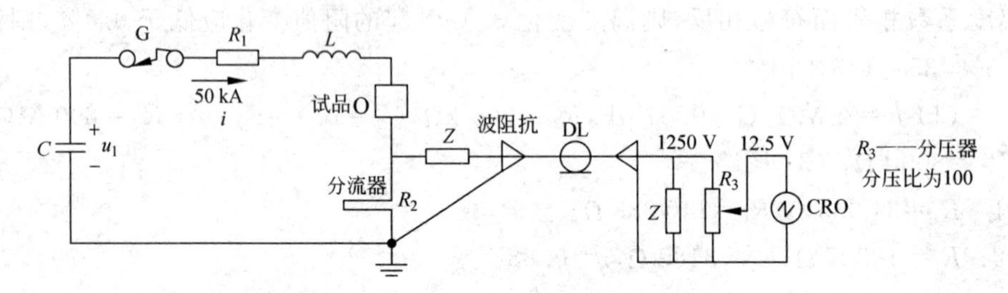


题图 1 测量冲击电流的接线图

8-2 (1) 理论阶跃 $T_1\approx 27.3$ ns；(2) 实验阶跃 $T_2\approx 20.5$ ns。

9-1 $C_x=100$ pF 时，$R_3=3183.1\ \Omega$，$I_x=0.314$ mA；$C_x=0.1$ μF 时，$R_3=3.18\ \Omega$，$I_x=0.314$ A。

9-2 由式(9-11)忽略 $\rho$ 得 $R_3=(100C_0R_4)/(C_xR_n-C_0R_4)=389.6\ \Omega$。

10-1 $K_C=20$ pC/mm。

10-2 $q=100$ pC。

10-3 $C_x$ 增加了 100 倍，则检测灵敏度降低 100 倍，$k=2000$ pC/mm，则读数 $H=0.5$ mm。

10-4 $C_k$ 增加了一倍，则检测灵敏度增加一倍，$k=1000$ pC/mm，则读数 $H=1$ mm。

10-5 $q=q'C_x/C_k=50$ pC。

11-1 $H_0/H_1\approx 3162$。

# 附录A 附 表

## 表 A1 球隙放电标准

**表 A1-1 球隙放电标准表(IEC 60052：2002)**

球隙的击穿电压/kV(最大值)一球接地。(1)交流电压；(2)负极性冲击电压；(3)正或负极性直流电压。大气压力 101.3 kPa,温度 20 ℃,绝对湿度 8.5 g/m$^3$。

| 距离/cm | 球直径/cm | | | | | | | | | | | |
|---|---|---|---|---|---|---|---|---|---|---|---|---|
| | 2 | 5 | 6.25 | 10 | 12.5 | 15 | 25 | 50 | 75 | 100 | 150 | 200 |
| 0.05 | 2.8 | | | | | | | | | | | |
| 0.10 | 4.7 | | | | | | | | | | | |
| 0.15 | 6.4 | | | | | | | | | | | |
| 0.20 | 8.0 | 8.0 | | | | | | | | | | |
| 0.25 | 9.6 | 9.6 | | | | | | | | | | |
| 0.30 | 11.2 | 11.2 | | | | | | | | | | |
| 0.40 | 14.4 | 14.3 | 14.2 | | | | | | | | | |
| 0.50 | 17.4 | 17.4 | 17.2 | 16.8 | 16.8 | 16.8 | | | | | | |
| 0.60 | 20.4 | 20.4 | 20.2 | 19.9 | 19.9 | 19.9 | | | | | | |
| 0.70 | 23.2 | 23.4 | 23.2 | 23.0 | 23.0 | 23.0 | | | | | | |
| 0.80 | 25.8 | 26.3 | 26.2 | 26.0 | 26.0 | 26.0 | | | | | | |
| 0.90 | 28.3 | 29.2 | 29.1 | 28.9 | 28.9 | 28.9 | | | | | | |
| 1.0 | 30.7 | 32.0 | 31.9 | 31.7 | 31.7 | 31.7 | 31.7 | | | | | |
| 1.2 | (35.1) | 37.6 | 37.5 | 37.4 | 37.4 | 37.4 | 37.4 | | | | | |
| 1.4 | (38.5) | 42.9 | 42.9 | 42.9 | 42.9 | 42.9 | 42.9 | | | | | |
| 1.5 | (40.0) | 45.5 | 45.5 | 45.5 | 45.5 | 45.5 | 45.5 | | | | | |
| 1.6 | | 48.1 | 48.1 | 48.1 | 48.1 | 48.1 | 48.1 | | | | | |
| 1.8 | | 53.0 | 53.5 | 53.5 | 53.5 | 53.5 | 53.5 | | | | | |
| 2.0 | | 57.5 | 58.5 | 59.0 | 59.0 | 59.0 | 59.0 | 59.0 | 59.0 | | | |
| 2.2 | | 61.5 | 63.0 | 64.5 | 64.5 | 64.5 | 64.5 | 64.5 | 64.5 | | | |
| 2.4 | | 65.5 | 67.5 | 69.5 | 70.0 | 70.0 | 70.0 | 70.0 | 70.0 | | | |
| 2.6 | | (69.0) | 72.0 | 74.5 | 75.0 | 75.5 | 75.5 | 75.5 | 75.5 | | | |
| 2.8 | | (72.5) | 76.0 | 79.5 | 80.0 | 80.5 | 81.0 | 81.0 | 81.0 | | | |
| 3.0 | | (75.5) | 79.5 | 84.0 | 85.0 | 85.5 | 86.0 | 86.0 | 86.0 | 86.0 | | |
| 3.5 | | (82.5) | (87.5) | 95.0 | 97.0 | 98.0 | 99.0 | 99.0 | 99.0 | 99.0 | | |
| 4.0 | | (88.5) | (95.0) | 105 | 108 | 110 | 112 | 112 | 112 | 112 | | |
| 4.5 | | | (101) | 115 | 119 | 122 | 125 | 125 | 125 | 125 | | |
| 5.0 | | | (107) | 123 | 129 | 133 | 137 | 138 | 138 | 138 | 138 | |
| 5.5 | | | | (131) | 138 | 143 | 149 | 151 | 151 | 151 | 151 | |
| 6.0 | | | | (138) | 146 | 152 | 161 | 164 | 164 | 164 | 164 | |

续表

| 距离/cm | 球直径/cm | | | | | | | | | | | |
|---|---|---|---|---|---|---|---|---|---|---|---|---|
| | 2 | 5 | 6.25 | 10 | 12.5 | 15 | 25 | 50 | 75 | 100 | 150 | 200 |
| 6.5 | | | | (144) | (154) | 161 | 173 | 177 | 177 | 177 | 177 | |
| 7.0 | | | | (150) | (161) | 169 | 184 | 189 | 190 | 190 | 190 | |
| 7.5 | | | | (155) | (168) | 177 | 195 | 202 | 203 | 203 | 203 | |
| 8.0 | | | | | (174) | (185) | 206 | 214 | 215 | 215 | 215 | |
| 9.0 | | | | | (185) | (198) | 226 | 239 | 240 | 241 | 241 | |
| 10 | | | | | (195) | (209) | 244 | 263 | 265 | 266 | 266 | 266 |
| 11 | | | | | | (219) | 261 | 286 | 290 | 292 | 292 | 292 |
| 12 | | | | | | (229) | 275 | 309 | 315 | 318 | 318 | 318 |
| 13 | | | | | | | (289) | 331 | 339 | 342 | 342 | 342 |
| 14 | | | | | | | (302) | 353 | 363 | 366 | 366 | 366 |
| 15 | | | | | | | (314) | 373 | 387 | 390 | 390 | 390 |
| 16 | | | | | | | (326) | 392 | 410 | 414 | 414 | 414 |
| 17 | | | | | | | (337) | 411 | 432 | 438 | 438 | 438 |
| 18 | | | | | | | (347) | 429 | 453 | 462 | 462 | 462 |
| 19 | | | | | | | (357) | 445 | 473 | 486 | 486 | 486 |
| 20 | | | | | | | (366) | 460 | 492 | 510 | 510 | 510 |
| 22 | | | | | | | | 489 | 530 | 555 | 560 | 560 |
| 24 | | | | | | | | 515 | 565 | 595 | 610 | 610 |
| 26 | | | | | | | | (540) | 600 | 635 | 655 | 660 |
| 28 | | | | | | | | (565) | 635 | 675 | 700 | 705 |
| 30 | | | | | | | | (585) | 665 | 710 | 745 | 750 |
| 32 | | | | | | | | (605) | 695 | 745 | 790 | 795 |
| 34 | | | | | | | | (625) | 725 | 780 | 835 | 840 |
| 36 | | | | | | | | (640) | 750 | 815 | 875 | 885 |
| 38 | | | | | | | | (655) | (775) | 845 | 915 | 930 |
| 40 | | | | | | | | (670) | (800) | 875 | 955 | 975 |
| 45 | | | | | | | | | (850) | 945 | 1050 | 1080 |
| 50 | | | | | | | | | (895) | 1010 | 1130 | 1180 |
| 55 | | | | | | | | | (935) | (1060) | 1210 | 1260 |
| 60 | | | | | | | | | (970) | (1110) | 1280 | 1340 |
| 65 | | | | | | | | | | (1160) | 1340 | 1410 |
| 70 | | | | | | | | | | (1200) | 1390 | 1480 |
| 75 | | | | | | | | | | (1230) | 1440 | 1540 |
| 80 | | | | | | | | | | | (1490) | 1600 |
| 85 | | | | | | | | | | | (1540) | 1660 |

续表

| 距离/cm | 球直径/cm | | | | | | | | | | | |
|---|---|---|---|---|---|---|---|---|---|---|---|---|
| | 2 | 5 | 6.25 | 10 | 12.5 | 15 | 25 | 50 | 75 | 100 | 150 | 200 |
| 90 | | | | | | | | | | | (1580) | 1720 |
| 100 | | | | | | | | | | | (1660) | 1840 |
| 110 | | | | | | | | | | | (1730) | (1940) |
| 120 | | | | | | | | | | | (1800) | (2020) |
| 130 | | | | | | | | | | | | (2100) |
| 140 | | | | | | | | | | | | (2180) |
| 150 | | | | | | | | | | | | (2250) |

**表 A1-2 球隙放电标准表(IEC 60052：2002)**

球隙的击穿电压/kV(最大值)一球接地。正极性冲击电压。大气压力 101.3 kPa,温度 20 ℃,湿度 8.5 g/m³。

| 距离/cm | 球直径/cm | | | | | | | | | | | |
|---|---|---|---|---|---|---|---|---|---|---|---|---|
| | 2 | 5 | 6.25 | 10 | 12.5 | 15 | 25 | 50 | 75 | 100 | 150 | 200 |
| 0.05 | | | | | | | | | | | | |
| 0.10 | | | | | | | | | | | | |
| 0.15 | | | | | | | | | | | | |
| 0.20 | | | | | | | | | | | | |
| 0.25 | | | | | | | | | | | | |
| 0.30 | 11.2 | 11.2 | | | | | | | | | | |
| 0.40 | 14.4 | 14.3 | 14.2 | | | | | | | | | |
| 0.50 | 17.4 | 17.4 | 17.2 | 16.8 | 16.8 | 16.8 | | | | | | |
| 0.60 | 20.4 | 20.4 | 20.2 | 19.9 | 19.9 | 19.9 | | | | | | |
| 0.70 | 23.2 | 23.4 | 23.2 | 23.0 | 23.0 | 23.0 | | | | | | |
| 0.80 | 25.8 | 26.3 | 26.2 | 26.0 | 26.0 | 26.0 | | | | | | |
| 0.90 | 28.3 | 29.2 | 29.1 | 28.9 | 28.9 | 28.9 | | | | | | |
| 1.0 | 30.7 | 32.0 | 31.9 | 31.7 | 31.7 | 31.7 | 31.7 | | | | | |
| 1.2 | (35.1) | 37.8 | 37.6 | 37.4 | 37.4 | 37.4 | 37.4 | | | | | |
| 1.4 | (38.5) | 43.3 | 43.2 | 42.9 | 42.9 | 42.9 | 42.9 | | | | | |
| 1.5 | (40.0) | 46.2 | 45.9 | 45.5 | 45.5 | 45.5 | 45.5 | | | | | |
| 1.6 | | 49.0 | 48.6 | 48.1 | 48.1 | 48.1 | 48.1 | | | | | |
| 1.8 | | 54.5 | 54.0 | 53.5 | 53.5 | 53.5 | 53.5 | | | | | |
| 2.0 | | 59.5 | 59.0 | 59.0 | 59.0 | 59.0 | 59.0 | 59.0 | 59.0 | | | |
| 2.2 | | 64.0 | 64.0 | 64.5 | 64.5 | 64.5 | 64.5 | 64.5 | 64.5 | | | |
| 2.4 | | 69.0 | 69.0 | 70.5 | 70.0 | 70.0 | 70.0 | 70.0 | 70.0 | | | |
| 2.6 | | (73.0) | 73.5 | 75.5 | 75.5 | 75.5 | 75.5 | 75.5 | 75.5 | | | |
| 2.8 | | (77.0) | 78.0 | 80.5 | 80.5 | 80.5 | 81.0 | 81.0 | 81.0 | | | |
| 3.0 | | (81.0) | 82.0 | 85.5 | 85.5 | 85.5 | 86.0 | 86.0 | 86.0 | 86.0 | | |
| 3.5 | | (90.0) | (91.5) | 97.5 | 98.0 | 98.5 | 99.0 | 99.0 | 99.0 | 99.0 | | |

续表

| 距离/cm | 球直径/cm | | | | | | | | | | | |
|---|---|---|---|---|---|---|---|---|---|---|---|---|
| | 2 | 5 | 6.25 | 10 | 12.5 | 15 | 25 | 50 | 75 | 100 | 150 | 200 |
| 4.0 | | (97.5) | (101) | 109 | 110 | 111 | 112 | 112 | 112 | 112 | | |
| 4.5 | | | (108) | 120 | 122 | 124 | 125 | 125 | 125 | 125 | | |
| 5.0 | | | (115) | 130 | 134 | 136 | 138 | 138 | 138 | 138 | 138 | |
| 5.5 | | | | (139) | 145 | 147 | 151 | 151 | 151 | 151 | 151 | |
| 6.0 | | | | (148) | 155 | 158 | 163 | 164 | 164 | 164 | 164 | |
| 6.5 | | | | (156) | (164) | 168 | 175 | 177 | 177 | 177 | 177 | |
| 7.0 | | | | (163) | (173) | 178 | 187 | 189 | 190 | 190 | 190 | |
| 7.5 | | | | (170) | (181) | 187 | 199 | 202 | 203 | 203 | 203 | |
| 8.0 | | | | | (189) | (196) | 211 | 214 | 215 | 215 | 215 | |
| 9.0 | | | | | (203) | (212) | 233 | 239 | 240 | 241 | 241 | |
| 10 | | | | | (215) | (226) | 254 | 263 | 265 | 266 | 266 | 266 |
| 11 | | | | | | (238) | 273 | 287 | 290 | 292 | 292 | 292 |
| 12 | | | | | | (249) | 291 | 311 | 315 | 318 | 318 | 318 |
| 13 | | | | | | | (308) | 334 | 339 | 342 | 342 | 342 |
| 14 | | | | | | | (323) | 357 | 363 | 366 | 366 | 366 |
| 15 | | | | | | | (337) | 380 | 387 | 390 | 390 | 390 |
| 16 | | | | | | | (350) | 402 | 411 | 414 | 414 | 414 |
| 17 | | | | | | | (362) | 422 | 435 | 438 | 438 | 438 |
| 18 | | | | | | | (374) | 442 | 458 | 462 | 462 | 462 |
| 19 | | | | | | | (385) | 461 | 482 | 486 | 486 | 486 |
| 20 | | | | | | | (395) | 480 | 505 | 510 | 510 | 510 |
| 22 | | | | | | | | 510 | 545 | 555 | 560 | 560 |
| 24 | | | | | | | | 540 | 585 | 600 | 610 | 610 |
| 26 | | | | | | | | 570 | 620 | 645 | 655 | 660 |
| 28 | | | | | | | | (595) | 660 | 685 | 700 | 705 |
| 30 | | | | | | | | (620) | 695 | 725 | 745 | 750 |
| 32 | | | | | | | | (640) | 725 | 760 | 790 | 795 |
| 34 | | | | | | | | (660) | 755 | 795 | 835 | 840 |
| 36 | | | | | | | | (680) | 785 | 830 | 880 | 885 |
| 38 | | | | | | | | (700) | (810) | 865 | 925 | 935 |
| 40 | | | | | | | | (715) | (835) | 900 | 965 | 980 |
| 45 | | | | | | | | | (890) | 980 | 1060 | 1090 |
| 50 | | | | | | | | | (940) | 1040 | 1150 | 1190 |
| 55 | | | | | | | | | (985) | (1100) | 1240 | 1290 |
| 60 | | | | | | | | | (1020) | (1150) | 1310 | 1380 |

续表

| 距离/cm | 球直径/cm | | | | | | | | | | | |
|---|---|---|---|---|---|---|---|---|---|---|---|---|
| | 2 | 5 | 6.25 | 10 | 12.5 | 15 | 25 | 50 | 75 | 100 | 150 | 200 |
| 65 | | | | | | | | | | (1200) | 1380 | 1470 |
| 70 | | | | | | | | | | (1240) | 1430 | 1550 |
| 75 | | | | | | | | | | (1280) | 1480 | 1620 |
| 80 | | | | | | | | | | | (1530) | 1690 |
| 85 | | | | | | | | | | | (1580) | 1760 |
| 90 | | | | | | | | | | | (1630) | 1820 |
| 100 | | | | | | | | | | | (1720) | 1930 |
| 110 | | | | | | | | | | | (1790) | (2030) |
| 120 | | | | | | | | | | | (1860) | (2120) |
| 130 | | | | | | | | | | | | (2200) |
| 140 | | | | | | | | | | | | (2280) |
| 150 | | | | | | | | | | | | (2350) |

注：超过 $0.5D$ 的有括号的数值，准确度较差。

## 表 A2 大容量成套工频高压试验装置主要技术数据

| 试验设备组成 | | 试验变压器 | | | | 调压器 | | | |
|---|---|---|---|---|---|---|---|---|---|
| 额定容量/kV·A | 额定电压/kV（项目） | 规格型号 | 额定容量/kV·A | 高压电压/kV | 低压电压/kV | 规格型号 | 额定容量/kV·A | 输入电压/kV | 输出电压/kV |
| 500 | 100 | YD-500/100 | 500 | 100 | 0.38 | TYDY-500 | | 0.38 | |
| | 250 | YD-500/250 | 500 | 250 | 0.38 | TDZ-500 | | 0.38 | |
| | 500 | YWDT-500/500 | 500 | 500 | 0.38 | TDZ-500 | | | 0～1.5 |
| 600 | 150 | YD-600/150 | 600 | 150 | 10 | TYDY-600/10 | 600 | 10 | 1～10.5 |
| | 300 | YDB-600/300 | 600 | 300 | 0.38 | TYDY-600/10 | 600 | 0.38 | |
| | 600 | YDBC-600/2×300 | 600 | 600 | 10 | TYDY-600/10 | 600 | 10 | 1～10.5 |
| 750 | 75 | YD-750/75 | 750 | 75 | 0.38 | TYDY-750 | 750 | 0.38 | |
| | 250 | YD-750/250 | 750 | 250 | 0.38 | TYDY-750 | 750 | 0.38 | |
| | 750 | YDB-750/750 | 750 | 750 | 0.38 | TDZ-300/10 | 300 | 10 | 0～3 |
| 1000 | 500 | YDB-1000/500 | 1000 | 500 | 0.38 | TYDY-1250 | 1250 | 10 | |
| | 1000 | YWDTC-1000/2×500 | 1000 | 1000 | 3 | TDZ-1000 | 1000 | 10 | 0～3 |
| | 550 | YWDT-1000/550 | 1000 | 550 | 6 | TYDY-1000/6 | 1000 | 6 | 0.6～6.3 |
| | 1000 | YDBC-1000/2×500 | 1000 | 1000 | 10 | TDZ-800 | 800 | 10 | |
| | 1000 | YDB-1000/1000 | 1000 | 1000 | 3 | TDZ-800 | 800 | 3 | 0～0.33 |
| 1500 | 750 | YDB-1500/750 | 1500 | 750 | 10 | TDZ-800 | 800 | 10 | 0～11.5 |
| | 500 | YWDT-1500/500 | 1500 | 500 | 6 | TDZ-1000 | 1000 | 6 | 0～0.5 |
| 2000 | 1000 | YWDTC-2000/2×500 | 2000 | 1000 | 6 | TYDY-2250 | 2250 | 6 | 0.3～6 |

## 表A3 高压脉冲电容器和整流用电容器

| 型 号 | 额定电压/kV | 标称电容/μF | 外形尺寸 | 重量/kg | 适用范围 |
| --- | --- | --- | --- | --- | --- |
| MY 110-0.2 | 110 | 0.2 | ϕ635 mm×500 mm,瓷壳 | 249 | 冲击电压发生器 |
| MY 150-0.65 | 150 | 0.65 | 642 mm×310 mm×1388 mm,铁壳(带瓷套管高 1910 mm) | 458 | 冲击电压发生器 |
| MY 220-0.1 | 220 | 0.1 | ϕ635 mm×845 mm,瓷壳 | 361 | 冲击电压发生器 |
| MWF 100-2 | 100 | 2 | 375 mm×178 mm×1228 mm,铁壳(带瓷套管高 1620 mm) | 138 | 冲击电压发生器 |
| MY 5-140 | 5 | 140 | 300 mm×135 mm×760 mm,铁壳(带瓷套管高 860 mm) | 55 | 冲击电流发生器 |
| MY 50-3 | 50 | 3 | 530 mm×530 mm×1000 mm,铁壳 | 360 | 冲击电流发生器 |
| MYC 100-1 | 100 | 1 | 642 mm×310 mm×1388 mm,铁壳(带瓷套管高 1790 mm) | 463 | 冲击电流发生器 |
| MY 100-0.5 | 100 | 0.5 | 640 mm×310 mm×1000 mm,铁壳(带瓷套管高 1450 mm) | 335 | 冲击电流发生器 |
| MY 200-0.0006 | 200 | 0.0006 | ϕ182 mm×660 mm,胶纸壳 | 18.7 | 冲击电压分压器 |
| MY 270-0.002,0.0024<br>0.0029,0.0036<br>0.0043,0.0052 | 270 | 0.002~0.0052 | ϕ365 mm×740 mm,胶纸壳 | 86 | 冲击电压分压器 |
| MY 500-0.00012 | 500 | 0.00012 | ϕ182 mm×1155 mm,胶纸壳 | 28.2 | 冲击电压分压器 |
| MY 40-0.03 | 40 | 0.03 | ϕ112 mm×252 mm,胶纸壳 | 7.6 | 高压整流及直流电压 |
| MY 60-0.03 | 60 | 0.03 | ϕ172 mm×440 mm,胶纸壳 | 11.5 | 高压整流及直流电压 |
| MY 80-0.03 | 80 | 0.03 | ϕ220 mm×455 mm,胶纸壳 | 19.7 | 高压整流及直流电压 |
| MY 110-0.011 | 110 | 0.011 | ϕ182 mm×510 mm,胶纸壳 | 17 | 高压整流及直流电压 |
| MY 110-0.0165 | 110 | 0.0165 | ϕ225 mm×475 mm,胶纸壳 | 25.2 | 高压整流及直流电压 |
| MY 110-0.022 | 110 | 0.022 | ϕ225 mm×620 mm,胶纸壳 | 30 | 高压整流及直流电压 |
| MY 150-0.32 | 150 | 0.32 | 642 mm×310 mm×1388 mm,铁壳(带瓷套管高 1910 mm) | 458 | 高压整流及直流电压 |
| MY 150-0.005 | 150 | 0.005 | ϕ275 mm×710 mm,胶纸壳 | 56 | 高压整流及直流电压 |

## 表A4　高压硅堆技术参数

| 型　　号 | 反向工作峰值电压 $U_r$/kV | 反向漏电 25℃ $I_r$/μA | 正向压降 /V | 平均整流电流 $I_f$/A | 外形尺寸/mm | | |
|---|---|---|---|---|---|---|---|
| | | | | | $L$ | $D$ | $H$ |
| 2 DL 50/0.05 | 50 | ≤10 | ≤40 | 0.05 | 150 | 15 | 30 |
| 2 DL 100/0.05 | 100 | ≤10 | ≤120 | 0.05 | 300 | 15 | 30 |
| 2 DL 150/0.05 | 150 | ≤10 | ≤120 | 0.05 | 400 | 22 | 30 |
| 2 DL 200/0.05 浸油 | 200 | ≤10 | ≤180 | 0.05 | 600 | 25 | 40 |
| 2 DL 250/0.05 浸油 | 250 | ≤10 | ≤200 | 0.05 | 800 | 25 | 35 |
| 2 DL 50/0.1 | 50 | ≤10 | ≤50 | 0.1 | 150 | 15 | 30 |
| 2 DL 100/0.1 | 100 | ≤10 | ≤120 | 0.1 | 300 | 25 | 30 |
| 2 DL 150/0.1 | 150 | ≤10 | ≤120 | 0.1 | 400 | 22 | 30 |
| 2 DL 200/0.1 浸油 | 200 | ≤10 | ≤180 | 0.1 | 600 | 25 | 40 |
| 2 DL 250/0.1 浸油 | 250 | ≤10 | ≤200 | 0.1 | 800 | 25 | 35 |
| 2 DL 50/0.2 | 50 | ≤10 | ≤80 | 0.2 | 150 | 15 | 30 |
| 2 DL 100/0.2 | 100 | ≤10 | ≤120 | 0.2 | 300 | 25 | 30 |
| 2 DL 150/0.2 | 150 | ≤10 | ≤120 | 0.2 | 400 | 22 | 30 |
| 2 DL 200/0.2 浸油 | 200 | ≤10 | ≤180 | 0.2 | 600 | 25 | 40 |
| 2 DL 250/0.2 浸油 | 250 | ≤10 | ≤200 | 0.2 | 800 | 25 | 35 |
| 2 DL 300/0.2 浸油 | 300 | ≤10 | ≤240 | 0.2 | 800 | 25 | 35 |
| 2 DL 50/0.5 | 50 | ≤10 | ≤40 | 0.5 | 300 | 20 | 55 |
| 2 DL 100/0.5 | 100 | ≤10 | ≤70 | 0.5 | 400 | 20 | 60 |
| 2 DL 50/1 | 50 | ≤10 | ≤55 | 1.0 | 400 | 25 | 70 |
| 2 DL 100/1 | 100 | ≤10 | ≤80 | 1.0 | 450 | 25 | 80 |
| 2 DL 50/2 | 50 | ≤10 | ≤35 | 2.0 | 400 | 30 | 75 |
| 2 DL 100/2 | 100 | ≤10 | ≤80 | 2.0 | 450 | 30 | 80 |
| 2 DL 20/3 | 20 | ≤10 | ≤25 | 3.0 | 300 | 110 | 22 |
| 2 DL 20/5 | 20 | ≤10 | ≤25 | 5.0 | 350 | 110 | 22 |

说明：

(1) 环境温度：−40℃～+100℃。

(2) 湿度：温度为(40±2)℃时，相对湿度为(95±3)%。

(3) 最高工作频率：3 kHz。

(4) 高压硅堆的电气参数为纯电阻性负载的电气参数，在容性负载中使用时，额定整流电流应降低20%使用。

(5) 硅堆可浸于油中使用，整流电流数值可有所增加。

(6) 硅堆均用环氧树脂封装。

(7) 2 DL是指P型硅堆。另有2CL的N型硅堆，由于篇幅所限，未予列出。

(8) 表中所列外形尺寸如图A-1所示。

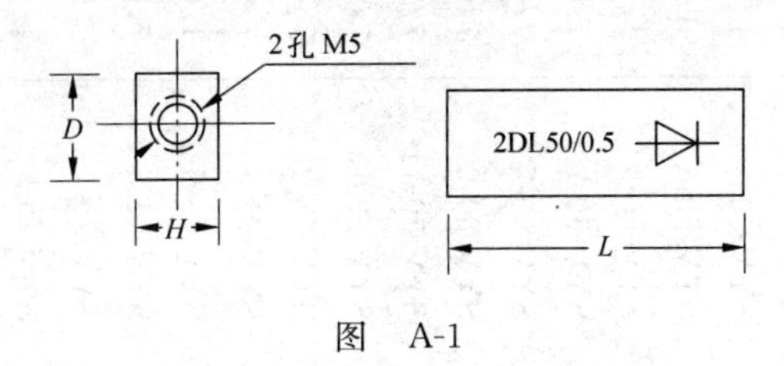


图　A-1

## 表 A5 同轴电缆参数表

| 型号 | 线心结构 | | 绝缘外径/mm | 电缆外径/mm | 制造长度/m | | 计算重量/(kg/km) | 波阻抗/Ω | | 衰减不大于/(dB/m) 45 MHz 下 | 电容不大于/(pF/m) | 试验电压千伏(50 Hz) | 电晕电压/kV | 绝缘电阻不大于(MΩ·/km) |
|---|---|---|---|---|---|---|---|---|---|---|---|---|---|---|
| | 根数/直径 | 外径/mm | | | 标准 | 最短 | | 不小于 | 不大于 | | | | | |
| SYV-50-1 | 7/0.09 | 0.27 | 0.87±0.03 | 1.9±0.1 | 20 | 5 | 8.64 | 46.5 | 53.5 | 0.450 | 110 | 1 | 0.5 | $10^4$ |
| SYV-50-2-1 | 7/0.17 | 0.51 | 1.6±0.05 | 2.9±0.1 | 20 | 5 | 16 | 46.5 | 53.5 | 0.26 | 112 | 2 | 1 | $10^4$ |
| SYV-50-2-2 | 1/0.68 | 0.68 | 2.2±0.1 | 4.0±0.3 | 50 | 5 | 29 | 47.5 | 52.5 | 0.156 | 115 | 3 | 1 | $10^4$ |
| SYV-50-3 | 1/0.9 | 0.9 | 3.0±0.2 | 5.0±0.3 | 50 | 5 | 44 | 47.5 | 52.5 | 0.12 | 110 | 4 | 2 | $10^4$ |
| SYV-50-5 | 1/1.37 | 1.37 | 4.6±0.2 | 9.6±0.6 | 50 | 5 | 160 | 47.5 | 52.5 | 0.082 | 110 | 6 | 3 | $10^4$ |
| SYV-50-7-1 | 7/0.76 | 2.28 | 7.3±0.3 | 10.3±0.6 | 50 | 5 | 175 | 47.5 | 52.5 | 0.065 | 115 | 10 | 4 | $10^4$ |
| SYV-50-7-2 | 7/0.76 | 2.28 | 7.3±0.3 | 11.2±0.7 | 50 | 5 | 245 | 47.5 | 52.5 | 0.065 | 115 | 10 | 4 | $10^4$ |
| SYV-50-9 | 7/0.95 | 2.85 | 9.2±0.5 | 12.8±0.8 | 100 | 10 | 241 | 47.5 | 52.5 | 0.052 | 115 | 10 | 4.5 | $10^4$ |
| SYV-50-11 | 7/1.13 | 3.39 | 11.0±0.6 | 14.0±0.8 | 50 | 5 | 300 | 47.5 | 52.5 | 0.052 | 115 | 14 | 5.5 | $10^4$ |
| SYV-50-15 | 7/1.51 | 4.53 | 14.9±0.7 | 18.7±1.1 | 50 | 5 | 505 | 47.5 | 52.5 | 0.039 | 115 | 18 | 8.5 | $10^4$ |
| SYV-75-2 | 7/0.09 | 0.27 | 1.6±0.05 | 2.9±0.1 | 20 | 5 | 11.3 | 70 | 80 | 0.28 | 74 | 1.8 | 0.9 | $10^4$ |
| SYV-75-4 | 7/0.21 | 0.63 | 3.7±0.2 | 6.0±0.3 | 50 | 5 | 55 | 72 | 78 | 0.113 | 76 | 4 | 2 | $10^4$ |
| SYV-75-5-1 | 1/0.72 | 0.72 | 4.6±0.2 | 7.3±0.4 | 100 | 10 | 85 | 72 | 78 | 0.082 | 76 | 5 | 2 | $10^4$ |
| SYV-75-5-2 | 7/0.26 | 0.78 | 4.6±0.2 | 7.3±0.4 | 50 | 5 | 85 | 72 | 78 | 0.0952 | 76 | 5 | 2 | $10^4$ |
| SYV-75-7 | 7/0.4 | 1.2 | 7.3±0.3 | 10.3±0.6 | 50 | 5 | 155 | 72 | 78 | 0.061 | 76 | 8 | 3 | $10^4$ |
| SYV-75-9 | 1/1.37 | 1.37 | 9.0±0.4 | 13.0±0.8 | 100 | 10 | 230 | 72 | 78 | 0.048 | 70 | 10 | 4.5 | $10^4$ |
| SYV-75-15 | 1/2.24 | 2.24 | 14.9±0.7 | 18.7±1.1 | 50 | 5 | 440 | 72 | 78 | 0.0348 | 70 | 16 | 7.5 | $10^4$ |
| SYV-75-18 | 1/2.73 | 2.73 | 18.0±0.9 | 21.0±1.0 | 50 | 5 | 575 | 72 | 78 | 0.026 | 70 | 18 | 8.5 | $10^4$ |
| SYV-100-7 | 1/0.6 | 0.6 | 7.3±0.3 | 9.7±0.6 | 50 | 5 | 137 | 95 | 105 | 0.066 | 57 | 6 | 3 | $10^4$ |
| SJYV-60-13 | 7/1.0 | 3 | 12～14.5 | 24 | 50 | | 473 | 57 | 63 | 2.5 Np/km | (15 | 10 | | $10^4$ |
| SJYV-60-23 | 19/1.0 | 5 | 21～24 | 32 | 50 | | 1011 | 57 | 63 | 1.6 Np/km | MHz) | 15 | | $10^4$ |
| SGYV-50-20 | 1/3.0+12/1.0 | 5 | 16～20 | 28 | 50 | | 792 | 50 | 56 | 1.5 Np/km (10 MHz) | | 25 | | 5000 |

**表 A6 电阻合金材料的性能和特点**

| 名称 | 主要成分/% | 电阻率 $\rho$ (20℃)/ ($\times 10^{-6}\Omega\cdot m$) | 电阻温度系数 $\alpha$/ ($\times 10^{-6}$/℃) | 对铜热电动势 $E_\alpha$/($\mu$V/℃) | 密度 $d$/ (g/cm$^3$) | 抗拉强度 $\sigma_b$/ (kgf/mm$^2$)① | 伸长率 $\delta$/% | 最高工作温度 /℃ | 工作温度 /℃ | 平均比热容 $c$/[kJ/(kg·℃)] | 特点 |
|---|---|---|---|---|---|---|---|---|---|---|---|
| 康铜 | Ni 39～41<br>Mn 1～2<br>Cu 余量 | 0.48 | 5 | −40 | 8.9 | 40～60 | 15～30 | 500 | — | 0.417 | 抗氧化性能良好,电阻温度系数小 |
| 新康铜 | Mn 10.8～12.5<br>Al 2.5～4.5<br>Fe 1.0～1.6<br>Cu 余量 | 0.48 | ≈5 | 0.3～0.5 | 8.0 | 40～55 | 15～30 | 500 | — | — | 抗氧化性能比康铜差,价较廉 |
| 镍铬 | Cr 20～23<br>Ni 余量 | 1.09 | 130 | 3.5～4.0 | 8.4 | 65～80 | 10～30 | 500 | — | — | 焊接性能较差 |
| 锰铜 | Mn 11～13<br>Ni 2～3<br>Cu 余量 | 0.47 | 29～40 | ≤1 | 8.4 | 40～55 | 10～30 | — | 5～45 | 0.417 | 电阻稳定性高,焊接性能好,抗氧化性能较差 |
| 镍铬锰硅 | Cr 17～19<br>Mn 2～4<br>Si 1～4<br>Al, Ni 余量 | 1.35 | −20～20 | ≤2 | 8.1 | 80～100 | 10～25 | — | −65～125 | — | 机械强度高,耐磨性能好,焊接性能比其他高电阻率合金略好 |

① 1kgf/mm$^2$=9.806 65 MPa。

## 表 A7 常用电阻合金线规格

| 线径/mm | 断面积/mm² | 每米电阻值/(Ω/m) | | | | 每米重量/(g/m) | | | | |
|---|---|---|---|---|---|---|---|---|---|---|
| | | 锰 铜 | 康铜新康铜 | 镍 铬 | 镍铬锰硅 | 锰 铜 | 康 铜 | 新康铜 | 镍 铬 | 镍铬锰硅 |
| 0.020 | 0.000 314 | 1496 | 1528 | 3470 | 4300 | 0.002 64 | 0.002 80 | 0.002 51 | 0.002 64 | 0.002 54 |
| 0.050 | 0.001 964 | 239 | 244 | 555 | 687 | 0.016 49 | 0.017 48 | 0.015 71 | 0.016 49 | 0.015 90 |
| 0.100 | 0.007 85 | 59.8 | 61.1 | 138.8 | 172.0 | 0.0660 | 0.0699 | 0.0628 | 0.0660 | 0.0636 |
| 0.150 | 0.017 67 | 26.6 | 27.2 | 61.7 | 76.4 | 0.1484 | 0.1573 | 0.1414 | 0.1484 | 0.1431 |
| 0.200 | 0.0314 | 14.96 | 15.28 | 34.7 | 43.0 | 0.264 | 0.280 | 0.251 | 0.264 | 0.254 |
| 0.250 | 0.0491 | 9.57 | 9.78 | 22.2 | 27.5 | 0.412 | 0.437 | 0.393 | 0.412 | 0.398 |
| 0.310 | 0.0755 | 6.23 | 6.36 | 14.44 | 17.88 | 0.634 | 0.672 | 0.604 | 0.634 | 0.611 |
| 0.350 | 0.0962 | 4.89 | 4.99 | 11.33 | 14.03 | 0.808 | 0.856 | 0.770 | 0.808 | 0.779 |
| 0.400 | 0.1257 | 3.74 | 3.82 | 8.67 | 10.74 | 1.056 | 1.118 | 1.005 | 1.056 | 1.018 |
| 0.450 | 0.1590 | 2.96 | 3.02 | 6.86 | 8.49 | 1.336 | 1.415 | 1.272 | 1.336 | 1.288 |
| 0.500 | 0.1964 | 2.39 | 2.44 | 5.55 | 6.87 | 1.649 | 1.748 | 1.571 | 1.649 | 1.590 |
| 0.560 | 0.246 | 1.908 | 1.949 | 4.43 | 5.49 | 2.07 | 2.19 | 1.970 | 2.07 | 1.995 |
| 0.600 | 0.283 | 1.662 | 1.698 | 3.86 | 4.77 | 2.38 | 2.52 | 2.26 | 2.38 | 2.29 |
| 0.670 | 0.353 | 1.333 | 1.361 | 3.09 | 3.82 | 2.96 | 3.14 | 2.82 | 2.96 | 2.86 |
| 0.710 | 0.396 | 1.187 | 1.212 | 2.75 | 3.41 | 3.33 | 3.52 | 3.17 | 3.33 | 3.21 |
| 0.750 | 0.442 | 1.064 | 1.086 | 2.47 | 3.05 | 3.71 | 3.93 | 3.53 | 3.71 | 3.58 |
| 0.800 | 0.503 | 0.935 | 0.955 | 2.17 | 2.68 | 4.22 | 4.47 | 4.02 | 4.22 | 4.07 |
| 0.850 | 0.567 | 0.828 | 0.846 | 1.921 | 2.38 | 4.77 | 5.05 | 4.54 | 4.77 | 4.60 |
| 0.900 | 0.636 | 0.739 | 0.755 | 1.713 | 2.12 | 5.34 | 5.66 | 5.09 | 5.34 | 5.15 |
| 0.950 | 0.709 | 0.663 | 0.677 | 1.538 | 1.904 | 5.95 | 6.31 | 5.67 | 5.95 | 5.74 |
| 1.000 | 0.785 | 0.598 | 0.611 | 1.388 | 1.720 | 6.60 | 6.99 | 6.28 | 6.60 | 6.36 |
| 1.120 | 0.985 | 0.477 | 0.487 | 1.106 | 1.371 | 8.28 | 8.77 | 7.88 | 8.28 | 7.98 |
| 1.250 | 1.227 | 0.383 | 0.391 | 0.888 | 1.100 | 10.31 | 10.92 | 9.82 | 10.31 | 9.94 |
| 1.300 | 1.327 | 0.354 | 0.362 | 0.821 | 1.017 | 11.15 | 11.81 | 10.62 | 11.15 | 10.75 |
| 1.400 | 1.539 | 0.305 | 0.312 | 0.708 | 0.877 | 12.93 | 13.70 | 12.32 | 12.93 | 12.47 |
| 1.500 | 1.767 | 0.266 | 0.272 | 0.617 | 0.764 | 14.84 | 15.73 | 14.14 | 14.84 | 14.31 |
| 1.600 | 2.01 | 0.234 | 0.239 | 0.542 | 0.672 | 16.89 | 17.89 | 16.08 | 16.89 | 16.29 |
| 1.700 | 2.27 | 0.207 | 0.211 | 0.480 | 0.595 | 19.07 | 20.2 | 18.16 | 19.07 | 18.39 |
| 1.800 | 2.54 | 0.1847 | 0.1886 | 0.428 | 0.531 | 21.4 | 22.6 | 20.4 | 21.4 | 20.6 |
| 1.900 | 2.84 | 0.1658 | 0.1693 | 0.384 | 0.475 | 23.8 | 25.2 | 22.7 | 23.8 | 23.0 |
| 2.00 | 3.14 | 0.1496 | 0.1528 | 0.347 | 0.430 | 26.4 | 28.0 | 25.1 | 26.4 | 25.4 |

## 表 A8 国产电源滤波器的主要性能

| 技术性能＼型号 | DL 型 | DL-B 型 | RM 30 型 | RM 50 型 |
|---|---|---|---|---|
| 抑制频带/MHz | 0.15～10000 | 0.02～10000 | 0.01～10000 | 0.01～10000 |
| 插入损耗/dB | 0.15 MHz～5000 MHz 时不低于 80～100 | 20 kHz～40 kHz,40<br>40 kHz～100 kHz,60<br>100 kHz～5000 MHz,80～100 | 10 kHz,50<br>100 kHz,85<br>1 MHz～10000 MHz,100<br>10 GHz～18 GHz,90 | 10 kHz,50<br>100 kHz,85<br>1 MHz～10000 MHz,100<br>10 GHz～18 GHz,90 |
| 最大工作电流/A | DL-15 型 15<br>DL-25 型 25 | DL-15B 15<br>DL-25B 25 | 30 | 50 |
| 工作电压/V | 直流：500<br>交流：220/380 | 直流：500<br>交流：220/380 | 直流：1500<br>交流：220/380 | 直流：1500<br>交流：220/380 |
| 外形尺寸/mm×mm×mm | 390×110×140 | 690×110×140 | 800×180×200 | 800×180×200 |

## 表 A9 各类设备的 1 min 工频耐受电压

kV(有效值)

| 系统标称电压(有效值) | 设备最高电压(有效值) | 内、外绝缘(干试与湿试) | | | | 母线支柱绝缘子 | |
|---|---|---|---|---|---|---|---|
| | | 变压器 | 并联电抗器 | 耦合电容器、高压电器、电压互感器和穿墙套管 | 高压电力电缆 | 湿试 | 干试 |
| 35 | 40.5 | 80/85① | 80/85① | 80/95② | 80/85② | 80 | 100 |
| 66 | 72.5 | 140 | 140 | 140 | 140 | 140 | 165 |
| | | 160 | 160 | 160 | 160 | 160 | 185 |
| 110 | 126.0 | 185/200 | 185/200 | 185/200 | 185/200 | 185 | 265 |
| 220 | 252.0 | 360 | 360 | 360 | 360 | | |
| | | 395 | 395 | 395 | 395 | 360 | 450 |
| | | | | | 460 | 395 | 495 |
| 330 | 363.0 | 460 | 460 | 460 | 460 | | |
| | | 510 | 510 | 510 | 510 | | |
| | | | | | 570 | | |
| 500 | 550.0 | 630 | 630 | 630 | 630 | | |
| | | 680 | 680 | 680 | 680 | | |
| | | | | 740 | 740 | | |
| 750 | 800 | 900 | 900 | 900 | 900 | 900 | |
| | | | | 960 | 960 | | |
| 1000③ | 1100 | 1100 | 1100 | 1100 | 1100 | 1100 | |

注：表中 330 kV～1000 kV 设备之短时工频耐受电压仅供参考。

① 该栏斜线下的数据为该类设备的内绝缘和外绝缘干耐受电压；该栏斜线上的数据为该类设备的外绝缘湿耐受电压。

② 该栏斜线下的数据为该类设备的外绝缘干耐受电压。

③ 对于特高压电力变压器，工频耐受电压时间为 5 min。

## 表 A10 各类设备的雷电冲击耐受电压

kV

| 系统标称电压（有效值） | 设备最高电压（有效值） | 额定雷电冲击（内、外绝缘）耐受电压（峰值） | | | | | | 截断雷电冲击耐受电压（峰值） |
|---|---|---|---|---|---|---|---|---|
| | | 变压器 | 并联电抗器 | 耦合电容器、电压互感器 | 高压电力电缆② | 高压电器 | 母线支柱绝缘子、穿墙套管 | 变压器类设备的内绝缘 |
| 35 | 40.5 | 185/200① | 185/200① | 185/200① | 200 | 185 | 185 | 220 |
| 66 | 72.5 | 325 | 325 | 325 | 325 | 325 | 325 | 360 |
| | | 350 | 350 | 350 | 350 | 350 | 350 | 385 |
| 110 | 126 | 450/480① | 450/480① | 450/480① | 450 | 450 | 450 | 530 |
| | | 550 | 550 | 550 | 550 | | | |
| 220 | 252 | 850 | 850 | 850 | 850 | 850 | 935 | 950 |
| | | 950 | 950 | 950 | 950<br>1050 | 950 | 950 | 1050 |
| 330 | 363 | 1050 | | | | 1050 | 1050 | 1175 |
| | | 1175 | 1175 | 1175 | 1175<br>1300 | 1175 | 1175 | 1300 |
| 500 | 550 | 1425 | | | 1425 | 1425 | 1425 | 1550 |
| | | 1550 | 1550 | 1550 | 1550 | 1550 | 1550 | 1675 |
| | | | 1675 | 1675 | 1675 | 1675 | 1675 | |
| 750 | 800 | 1950 | 1950 | 1950 | 1950 | 1950 | 1950 | 2145 |
| | | | 2100 | 2100 | 2100 | 2100 | 2100 | 2310 |
| 1000 | 1100 | 2250 | 2250 | 2250 | 2250 | 2250 | 2550 | 2400 |
| | | | 2400 | 2400 | 2400 | 2400 | 2700 | 2560 |

注：

① 斜线下之数据仅用于该类设备的内绝缘。

② 对高压电力电缆是指热状态下的耐受电压。

## 表 A11 超高压及特高压设备的标准绝缘水平

kV

| 系统标称电压 $U_s$（有效值） | 设备最高电压 $U_m$（有效值） | 额定操作冲击耐受电压（峰值） | | | | | 额定雷电冲击耐受电压（峰值） | | 额定短时工频耐受电压（有效值） |
|---|---|---|---|---|---|---|---|---|---|
| | | 相对地 | 相间 | 相间与相对地之比 | 纵绝缘② | | 相对地 | 纵绝缘 | 相对的 |
| 1 | 2 | 3 | 4 | 5 | 6 | 7 | 8 | 9 | 10③ |
| 330 | 363 | 850 | 1300 | 1.50 | 950 | 850<br>(+295)① | 1050 | 见文献[1]<br>6.10<br>规定 | (460) |
| | | 950 | 1425 | 1.50 | | | 1175 | | (510) |
| 500 | 550 | 1050 | 1675 | 1.60 | 1175 | 1050<br>(+450)① | 1425 | | (630) |
| | | 1175 | 1800 | 1.50 | | | 1550 | | (680) |
| | | 1300④ | 1950 | 1.50 | | | 1675 | | (740) |
| 750 | 800 | 1425 | | | 1550 | 1425<br>(+650)① | 1950 | | (900) |
| | | 1550 | | | | | 2100 | | (960) |
| 1000 | 1100 | | | | 1800 | 1675<br>(+900)① | 2250 | 2400<br>(+900)① | (1100) |
| | | 1800 | | | | | 2400 | | |

注：其他等级水平设备的标准绝缘水平见参考文献[1]中的表2。

① 栏7和栏9括号中之数值是加在同一极对应端子上的反极性工频电压的峰值。

② 绝缘的操作冲击耐受电压选取栏6或栏7之数值，决定于设备的工作条件，在有关设备标准中规定。

③ 栏10括号内之短时工频耐受电压值IEC 60071-1未予规定。

④ 表示除变压器以外的其他设备。

## 表 A12 特高压变压器的试验电压值

kV

| 电压等级 | 操作冲击 | 雷电冲击 | 工频耐压 |
|---|---|---|---|
| 750 | 1550 | 1950,2100(截波) | 860 |
| 1000 | 1800 | 2250,2400(截波) | 1100 |

注：参见 GB/Z 24843—2009 1000 kV 单相油浸式自耦电力变压器技术规范及机械行业标准 JB10780—2007 750 kV 电力变压器技术参数。

## 表 A13 1000 kV 设备绝缘额定耐受电压

kV

| 设 备 | 雷电冲击 | 操作冲击 | 工频 |
|---|---|---|---|
| 变压器、电抗器 | 2250(截波 2400) | 1800 | 1100(5 min) |
| GIS(断路器、隔离开关) | 2400 | 1800 | 1100(1 min) |
| 支柱绝缘子、隔离开关(敞开式) | 2550 | 1800 | 1100(1 min) |
| 电压互感器(CVT) | 2400 | 1800 | 1200(5 min) |
| 套管(变压器、电抗器) | 2400(截波 2760) | 1950 | 1200(5 min) |
| 套管(GIS) | 2400 | 1800 | 1100(1 min) |
| 开关设备纵绝缘 | 2400＋900 | 1675＋900 | 1100＋635(1 min) |

注：参见国家标准化指导性技术文件 GB/Z 24842—2009 1000 kV 特高压交流输变电工程过电压和绝缘配合。

# 参 考 文 献

[1] 中国国家标准化管理委员会. 绝缘配合 第 1 部分：定义、原则和规则：GB 311.1—2012.(与 IEC 60071-1：2006 相对应)

# 附录 B　冲击电压发生器(3～5 阶电路)输出电压象函数的表达式

**1. 3 阶电路**

考虑内回路电感及与试品并接的电阻分压器,冲击电压发生器的原理接线如图 B-1 所示。

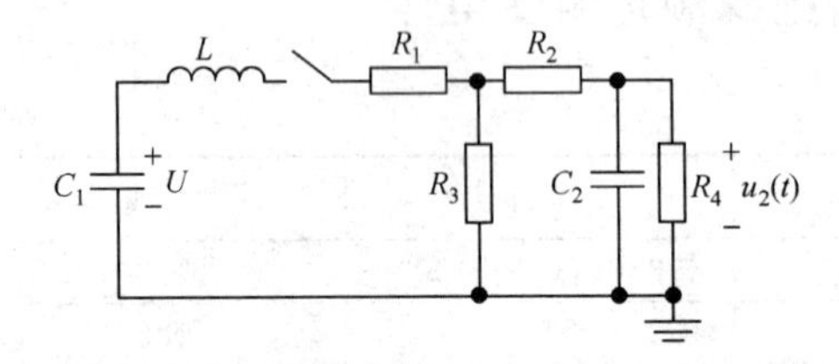


图 B-1　考虑内电感及电阻分压器的发生器回路

当电容 $C_1$ 上的初始充电电压为 $U$ 时,输出电压象函数 $U_2(s)$ 的表达式为

$$U_2(s) = BU/[s^3 + A(1)s^2 + A(2)s + A(3)] \tag{B-1}$$

式中的

$$A_0 = 1/[(R_2 + R_3)LC_2]$$

$$A(1) = 1/(R_4C_2) + R_1/L + A_0(L + R_2R_3C_2)$$

$$A(2) = 1/(LC_1) + A_0\{[R_1(R_2 + R_3 + R_4) + R_3(R_2 + R_4)]/R_4\}$$

$$A(3) = A_0/C_1 + 1/(R_4LC_1C_2)$$

$$B = A_0R_3$$

若试品不并接电阻分压器,输出电压的表达式可参见 5.3.4 节中的式(5-42)。

**2. 4 阶电路**

(1) 考虑内回路电感及与试品并接的阻容分压器($R_3$ 和 $C_3$),冲击电压发生器的原理接线类似于图 B-2 所示,但电感集中在 $L_1$ 处,即 $L_2$ 为零。

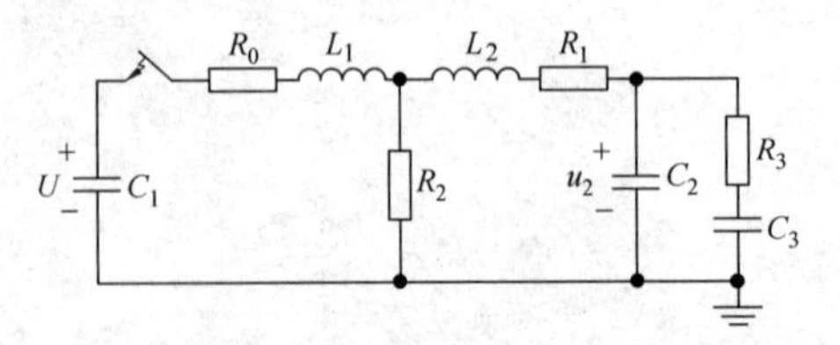


图 B-2　考虑电感及阻容分压器的发生器回路

当电容 $C_1$ 上的初始充电电压为 $U$ 时,输出电压象函数 $U_2(s)$ 的表达式为

$$\begin{aligned} U_2(s) &= M(s)/N(s) \\ &= [B(1)s + B(2)]U/[s^4 + A(1)s^3 + A(2)s^2 + A(3)s + A(4)] \end{aligned} \tag{B-2}$$

式中 $A$ 和 $B$ 的参数值见附录 C 的程序,但请注意电感 $L_1$ 在附录 C 的程序中表示为 $L$。

(2) 考虑波头电阻中的电感及外回路电感,冲击电压发生器的原理接线类似于图 B-2

所示，但图中 $L_1=0$，$L_2$ 用 $L$ 表示。

当电容 $C_1$ 上的初始充电电压为 $U$ 时，输出电压象函数 $U_2(s)$ 的表达式同式(B-2)。但式中的

$$A_0=1/[R_3LC_1C_2C_3(R_0+R_2)]$$

$$A(1)=A_0[R_3C_1C_2C_3(R_0R_1+R_0R_2+R_1R_2)+LC_1C_3(R_0+R_2)+LC_2(R_0C_1+R_2C_1+R_3C_3)]$$

$$A(2)=A_0[R_3C_2C_3(R_1+R_2)+C_1C_3(R_0R_1+R_0R_2+R_0R_3+R_1R_2+R_2R_3)+C_1C_2(R_0R_1+R_0R_2+R_1R_2)+L(C_2+C_3)]$$

$$A(3)=A_0[C_1(R_0+R_2)+C_2(R_1+R_2)+C_3(R_1+R_2+R_3)]$$

$$A(4)=A_0$$

$$B(1)=A_0R_2R_3C_1C_3$$

$$B(2)=A_0R_2C_1$$

**3. 5阶电路**

考虑内、外回路电感及与试品并接的阻容分压器，冲击电压发生器的原理接线如图 B-2 所示，但不考虑 $R_0$ 的存在。

当电容 $C_1$ 上的初始充电电压为 $U$ 时，输出电压象函数 $U_2(s)$ 的表达式为

$$U_2(s)=[B(1)s+B(2)]U/[s^5+A(1)s^4+A(2)s^3+A(3)s^2+A(4)s+A(5)] \tag{B-3}$$

式中

$$A_0=1/R_3L_1L_2C_1C_2C_3$$

$$A(1)=A_0[R_3C_1C_2C_3(R_2L_2+R_1L_1+R_2L_1)+L_1L_2C_1(C_2+C_3)]$$

$$A(2)=A_0[R_3C_2C_3(L_2+R_1R_2C_1)+R_2C_1(L_1+L_2)(C_2+C_3)+L_1C_1(R_1C_2+R_1C_3+R_3C_3)]$$

$$A(3)=A_0[R_2C_1C_3(R_1+R_3)+R_1R_3C_2C_3+R_2+L_2(C_2+C_3)+R_1R_2C_1C_2+L_1C_1]$$

$$A(4)=A_0[R_2C_1+R_3C_3+(R_1+R_2)(C_2+C_3)]$$

$$A(5)=A_0$$

$$B(1)=A_0R_2R_3C_1C_3$$

$$B(2)=A_0R_2C_1$$

# 附录C 冲击电压发生器的放电回路计算程序

本附录中的程序是依据附录 B 中图 B-2 所示发生器 4 阶放电回路来编制的，但图中的 $L_2$ 取消，$L_1$ 用 $L$ 表示。对于目前普遍使用的高效回路，只需在程序中将 $R_0$ 之值取为 0 即可。

输入回路元件参数，通过程序可算得 $u_2(t)$ 的波形和波前时间 $T_1$、半峰值时间 $T_2$。由于 $C_1$ 的充电电压设置为 1，$u_2(t)$ 的峰值 $U_e$ 即为发生器效率 $\eta$。计算通过拉普拉斯变换法进行，$U_2(s)=M(s)/N(s)$ 可见式(B-2)。阅读本程序前请先阅读 5.3.4 节所述内容。部分计算结果分别输出到两个 Excel 文件，由这些数据可画出冲击波前及全波波形。子程序 X4fc 用于寻求四次方程的根，根据标准冲击波的特性：①用牛顿迭代法求出一个小实根；②通过综合除法得到相关的三次方程式，通过牛顿迭代法求出一个大实根；③得到相关的一元二次方程式，求出一对共轭复根(由于出现实根的概率很低，若遇到实根程序停止工作)。最后一个结果 $f$ 是过冲的振荡频率，若无过冲则 $f$ 为零。

程序的具体算例是高效回路：当 $R_1$ 为 382.5 Ω，$R_2$ 为 3245.0 Ω，可以算得 $u_2(t)$ 为 1.2 μs/50 μs 的标准雷电冲击电压，峰值 $U_e=0.91612$。但 $u_2(t)$ 存在过冲，所以它不是试验电压波形(见 5.1 节)。计算还给出过冲波的振荡频率 $f\approx0.2318$ MHz，根据 5.1 节式(5-1)，试验电压因数 $k(f)=0.8943$。

若将电感设置为使回路处于临界阻尼状态，而其他参数不变，则由程序算得的波形可近似认为就是基准曲线，其峰值 $U_b=0.89497$。把 $U_e=0.91612$，$k(f)=0.8943$ 及 $U_b=0.89497$ 代入式(5-2)，可得试验电压波形的峰值 $U_t=0.91388$。它与 $U_e$ 的差别很小，相对差值仅为 2.4 ‰。根据式(5-3)，过冲值仅为 2.3 %。试验电压波形与记录波形(即通过程序计算得到的波形)也应差别很小。总之，在本算例的条件下，可以用程序计算所得的波形来代表试验电压波形。

```
      Program LI4nt
c  程序用于计算冲击回路的输出电压波形
      real L,a(4),b(2),x(2,4)
      complex s(4),z
      real zm(4),zjr(4),zjd(4)
      real ta(0:999),ua(0:999)
      real tb(0:999),ub(0:999)
      data dta,dtb,na,nb/0.01,0.2,360,600/
      common /coot/ a,x
c     a: N(s)的系数; b: M(s)的系数
c     x: N(s) = 0 的复根的实部,虚部
c     s: N(s) = 0 的根的复数表达
c     z,zm,zjr,zjd: z 及其模和幅角
c     ta,ua 和 tb,ub:观察波前或全波用
c     dta,dtb: 计算步长; nb: 计算步数
c ---- 冲击发生器电路元件参数
      data C1,C2,C3/0.02,0.001,0.0005/
      data L,R0/80.0,0.0/
      data R1,R2,R3/382.5,3245.0,300.0/
c  使用单位:C - 微法;L - 微亨;R - 欧;t - 微秒
c ---- 打印电路元件参数
      write( * ,'(/3x,"电路元件参数,",
     &2x,"C - 微法,L - 微亨,R - 欧")')
      write( * ,'(5x,"C1 = ",f11.5,
     &",  C2 = ",f11.5)') C1,C2
      write( * ,'(5x,"C3 = ",f11.5,
     &",  R3 = ",f11.5)') C3,R3
      write( * ,'(5x,"L  = ",f11.5,
     &",  R0 = ",f11.5)') L,R0
      write( * ,'(5x,"R1 = ",f11.5,
     &",  R2 = ",f11.5)') R1,R2
c ---- 计算 N(s)和 M(s)的系数,并打印
      am = (R1 + R2) * R3 * C1 * C2 * C3 * L
      f = C3 * (R1 + R2 + R3) + C2 * (R1 + R2)
```

```
      g = R0 * R1 + R0 * R2 + R1 * R2
      a(1) = (C1 * (L * f + R3 * C2 * C3 * g))/am
      f = R3 * C2 * C3 + R0 * C1 * C3 + R0 * C1 * C2
      g = R3 * C3 * (R0 + R2) + R1 * R2 * (C2 + C3)
      a(2) = (f * (R1 + R2) + C1 * (g + L))/am
      f = (R1 + R2) * (C2 + C3)
      a(3) = (f + C1 * (R0 + R2) + R3 * C3)/am
      a(4) = 1.0/am
      write( * ,'(/3x,"N(s)的系数")')
      write ( * ,'(5x," a =",4(2x,f9.4))') a
      b(1) = R2 * R3 * C1 * C3/am
      b(2) = R2 * C1/am
      write( * ,'(3x,"M(s)的系数")')
      write( * ,'(5x," b =",2(2x,f9.4))') b
c ---- 求解一元四次方程 N(s) = 0
      call X4fc
c ---- 计算冲击电压波形
      pai = 3.1415926535
      do 100 k = 0,na
100   ta(k) = float(k) * dta
      do 110 k = 0,nb
110   tb(k) = float(k) * dtb
c ---- 计算、打印:z 的模和幅角
      do 200 k = 1,4
      s(k) = Cmplx(x(1,k),x(2,k))
      z = ((4.0 * s(k) + 3.0 * a(1)) * s(k)
     & + 2.0 * a(2)) * s(k) + a(3)
      z = (b(1) * s(k) + b(2))/z
      zm(k) = Cabs(z)
      zjr(k) = Atan2(Aimag(z),real(z))
200   zjd(k) = zjr(k) * 180.0/pai
      write( * ,'(/5x,"z 的",4x,"模",5x,
     &"幅角(弧度)",5x,"幅角(度)")')
      write( * ,'(13x,"zm",11x,"zjr",
     &10x,"zjd")')
      do 250 k = 1,4
      write( * ,'(3x,3f13.5)')
     &zm(k),zjr(k),zjd(k)
250   continue
c ---- 计算 ua(t),用于分析波前部分
      do 310 j = 0,na
      ua(j) = 0.0
      do 300 k = 1,4
      ua(j) = ua(j) + zm(k) * Exp(x(1,k) * ta(j))
     & * Cos(x(2,k) * ta(j) + zjr(k))
300   continue
310   continue
c ---- 计算 ub(t),用于分析波尾部分
      do 360 j = 0,nb
      ub(j) = 0.0
      do 350 k = 1,4
      ub(j) = ub(j) + zm(k) * Exp(x(1,k) * tb(j))
     & * Cos(x(2,k) * tb(j) + zjr(k))
350   continue
360   continue
c ---- 输出 ua(t):到文件 ShCha.csv
      Open (2,file = 'ShCha.csv')
      do 380 i = 0,na
      write(2,'(3x,f9.5,",",5x,f12.8)')
     &ta(i),ua(i)
380   continue
      Close (2)
c ---- 输出 ub(t):到文件 ShChb.csv
      Open (2,file = 'ShChb.csv')
      do 390 i = 0,nb
      write(2,'(3x,f9.5,",",5x,f12.8)')
     &tb(i),ub(i)
390   continue
      Close (2)
c ---- 计算波形参数
      twopai = 2.0 * 3.1415926535
c ---- 搜索、打印(记录曲线)峰值
      Ue = ua(1)
      do 600 i = 1,na
600   if (ua(i).gt.Ue) Ue = ua(i)
      write( * ,'(/3x,"峰值 Ue =",f9.5)') Ue
c ---- 计算 t0.3、t0.9 和 t0.5
      u03 = 0.3 * Ue
      do 620 i = 1,na - 1
      u31 = ua(i) - u03
      u32 = ua(i + 1) - u03
      if (u31 * u32.le.0.0) then
      n3 = i
      goto 650
      endif
620   continue
650   t03 = ta(n3) + dta * (u03 - ua(n3))
     &/(ua(n3 + 1) - ua(n3))
      u09 = 0.9 * Ue
      do 660 i = 1,na - 1
      u91 = ua(i) - u09
      u92 = ua(i + 1) - u09
      if (u91 * u92.le.0.0) then
      n9 = i
      goto 680
      endif
660   continue
680   t09 = ta(n9) + dta * (u09 - ua(n9))
     &/(ua(n9 + 1) - ua(n9))
      u05 = 0.5 * Ue
      do 800 i = nb,1, - 1
      u52 = ub(i) - u05
```

```
      u51 = ub(i - 1) - u05
      if (u52 * u51.le.0.0) then
      n5 = i
      goto 850
      endif
800   continue
850   t05 = tb(n5) - dtb * (ub(n5) - u05)
   &/(ub(n5 + 1) - ub(n5))
c ---- 计算、打印波前时间 T1
      T1 = (t09 - t03)/0.6
      T1e = (T1 - 1.2)/1.2
      write( * ,'(/3x,"t03 =",3x,f6.4,",",6x,
   &"t09 =",3x,f6.4)') t03,t09
      write( * ,'(3x,"波前时间 T1 =",f8.4,
   &" 微秒")') T1
      write( * ,'(12x,"T1e = ",f6.4," %")')
   &T1e * 100.0
c ---- 计算、打印半峰值时间 T2
      T2 = t05 + 0.5 * t09 - 1.5 * t03
      T2e = (T2 - 50.0)/50.0
      write( * ,'(/3x,"t05 =",3x,f8.4)') t05
      write( * ,'(3x,"半峰值时间 T2 =",
  &f8.4," 微秒")') T2
      write( * ,'(14x,"T2e =",f6.4," %")')
  &T2e * 100.0
c ---- 计算、打印振荡频率 f
      f = x(2,3)/twopai
      write( * ,'(/3x,"振荡频率 f =",
  &f6.4," MHz"/)') f
      stop
      end
c --------------------------------
      Subroutine X4fc
c  本子程序用于求解一元四次方程
      real a(4),x(2,4)
      common /coot/ a,x
c     a:方程的系数; x:方程的根
c ---- 用牛顿迭代法求第1、2个实根
      i = 0
      xn = - a(4)/a(3)
      goto 180
160   i = i + 1
      x(1,i) = xn
      x(2,i) = 0.0
      if (i.eq.1) goto 260
      if (i.eq.2) goto 280
180   xo = xn
      h = xo * (xo * (xo * (xo + a(1)) + a(2))
  & + a(3)) + a(4)
      hd = xo * (xo * (4.0 * xo + 3.0 * a(1))
  & + 2.0 * a(2)) + a(3)
      xn = xo - h/hd
      if (Abs((xn - xo)/xn).le.1.0e - 4) goto 160
      goto 180
260   b1 = a(1) + xn
      c1 = a(2) + b1 * xn
      d1 = a(3) + c1 * xn
      xn = - a(1)
      goto 180
c ---- 对一元二次方程求第3、4个根
280   b2 = b1 + xn
      c2 = c1 + b2 * xn
      v = - 0.5 * b2
      w = v * v - c2
      if (w.lt.0.0) goto 300
c ---- w = 0 或> 0:第3、4个根为实根
      write( * ,'(/3x,"w = 或> 0 !")')
      stop
c ---- w < 0:第3、4个根为共轭复根
300   x(1,3) = v
      x(2,3) = Sqrt( - w)
      x(1,4) = x(1,3)
      x(2,4) = - x(2,3)
c ---- 打印方程的4个根:x(2,4)
      write( * ,'(/3x,"一元四次方程",
  &" N(s) = 0 的根 x")')
      write( * ,'(10x,"实部",8x,"虚部")')
      do 800 i = 1,4
      write( * ,'(5x,f10.6,",",f12.6)')
  &x(1,i),x(2,i)
800   continue
      return
      end
```

注：程序为双栏排版，致使一些语句被不必要地分在两行。读者可将这些语句恢复为一行，以免程序会被某些Fortran编译连接软件认为有错而不能通过。

# 附录D 振荡型操作冲击电压发生回路的计算程序

本附录中的程序是依据第5章图5-64所示OSI发生电路编写的,阅读本程序前请先阅读本书5.12.4节的内容。编写本程序的目的是在对被试变压器进行实际试验前,初步找到能符合所需波形的电路元件参数,节省实际试验的工作量和时间。

在图5-64所示电路中,被试变压器的参数是确定值,可选择的元件参数只有主电容$C_1$、调波电感$L_W$和调波电阻$R_W$。$C_1$的选择相对简单,$L_W$和$R_W$可根据式(5-90)和式(5-91)进行估算。

被试变压器的参数为$L_1=1$ mH,$L_2=1$ mH,$L_0=463$ mH,$R_0=160$ Ω,$C_2=0.0003059$ mF。选$C_1=0.0036$ mF。对设定的$T_p=0.2$ ms,$T_2=1.5$ ms,用估算公式算得$L_W=12.19$ mH,$R_W=14.68$ Ω。将它们输入到波形程序中,算得峰值时间$T_p=201.3$ μs,半峰值时间$T_2=1556$ μs。适当调整调波元件参数值,取$L_W=12$ mH,$R_W=16.3$ Ω,输入到波形程序后可算得$T_p$为200.1 μs,$T_2$为1502 μs。

程序中应用拉普拉斯变换法来计算发生电路的输出电压$u_2(t)$,象函数$U_2(s)$的表达式如式(5-83)所示。已知电路元件参数后,通过程序可算得$u_2(t)$的波形。程序中设置的计算步长dt、计算步数nc等,只适合于本程序中的具体算例,对于其他的元件参数,可能需要调整这些设置。子程序So4dsj中使用了盛金公式,计算一元四次方程的2对共轭复根。$u_2(t)$的计算结果输出到Excel文件,使用这些数据可画出OSI电压的波形。程序可计算出$u_2(t)$的最高峰值,由于$C_1$的充电电压设置为单位值,此峰值即为发生器效率。程序还可算出峰值时间$T_p$、半峰值时间$T_2$和振荡频率$f$。

当变压器参数如前所述,且选$C_1=0.0036$ mF,$L_W=12$ mH,$R_W=16.3$ Ω时,程序算得的结果是:$u_2(t)$的最高峰值$U_P$和电压效率为1.70,$T_p$为200.1 μs,$T_2$为1502 μs,$f$为2.56 kHz。

```
      Program OsSwIm
c  本程序用于计算 OSI 电路的输出电压波形
      real L0,L1,L2,Lw,a(4),b(2)
      real x(2,4),km(4),kjr(4),kjd(4)
      complex s(4),cpk
      real t(0:1500),u(0:1500)
      real pv(0:1500),pt(0:1500)
      data dt,nc/0.003,1500/
      common /coea/ a0,a
      common /root/ x
c     u2(t)的象函数:U2(s) = M(s)/N(s)
c     a: N(s)的系数; b: M(s)的系数
c     x: N(s) = 0 的复根的实部,虚部
c     s: N(s) = 0 的根的复数表达
c     km,kjr,kjd: k 的模和幅角
c     t,u: 时间, 输出电压 u2
c     pv,pt: 包络线峰值点峰值,时间
c     dt: 计算步长; nc: 计算步数
c ---- 输入 OSI 电路元件参数,并屏幕输出
      data L1,L2,R0,L0/1.0,1.0,160.0,463.0/
      data C1,C2/0.0036,0.0003059/
      data Rw,Lw/16.3,12.0/
c     电路元件参数说明:见正文 5.12 节
      write( * ,'(/3x,"电路元件参数,",
     &2x,"L-毫亨,C-毫法,R-欧")')
      write( * ,'(5x,"L1 = ",f12.7,
     &",  L2 = ",f12.7)') L1,L2
      write( * ,'(5x,"L0 = ",f12.7,
     &",  R0 = ",f12.7)') L0,R0
      write( * ,'(5x,"C1 = ",f12.7,
     &",  C2 = ",f12.7)') C1,C2
      write( * ,'(5x,"Rw = ",f12.7,
     &",  Lw = ",f12.7)') Rw,Lw
c ---- 计算 N(s)和 M(s)的系数,并屏幕输出
```

```
      a0 = C1 * C2 * ((L0 + L2) * (L1 + Lw) + L0 * L2)
      f = Rw * (L0 + L2) + R0 * (L1 + L2 + Lw)
      a(1) = C1 * C2 * f /a0
      f = (L1 + L0 + Lw) * C1 + (L0 + L2) * C2
      a(2) = (f +  R0 * Rw * C1 * C2)/a0
      a(3) = (Rw * C1 + R0 * (C1 + C2))/a0
      a(4) = 1.0/a0
      write( * ,'(/3x,"N(s)的系数")')
      write( * ,'(5x,"a0 = ",f11.6)') a0
      write ( * ,'(5x," a = ",4(2x,f11.6))') a
      b(1) = L0 * C1/a0
      b(2) = R0 * C1/a0
      write( * ,'(3x,"M(s)的系数")')
      write( * ,'(5x," b =",2(2x,f11.6))') b
c ---- 求解一元四次方程 N(s) = 0
      call So4dsj
c ---- 计算冲击电压波形
      pai = 3.1415926535
      rtrd = 180.0/pai
      twopai = 2.0 * pai
c ---- 计算、打印:k 的模和幅角
      do 100 i = 1,4
      s(i) = cmplx(x(1,i),x(2,i))
      cpk = (4.0 * s(i) + 3.0 * a(1)) * s(i)
      cpk = (cpk + 2.0 * a(2)) * s(i) + a(3)
      cpk = (b(1) * s(i) + b(2))/cpk
      km(i) = cabs(cpk)
      kjr(i) = atan2(Aimag(cpk),Real(cpk))
      kjd(i) = kjr(i) * rtrd
100   continue
      write( * ,'(/5x,"k 的",4x,"模",5x,
     &"幅角(弧度)",5x,"幅角(度)")')
      write( * ,'(13x,"km",11x,"kjr",
     &10x,"kjd")')
      do 160 j = 1,4
      write( * ,'(3x,3f13.5)') km(j),kjr(j),kjd(j)
160   continue
c ---- 计算:u2(t)
      do 280 j = 0,nc
      t(j) = Float(j) * dt
      u(j) = 0.0
      do 260 i = 1,4
      f = km(i) * Exp(x(1,i) * t(j))
      u(j) = u(j) + f * Cos(x(2,i) * t(j) + kjr(i))
260   continue
280   continue
c ---- 输出 u2(t):到文件 ShuChu.csv
      Open (2,file = 'ShuChu.csv')
      do 300 i = 0,nc
      write(2,'(3x,f9.5,",",5x,f12.8)') t(i),u(i)
300   continue
      Close (2)
c ---- 计算波形参数
c     搜索和屏幕输出:Um 和 tm
      Um = u(1)
      do 400 i = 1,nc
      if(u(i).gt.Um) Um = u(i)
      if(u(i).lt.Um) goto 430
400   continue
430   nm = nc
      do 450 i = 1,nc
      if(u(i).eq.Um) nm = i
      if(i.gt.nm) goto 480
450   continue
480   tm = Float(nm) * dt
      write( * ,'(/3x,"波形参数")')
      write( * ,'(3x,"峰值 Um = ",f6.4)') Um
      write( * ,'(3x,"tm = ",f6.4," ms")') tm
c     计算 t0.3 和 t0.9
      u03 = 0.3 * Um
      do 520 i = 1,nm
      u31 = u(i) - u03
      u32 = u(i + 1) - u03
      if (u31 * u32.le.0.0) then
      n3 = i
      goto 550
      endif
520   continue
550   f = (u03 - u(n3))/(u(n3 + 1) - u(n3))
      t03 = t(n3) + dt * f
      u09 = 0.9 * Um
      do 560 i = n3,nm
      u91 = u(i) - u09
      u92 = u(i + 1) - u09
      if (u91 * u92.le.0.0) then
      n9 = i
      goto 580
      endif
560   continue
580   f = (u09 - u(n9))/(u(n9 + 1) - u(n9))
      t09 = t(n9) + dt * f
c     波前时间 Tp:计算、打印
      Tp = 2.4 * (t09 - t03)
      write( * ,'(3x,"t03 = ",f6.4," ms,",2x,
     &"t09 = ",f6.4," ms")') t03,t09
      write( * ,'(/3x,"波前时间   Tp = ",f6.1,
     &" 微秒")') Tp * 1000.0
c     半峰值时间 T2:计算、打印
      np = 0
      do 620 i = nm + 1,nc
      if(u(i).gt.u(i - 1).and.u(i).gt.u(i + 1))then
      np = np + 1
```

```
          pv(np) = u(i)
          pt(np) = t(i)
          if (pv(np).lt.0.3) goto 630
          endif
 620      continue
 630      u05 = 0.5 * Um
          do 650 i = 1,np
          if (pv(i).lt.u05) then
          dudt = (pv(i) - pv(i-1))/(pt(i) - pt(i-1))
          T2 = pt(i-1) + (u05 - pv(i-1))/dudt
          goto 660
          endif
 650      continue
 660      write( * ,'(3x,"半峰值时间 T2 =",
        &f7.1," 微秒")') T2 * 1000.0
 c        振荡频率 f:计算、打印
          f = x(2,1)/twopai
          write( * ,'(3x,"振荡频率    f =",
        &f6.2," kHz")') f
          stop
          end
 c ---------------------------------
          Subroutine So4dsj
 c        本子程序用于求解一元 4 次方程
 c        使用盛金公式;得到 2 对共轭复根
          real x(2,4)
 c        x(2,4):4 个复根的实部和虚部
          common /coea/ a0,b,c,d,e
          common /root/ x
          pai = 3.1415926535
          twopai = 2.0 * pai
          p = -(3.0 * b * b - 8.0 * c)
          f = 3.0 * b * b * b * b + 16.0 * c * c
          q = f - 16.0 * b * b * c + 16.0 * b * d - 64.0 * e
          r = (b * b * b - 4.0 * b * c + 8.0 * d)
          r = - r * r
          u = p * p - 3.0 * q
          v = p * q - 9.0 * r
          w = q * q - 3.0 * p * r
          delta = v * v - 4.0 * u * w
          if(delta.ge.1.0E-8) then
          write( * ,'(2x,"(4)mistake!delta.ge.0")')
          stop
          endif
          f = 2.0 * u * p - 3.0 * v
          g = 2.0 * u * * (1.5)
          angle = arccos(f,g)
          y1 = -(p + 2.0 * sqrt(u) * cos(angle/3.0))/3.0
          f = cos(angle/3.0 + twopai/3.0)
          y2 = -(p + 2.0 * sqrt(u) * f)/3.0
          f = cos(angle/3.0 - twopai/3.0)
          y3 = -(p + 2.0 * sqrt(u) * f)/3.0
          x(1,1) = 0.25 * (-b - sqrt(y2))
          x(2,1) = 0.25 * (sqrt(-y1) + sqrt(-y3))
          x(1,2) = x(1,1)
          x(2,2) = -x(2,1)
          x(1,3) = 0.25 * (-b + sqrt(y2))
          x(2,3) = 0.25 * (sqrt(-y1) - sqrt(-y3))
          x(1,4) = x(1,3)
          x(2,4) = -x(2,3)
 c        屏幕输出:方程的 4 个根 x(2,4)
          write( * ,'(/3x,"一元四次方程",
        &" N(s) = 0 的根 x")')
          write( * ,'(10x,"实部",8x,"虚部")')
          do 300 i = 1,4
          write( * ,'(5x,f10.6,",",f12.6)')x(1,i),x(2,i)
 300      continue
          return  .
          end
 c ---------------------------------
          Function arccos(a,c)
          b = sqrt(c * c - a * a)
          arccos = atan2(b,a)
          return
          end
```

注：程序为双栏排版，致使一些语句被不必要地分在两行。读者可将这些语句恢复为一行，以免程序会被某些 Fortran 编译连接软件认为有错而不能通过。

# 附录 E　冲击电流发生器的放电回路计算程序

下列的计算程序是与本书 7.2 节和 7.4 节的内容相适应的。此程序中所设置的时间参数 DTF、DTT 和 NM，只适合于对 8 μs/20 μs 冲击电流波的计算，对于其他的标准波形，需对这些参数另行调整。如对 4 μs/10 μs 冲击电流波，可选 DTF 为 0.025，DDT 为 0.05，NM 为 280。如对 1 μs/20 μs 冲击电流波，计算时可选 DTF 为 0.01，DTT 为 0.2，NM 为 400。对本程序的计算实例之一是，当读入数值为 $R$=0.5，$L$=6.13，$C$=10.04 时，可以得到 $I_m = I_{m1}$=0.840 48，$T_1$=8.011 66，$T_2$=19.939 24。$I_m$ 是通过数值计算所得的电流峰值，而 $I_{m1}$ 是根据理论公式计算所得的电流峰值。时间 $T$、电容 $C$ 和电感 $L$ 的单位分别为 μs、μF 和 μH。

```
C     A simple RLC circuit for calculating impulse current
      REAL T(999),I(999),L,IM,Im1,I91,I9,I51,I5,I11,I1
      DATA DTF,DTT,U,NM/0.05,0.1,1.0,280/
      READ( * , * )R,L,C
      WRITE( * ,'(1X,"R = ",F6.3,1X,"L = ",F6.3,1X,"C = ",F6.3)')R,L,C
      DO 10 K = 1,NM
      T(K + NM) = FLOAT(K) * DTT
10    T(K) = FLOAT(K) * DTF
      AF = R/(2.0 * L)
      W0 = 1.0/SQRT(L * C)
      AFD = SQRT(AF * AF - W0 * W0)
      W = SQRT(W0 * W0 - AF * AF)
      WRITE( * ,'(1X,"AF,AFD,W0,W:",F7.5)')AF,AFD,W0,W
      IF(AF - W0)20,30,40
20    DO 23 J = 1,2 * NM
      I(J) = U * EXP( - AF * T(J)) * SIN(W * T(J))/(W * L)
23    CONTINUE
      BT = ATAN 2(W,AF)
      Tm1 = BT/W
      Im1 = U * EXP( - AF * BT/W)/SQRT(L/C)
      GO TO 65
30    DO 33 J = 1,2 * NM
      I(J) = U * T(J) * EXP( - AF * T(J))/L
33    CONTINUE
      Tm1 = SQRT(L * C)
      Im1 = U * SQRT(C/L) * EXP( - 1.0)
      GO TO 65
40    P1 = - AF + AFD
      P2 = - AF - AFD
      WRITE( * ,'(1X,"P1,P2,AF,AFD:",F8.5)')P1,P2,AF,AFD
      DO 43 J = 1,2 * NM
      I(J) = U * (EXP(P1 * T(J)) - EXP(P2 * T(J)))/(L * (P1 - P2))
43    CONTINUE
      Tm1 = ALOG(P2/P1)/(P1 - P2)
```

```
      Im1 = U * (EXP(P1 * Tm1) - EXP(P2 * Tm1))/(L * (P1 - P2))
      GO TO 65
65    WRITE( * ,69)
69    FORMAT(5X,3(1Ht,8X,4Hi(t),7X))
      WRITE( * ,70) (T(J),I(J),T(J + 1),I(J + 1),T(J + 2),I(J + 2),J = 1,2 * NM,3)
70    FORMAT(3(2X,F7.3,1X,F10.7))
      IM = I(1)
      DO 85 J = 1,NM
      IF(I(J).GT.IM) IM = I(J)
85    CONTINUE
      WRITE( * ,'(1X,"Im = ",F8.5,1X,"Im1 = ",F8.5)') IM,Im1
87    FORMAT(1X,'Im = ',F8.5,2X,'Im1 = ',F8.5)
      DO 94 J = 1,NM
      IF(I(J).EQ.IM) M = J
94    CONTINUE
      TM = FLOAT(M) * DTF
      DO 95 K = 1,NM - 1
      JJ = K + NM
      J = NM - K
      I5 = I(JJ) - 0.5 * IM
      I51 = I(JJ + 1) - 0.5 * IM
      IF(I5 * I51.LE.0.0) N5 = K
      I9 = I(J) - 0.9 * IM
      I91 = I(J + 1) - 0.9 * IM
      IF(I91 * I9.LE.0.0) N9 = J
      I1 = I(J) - 0.1 * IM
      I11 = I(J + 1) - 0.1 * IM
      IF(I11 * I1.LE.0.0) N1 = J
95    CONTINUE
      T1 = T(N1) + DTF * (0.1 * IM - I(N1))/(I(N1 + 1) - I(N1))
      T9 = T(N9) + DTF * (0.9 * IM - I(N9))/(I(N9 + 1) - I(N9))
      T5 = FLOAT(N5) * DTT + (0.5 * IM - I(N5 + NM))/(I(N5 + 1 + NM) - I(N5 + NM)) * DTT
      TF = (T9 - T1)/0.8
      T0 = (T9 - T1)/8.0 - T1
      TT = T5 + T0
      WRITE( * ,'(1X,"Tm = ",F7.4,1X,"Tm1 = ",F7.4)')TM,Tm1
      WRITE( * ,'(1X,"Tf = ",F7.4,1X,"Tt = ",F7.4)')TF,TT
      STOP
      END
```

# 附录F 冲击电流发生器(包含非线性电阻)放电回路的计算程序

下列计算程序是与本书7.4.2节的内容相适应的。此程序中所设置的时间参数 $dt$ 等，只适合于对8 μs/20 μs冲击电流波的计算，对于其他标准波形，需对这些参数另行调整。本程序计算的目的是在试品中流过8 μs/20 μs冲击电流，峰值达到5000 A时，确定合适的电路参数。计算的最后结果是：当图7-7中 $C$ 为15 μF，$L$ 为4.9 μF，线性电阻为0.5 Ω，试品为7.4.2节中所述氧化锌阀片，则在主电容的加压值 $U$ 为12.38 kV时，可以获得峰值5006.8 A的7.2 μs/21.9 μs冲击电流波，时间参数在国家标准规定的(7～9) μs/(18～22) μs范围内。

```
      Program ImpCur
c  本程序用于计算冲击电流发生器
c    的输出电流波形
c  发生器电路由 C、L、R 串联组成
c  C:主电容,L:接线电感
c  R:电阻,FR 和 XR 串联
c    FR:非线性 ZnO 阀片,XR:线性电阻
c  使用"前向欧拉法"
        real g(0:999),u(0:999),t(0:999)
        real L,R(0:999),FR(0:999)
        data C/15.0/
        data rk/11184.0/
        data b1,b2/-0.22722,0.0492/
        data dt,nm/0.05,500/
c       g:电流,u:电压,t:时间
c       非线性电阻 FR = rk * g * * (b - 1.0)
c       b = b1 + b2 * Alog10(g)
c       rk:系数;b1,b2:指数式中的系数
c       dt:时间步长,nm:离散点数
c       计算单位:
c       电流 - 安;电压 - 伏;电阻 - 欧
c       电感 - 微亨;电容 - 微法;时间 - 微秒
c ---- 输入:L,XR,主电容充电电压 U0
        L = 4.9
        XR = 0.5
        U0 = 12380.0
c ---- 输出:C,L,XR,rk,b1,b2,U0
        write( * ,'(/3x,"主电容 C = ",f8.3,
     &" 微法")') C
        write( * ,'(3x,"接线电感 L = ",
     &f8.3," 微亨")') L
        write( * ,'(/3x,"线性电阻 XR = ",
     &f6.3," 欧")') XR
        write( * ,'(/3x,"非线性电阻",5x,
     &"系数 rk = ",f8.1)') rk
        write( * ,'(3x,"指数式中系数","b1 = ",
     &f8.5,",  b1 = ",f6.4  )') b1,b2
        write( * ,'(/3x,"主电容充电电压 U0 = ",
     &f9.3," 千伏")') U0/1000.0
c ---- 用"前向欧拉法"逐步计算:t,g,u
        t(0) = 0.0
        g(0) = 0.0
        u(0) = U0
        t(1) = t(0) + dt
        dg = u(0) * dt/L
        g(1) = g(0) + dg
        du = g(1) * dt/C
        u(1) = u(0) - du
        do 100 j = 1,nm - 1
        jp1 = j + 1
        t(jp1) = t(j) + dt
        b = b1 + b2 * Alog10(g(j))
        FR(jp1) = rk * g(j) * * (b - 1.0)
        R(jp1) = XR + FR(jp1)
        dg = (u(j) - g(j) * R(jp1)) * dt/L
        g(jp1) = g(j) + dg
        du = g(jp1) * dt/C
        u(jp1) = u(j) - du
100     continue
c ---- 输出:时间,电流,非线性电阻值
        write( * ,'(/5x,2("时间",6x,"电流",
     &2x,"非线性阻值",6x))')
        write( * ,'(5x,2(" t",7x,"i(t)",8x,
     &"FR",10x))')
        do 180 j = 0,nm - 1,2
        write( * ,160) t(j),g(j),FR(j),
```

```
     &t(j+1),g(j+1),FR(j+1)
160    format(2(2x,f7.3,1x,f9.3,4x,
     &f6.3,4x))
180    continue
c ---- 输出 g(t):到文件 .csv
       Open (2,file='ImpI2.csv')
       do 200 i=0,nm
       write(2,'(3x,f9.5,",",5x,f12.6)')t(i),g(i)
200    continue
       Close (2)
c ---- 搜索电流峰值 Gm 及对应时间 tm
       Gm=g(1)
       do 300 j=1,nm
       if(g(j).gt.Gm) Gm=g(j)
300    continue
       do 350 j=1,nm
       if(g(j).eq.Gm) then
       m=j
       goto 380
       endif
350    continue
380    tm=Float(m)*dt
       write(*,'(/3x,"冲击电流峰值 Im = ",
     &f10.4," 安")') Gm
       write(*,'(/3x,"对应的时间 tm = ",
     &f8.4," 微秒")') tm
c ---- 由时间 tm 向前搜索,计算波前时间 T1
       do 400 j=m,1,-1
       g91=g(j)-0.9*Gm
       g92=g(j-1)-0.9*Gm
       if(g91*g92.le.0.0) n9=j-1
       g11=g(j)-0.1*Gm
       g12=g(j-1)-0.1*Gm
       if(g11*g12.le.0.0) n1=j-1
400    continue
       f=(0.9*Gm-g(n9))/(g(n9+1)-g(n9))
       t09=t(n9)+f *dt
       f=(0.1*Gm-g(n1))/(g(n1+1)-g(n1))
       t01=t(n1)+f *dt
       T1=(t09-t01)/0.8
c ---- 由时间 tm 向后搜索,计算半峰值时间 T2
       do 500 j=m,nm-1
       g51=g(j)-0.5*Gm
       g52=g(j+1)-0.5*Gm
       if(g51*g52.le.0.0) n5=j
500    continue
       f=(0.5*Gm-g(n5))/(g(n5+1)-g(n5))
       t05=t(n5)+f*dt
       t0=((t09-t01)/8.0)-t01
       T2=t05+t0
       write(*,'(/7x,"波前时间 T1=",f8.4,
     &" 微秒")') T1
       write(*,'(7x,"半峰值时间 T2=",f8.4,
     &" 微秒"/)') T2
       stop
       end
```

注：程序为双栏排版，致使一些语句被不必要地分在两行。读者可将这些语句恢复为一行，以免程序会被某些 Fortran 编译连接软件认为有错而不能通过。